U0302619

虚拟现实与数字媒体技术前沿

增强现实：原理、算法与应用

Augmented Reality：Principles, Algorithms and Applications

● 鲍虎军　章国锋　秦学英　著

科学出版社

北　京

内 容 简 介

本书是关于增强现实核心技术原理、算法和应用的一本专著。全书共8章，包括增强现实概论、虚实视觉融合的相机模型、实景的三维结构恢复和重建、虚实环境的实时三维注册、虚实环境的视觉融合、空间增强现实技术、增强现实环境中的交互、移动增强现实系统的设计与应用案例。本书不仅全面介绍增强现实的基本概念和领域知识，更专注于增强现实的最新研究进展和算法阐释，力求涵盖各相关领域的前沿进展。

本书既可作为高等院校计算机类专业的本科生或研究生的参考书，也适合广大从事增强现实技术的研发人员与工程技术人员阅读。

图书在版编目(CIP)数据

增强现实：原理、算法与应用 / 鲍虎军，章国锋，秦学英著. —北京：科学出版社，2019.5

ISBN 978-7-03-056736-9

Ⅰ. ①增⋯　Ⅱ. ①鲍⋯ ②章⋯ ③秦⋯　Ⅲ. ①虚拟现实－研究　Ⅳ. ①TP391.98

中国版本图书馆 CIP 数据核字(2018)第 043854 号

责任编辑：任　静 / 责任校对：张凤琴
责任印制：吴兆东 / 封面设计：迷底书装

科学出版社 出版
北京东黄城根北街 16 号
邮政编码：100717
http://www.sciencep.com

北京虎彩文化传播有限公司 印刷
科学出版社发行　各地新华书店经销

*

2019 年 5 月第 一 版　　开本：720×1 000　1/16
2023 年 3 月第四次印刷　　印张：22 1/4
字数：427 000

定价：145.00 元

(如有印装质量问题，我社负责调换)

作者简介

鲍虎军，男，博士，浙江大学计算机科学与技术学院教授，博士生导师。国家杰出青年科学基金获得者，教育部长江学者特聘教授。主要从事计算机图形学和混合现实等方面的研究。所领导的团队曾获国家创新研究群体科学基金的资助，并作为首席科学家，先后承担了国家 973 计划项目"虚拟现实的基础理论、算法及其实现"和"混合现实的理论和方法"的研究。在虚拟环境的几何表示和高效建模、虚拟环境的实时高保真绘制、虚实混合环境的实时三维注册和融合呈现等方面取得了重要突破，自主研发了混合现实基础支撑软件平台，实现了成功应用。部分成果荣获高等学校优秀成果奖一等奖和国家自然科学奖二等奖。所指导的多位博士生的学位论文被评为全国百篇优秀博士学位论文和计算机学会优秀博士学位论文。

章国锋，男，博士，浙江大学计算机科学与技术学院教授，博士生导师，国家优秀青年科学基金获得者。主要从事三维视觉与增强现实方面的研究，尤其在同时定位与地图构建和三维重建方面取得了一系列重要成果，研制了一系列相关软件，如 ACTS、LS-ACTS、RDSLAM、RKSLAM等(http://www.zjucvg.net)，并开源了基于非连续特征跟踪的大尺度运动恢复结构系统 ENFT-SfM、分段集束调整 SegmentBA 和高效的增量式集束调整 EIBA、ICE-BA 等算法的源代码(https:// github.com/zju3dv/)。获全国百篇优秀博士学位论文奖、计算机学会优秀博士学位论文奖以及教育部高等学校科学研究优秀成果奖科学技术进步奖一等奖(排名第 4)。

秦学英，女，博士，山东大学软件学院教授，博士生导师。主要从事增强现实、计算机视觉、计算机图形学等方面的研究。2009 年获山东省自然科学基金杰出青年基金资助。参与了国家 973 计划项目"虚拟现实的基础理论、算法及其实现"和"混合现实的理论和方法"的研究，并主持多项虚实融合相关的 863 计划项目以及自然科学基金项目。近年从事的主要研究工作包括：虚实融合与交互、光照环境重建、目标跟踪、三维模板跟踪等。

前　言

拥有诸如千里眼、顺风耳、先知先觉等超自然能力，增强感知、探索和改造世界的能力，一直是人类孜孜追求的梦想和目标。随着信息的获取、传输、存储、处理、分析、模拟和呈现等技术的迅猛发展，信息空间和现实物理空间日益融合，人类的这一梦想逐渐成为现实。作为用户的感知体验终端，增强现实是其中极为关键的一环。它是一种集定位、呈现、交互等软硬件于一体的人机界面技术，通过虚拟物体与现实环境的自动注册融合，营造出虚拟与现实共享同一空间的沉浸式体验，以增强用户对复杂现实环境的临场感知。著名的好莱坞影片《阿凡达》和《黑客帝国》形象阐释了这种虚拟与现实无缝融合的科幻景象。但是，技术的实现远不像壮丽的影视特效制作那么简单，这也是自其诞生之始，增强现实技术一直是信息技术的前沿研究方向的原因。

在增强现实环境中，一切由计算机产生或者存储的信息，不再简单地显示在计算机屏幕上，而是以时空一致的方式注册在相应的实际环境中，一起融合呈现在用户面前，以便用户用感官去自然感知。增强现实技术的理想是伴随人类左右，去感知和探究复杂世界。谷歌眼镜和微软 HoloLens 系统展现了增强现实的预想世界，例如，看向天空时显示天气情况；走向地铁口，则显示地理信息及相关属性信息；远程的人们可以坐在一起，进行面对面的交流；工人们可以临场了解装备内部的运行状态，并在有关信息的导引下，进行精准的系统运维操作；等等。而苹果 ARKit、谷歌 ARCore 和商汤 SenseAR 等移动增强现实软件平台的推出，则催生了增强现实的广泛应用研发，从高端的工业生产到简单的孩子学习和家庭应用，无不体现出其强大的威力。增强现实技术正在以迅雷不及掩耳之势影响现代社会。

我国虚拟现实和增强现实技术的研究，始于 20 世纪 90 年代末，是计算机图形学和计算机视觉研究的自然拓展。2002 年底，浙江大学鲍虎军教授任首席科学家的 973 计划项目"虚拟现实的基础理论、算法及其实现"立项，重点研究虚拟环境表达和呈现、人机交互以及虚实融合等关键问题，开启了虚拟现实和增强现实技术的系统性研究。2009 年，该项目得到持续支持，并重点转向增强现实和混合现实技术的研究。这两个项目的研究持续十年，浙江大学、中国科学院软件研究所和自动化研究所、北京理工大学、北京航空航天大学、清华大学、东南大学等单位深度参与了相关研究，并取得了重要进展，培养了一批优秀人才，建立起了一支高水平的虚拟现实和增强现实技术研究队伍。在虚拟环境的高效建模和实时高保真绘制、多通道人机交互、头盔显示和多投影融合显示、虚实环境的实时三维注册和融合等方面取得了一批国际先进水平的研究成果，成功研发了虚拟现实和增强现实驱动引擎和支撑软件平台，并实现了成功应用，极大地促进了我国虚拟现实和增强现实技术的研究。作为 973 计划项目的主持单位，浙江大学在虚拟现实和增强现实的建模和实时绘制、虚实环境的三维注册和融合呈现方面取得了重要研究成果，并发表在 IEEE TPAMI、ACM TOG、IEEE TVCG、IEEE TIP、ACM SIGGRAPH、ICCV、CVPR、ECCV、EUROGRAPHICS 和 ISMAR 等重要学术期刊与会议上。本书围绕虚实融合的沉浸视觉感知这一主题，集成我们过去十余年的研究成果和相关国内外前沿进展，根据增强现实系统的核心架构组织撰写而成。

本书汇聚了增强现实的前沿核心算法，不仅介绍了相关技术的基本概念和算法，而且较为详细地阐述了虚实视觉融合最为精妙的算法原理及其实现，力求为广大增强现实技术和系统的研发者提供所需的实现途径。本书共 8 章，第 1 章介绍了增强现实技术的基本原理、发展历史、显示装置、核心技术和典型应用，展现了国内外的发展态势；第 2 章介绍了相机的基本概念、成像模型及畸变校正模型；第 3 章详细阐述了基于影像的现实环境三维结构恢复和重建，这是三维计算机视觉的核心；第 4 章专门介绍了增强现实系统必需的实时三维注册技术，包括同时定位与地图构建(SLAM)、二维标志跟踪定位和三维模板跟踪定位等算法；第 5 章介绍了虚实环境的视觉融合技术，包括虚拟景物的实时高保真绘制、现实环境光照恢复、虚实景物的相互映照、信息可视化等算法；第 6 章介绍了空间增强现实技术，重点阐述了空间几何校正和颜色校准方法；第 7 章简单介绍了增强现实系统所需的人机交互技术，包括触控、手势、语音、实物等交互方法；第 8 章介绍了我们的移动增强现实系统的框架设计，并分析了若干增强现实应用案例。

本书由鲍虎军制定编写大纲并撰写了第 1 章、第 5 章和第 6 章的大部分，章国锋撰写了第 3 章和第 8 章，秦学英和章国锋共同撰写了第 2 章和第 4 章，黄进和田丰撰写了第 7 章的绝大部分。王锐、华炜、巫英才、王进参与了部分章节的撰写。李津羽、赵长飞、杨锵锵、叶智超、王儒、任浩城、李佰余、徐超、王斌、黄昭阳、曹健、柯锦乐、杨腾达、王懿芳、李洋、张浩、李念龙、钱权浩、褚冠宜、丁奇超、唐庆等研究生参与了数据、材料的收集和整理；全书由鲍虎军、章国锋和秦学英定稿。

　　由于作者水平有限，书中疏漏之处在所难免，恳请读者批评指正。

作　者

2018 年 8 月

目　录

第1章

增强现实概论

    复杂现实环境往往拥有大尺度的空间结构、高动态的运行演化以及多关联的社会活动，这些特点使得人类难以直接凭借自身有限的感知能力来全面理解掌握其中的运行演化进程，从而影响人类对现实环境所发生的复杂对象（包括事物、人物）和事件的准确认知和有效管控。增强对复杂现实环境的感知能力一直是人类孜孜以求的重大科学目标。半个多世纪以来，广大科研人员为此付出了巨大的努力，在现实物理世界的信息获取、智能处理和分析、信息传输和呈现等方面取得了重大突破，诞生了以互联网和物联网、云计算和移动计算、机器学习和数据智能、虚拟现实和增强现实(augmented reality, AR)等为代表的新一代信息技术，赋予人类千里眼、顺风耳、先知先觉等超自然的感知能力，极大提升了人类探索和改造世界的能力。

    增强现实技术通过建立虚拟环境和现实物理世界的映射关系，智能实时地将相关信息融合呈现在位于现实环境的用户面前，达到增强用户临场感知能力的目的。这里的"增强"主要体现在以下三个方面：①空间穿透。通过三维结构信息与相应现实环境的在线、精准的空间注册和融合呈现来增强用户的环境智能理解能力，使得用户可以在视觉上穿透现实空间环境，让"不可见的"变为"可见的"，让"可见的"变为"不可见的"，让"遥远的"变为"眼前的"。②时间折叠。通过所关联的历史和实时信息来扩展现实环境在时域上的维度，使得用户既可临场回溯再现历史、分析预测未来，也可自由地组合呈现不同时刻的信息，让用户拥有先知先觉的能力。③知识叠加。自动识别环境中的实物对象，将其所关联的信息、知识或不同条件下的演化模拟结果实时地叠加到该对象上，使得用户即时了解现实环境和事件所需的关键信息和知识。增强现实的这三个特点为用户对复杂现实环境的准确感知和分析决策提供了一种重要的技术手段，得到了国际学术界和产业界的高度重视和广泛关注。

近年来，增强现实技术发展迅猛，日益成熟。国际 IT 巨头苹果、谷歌、微软等分别推出了移动增强现实软件开发平台 ARKit 和 ARCore 以及增强现实头盔显示器 HoloLens，掀起了增强现实应用系统的研发热潮。尤其是，随着移动通信和智能终端的普及，增强现实技术逐渐由国防安全、工业生产、医疗康复、城市管理等高端应用扩展到电子商务、文化教育、数字娱乐等大众应用，成为人们认知世界和改造世界的基础性工具。

1.1　增强现实的基本原理

增强现实是一种将虚拟景物或信息与现实物理环境叠加融合起来，交互呈现在用户面前，从而营造出虚拟与现实共享同一空间的技术。本质上，增强现实是一种集定位、呈现、交互等软硬件技术于一体的新型界面技术，其目标是让用户在感官上感觉到虚实空间的时空关联和融合，来增强用户对现实环境的感知和认知。因此，它拥有三个基本要素(Azuma, 1997)，即虚实空间的融合呈现、实时在线交互以及虚实空间的三维注册。虚实空间的融合呈现，强调虚拟元素与真实元素的并存，这是用户对现实环境的感知得以增强的关键；实时在线的交互，强调用户和虚实物体之间互动响应计算的实时性，以满足用户感官对时间维度的响应需求；而虚实空间的三维注册，强调用户对空间感知的精确性和智能性，体现了虚实融合呈现的时空一致性。显然，这三个要素是实现现实环境增强感知的关键所在。由于这种增强感知是空间方位依赖的，因此，增强现实系统通常借助头盔等特制设备来呈现虚实融合的效果。

增强现实技术是虚拟现实技术的进一步发展。虚拟现实是完全由计算机营造的世界，为用户提供沉浸式的视觉、听觉、触觉等互动感知体验，这种沉浸式系统能够逼真再现现实世界，也可以模拟虚构的、现实世界不存在的环境。虚拟现实的这种模拟仿真特性使得我们可以用它来增强用户对现实环境的感知，从而催生了将虚拟景物或信息与现实世界融为一体的增强现实技术。Milgram 等(1994)

将介于虚拟与现实之间的世界统称为混合现实连续统(mixed reality continuum),并将这种虚拟世界和现实世界的融合技术称为混合现实技术(如图 1.1 所示),其中用虚拟信息来增强用户对现实世界的感知称为增强现实技术,而用现实信息来增强用户对虚拟世界的感知则称为增强虚拟技术。从技术上来说,增强现实和增强虚拟的实现方法是类似的,它们均要求用户对虚实融合环境的感知体验等同于现实物理世界的知觉。

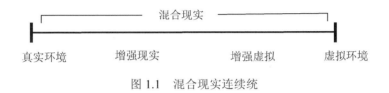

图 1.1 混合现实连续统

根据人类知觉的特点,虚实环境的融合无疑应该涵盖人类知觉的视、听、触等多个感知通道。例如,一个虚拟的球掉落在现实物理世界的地面上,这个虚拟球不仅应该反弹跳起,而且在反弹的时候,还要发出球击地面的声音,产生一致的听觉体验。三十年来,虚实环境的多通道感知融合呈现技术得到了快速发展,尤其是视觉感知融合呈现技术日益成熟,极大地促进了增强现实技术的普及应用。

为了实现虚实环境的沉浸式视觉融合呈现,满足增强现实三要素的要求,需要在算法上涉及三大核心技术,即虚实空间的实时三维注册、虚实景物的高保真融合、高效的人机交互。人类的眼睛经历了亿万年的进化而高度精密,使其对场景空间关系和景物细节非常敏感,由于视觉感知与视点和观察方向强相关,因此当虚实环境融为一体时,需要实时地跟踪景物和用户的观察方位,实现高精度的虚实空间注册。其次,由于虚拟物体要"假装"真实地存在于现实世界之中,增强现实系统需要实时逼真地呈现虚实环境间光能传递和动力学的相互作用,才能产生视觉感知的沉浸性。再次,虚实融合场景中的景物往往复杂而动态变化,因此需要实时地理解用户的交互意图,以提高任务的临场完成效率。可以说,增强现实技术将在几何、物理、智能等层面实现虚拟世界与物理世界的视觉融合,以增强人类感知和改造客观世界的能力。例如,在复杂装配过程中,可将设计方案叠加在现实安装组件上,以迅速判断装配的正确与否,避免错误装配的发生(如图 1.2 所示)。增强现实系统以符合人类感知习惯、直观的信息传递方式,赋予用户额外的感知客观世界的能力,从而成为未来信息系统的重要使能技术。

图 1.2　现实与虚拟的融合实例：红色的管线为虚拟设计方案，
叠加到现场照片上(Azuma et al., 2001)

1.2　增强现实的发展简史

　　计算机图形学是一门专门研究将三维数字模型或信息转化合成为二维影像的学科方向。它使得人们可以逼真形象地观察到并不真实存在的景象和信息，从而有效增强对复杂对象和信息的直观理解。在计算机图形学发展进程中，人们一边研究各种高效、高保真的图形绘制方法，一边尝试将模拟绘制的图形与实际拍摄的影像无缝融合起来，生成以假乱真的视觉特技效果，以增强影视画面的感染力。前者逐渐发展成为虚拟现实技术，实现虚拟环境的高保真交互模拟呈现；后者则逐渐衍生发展为增强现实技术，实现数字化模型或信息与现实环境的交互融合呈现，以增强用户对现实环境的感知。

　　增强现实技术的发展离不开虚实融合呈现装置的研发，其历史可以追溯到20 世纪 60 年代。1965 年，计算机图形学之父 Ivan Sutherland 提出了终极显示器(The Ultimate Display)的设想，设计并实现了第一个头戴式增强现实显示器(Sutherland, 1965)。这是一个巨大而笨重的设备，需要悬挂在屋顶，因此起名为达摩克利斯之剑(The Sword of Damocles)(Sutherland, 1968)。在那个时候，无论是图形显示设备还是图形绘制技术都非常原始,达摩克利斯之剑所实现的透射显示只能在视野前方叠加简单的线框模型。1974 年，Myrib Krueger 发明了Videoplace 系统，不仅可以在场景中投射画面，而且还可以投射出每个用户的剪影。用户通过控制自己的剪影，实现与投影画面的交互。这是空间增强现实系统的雏形。1990 年，波音公司的工程师 Tom Caudell 和 David Mizell 研发了穿透式头戴显示装置，让飞机装配工人实时地查看线缆的装配图，并正式提出了增强现实(augment reality)一词。此后，增强现实作为一种连接虚拟与现实空间的界面技术得到了蓬勃发展。

美国空军研究实验室的 Louis Rosenberg 开发了首个沉浸式远程增强现实系统 Virtual Fixture (Rosenberg, 1993)。用户通过佩戴头盔来显示远程机器人在线拍摄的画面，采用操作杆来远程操纵机器人的手臂，成功沉浸感知了远端的环境，实现了设备的遥操控。1993 年，Feiner 等提出了著名的知识驱动的增强现实系统 KARMA，将设备维修的操作指示直接叠加显示在用户佩戴的头盔显示器中。1994 年，Julie Martin 在其舞台剧 *Dancing in Cyberspace* 中引入了增强现实元素，实现了舞者与虚拟景物的同台表演。1998 年，Sportsvision 公司在美国 NFL 联赛实况转播中运用视频增强技术，为赛场增加了实时的虚拟分位线，使得虚实影像融合呈现在千家万户的荧屏上。这两个开创性的原型系统让观众切身体验了虚实影像融合的神奇，标志着增强现实技术开始进入大众视线。2000 年，Hirokazu Kato 研发了 ARToolkit[①]，这是国际上首个发布的计算机增强现程序库，它采用标志物来实现虚实空间的三维注册。ARToolkit 的出现让众多程序员有了简单易用的增强现实开发工具，有力促进了增强现实技术的应用普及。

近年来，得益于微电子、光电子、信息获取、网络传输、智能计算和移动计算等信息技术的迅猛发展，移动终端、穿戴传感和显示设备日益小型化，性能不断提升，极大地推动了增强现实技术的前沿研究和应用研发。多项重要的增强现实软硬件技术和系统相继推出。牛津大学的开源系统 PTAM 奠定了基于视觉的增强现实跟踪注册的软件架构。体积小、重量轻的谷歌眼镜实现了在用户视野前方的交互信息增强，尽管它在商业上并未取得成功，但其巨大的应用前景已经初见端倪。微软的 HoloLens 头盔是一款真正具有自主计算能力，能提供交互虚实注册与融合的光学穿透式头戴显示系统。而谷歌和任天堂联合推出的 Pokemon Go 虚实融合手机游戏，一夜爆红，成为现象级的增强现实应用。2017 年，意识到增强现实技术的巨大潜力，苹果和谷歌先后将增强现实系统内嵌到各自的移动终端上，分别推出了增强现实软件开发平台 ARKit 和 ARCore，使得用户可以方便地在手机等移动设备上开发增强现实应用。我国的商汤科技、网易等公司也自主推出了增强现实软件开发平台 SenseAR 和洞见 AR。随着这些平台软件的日益

---

① https://en.wikipedia.org/wiki/ARToolKit

完善，增强现实逐渐成为服务社会和大众的新型技术，并开始在工业生产、文化教育、城市管理、电子商务、数字娱乐和医学诊疗等领域得到深度应用，形成了一波新的产业化浪潮。

1.3　增强现实的显示装置

　　一般来说，增强现实系统需要在三维空间中完成视觉的虚实融合。鉴于视觉融合依赖于用户视点和观察方向，因此需要设计特殊的显示装置来满足视觉融合感知的需求。目前，增强现实的显示装置按照使用方式可以分为三大类（Bimber et al., 2005），即可穿戴设备、移动手持显示设备和空间增强设备（如图 1.3 所示），它们一般采用光学成像、显示器、投影仪等来组合实现。

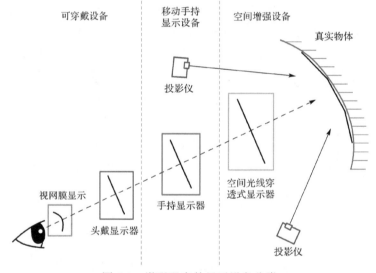

图 1.3　增强现实的显示设备分类

　　可穿戴设备一般包括佩戴在头部的头盔显示器、投影仪、AR 眼镜、隐形眼镜等，其中影响力最大的无疑是头盔显示器（如图 1.4 所示）。根据真实环境的显示模式，增强现实的头盔显示器一般分为光学穿透式头盔显示器（如图 1.4(a) 所示）和视频穿透式头盔显示器（如图 1.4(b) 所示）。光学穿透式头盔在用户眼睛前端配备一个透明的镜片，可以透过来自现实世界的光线，而镜片同时具有反射光线的能力，将虚景经过反射进入人眼，从而形成虚实融合的景象（如图 1.5(a) 所示）。视频穿透式头盔则通过眼睛前端的双目摄像头实时捕捉场景影像，并将虚景叠加在视频画面后，呈现在用户眼睛前端配置的双目显示器中（如图 1.5(b) 所示）。佩戴穿透式头盔显示器的使用者，既可以看到外部的现实环境，又可以看到计算机生成的虚拟物体。头盔显示器一般通过虚拟信息、真实环境和图像融合三个显示通道来实现虚实环境的视觉融合。为了将虚拟景物与现实场景无缝地融为一体，头盔显示器上均需配置头部跟踪器，目的是为了校准从视点观察到的虚景与实景，实现虚实空间的三维注册。光学穿透式头盔显示器和视频穿透式头盔显示器各有优缺点。前者直接无损地显示现实环境，视觉融合的硬件实现更具挑战性；后者则相反，显示的现实环境是间接有损获取的，视觉融合的硬件实现相对简单。从实际应用来看，光学穿透式头盔具有更好的发展前景。

(a) 光学穿透式头盔显示器   (b) 视频穿透式头盔显示器

图 1.4 头盔显示器实例(Azuma, 1997)

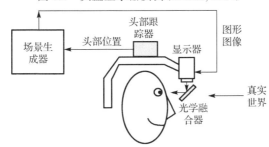

(a) 光学穿透式头盔的AR系统

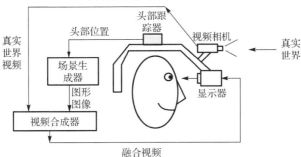

(b) 视频穿透式头盔的AR系统

图 1.5 增强现实的系统原理示意图(Azuma et al., 2001)

用于增强现实的眼镜是光学穿透式头盔显示器的轻量化，并集成了智能设备的成果。目前，主要有两类增强现实眼镜(如图 1.6 所示)。一类是以谷歌眼镜为代表的智能眼镜，比较轻薄，主要用于信息的叠加融合显示，并提供轻量的计算和交互工具；另一类是以微软的 HoloLens 为代表的全息智能头盔，现实环境的显示效果好，虚拟物体的亮度和清晰度也不错，并集成了计算和深度感知等模块，但是比较重，其虚拟景物的观察视野还比较窄。尽管头盔显示技术有了重大的突破，但离普适的应用尚有较大距离，发展轻量化、宽视场、高清晰、高性能、智能化等穿透式头戴显示技术是增强现实的重要研究方向。

(a)谷歌眼镜[1]　　　　　　　　　　　　　(b)微软 HoloLens2[2]

图 1.6　智能眼镜

移动手持类显示设备，即智能手机、平板电脑等带有摄像头和一定计算和绘制能力的移动终端，利用内置摄像头捕捉现实世界，然后与自身绘制的虚拟世界融合在一起，呈现在用户面前(如图 1.7 所示)。这样的虚实视觉融合通过将虚拟景物或信息嵌入到所获取的在线视频上来实现，所显示的视野跟用户的视野不完全匹配。与头盔显示器相比，其沉浸感相对较差。鉴于智能手机和移动通信技术的大规模普及，这类体积较小、成本低廉、融合体验便捷的增强现实呈现设备得到了大众的普遍欢迎，成为增强现实技术走向普适应用的关键。

(a)平板电脑的 AR 效果[3]　　　　　　　　(b)手机的 AR 效果[4]

图 1.7　移动设备上的 AR 示例

---

① https://en.wikipedia.org/wiki/Google_Glass

② https://www.microsoft.com/en-us/hololens

③ https://www.jianshu.com/p/a2853066361c

④ https://www.cnet.com/reviews/lenovo-phab-2-pro-review/

与前面几种设备不同，空间增强现实技术则无需用户手持或穿戴任何设备，利用光学原理或特殊器材直接将虚拟世界投影到现实世界中，就可以体验虚实融合的视觉效果。空间增强现实设备一般将虚拟影像投射到固定的空间中，如投射影像于物体的表面，或者成虚像于三维空间。其优点是用户无需接触显示设备，具有良好的沉浸式和群体式视觉体验；其缺点是灵活性不高，在现实对象移动或者变化的情况下，难以实现无缝的视觉增强效果(如图 1.8 所示)。

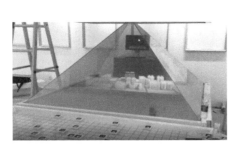

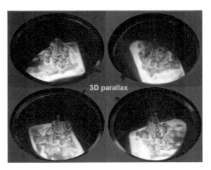

(a)锥形光学反射式城市场景   (b)光场式立体显示器

(c) 基于实景多投影仪拼接的空间增强现实：原始场景、校准中场景、空间增强现实效果

图 1.8 空间增强现实实例

1.4 增强现实的关键技术

为了提供给用户沉浸式的虚实融合体验，从技术领域的角度，增强现实系统需要解决三大关键技术，即三维注册、真实感绘制和人机交互。它们相互支撑，缺一不可，其中三维注册最为基础。

1.4.1 三维注册与几何一致性

增强现实技术需要将虚拟场景融合到现实场景中，再呈现给用户。其中，一个非常重要的问题是如何将虚拟场景与现实场景联系起来，而三维注册正是解决这个问题的关键技术。三维注册技术将虚拟场景绑定到现实场景的坐标系中，随着用户的移动和视角的变化，计算出虚拟场景在该视角下的投影信息，融合到真实场景的影像上，保证了虚拟场景与现实场景的几何一致性。这里的几何一致性是指虚拟场景与真实场景共享同一空间。当二者相对静止时，它们之间的位置关系和尺度关系随着相机的位姿变化保持一致；当二者相对运动时，需要借助三维注册技术精确求解出三维运动场景的几何信息和相机的运动轨迹。由于人眼对画面的感知非常敏感，如果三维注册的结果不够准确，会导致呈现给用户的画面产生抖动和场景的漂移，严重影响用户的沉浸感体验。

对于增强现实系统来说，三维注册主要包括重建现实场景的三维信息和用户或者相机的实时位姿信息。早期的三维注册主要依靠硬件设备来实现，主要有红外线设备、雷达、激光、差分 GPS、高精度惯导系统等，这些硬件设备获取数据的速度很快，而且精度也比较高。但是这些硬件设备存在成本高、灵活性差，而且精度严重依赖于设备的性能等问题，难以被大众广泛应用。

随着带有摄像头的移动设备的普及以及其计算能力的提高，基于视觉传感器的三维注册技术得到了高度的重视和发展，主要表现为离线的运动恢复结构（structure from motion, SfM）、在线的同时定位与地图构建（simultaneous localization and mapping, SLAM）以及平面标志和三维模板的识别与跟踪三大技术的突破。传统的 SfM 算法（Snavely et al., 2006; Snavely et al., 2008a）首先提取图像的特征点，并建立起特征点间的匹配关系，进而据此计算得到帧与帧之间相机的相对位姿以及由特征点三维位置构成的三维稀疏点云，最后将所恢复的三维点云与相机的位姿联合起来进行集束优化调整，得到精确的三维结构。但是，SfM 算法需要巨大的内存和计算消耗，且随着场景规模的增大以及图像数量的增加，问题变得尤为严重。近年来，涌现出了许多改进的 SfM 算法，如通过构建图像间的特征相似关系来加速图像间的匹配，使用机器学习方法训练分类器来判断图像对是否有重叠区域（Schönberger et al., 2015），避免暴力搜索带来的时间开销；将整个场景视频分解为多个子序列，分别局部优化求解，进而全局优化合并得到最终结果，有效解决了大场景下计算的内存和效率问题（Zhang et al., 2016）。尽管这些优化算法有效提高了 SfM 的效率，但并不能满足增强现实的实时三维注册要求，因此需要更加快速的三维注册方法，SLAM 就是其中的代表性技术。

SLAM 技术最初是为了解决机器人的自定位和环境认知问题而提出。机器人通过传感器获取的周围环境信息，实时进行自身的定位并重建周围环境的三维信息，实现自动导航。因此，SLAM 技术严重依赖于传感器的选择。以相机为主传感器的视觉 SLAM 是最为常见的 SLAM 技术，主要包括：基于纯视觉的方法、视觉和惯性测量单元(inertial measurement unit, IMU)相结合的方法、基于 RGB-D 相机的方法等。基于纯视觉的 SLAM 方法主要有两类：一类是特征点法，如 PTAM 方法(Klein et al., 2007)和 ORB-SLAM 方法(Mur-Artal et al., 2015)，该类方法通过提取并匹配图像的特征点来计算得到相机的位姿和场景的三维结构。鉴于特征点的稀疏性和独特性，该类方法具有求解精度高、计算代价低的特点。另一类纯视觉的方法是直接法，如 DTAM 方法(Newcombe et al., 2011b)和 LSD-SLAM 方法(Engel et al., 2014)，该类方法直接使用图像的像素信息来求解相机和场景的几何信息，得到较为稠密的重建结果。其优点是无需提取特征点，从而避免了因特征的选取而引入人为干扰，具有较好的抗运动模糊性，所恢复的较稠密的三维信息为后续应用提供了许多可能性。但是，稠密三维信息的恢复导致计算量剧增，通常需要 GPU 来并行加速，且当光照不一致时，其计算精度往往会急剧下降。对于纯视觉的单目 SLAM 来说，因为无法估计出实际场景的尺度，因此在实际应用中通常会使用双目相机，许多 SLAM 方法也提供了双目相机的版本，如 ORB-SLAM2(Mur-Artal et al., 2017a)和 Stereo LSD-SLAM(Engel et al., 2015)等。一般来说，纯视觉 SLAM 技术非常依赖于场景特征的丰富程度，当场景特征不丰富或者运动过快时，很容易发生跟踪丢失的情况，这时就需要和 IMU 等传感器结合来获得更加鲁棒的结果。由于深度传感器的普及，RGB-D-SLAM 也越来越得到人们的青睐，因其可以直接获取具有绝对尺度的深度图信息，更有利于场景的结构恢复和相机位姿求解。代表性的 RGB-D-SLAM 技术是 KinectFusion 方法(Izadi et al., 2011)，该方法通过构建和融合离散的截断有向距离场(truncated signed distance field, TSDF)来重建三维场景，并估算出相机的运动轨迹，在 GPU 并行加速下达到实时。

除了 SfM 和 SLAM 技术之外，平面标志和三维模板的识别与跟踪技术也是三维注册的重要方式，这类物体易于驱动从而具备动态性和交互性。平面标志可以是人工标志，也可以是自然标志。人工标志是人为设计的具有明显特征的标志图案，而自然标志是具有丰富特征的图片。人工标志因其简单的结构和明显的特征更容易被识别，因此基于人工标志的三维注册方法更加鲁棒，已被应用于许多增强现实开发工具中，如 ARToolkit 等。而基于自然标志的三维注册方法因无需特意张贴人工标志，更具普适性，因此更有应用价值。基于三维模板识别和跟踪的三维注册方法则通过识别跟踪场景的三维物体,反求出相机相对于三维物体的相对位姿,从而实现三维注册。但由于场景中景物多样而复杂,该方法在计算的鲁棒性和效率方面仍面临重大挑战。

1.4.2 真实感绘制与光照一致性

上述三维注册技术保证了虚拟景物或信息与现实环境保持一致的几何空间关系。在此基础上,还需要将虚拟景物或信息进行视觉呈现与融合,才能为人类视觉所感知。在增强现实系统中,一般有两类视觉融合呈现方式。一类将文字、数字或其他信息以恰当的可视化方式叠加在现实景物上,实现知识的主动推送和高效呈现;另一类则强调虚拟景物在现实环境中的真实存在感,通过在统一的光照条件下,逼真绘制出虚拟景物,使得虚拟景物与现实环境视觉上完全融为一体。显然,对后者来说,仅仅保持几何一致性是不够的,还需要考虑虚拟景物的材质和现实环境的光照等因素, 以保证虚实环境的光照一致性。

增强现实的光照一致性计算经历了一个较长的发展历程。早期的增强现实应用,如机器维修与医学诊疗等,主要强调虚实融合的几何一致性,以保证虚拟景物稳定、平滑地融合呈现在现实环境画面中。由于受计算性能的限制,虚拟景物通常使用线框图像、简单着色或者纹理贴图来绘制,并不关注虚实融合的光影及其正确性。随着真实感实时图形绘制技术的进步,诸如景观评价、家具适配等增强现实应用,非常强调虚拟景物与现实环境的视觉沉浸性,因而需要在计算模型上确保虚实景物的光照一致性。这主要包括以下三个方面:一是需要获取虚拟物体所在的光照环境,二是需要恢复景物的双向反射率和材质表观参数,三是需要高保真地绘制出虚拟景物。

光照环境的获取是实现光照一致性非常重要的一环。一般来说,通过光度测量的方式很难获取光照环境,因为现实世界的光源一般分布在各个方向,而光度测量则限定在离散方向上的测量。建立全景图的方式虽然能够捕捉各个方向的亮度,但是像素灰度级与光照度并非呈线性关系。Debevec 等(1997)首次采用多次曝光的方式,从照片中恢复环境的相对光照度。通过 Debevec 镜面球可以一次拍摄球所处位置的环境全景图,通过多次曝光获得全景图的相对光照度,以此作为该处的虚拟景物绘制的光照环境, 实现了虚拟景物与现实场景的光照环境共享。当然,Debevec 镜面球存在诸多限制,需要在现实场景中放置镜面球,因此不适合动态变化的光照环境。根据光的反射传输规律,场景外观是光照、材质与几何三者共同作用的结果。理论上,我们可通过场景中已知景物的几何与材质,反求出光照环境,也可通过已知景物的几何和光照,反求出材质参数。但是, 由于现实世界的光照环境通常非常复杂,景物表面的光照受到来自四面八方的环境入射光的影响，它们叠加形成了场景影像，因此，从场景影像中解耦求出环境的光照信息是非常困难的。Sato 等(2003)通过分析已知场景几何的影像及其阴影信息，较为鲁棒地恢复出了环境光照。相对于室内光照环境，室外环境光主要由太阳和天空光照构成，相对比较简单。借助大气光能传输理论，我们可以建立起能再现各种天气条件下环境光的参数化模型，由此即可从实拍影像中分析计算得到其环境光照参数(Liu et al., 2009)。随着智能信息处理技术的迅猛发展，构建高效的机器学习框架来鲁棒估计实拍影像的场景光照环境，正在形成新的研究热点。总的来说，尽管目前已涌现出一些有效的近似计算方法，从场景影像中获取精确的几何、材质和光照仍然是一个极具挑战性的问题。

虚拟景物的真实感绘制是视觉虚实融合的另一个非常关键的一环。在计算机图形学中，一般采用全局光照明模型来高保真模拟光能在虚拟环境中的传递，计算非常耗时。为了满足增强现实的实时性要求，早期的算法一般采取简化光源与光照明计算模型的方法来达到目的，出现了大量的高效虚拟景物的真实感绘制算法。随着 CPU 和 GPU 性能的不断提升，借助一些采样逼近和预计算方法，虚拟场景或景物的实时全局光照明绘制逐渐成为可能。尽管这些技术仍需进一步发展才能满足增强现实的高真实感和实时性需求，但它为虚实混合环境的光能相互作用模拟和沉浸式视觉呈现带来了契机。

总之，一旦虚实混合环境的几何一致性得到满足，借助信息可视化和图形绘制技术即可实现视觉的虚实融合呈现。其中的关键是如何实时地叠加呈现出便于用户感知的景物相关信息，或者如何实时逼真地绘制出虚拟景物，视觉上无缝地融入现实环境，产生高度的沉浸感。这些关键问题既涉及信息的实时可视化和虚拟景物的实时高保真绘制等技术问题，也涉及用户感知的生理和心理机理问题，值得未来深入的研究探索。图 1.9 为虚实融合的增强现实效果示例图。

(a) 原始场景　　　　　　　　　　(b) 设计桥梁与现实场景合成的效果

图 1.9　光影融合的增强现实效果((株)三英技研提供)

1.4.3　人机交互

人机交互是虚拟现实和增强现实系统的重要组成部分，其目标是以用户为中心，利用各种设备或界面，与虚拟或现实的目标进行互动，通过信息交换完成确定的交互任务。增强现实系统允许用户在虚实融合的三维空间中进行交互，并通过连接其他设备对虚拟对象进行操作，因此交互系统的设计应避免在信息注册和呈现过程中产生混淆，以提升用户的互动体验。另外，考虑到输入方式对交互体验有着极大的影响，交互方式需要严格的可用性分析与评估，以实现简单、自然、贴近用户习惯的高效交互。

一般来说，增强现实系统在呈现虚实混合环境的同时，还需要提供便捷高效的交互工具。近年来，人机交互技术得到了深入的研究和发展，涌现出了大量的模型、算法和工具，如用户界面形态、3D交互、触控交互、手势交互、语音交互、实物交互和眼动交互等。早期的增强现实系统只是通过2D显示设备观测虚实混合的效果，其研究主要集中在目标的跟踪、注册和显示技术上，并没有较强的交互能力。随着计算和感知设备以及智能处理技术的迅猛发展，我们可以借助用户的触觉、听觉、视觉等感官通道，通过感知用户的语言、手势、肌肉运动等信息来实现虚实融合环境下的高效交互。

界面范式是指界面设计的指南，也就是交互设计采用的主导思想或思考方式。传统的图形用户界面采用WIMP(Window, Icon, Menu, Pointer)界面范式，计算机通过Windows对用户呈现信息，通过Icons和Menu发送命令，使用Pointer对设备进行操作。这些图形操作为2D界面提供了快速、稳定的交互方式。然而，增强现实是对3D空间的目标而非显示器中的2D图像进行操作，2D界面范式无法作为增强现实的人机交互设计指导。考虑到人在现实生活中的操作习惯，学者们先后提出了Non-WIMP(Green et al., 1991)和Post-WIMP(Van, 1997)人机交互界面范式。Non-WIMP界面是指没有使用桌面隐喻的界面(Green et al., 1991)，而Post-WIMP界面指在界面中至少包含一项不基于传统2D交互组件的交互技术。20世纪90年代，以3D用户界面、多通道用户界面、混合用户界面为代表的Post-WIMP界面，已经成为新一代用户界面具有挑战性的研究方向。

在增强现实的交互中，没有单一、固定的输入和输出方式，也不是在显示器上呈现2D图像的输出，因此很难有固定的、具有普遍意义的界面范式。3D交互是增强现实最为重要的交互技术，与2D交互技术相比，3D交互具有更高的自由度，更多的交互方式，更庞大的交互任务，更复杂的3D用户界面范式定义。因此需要根据不同的操作手段和目标，选择不同的交互方式。根据不同的界面形态与交互技术，交互情况主要分为以下几种：

（1）触控交互。触控交互是通过智能手机、平板电脑或在某个物体上投影的虚拟对象或对真实目标进行点选得到触觉感知状态的过程。

（2）手势交互。手势交互依赖于手势检测设备，常用的手势检测设备如 Leap Motion、RealSense 等，可通过交互完成选择、漫游和旋转等功能。

（3）语音交互。语言作为人类日常的沟通手段，是最为自然的交互方式，同时随着人工智能技术的发展和语音交互系统的性能的提升，此种交互方式已经得到了普遍的应用。

（4）实物交互。直接对日常生活中的物理对象或环境进行实物交互，是增强现实领域研究的热点。增强现实领域的实物交互界面主要有实物 Widget 界面、实物 AR 界面和转换 AR 界面三类。

综上所述，根据多种感官的互补功能，结合语音、手势、身体位姿等多种输入方式，在增强现实中对用户意图进行多通道融合，以触觉、听觉、力反馈等方式进行输出。随着科技的进步，越来越多的信号可被捕捉作为交互的输入。例如，捕捉人的眼动情况与目标进行交互，或利用脑机接口直接读取大脑信号的控制指令与设备进行交互。由于技术的限制，这些方法尚处于比较初级的阶段，离自然、流畅的交流还有很大的距离。图 1.10 是人机交互的几种实例。

(a)　触控交互[①]

(b)　手势交互（Mistry et al., 2009）

(c)　语音交互[②]

(d)　实物交互（Follmer et al., 2013）

图 1.10　人机交互实例

---

① https://www.engadget.com/2010/01/05/light-blue-optics-unveils-light-touch-a-10-inch-touchscreen-pic/
② http://auto.zol.com.cn/528/5285758_all.html

1.5　增强现实应用

增强现实技术近几年得到了极大的发展，展现出了广阔的应用前景，目前已经在数字娱乐、文化教育、医学诊疗、工业生产、城市运维、电子商务等多个领域实现了成功应用。随着人工智能和计算机图形学的发展和日臻成熟，增强现实的技术性能有望得到进一步的提升，成为下一代普适的信息界面技术。

1.5.1　数字娱乐应用

数字娱乐是目前增强现实技术应用最为广泛的领域，已产生了大量的 AR 相关的电影、电视和游戏等内容。在电视节目中，我们经常会看到虚拟角色和主持人进行虚实融合的互动。在足球、台球、网球等体育比赛中，借助视觉目标跟踪和测量技术，在视频中叠加虚拟的目标、运动线路和边界等信息，一方面辅助裁判员做出准确判决，另一方面便于主持人的讲解和观众的直观理解。尤其是随着移动增强现实技术的发展，涌现出了大量的移动 AR 游戏，如火爆全球的 Pokemon Go（如图 1.11 所示）等，吸引了大量的游戏玩家，极大地推动了增强现实技术的普及。

图 1.11　AR 游戏 Pokemon Go[①]

1.5.2　文化教育应用

文化教育领域是目前增强现实技术应用比较成熟的领域。一方面，增强现实

---

① https://www.androidauthority.com/pokemon-go-arcore-update-913547/

技术可以增强学生与教师之间的互动和课堂的趣味性。教师讲解的内容，可以借助实物道具和增强现实技术，动态形象地呈现各知识点所关联的性质和现象，以增强学生对所学知识的理解和感悟。另一方面，增强现实技术可以将各种可视媒体与书籍的内容关联起来，用户只要利用移动终端拍摄书籍中的相关内容，便可以自动地融合呈现相应的媒体信息，以增强对相关内容的理解。例如，Wikitude推出了一款增强现实应用系统，用户只需拍摄或扫描现实景物，便能够获得维基百科的相关互动内容。谷歌推出了 Google Sky Map 系统（如图 1.12 所示），将手机对准天空，便可以实时叠加显示当前的星空信息，为人们学习天文知识提供了便捷的工具。另外，空间增强现实技术还可以借助多投影无缝拼接技术，将虚拟场景或信息直接投影融合到现实景物表面，实现了新奇、炫丽的光影特效。这一技术已广泛应用于城市文化和科技馆、博物馆等展馆展厅的互动主题展示。总之，增强现实技术本质上可以将任何文化知识与实物对象或书本连接起来，极大提升人们学习理解复杂事物和现象的能力，这无疑具有广阔的发展前景。

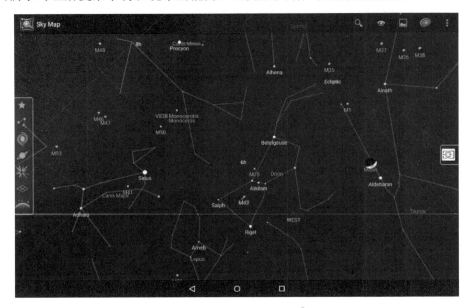

图 1.12　Google Sky Map[①]

1.5.3　医学诊疗应用

　　医学诊疗领域是增强现实技术最早开展应用和最具挑战性的领域之一。增强现实技术可以为用户展示医疗相关知识或检查结果，辅助医生完成高精度的治疗

---

① https://play.google.com/store/apps/details?id=com.google.android.stardroid

操作。初创公司 AccuVein 所研发的增强现实系统和手持式扫描仪，经识别人体和虚实融合后，可以"穿透"体表看到人体内部的血管，帮助医生和护士查看患者身体状况。美国普渡大学开发了一套增强现实的远程手术指导系统 STAR（如图 1.13 所示），该系统通过屏幕穿透式增强现实技术，帮助远程的医生指导现场手术。还有很多药商提供了虚实融合的内容服务，只需拍摄或扫描药品，用户就能看到其制药过程，以及在人体内是如何反应作用的。谷歌公司曾基于 Google 眼镜，研发了一个增强现实系统，为母亲在喂养婴儿时提供指导。增强现实技术在医学诊疗领域应用的最大挑战在于如何提升识别和临场定位的精度，使得医护人员更精准地感知复杂的疾病部位，避免误操作。尽管这方面的技术有了很大的进步，有些也得到了成功的应用，但普适的医学诊疗增强现实系统仍有许多难题需要去探索和攻克。

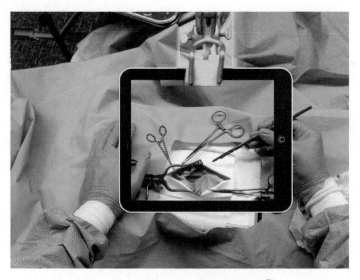

图 1.13　远程手术指导系统 STAR[①]

1.5.4　工业生产应用

在已高度数字化、信息化的工业界，增强现实技术可以借助虚拟环境和现实环境的交互融合原理，在设计研发、产品生产和维修服务等多个阶段发挥作用，展现了非常广阔的应用前景。由于制造业对精度和性能的要求很高，对增强现实技术和系统提出了重大的挑战，亟需进一步的技术突破。

航空工业是最早引入增强现实技术的行业。由于数字化的信息过于庞大，难

---

① https://engineering.purdue.edu/isat/system-for-telementoring-with-augmented-reality-project/

以单靠人脑的记忆力来掌握这些数字化信息，而且数字化的信息与现实景物分离，也不利于临场操作者的理解、判断和执行，这降低了数字化信息的效能。飞机中的复杂管路和长达数百千米的缆线和连接器安装，是目前增强现实技术在航空工业的应用主战场，增强现实系统通过强大的交互虚实融合显示界面，一步步地指导施工人员准确地执行这些复杂操作，实现高质量的装配。空客 A400M 的机身布线采用了空客自己研发的"月亮"系统(Serván et al., 2012)，该系统是以装配为导向的增强现实系统，首先利用 3D 信息来生成装配指令，再采用智能平板提供虚实融合界面，指导工人进行布线操作(如图 1.14 所示)。由于有直观的安装示意画面，用户不再需要查询手册，因此使得安装的速度和精准度均得以提高，首次安装时提高幅度尤为显著。

图 1.14　使用欧洲空客集团开发的"月亮"AR 系统指导
A400M 运输机电缆安装(Serván et al.，2012)

2015 年，增强现实技术进一步应用于飞机零部件的组装环节(如图 1.15 所示)。首先，波音公司在其加油机装配线演示了一款增强现实平板工具，操作人员可以通过平板看到现实世界中正在组装的扭矩盒单元，并通过视觉增强技术看到每一步操作的数字化作业指令、虚拟的零件和指示箭头，从而加快装配的速度。随后，空客 A330 客舱团队使用一个基于谷歌眼镜的可穿戴增强现实系统，帮助操作人员降低装配客舱座椅的复杂度，有效节省完成任务的时间。

增强现实技术提供了数字化信息与现实环境之间的互动平台，随着技术的不断进步，增强现实技术将进一步成为解放双手、增强技能、转变角色、参与创新的工具，也是未来制造业提高质量、提升效率、缩减成本的重要手段。增强现实技术作为连接用户、虚拟环境和智能制造系统的桥梁，必将成为新一代智能制造的核心技术之一。

(a)波音公司利用 AR 平面标志工具指示每一步的操作[1]

(b)空客集团工人佩戴 AR 眼镜安装 A330 客舱座椅[2]

图 1.15　增强现实技术在航空工业生产中的应用

1.5.5　城市运维应用

在城市管理领域中，增强现实技术也发挥着非常重要的作用。城市的智能化就是其中的一个重要应用。增强现实技术可以帮助城市规划人员更好地展示城市的整体场景，在城市沙盘上进行虚拟建筑及公共设施的安放与操作，从而方便工作人员合理规划城市的建筑和交通布局。通过增强现实技术可以实时显示城市的交通和人流状况，对出现交通堵塞和人流拥挤的道路与区域进行提示，方便管理人员进行人员调配与监管，加强城市的平稳运行。增强现实技术还可以方便管理城市中的复杂设施，通过精准的定位和对象识别，将所在地域公共设施的有关信息呈现在施工人员的眼前，使管理人员便捷、准确地对设施进行维护。由于城市的尺度较大，目前小尺度的增强现实技术并不能满足许多城市运维的需求，还需要攻克大尺度场景下移动增强现实技术的瓶颈问题。图 1.16 给出了智慧城市中增强现实应用的概念图，在城市场景中采用增强现实技术，叠加各种虚拟物体和信息，提高城市管理的效率。

---

① https://www.engineering.com/AdvancedManufacturing/ArticleID/10069/Boeings-AR-Tablet-Tool-for-Assembly-Lines.aspx

② https://www.hamburg-news.hamburg/en/aviation/airbus-40/

图 1.16　智慧城市概念图(图片来自 Youtube[①])

1.5.6　电子商务应用

对于电商而言,增强现实技术可以创造全新的购物方式,增强消费者的购物体验。相信不少人曾经在网上购物的时候遇到过这样的情景:看中了一款产品,但是不知道它的实际功能如何,或者尺寸是否合适,颜色是否搭配等。这也是网上购物的痛点之一,是电子商务领域亟待解决的问题。近年来,电商大户天猫商城对增强现实技术进行了许多应用尝试,如推出了"AR-GO"(如图 1.17 所示),消费者不仅可以在天猫 APP 中将看中的商品以 1:1 的效果摆放在自己家中,而且还可以在房间中任意走动,从不同角度、不同距离进行观察。"AR-GO"带来了一种全新的购物体验,有效帮助消费者更好地做出购物决策,减少不恰当的购物。增强现实的电子商务应用得到了产业界的高度重视,但在商品的高精度自动建模和绘制再现方面遇到了巨大挑战,成本高昂,真实性不足,亟待突破和提高。

图 1.17　AR-GO[②]

---

① https://www.youtube.com/watch?v=eHCOxb1y_Fg

② http://www.linkshop.com.cn/web/archives/2017/371646.shtml

1.5.7 其他应用

除了上述应用领域，增强现实技术还有许多其他重要的应用领域。例如，在军事领域，增强现实技术不仅能够提高实际训练的真实性，而且可有效增强指战员对战场环境和武器平台的感知，提高作战指挥和临场战斗的精准性和效能。在交通领域，增强现实技术可以将离线、在线的交通和非交通信息主动叠加融合呈现在用户所看到的实物上，实现实景的导航和信息服务。又如在室内装潢行业，用户可以在没装修的房子里，通过视觉虚实融合技术，临场直接看到装修后的效果。可以预见，若在鲁棒性、智能性和普适性等核心技术上取得突破，增强现实将成为未来连接信息空间和现实物理空间的交互界面，有望在各行各业得到深度应用，从而有力推动信息社会的发展。

1.6 小结

本章较为详细地介绍了增强现实的基本原理、发展历程、关键技术及其应用领域。鉴于人类视觉感知的主导性，虚实融合的视觉感知增强技术得到了高度的重视和发展，已成为目前增强现实技术的主要应用落脚点。因此，本书后面的章节将主要围绕视觉虚实融合呈现这一主题而展开。

第2章

虚实视觉融合的相机模型

正如前面所述,增强现实的虚实视觉融合主要有两种实现方式,要么将虚拟景象直接投射到现实环境中,要么将虚拟景象叠加在实时拍摄的现实环境的影像上。因此,为了将虚拟景象与现实环境或其影像进行注册,就需要建立相机的成像模型,将世界坐标系中的三维点映射到二维图像上。在计算机视觉中,根据光线的直线传播原理,以及相机内部的镜头光路和光电信号的转换机制,成功构建了多种相机的数学模型。Hartley 等(2004)根据相机中心是否位于无穷远点,将相机模型分为两类,即有限相机模型和无限相机模型。本章主要介绍有限相机模型及其最具代表的针孔相机模型,最后简单介绍一下无限相机模型。

2.1 相机成像原理及其数学模型

相机是 19 世纪最为重要的发明之一,能将某一个瞬间的光线留存并转化为平面影像。近年来,随着数字相机,尤其是便携式数字相机的出现,人们可以便捷地获取、存储、传输和分析数字影像,逐渐形成了以影像为计算对象的计算机视觉、图像处理和模式识别等前沿学科方向。相机和摄像机对应的英文单词都是camera,一般来说照相机主要用来拍摄照片,而摄像机主要用来拍摄视频。为了方便,一般情况下,本书都统一用相机来称呼,不再特别区分照相和拍摄视频。

2.1.1 相机成像原理

早在相机发明以前,人们就期待能够发明一种记录光线的设备,并发现了小孔成像现象（如图 2.1 所示）。在像平面和物体之间放置一块带小孔的平面，由于光线是直线传播的，因此所有像平面上的光线都会经过小孔，在像平面上形成一个倒立的像。当针孔很小时，在像平面上将形成清晰的像，但是由于进光量很小，通常所成的像很暗淡，只有在暗室里才能观察到。而当针孔较大时，所成的像虽然更为明亮，但其边缘却变得模糊。理论上，当针孔无穷小时，才可以获得清晰的图像，但此时像的亮度也将趋于无穷小。

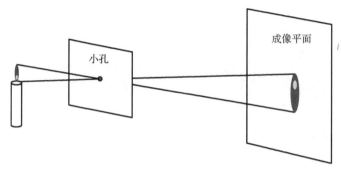

图 2.1　小孔成像原理

小孔成像现象朴素地体现了相机成像原理。基于对小孔成像现象的观察和分析，人们发明了相机，即采用光学镜头取代小孔，使得更多的光线汇聚于成像平面，从而获得清晰的影像。传统相机的成像平面是相纸，根据进光量的不同形成不同的亮度，洗像后即可获得照片。数字相机在成像平面处放置光电转换器（CCD），将光信号转换为电信号，然后将电信号数字化，生成数字图像。由于光学镜头在一定程度上改变了光线的传播路径，导致光线会偏离小孔成像的光路，造成图像的畸变。另外，在光信号转换为数字信号的过程中，也会产生图像的几何畸变。为提高后续图像处理分析的精度，这些畸变必须得到有效的校正，因此，我们需要建立能够刻画镜头畸变的相机模型。

2.1.2　相机的数学模型

最简单的相机模型是针孔相机模型。本小节将从针孔成像原理出发，建立相机的数学模型，给出其相应的代数表达。

2.1.2.1　针孔成像模型

针孔成像模型是一个理想的透视投影变换，将三维空间点变换为图像空间的像素点。为便于数学表达，我们首先建立所涉及空间的坐标系，进而构造相应的内参矩阵、外参矩阵和投影矩阵来描述上述变换过程。

如图 2.2(a) 所示，以相机光心 C 为坐标原点，建立相机直角坐标系

$C-X_CY_CZ_C$，其中 Z_C 轴为相机的拍摄方向，成像平面 $Z_C = f$（f 为焦距）垂直于 Z_C 轴，且位于相机光心 C 前方。光心 C 在成像平面上的投影点 c 称为主点 (Willson et al., 1994a)。在成像平面上，以主点为坐标原点，建立一个局部坐标系 $c-x'y'$，其 x' 和 y' 轴分别平行于 X_C 轴和 Y_C 轴。假设有空间中的一个三维点 X，在相机坐标系下的坐标向量为 $X_C = (X_C, Y_C, Z_C)$，它在成像平面上的投影点 x 在相机坐标系下的坐标向量为 $(x', y', f)^\top$，则由针孔成像原理，在 $C-Y_CZ_C$ 投影平面上，X_C 与 x 分别与其垂足及光心构成两个相似三角形(如图 2.2(b)所示)，即有：

$$\frac{f}{Z_C} = \frac{x'}{X_C} = \frac{y'}{Y_C} = \frac{1}{\lambda} \tag{2.1.1}$$

式中，$\lambda = Z_C / f$。上式可表达为如下的向量形式：

$$\lambda \begin{pmatrix} x' \\ y' \\ f \end{pmatrix} = \begin{pmatrix} X_C \\ Y_C \\ Z_C \end{pmatrix} \tag{2.1.2}$$

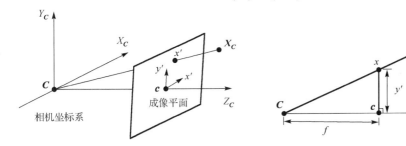

(a) 相机坐标系与像平面坐标系间的几何关系　　(b) 三维空间点与它在像平面上投影点之间的几何关系

图 2.2　针孔成像的几何关系

上式说明三维空间点在相机坐标系中的坐标向量 X_C 与其在成像平面上的投影点 x 的坐标向量之间仅相差一个尺度因子。由于尺度因子并不影响针孔成像的结果，因此可忽略这个尺度约束。下面，我们采用符号 $\sim$ 表示忽略尺度因子的等价关系，则式(2.1.2)可表达为：

$$\begin{pmatrix} x' \\ y' \\ f \end{pmatrix} \sim \begin{pmatrix} X_C \\ Y_C \\ Z_C \end{pmatrix} \tag{2.1.3}$$

此即为针孔成像模型，它刻画了三维空间点至成像平面的透视投影变换，其齐次坐标下的矩阵形式为：

$$
\begin{pmatrix} x' \\ y' \\ f \end{pmatrix} \sim \begin{bmatrix} 1 & 0 & 0 & 0 \\ 0 & 1 & 0 & 0 \\ 0 & 0 & 1 & 0 \end{bmatrix} \begin{pmatrix} X_C \\ Y_C \\ Z_C \\ 1 \end{pmatrix} \tag{2.1.4}
$$

2.1.2.2 内参矩阵

注意到相机的成像平面是连续的，为生成图像，我们需要模拟 CCD 的采样转换过程，即离散采样成像平面，将成像平面上的投影点转化为图像的像素点。

不失一般性，以图像的左下角点 o 作为坐标原点，构建图像空间的像素坐标系 $o-xy$，其两个坐标轴分别与成像平面的坐标轴平行（如图 2.3 所示）。记主点 c 在图像空间中的像素坐标向量为 $c = (c_x, c_y)^\top$，k_x 和 k_y 分别表示图像像素的 x 和 y 方向所对应的实际长度（如图 2.4 所示），则投影点 x 的图像像素坐标 (x, y) 和它在成像平面上坐标 (x', y') 之间有如下关系：

$$
\begin{aligned}
x'/k_x &= x - c_x \\
y'/k_y &= y - c_y
\end{aligned} \tag{2.1.5}
$$

其齐次坐标的矩阵形式为：

$$
\begin{pmatrix} x \\ y \\ 1 \end{pmatrix} = \frac{1}{f} \begin{bmatrix} \dfrac{f}{k_x} & & c_x \\ & \dfrac{f}{k_y} & c_y \\ & & 1 \end{bmatrix} \begin{pmatrix} x' \\ y' \\ f \end{pmatrix} \tag{2.1.6}
$$

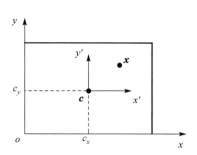

图 2.3 图像空间坐标系的定义

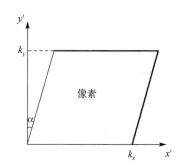

图 2.4 像素形变示意图

记：

$$
\boldsymbol{K} = \begin{bmatrix} \dfrac{f}{k_x} & & c_x \\ & \dfrac{f}{k_y} & c_y \\ & & 1 \end{bmatrix} \tag{2.1.7}
$$

显然，$\boldsymbol{K}$ 仅与相机自身相关，刻画了成像平面至图像空间的采样变换，因此称之为内部参数矩阵，简称内参矩阵。对理想的针孔相机，所有光路均保持直线传播，且成像平面被均匀地采样为图像像素，因此，主点 c 位于图像的中心，且 $k_x = k_y$。

实际拍摄时，光线穿过镜头聚焦在成像平面上，经 CCD 采样转换得到图像。由于光学镜头和 CCD 等装置不可避免地存在制造误差，难以按照严格的理论模型来获取图像，往往存在一定程度的镜头畸变，既有线性的畸变，也有非线性的畸变。镜头的线性畸变一般由内参矩阵来刻画，主要有以下三类：

（1）CCD 在横向和纵向上的采样间距不同，即 $k_x \neq k_y$。

（2）主点 c 不位于图像的中心。

（3）成像平面上原本垂直的轴线，在图像上不再相互垂直。

前两种畸变的变量已存在于上述的内参矩阵中，只需要校准其数值即可。第三种畸变需要引入新的参数，相对比较复杂。在计算机视觉中，一般采用倾斜因子 $s = \dfrac{f}{k_y} \tan \alpha$ 来简单刻画这种像素畸变，其中 α 为倾斜角度，即成像平面的 y' 轴与图像像素空间 y 轴之间的偏离角。记 $f_x = f / k_x, f_y = f / k_y$，则考虑像素倾斜畸变的内参矩阵可修改为：

$$
\boldsymbol{K} = \begin{bmatrix} \dfrac{f}{k_x} & \dfrac{f}{k_y}\tan\alpha & c_x \\ & \dfrac{f}{k_y} & c_y \\ & & 1 \end{bmatrix} = \begin{bmatrix} f_x & s & c_x \\ & f_y & c_y \\ & & 1 \end{bmatrix} \tag{2.1.8}
$$

这个内参矩阵仍是一个上三角阵。当 $f_x \neq f_y$ 时，图像存在尺度变化，即变得扁平或者瘦长。一般情况下，s 非常接近于 0；当 s 的值较大时，图像的像素不再是正方形，而是形变为平行四边形。除了线性畸变，图像中往往存在更为复杂的非线性畸变，如现实环境中的直线在图像中呈现为弯曲的现象。由于上述内参矩阵本质上刻画了一种线性变换，只能将直线变为直线，因此无法用来描述相机镜头的非线性畸变。有关非线性畸变的校正问题将在 2.2 节中介绍。

综上，相机坐标系中的三维空间点 X（坐标向量为 X_C）与图像像素点 $x = (x, y)^\top$ 的关系：

$$\hat{x} \sim K X_C \tag{2.1.9}$$

式中，$\hat{x}$ 表示 x 的齐次坐标。下文均采用同样方式，在向量顶部加帽，表示该向量的齐次坐标。

2.1.2.3 外参矩阵

上述推导假设了相机坐标系与世界坐标系是重合的，但在一般情形下，世界坐标系是人为设定的，因此二者之间相差一个欧氏变换。在增强现实中，相机通常是运动变化的，三维空间注册就是要建立世界坐标系与相机坐标系之间的空间变换关系。一般地，三维空间变换关系可由一个旋转和一个平移变换表示。如图 2.5 所示，世界坐标系 $O-XYZ$，其上的一个三维空间点 $X = (X, Y, Z)^\top$ 在相机坐标系中的坐标向量为 X_C。R 和 t 分别为相机在世界坐标系中的旋转矩阵和平移向量，则其空间坐标变换为：

$$X_C = \begin{bmatrix} R | t \end{bmatrix} \hat{X} = \begin{bmatrix} R | -R\tilde{C} \end{bmatrix} \hat{X} \tag{2.1.10}$$

式中，$\tilde{C}$ 表示相机光心 C 在世界坐标系中的坐标向量，并有 $t = -R\tilde{C}$。上式中的变换矩阵 $[R | t]$ 表达相机在世界坐标系中的位姿，与相机的内部参数无关，因此称之为外部参数矩阵，简称外参矩阵。

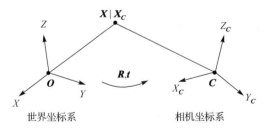

图 2.5 世界坐标系与相机坐标系的变换关系

2.1.3 透视投影矩阵

将式 (2.1.10) 代入式 (2.1.9)，得到世界坐标系到图像坐标系的变换公式：

$$\hat{x} \sim K X_C = K \begin{bmatrix} R | t \end{bmatrix} \hat{X} \tag{2.1.11}$$

记：

$$P = K[R \mid t] \tag{2.1.12}$$

则称 P 为相机的透视投影矩阵，它描述了三维空间点与其在图像空间上的投影像素点之间的关系，即：

$$\hat{x} \sim P\hat{X} \tag{2.1.13}$$

容易发现，相机投影矩阵 P 是一个 3×4 的矩阵，因此需要至少找到 6 对三维空间点和二维图像点的对应点对，才能求解出其 12 个参数。这里，我们介绍一种常见的直接线性转换算法 DLT(direct linear transformation)。假设有 n 对三维空间点和二维图像点的对应点对，第 i 个点对的三维点坐标记为 $X_i = (X_i, Y_i, Z_i)^\top$，其对应的二维图像点坐标为 $x_i = (x_i, y_i)^\top$，$i = 1, 2, \cdots, n$，展开投影方程(2.1.13)，有：

$$\begin{bmatrix} x_i \\ y_i \\ 1 \end{bmatrix} \sim \begin{bmatrix} P_{11} & P_{12} & P_{13} & P_{14} \\ P_{21} & P_{22} & P_{23} & P_{24} \\ P_{31} & P_{32} & P_{33} & P_{34} \end{bmatrix} \begin{bmatrix} X_i \\ Y_i \\ Z_i \\ 1 \end{bmatrix} \tag{2.1.14}$$

计算矩阵乘法，可得以下形式：

$$\begin{bmatrix} x_i \\ y_i \\ 1 \end{bmatrix} \sim \begin{bmatrix} P_{11}X_i + P_{12}Y_i + P_{13}Z_i + P_{14} \\ P_{21}X_i + P_{22}Y_i + P_{23}Z_i + P_{24} \\ P_{31}X_i + P_{32}Y_i + P_{33}Z_i + P_{34} \end{bmatrix} \tag{2.1.15}$$

式 (2.1.15) 中的左右两端相差一个尺度因子，根据齐次坐标的意义，将右端的向量除以 $P_{31}X_i + P_{32}Y_i + P_{33}Z_i + P_{34}$，其前两维变量即为其二维坐标值，即：

$$x_i = \frac{P_{11}X_i + P_{12}Y_i + P_{13}Z_i + P_{14}}{P_{31}X_i + P_{32}Y_i + P_{33}Z_i + P_{34}}$$

$$y_i = \frac{P_{21}X_i + P_{22}Y_i + P_{23}Z_i + P_{24}}{P_{31}X_i + P_{32}Y_i + P_{33}Z_i + P_{34}} \tag{2.1.16}$$

观察式 (2.1.16) 可以发现，矩阵 P 的每个元素同时乘以任何非零系数，等式都成立。因此，尽管矩阵有 12 个参数，实际上仅有 11 个自由度。消去分母并合并同类项，得：

$$P_{11}X_i + P_{12}Y_i + P_{13}Z_i + P_{14} - x_iP_{31}X_i - x_iP_{32}Y_i - x_iP_{33}Z_i - x_iP_{34} = 0$$

$$P_{21}X_i + P_{22}Y_i + P_{23}Z_i + P_{24} - y_iP_{31}X_i - y_iP_{32}Y_i - y_iP_{33}Z_i - y_iP_{34} = 0 \tag{2.1.17}$$

每对标定点都可以得到这样 2 个类似的方程。将投影矩阵 P 表示为向量 L，有：

$$L = [P_{11}, P_{12}, P_{13}, P_{14}, P_{21}, P_{22}, P_{23}, P_{24}, P_{31}, P_{32}, P_{33}, P_{34}]^\top$$

因此，给定 n 个标定点，可以得到 $2n$ 个这样的方程，其矩阵形式为：

$$AL = 0 \tag{2.1.18}$$

其中：

$$A = \begin{bmatrix} X_1 & Y_1 & Z_1 & 1 & 0 & 0 & 0 & 0 & -x_1X_1 & -x_1Y_1 & -x_1Z_1 & -x_1 \\ 0 & 0 & 0 & 0 & X_1 & Y_1 & Z_1 & 1 & -y_1X_1 & -y_1Y_1 & -y_1Z_1 & -y_1 \\ \vdots & \vdots & \vdots & \vdots & \vdots & \vdots & \vdots & \vdots & \vdots & \vdots & \vdots & \vdots \\ X_n & Y_n & Z_n & 1 & 0 & 0 & 0 & 0 & -x_nX_n & -x_nY_n & -x_nZ_n & -x_n \\ 0 & 0 & 0 & 0 & X_n & Y_n & Z_n & 1 & -y_nX_n & -y_nY_n & -y_nZ_n & -y_1 \end{bmatrix}$$

式 (2.1.18) 通常没有关于 L 的非零解，只能求最优解，即将问题归结为在满足条件 $\|L\|=1$ 下最小化 $\|AL\|^2$，对称矩阵 $A^\top A$ 的最小特征根所对应的特征向量，就是该问题的最优解。为了降低噪声的影响，通常用上述方法获得的解作为初始值，并用重投影距离最小化来进一步优化投影矩阵的解，即：

$$\min_{\boldsymbol{P}} \sum_{i=1}^{n} d(\boldsymbol{x}_i, \pi(\boldsymbol{P}\hat{\boldsymbol{X}}_i))^2, \quad \text{s.t. } \|\boldsymbol{P}\|=1 \tag{2.1.19}$$

式中，$d(\cdot,\cdot)$ 是图像像素点间的距离函数，$\pi((x,y,w)^\top) = (x/w, y/w)^\top$ 称为投影函数，将齐次坐标转换为二维坐标。这里，将三维点 $\boldsymbol{X}_i$ 用当前求得的投影矩阵 $\boldsymbol{P}$ 重新投影至图像平面，该点称为重投影点，其坐标为 $\pi(\boldsymbol{P}\hat{\boldsymbol{X}}_i)$；该点与图像点 $\boldsymbol{x}_i$ 的距离称为重投影距离。式 (2.1.19) 的最优化结果，将使得重投影点与图像点整体上最为接近。值得注意的是，$\boldsymbol{P}\hat{\boldsymbol{X}}_i$ 是点的齐次坐标，因此该距离函数是投影矩阵参数的非线性函数。通常采用 LM (Levenburg-Marquadt) 算法计算得到该目标函数的最优解。

2.2 镜头的非线性畸变

为提高拍摄照片的品质，相机通常采用复杂的光学镜头，导致其成像方式不再遵循理想的针孔成像模型，再加上光电信号的采样转换，不可避免地造成拍摄图像的畸变。这种由相机内部成像结构带来的影像形变，称为镜头畸变，它刻画了相机成像的失真程度。除了上节介绍的线性镜头畸变，相机还有更为复杂的非线性镜头畸变，其种类多样，例如，散光、色差、球面像差和几何畸变等。鉴于篇幅所限，本节仅简单介绍两种典型的非线性几何畸变（径向畸变和切向畸变）及其校正方法。至于其他类型的非线性畸变校正，感兴趣的读者可以参阅文献 (Willson, 1994b)。

　　径向畸变主要是由于透镜几何形状而导致的畸变,主要包括桶形畸变和枕形畸变(如图 2.6 所示)。

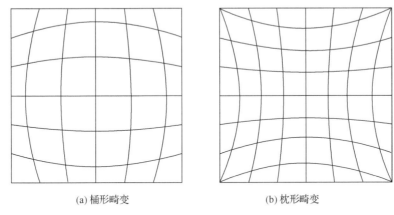

(a) 桶形畸变　　　　　　　　　　　(b) 枕形畸变

图 2.6　镜头的径向畸变

　　通常,广角镜头容易产生桶形畸变,长焦镜头容易产生枕形畸变。容易发现,图像中心区域的畸变较小,而图像边缘区域的畸变则较为明显,即径向畸变的程度与离中心的距离呈正相关关系。因此,我们可以采用与中心的距离 r 的偶数次多项式来定义径向畸变(Tsai, 1987),具体计算模型为:

$$
\begin{aligned}
x_d' &= x'(1 + \kappa_1 r^2 + \kappa_2 r^4 + \kappa_3 r^6 + \cdots) \\
y_d' &= y'(1 + \kappa_1 r^2 + \kappa_2 r^4 + \kappa_3 r^6 + \cdots)
\end{aligned}
\tag{2.2.1}
$$

式中 (x', y') 是准确的成像平面上的投影点坐标, $r^2 = x'^2 + y'^2$, (x_d', y_d') 是畸变的投影点坐标; $\kappa_1, \kappa_2, \kappa_3$ 等是径向畸变的参数,一般来说,取前面两项就足够了。

　　另一种对成像质量有较大影响的几何畸变是切向畸变。切向畸变主要是由于透镜和成像平面不严格平行造成的,可通过引入 p_1, p_2 参数,近似地进行建模校正:

$$
\begin{aligned}
x_d' &= x'(1 + \kappa_1 r^2 + \kappa_2 r^4 + \cdots) + 2p_1 x' y' + p_2(r^2 + 2x'^2) \\
y_d' &= y'(1 + \kappa_1 r^2 + \kappa_2 r^4 + \cdots) + p_1(r^2 + 2y'^2) + 2p_2 x' y'
\end{aligned}
\tag{2.2.2}
$$

　　相机的镜头几何畸变通常利用定标板来校正。均匀的正方形棋盘格是最为常用的定标板。假设定标板图像上的某个棋盘格交叉点的图像坐标为 (u, v),以定标板作为坐标平面建立世界坐标系,则定标板平面有 $Z = 0$;由于棋盘格点均匀分布,容易计算得到交叉点 (u, v) 在世界坐标系中的空间坐标 $(X, Y, 0)$。该三维空间点经透视投影映射到成像平面,得到投影点 (x', y'),进而由式(2.2.1)或式(2.2.2)

计算得到其畸变点 (x'_d, y'_d)，最后通过内参矩阵变换得到其投影到实际拍摄的图像上的像素点 (x, y)。棋盘格交叉点在实际拍摄图像上的位置 (x, y) 可以由角点检测得到，这样每个棋盘格交叉点都可以建立一对 3D-2D 对应点。通过最小化所有棋盘格交叉点的重投影误差，即可优化求解出相机的畸变参数及其内参矩阵和外参矩阵。相关算法细节参考文献 (Tsai, 1987) 和文献 (Zhang, 2000)。

2.3 其他相机模型

针孔相机模型是最简单，也是最常用的相机模型，属于有限相机模型。本节简单介绍一下无限相机模型，该模型假设相机的光心位于无穷远处。根据成像平面是否为无穷远平面，无限相机模型又可分为仿射和非仿射两类，其中仿射相机模型最具代表性。

仿射相机模型的成像平面为无穷远平面，相机光心也位于无穷远处，因此其投影矩阵 P 的最后一行为 $(0,0,0,1)$，它将无穷远点映射到无穷远点。仿射相机的投影矩阵可以表示为：

$$P = \begin{bmatrix} m_{11} & m_{12} & m_{13} & t_1 \\ m_{21} & m_{21} & m_{23} & t_2 \\ 0 & 0 & 0 & 1 \end{bmatrix} \tag{2.3.1}$$

其中 (t_1, t_2) 为世界坐标系原点在图像空间的坐标。可以看出，该矩阵仅有 8 个自由度，并且秩为 3。仿射相机模型的投影变换为：

$$\begin{pmatrix} x \\ y \end{pmatrix} = \begin{bmatrix} m_{11} & m_{12} & m_{13} \\ m_{21} & m_{22} & m_{23} \end{bmatrix} \begin{pmatrix} X \\ Y \\ Z \end{pmatrix} + \begin{pmatrix} t_1 \\ t_2 \end{pmatrix} \tag{2.3.2}$$

对于场景中的平行线来说，通过仿射相机模型变换到图像上的线依然是平行的，因为平行线的交点为无穷远点，而无穷远点通过仿射相机变换依然为无穷远点，所以在图像上依然保持平行。

正交投影是仿射相机模型的一个特例，其投影矩阵为：

$$P = \begin{bmatrix} r^{1\top} & t_1 \\ r^{2\top} & t_2 \\ 0^{\top} & 1 \end{bmatrix} \tag{2.3.3}$$

式中，$r^{1\top}$ 和 $r^{2\top}$ 是旋转矩阵的前两行构成的三维向量。正交投影有五个自由度，分别为旋转的三个分量以及两个偏移参数。正交投影变换相当于先做一个欧氏变换，然后直接去掉 Z 轴坐标作为变换后的图像坐标。

在实际应用中，相机光心是无法处于无穷远处的，因此仿射相机模型仅是对有限相机模型的一种近似，来有效减少模型参数，便于求解。但是，由于是近似的模型，必会引入误差，该误差与相机的视域和场景的深度分布密切相关。当场景的视域越小，也就是相机的焦距越大，或者场景深度比较一致时，使用仿射相机模型产生的误差越小，反之越大。因此，对于焦距比较小，或者场景的深度分布不均匀，尤其是有明显的前景和背景的情形，应该尽量避免使用仿射相机模型。

2.4 小结

相机模型建立了三维空间点与图像像素点之间的变换关系，是从图像中恢复场景结构的基础。本章简单介绍了针孔相机的数学模型，给出了相机坐标系、世界坐标系、图像坐标系之间的变换关系，定义了相机的内部参数和外部参数矩阵。针孔相机是一个理想的相机模型，由于光学和电子元器件的原因，相机实际拍摄到的图像存在畸变。相机的线性畸变可以由内部参数矩阵刻画，但是镜头的非线性几何畸变，需要预先标定建立其畸变模型。相机的畸变校正技术已经比较成熟，在所拍摄的图像上，已经难以观察到明显的畸变。

第 3 章

实景的三维结构恢复和重建

从实景图像中恢复实物的表面几何是计算机视觉的基本任务,在增强现实中常常用来建立实景与观察者视野(相机)的坐标变换关系,为虚拟物体与现实空间的三维注册奠定基础。上一章介绍的相机模型建立了三维空间点至二维图像的几何映射关系。从数学上来说,这个映射是唯一的,但其逆向映射,即图像点至三维空间的映射,则不唯一。因此,由二维图像恢复三维几何是一个病态的问题,这极大增加了求解的难度。经过多年的发展,由图像重建场景三维结构的技术日益成熟,并开始得到广泛的应用。其基本原理是在相机模型的基础上,通过图像的特征点匹配,建立从不同视角拍摄图像的场景点之间的对应关系,根据多视图几何原理,优化计算得到这些场景点的三维坐标和相机的位姿参数,这就是经典的运动恢复结构(structure from motion, SfM)问题。鉴于该技术能有效恢复相机的位姿,因此可天然地用来解决增强现实所需的空间三维注册问题。但是,由运动恢复结构技术所恢复的场景三维点云一般非常稀疏,难以直接用来重建场景的三维模型。为此,需要进一步对场景进行稠密重建,获得场景表面的三维网格几何和纹理的完整表达,从而为虚拟物体与现实环境的沉浸式(具有几何、光照和遮挡关系)视觉融合奠定基础。本章将从多视图几何的基本原理出发,介绍图像的特征点提取与匹配、运动恢复结构、三维几何重建、表面纹理重建等基本算法,以及近年来涌现的提高其鲁棒性和精确性的优化策略。

3.1　多视图几何原理

现实世界的物体都是三维的,我们日常所观察到的却是它们投影在视网膜上的二维图像。本质上,这是一个三维到二维的几何变换结果。容易发现,这个变换拥有许多有趣的特性。我们在不同的位置,以不同的角度,观察同一个物体时,会看到不同的结果。例如,立方体两条边之间的直角可以在不同的方位被观察到钝角或锐角,这意味着这种变换不保持角度;两条等长的直线 A、B,可以被观察到 A 比 B 长,也可以被观察到 B 比 A 长,这意味着这种变换是不保持长度的,不仅如此,理论表明,这种变换也不保持长度比例。当然,我们也可以根据经验总结出一些大致的规律,如"近大远小",画立方体要找到"消失点"等,这说明这种变换拥有一定的内禀性质。因此,我们需要建立有效的数学模型,精准地刻画上述变换及其所蕴含的几何关系,从而为由二维图像逆向重建三维场景奠定计算基础。本节所介绍的多视图几何就是这类数学模型。

3.1.1　双视图几何

数学上,第 2 章所介绍的相机模型定义了三维空间到二维图像空间的几何映射,准确模拟了相机拍摄三维场景的过程。因此,当我们从不同的视角拍摄同一个场景时,相机所拍摄的图像就是场景中物体在不同外参与内参所定义的相机像平面上的投影。显然,这些图像之间存在着内在的几何约束关系。因此,一个自然的问题是,当拥有同一场景的系列图像时,我们能否利用它们所隐含的几何约束估计出三维场景结构和相机参数呢?答案是肯定的。计算机视觉的多视图几何原理正是解决这一问题的有效数学工具。

为了便于理解,我们先介绍双视图几何原理(Hartley et al., 2004)。我们以图 3.1 来辅助说明。图 3.1(a)显示的是从两个不同角度拍摄同一场景的两张图像。实际上,左图花朵上的一个点(用蓝色点表示),其在右图对应的点将位于一条直线(用绿色线表示)上。这是因为从相机中心穿过图像上的该点延伸出一条射线,这个点所对应的三维位置一定在这条射线上,如图 3.1(b)所示。此时,如果从另外一个视线角度来看,这条射线在该图像上的投影是一条二维线段 l',称之为该点对应的极线(epipolar line)。假设两个相机的光心分别为 C 和 C',那么其连线 CC' 称之为基线(baseline)。基线与两个视图平面的交点称之为极点(epipole),分别记为 e 和 e'。所有极线必定经过极点。两幅图像的相机光心和空间中的一个三维点构成了一个极平面 π。因此,如果知道相机的内外参数,那么所有这些极点和极线都是完全确定的。

(a) 双视图

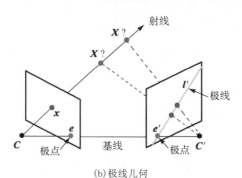

(b) 极线几何

图 3.1 双视图几何

不失一般性，假设左右视图的投影矩阵分别为 P 与 P'，相机内参矩阵分别为 K 和 K'。以左视图为参考视图，则它的投影矩阵可以表示为 $P = K[I \,|\, 0]$，相机光心位置 $C = 0$。右视图投影矩阵 $P' = K'[R \,|\, t]$，相机光心位置 $C' = -R^\top t$，R 和 t 分别为旋转矩阵和平移向量。三维点 X 在左右视图上的投影点分别为 x 和 x'，其齐次坐标表示为 $\hat{x}$ 和 $\hat{x}'$，则有：

$$\hat{x} \sim K[I \,|\, 0]\hat{X}$$
$$\hat{x}' \sim K'[R \,|\, t]\hat{X} \tag{3.1.1}$$

x 和 x' 对应的极线分别为 l 和 l'。根据点在线上建立的数学约束，可以得到如下等式：

$$\hat{x}^\top l = 0$$
$$\hat{x}'^\top l' = 0 \tag{3.1.2}$$

极点 e 是相机光心 C' 在左视图的投影点，极点 e' 是相机光心 C 在右视图上的投影点，因此将两个光心坐标代入式(3.1.1)，可以得到：

$$e = -KR^\top t$$
$$e' = K't \tag{3.1.3}$$

考虑图像上的点 x 所对应的三维点坐标，根据光线的直线传播属性，所有光心 C 与 x 所形成的射线上的点，都会成像于 x。光心位于投影矩阵的零向量，因此 $PC = 0$。光心 C 与 x 的射线可由自由度 s 和方向 $P^\dagger \hat{x}$ 所定义，其中 $P^\dagger$ 是矩阵 P 的广义逆，即 $P^\dagger = P^\top (PP^\top)^{-1}$，其齐次坐标方程可以写成：

$$\hat{X} = sP^\dagger \hat{x} + C \tag{3.1.4}$$

两边乘以矩阵 P：

$$P\hat{X} = sPP^\dagger \hat{x} + PC = sPP^\top (PP^\top)^{-1} \hat{x} + 0 = s\hat{x} \tag{3.1.5}$$

根据式 (3.1.1) 与投影矩阵的定义，可知式 (3.1.5) 成立，验证了式 (3.1.4) 的正确性。由于 P 的特殊性，可知 $P^\dagger = \begin{bmatrix} K^{-1} \\ 0 \end{bmatrix}$，$C = (0,0,0,1)^\top$。而左视图的光心 C 在右视图上的投影为极点 e'，因此 $P'C = e'$。由此，$\hat{x}$ 与 $\hat{x}'$ 之间的几何关系可表示为：

$$\hat{x}' \sim P'\hat{X} = P'(sP^\dagger \hat{x} + C) = sP'P^\dagger \hat{x} + e' \tag{3.1.6}$$

令 $H = P'P^\dagger$，那么我们可以得到 $\hat{x}' \sim sH\hat{x} + e'$。极线 l' 经过 e' 和 $\hat{x}'$，因此有如下关系：

$$l' = e' \times \hat{x}' \tag{3.1.7}$$

向量叉乘有特殊的算法规则，为了算法表述的一致性，我们尽量采用矩阵算子来表达。设有两个三维向量 $a = (a_x, a_y, a_z)^\top$ 和 $b = (b_x, b_y, b_z)^\top$，定义 3×3 的斜对称矩阵 $[a]_\times$ 为：

$$\tag{3.1.8}$$

$$[a]_\times = \begin{bmatrix} 0 & -a_z & a_y \\ a_z & 0 & -a_x \\ -a_y & a_x & 0 \end{bmatrix}$$

则向量叉乘可表示为矩阵乘积：

$$a \times b = [a]_\times b \tag{3.1.9}$$

容易验证 $[a]_\times$ 的行列式值为 0。实际上，$[a]_\times$ 是秩为 2 的退化矩阵。式 (3.1.7) 进而表示为：

$$l' = [e']_\times \hat{x}' \tag{3.1.10}$$

将 $\hat{x}' \sim sH\hat{x} + e'$ 和 $l' = [e']_\times \hat{x}'$ 联合，可以得到：

$$l' = [e']_\times (sH\hat{x} + e') = s[e']_\times H\hat{x} \tag{3.1.11}$$

代入式 (3.1.2)，消去 s 可以得到：

$$\hat{x}'^\top [e']_\times H\hat{x} = 0 \tag{3.1.12}$$

令 $F = [e']_\times H$，式 (3.1.12) 可以改写为如下等式：

$$\hat{x}'^\top F \hat{x} = 0 \qquad (3.1.13)$$

F 就是著名的基础矩阵 (fundamental matrix)，它描述了两幅图像上对应点的几何约束，即 x 和 x' 与两个相机的光心 C 和 C' 四点共面。容易证明，矩阵 F 的各元素同时乘以一个非零常数，式 (3.1.13) 仍然成立，再加上 F 的秩为 2，所以 F 是自由度为 7、秩为 2 的 3×3 矩阵。在之前的介绍中我们已经推导得到 $e' = K't$，$H = P'P^\dagger = K'RK^{-1}$，因此在内参已知的情况下，可以进一步得到如下等式：

$$
\begin{aligned}
F &= [K't]_\times K'RK^{-1} \\
&= K'^{-\top} [t]_\times RK^{-1}
\end{aligned}
\qquad (3.1.14)
$$

式中，$E = [t]_\times R$ 又称为本质矩阵 (Longuet-Higgins, 1981)。

3.1.1.1 基础矩阵和本质矩阵的求解

基础矩阵描述了两张图像之间的几何约束关系，那么如何从给定的两张图像中恢复出它们之间的基础矩阵呢？如果我们获得了两张图像的若干匹配对应点，那么可以使用八点法 (Longuet-Higgins, 1981; Hartley, 1995) 来完成这一任务。

给定一对匹配点 $x = (u,v)^\top$ 和 $x' = (u',v')^\top$，根据式 (3.1.13) 可以得到如下等式：

$$
\begin{pmatrix} u & v & 1 \end{pmatrix}
\begin{bmatrix} f_{11} & f_{12} & f_{13} \\ f_{21} & f_{22} & f_{23} \\ f_{31} & f_{32} & f_{33} \end{bmatrix}
\begin{pmatrix} u' \\ v' \\ 1 \end{pmatrix} = 0
\qquad (3.1.15)
$$

f_{ij} 表示基础矩阵 F 的第 i 行、第 j 列的元素。将该等式改写一下，可以写成两个向量点积的形式：

$$
\begin{pmatrix} uu' & uv' & u & vu' & vv' & v & u' & v' & 1 \end{pmatrix}
\begin{pmatrix} f_{11} \\ f_{12} \\ f_{13} \\ f_{21} \\ f_{22} \\ f_{23} \\ f_{31} \\ f_{32} \\ f_{33} \end{pmatrix} = 0
\qquad (3.1.16)
$$

如果已知 8 对对应点 $(u_i, v_i)^\top$ 和 $(u'_i, v'_i)^\top$ $(i = 1, 2, \cdots, 8)$，则可以构建如下方

程组求解：

$$\begin{bmatrix} u_1u_1' & u_1v_1' & u_1 & v_1u_1' & v_1v_1' & v_1 & u_1' & v_1' & 1 \\ u_2u_2' & u_2v_2' & u_2 & v_2u_2' & v_2v_2' & v_2 & u_2' & v_2' & 1 \\ u_3u_3' & u_3v_3' & u_3 & v_3u_3' & v_3v_3' & v_3 & u_3' & v_3' & 1 \\ u_4u_4' & u_4v_4' & u_4 & v_4u_4' & v_4v_4' & v_4 & u_4' & v_4' & 1 \\ u_5u_5' & u_5v_5' & u_5 & v_5u_5' & v_5v_5' & v_5 & u_5' & v_5' & 1 \\ u_6u_6' & u_6v_6' & u_6 & v_6u_6' & v_6v_6' & v_6 & u_6' & v_6' & 1 \\ u_7u_7' & u_7v_7' & u_7 & v_7u_7' & v_7v_7' & v_7 & u_7' & v_7' & 1 \\ u_8u_8' & u_8v_8' & u_8 & v_8u_8' & v_8v_8' & v_8 & u_8' & v_8' & 1 \end{bmatrix} \begin{pmatrix} f_{11} \\ f_{12} \\ f_{13} \\ f_{21} \\ f_{22} \\ f_{23} \\ f_{31} \\ f_{32} \\ f_{33} \end{pmatrix} = \boldsymbol{0} \qquad (3.1.17)$$

记上式左边的矩阵和向量分别为 $\boldsymbol{W}$ 和 $\boldsymbol{f}$，当矩阵 $\boldsymbol{W}$ 的秩为 8 时，$\boldsymbol{f}$ 有且仅有一组非零解。根据求解得到的 $\boldsymbol{f}$，可以重新构造得到基础矩阵初值 $\boldsymbol{F}^*$。由于秩为 2 是基础矩阵的必要条件，而求解得到的 $\boldsymbol{F}^*$ 不一定满足这个条件，因此我们需要对该矩阵进一步修正。为了满足该必要条件，我们需要求解一个新的优化问题：

$$\arg\min \| \boldsymbol{F} - \boldsymbol{F}^* \|$$
$$\text{s.t. } \det \boldsymbol{F}^* = 0 \qquad (3.1.18)$$

通常可以使用 SVD 分解的方法来求解该问题。若对 $\boldsymbol{F}^*$ 进行 SVD 分解得到 $\boldsymbol{F}^* = \boldsymbol{U}\boldsymbol{D}\boldsymbol{V}^\top$，其中 $\boldsymbol{D} = \mathrm{diag}(\alpha, \beta, \gamma)$ 为对角阵且 $\alpha \geq \beta \geq \gamma$，那么可以求得该问题的解为 $\boldsymbol{F} = \boldsymbol{U}\mathrm{diag}(\alpha, \beta, 0)\boldsymbol{V}^\top$。

当对应点超过 8 对而且可能有外点(outlier)时，我们一般采用 RANSAC 方法(Fischler et al., 1981)来求解并筛选出内点(inlier)：每次随机选出 8 对点求解 $\boldsymbol{F}^*$，并用其余的对应点计算误差(计算点到对应极线的距离，如式(3.1.22))，如果某对对应点误差小于阈值，则算作是内点，否则算作外点；不断迭代直到达到最大迭代次数或内点数比例大于给定的阈值，然后将内点数最多的 $\boldsymbol{F}^*$ 作为最优解。最后通常还需要用所有的内点对 $\boldsymbol{F}$ 进行非线性优化，其优化目标函数为：

$$\arg\min_{\boldsymbol{F}} \sum_i g(\boldsymbol{x}_i, \boldsymbol{x}_i') \qquad (3.1.19)$$

式中，$\boldsymbol{x}_i$ 和 $\boldsymbol{x}_i'$ 是两帧上第 i 对对应点，$g(\cdot)$ 为距离度量函数。一般用 LM 算法来优化上述目标函数。距离度量存在多种方法，这里介绍其中两种常用的距离度量。第一种是一阶几何误差(first-order geometric error)，又名辛普森距离(Sampson distance)。令 $\epsilon = \boldsymbol{x}_i'^\top \boldsymbol{F}\boldsymbol{x}_i$，$\boldsymbol{J} = \dfrac{\delta(\boldsymbol{x}_i'^\top \boldsymbol{F}\boldsymbol{x}_i)}{\delta \boldsymbol{x}_i}$，则第 i 对对应点的辛普森距离为：

$$\frac{\epsilon^\top \epsilon}{JJ^\top} = \frac{(x_i'^\top F x_i)^2}{JJ^\top} = \frac{(x_i'^\top F x_i)^2}{(F x_i)_1^2 + (F x_i)_2^2 + (F^\top x_i'^\top)_1^2 + (F^\top x_i'^\top)_2^2} \tag{3.1.20}$$

上式分母中的括号下标表示向量的分量序号，下同。需要指出的是，辛普森距离中的 ϵ 通常表述为向量，特别地，此处为一维向量。将 (3.1.20) 代入式 (3.1.19) 可得：

$$\sum_i g(x_i, x_i') = \sum_i \frac{(x_i'^\top F x_i)^2}{(F x_i)_1^2 + (F x_i)_2^2 + (F^\top x_i'^\top)_1^2 + (F^\top x_i'^\top)_2^2} \tag{3.1.21}$$

第二种是对称极线距离 (symmetric epipolar distance)，它形式上与辛普森距离很相似，但度量的是点到极线的距离：

$$\sum_i g(x_i, x_i') = \sum_i \frac{(x_i'^\top F x_i)^2}{(F x_i)_1^2 + (F x_i)_2^2} + \frac{(x_i'^\top F x_i)^2}{(F^\top x_i'^\top)_1^2 + (F^\top x_i'^\top)_2^2} \tag{3.1.22}$$

如果拍摄图像的相机内参已知，我们可以直接求解本质矩阵 E。与基础矩阵不同的是：如果我们判定一个 3×3 的矩阵是本质矩阵，当且仅当它的两个奇异值相等且第三个奇异值为零 (Hartley et al., 2004)。根据这个充要条件，我们同样使用 SVD 分解来根据初解 E^* 重构 E：若对 E^* 进行 SVD 分解得到 $E^* = UDV^\top$，其中 $D = \mathrm{diag}(\alpha, \beta, \gamma)$ 为对角阵且 $\alpha \geq \beta \geq \gamma$，那么可以求得该问题的解为 $E = U\mathrm{diag}(\alpha, \beta, 0)V^\top$。

虽然本质矩阵是一个 3×3 的矩阵，但是它的自由度实际上只有 5。这是因为从本质矩阵的构成来看，平移为三个自由度，旋转为三个自由度；但是，场景尺度不可恢复，需要减去一个自由度。因此其实只需要用五对点就可以求解出本质矩阵。根据 Nistér (2004) 提出的一个基本定理：一个 3×3 的矩阵 E 是本质矩阵，当且仅当它满足

$$EE^\top E - \frac{1}{2}\mathrm{trace}(EE^\top)E = 0 \tag{3.1.23}$$

这与前面提到的判定本质矩阵的充要条件是等价的。

类似于八点法，五点法利用五对点构造一个 5×9 的系数矩阵。当该矩阵行满秩时它的右零空间具有四个单位正交基 (可以通过 SVD 分解或者 QR 分解求得) X, Y, Z, W，那么我们可以得到 $E = xX + yY + zZ + wW$。通常令 $w = 1$，因为本质矩阵与尺度无关。将该式代入式 (3.1.23)，并展开再次构建十个方程，即可解得 x, y, z。具体细节读者可以参考文献 (Nistér, 2004)。

3.1.1.2 单应性矩阵

如果场景中观测到的所有点都落在一个平面上，那么不同视角拍摄的两张图

像之间的映射关系可以用一个平面变换来表示(Malis et al., 2007)。而且，对于处在某平面 $\Pi = (\boldsymbol{n}^\top, d)^\top$ 上的任意一点 $\boldsymbol{X}$，都能满足以下约束等式：

$$\boldsymbol{n}^\top \boldsymbol{X} + d = 0 \tag{3.1.24}$$

注意，这里的参数是在相机坐标系中给出的，因此 d 是相机光心至平面的距离。由于所有可见的平面不经过光心，因此有 $d \neq 0$。整理后可得：

$$-\frac{\boldsymbol{n}^\top \boldsymbol{X}}{d} = 1 \tag{3.1.25}$$

假设平面 Π 上存在一个三维点 $\boldsymbol{X}_1$，被两个不同位置的相机观测到，记 $\boldsymbol{X}_1$ 在两幅图像上投影的像素点分别为 $\boldsymbol{x}_1 = (u_1, v_1)^\top$ 和 $\boldsymbol{x}_2 = (u_2, v_2)^\top$。不失一般性，以图像 1 为参考帧，其相机坐标系设为世界坐标系，图像 2 的投影矩阵为 $\boldsymbol{P} = \boldsymbol{K}_2[\boldsymbol{R} | \boldsymbol{t}]$，那么由双视图几何关系可以得到如下关系式：

$$\hat{x}_2 \sim \boldsymbol{K}_2 (\boldsymbol{R}\boldsymbol{X}_1 + \boldsymbol{t}) \tag{3.1.26}$$

式中，$\hat{x}_2$ 为 $\boldsymbol{x}_2$ 的齐次坐标，由于齐次坐标乘以比例因子不会改变其物理意义，故此处使用 $\sim$ 表示左右两边的相似关系。由于 $\boldsymbol{X}_1$ 在平面上，因此满足约束式 (3.1.25)，将其重新代入式(3.1.26)，可得：

$$\hat{x}_2 \sim \boldsymbol{K}_2 \left(\boldsymbol{R}\boldsymbol{X}_1 + \boldsymbol{t} \left(-\frac{\boldsymbol{n}^\top \boldsymbol{X}_1}{d} \right) \right) \tag{3.1.27}$$

利用 $\boldsymbol{X}_1 \sim \boldsymbol{K}_1^{-1} \hat{x}_1$，稍做整理后可得：

$$\hat{x}_2 \sim \boldsymbol{K}_2 \left(\boldsymbol{R} - \frac{\boldsymbol{t}\boldsymbol{n}^\top}{d} \right) \boldsymbol{K}_1^{-1} \hat{x}_1 \tag{3.1.28}$$

令 $\boldsymbol{H} \sim \boldsymbol{K}_2 \left(\boldsymbol{R} - \dfrac{\boldsymbol{t}\boldsymbol{n}^\top}{d} \right) \boldsymbol{K}_1^{-1}$，这是一个 3×3 的矩阵，称之为单应性矩阵 (Homography)。这样，式(3.1.28)就可表示为：

$$\hat{x}_2 \sim \boldsymbol{H}\hat{x}_1 \tag{3.1.29}$$

因此，对位于同一平面上的点，单应性矩阵将一幅图像上的任意点，映射到另一幅图像上的对应点。也就是说，两张图像中位于同一平面上的所有匹配点之间的坐标变换，都可以用同一个单应性矩阵来表示。

类似于上一节本质矩阵 $\boldsymbol{E}$ 的求法，单应性矩阵的求解可以采用直接线性变换法(direct linear transform, DLT)求解。将式(3.1.29)展开：

$$c\begin{pmatrix} u_2 \\ v_2 \\ 1 \end{pmatrix} = \begin{pmatrix} h_1 & h_2 & h_3 \\ h_4 & h_5 & h_6 \\ h_7 & h_8 & h_9 \end{pmatrix}\begin{pmatrix} u_1 \\ v_1 \\ 1 \end{pmatrix} \tag{3.1.30}$$

式中，c 是便于处理齐次形式的比例因子，将式(3.1.29)左右两边的相似关系转换为相等关系，稍后会被消去。记单应性矩阵 $\boldsymbol{H} = \begin{pmatrix} h_1 & h_2 & h_3 \\ h_4 & h_5 & h_6 \\ h_7 & h_8 & h_9 \end{pmatrix}$。

将式(3.1.30)的第三行代入前面两行，经过整理，消去比例因子 c，可以得到以下两式：

$$h_1 u_1 + h_2 v_1 + h_3 - h_7 u_1 u_2 - h_8 v_1 u_2 - h_9 u_2 = 0 \tag{3.1.31}$$

$$h_4 u_1 + h_5 v_1 + h_6 - h_7 u_1 v_2 - h_8 v_1 v_2 - h_9 v_2 = 0 \tag{3.1.32}$$

将矩阵 $\boldsymbol{H}$ 改写为向量形式 $\boldsymbol{h}$，那么上面两式可以写为：

$$\boldsymbol{A}_i \boldsymbol{h} = \boldsymbol{0} \tag{3.1.33}$$

式中，下标 i 表示第 i 个匹配点对建立的约束条件，且：

$$\boldsymbol{A}_i = \begin{pmatrix} u_1 & v_1 & 1 & 0 & 0 & 0 & -u_1 u_2 & -v_1 u_2 & -u_2 \\ 0 & 0 & 0 & u_1 & v_1 & 1 & -u_1 v_2 & -v_1 v_2 & -v_2 \end{pmatrix} \tag{3.1.34}$$

$$\boldsymbol{h}^{\top} = (h_1 \quad h_2 \quad h_3 \quad h_4 \quad h_5 \quad h_6 \quad h_7 \quad h_8 \quad h_9) \tag{3.1.35}$$

由于单应性矩阵有 8 个自由度，而一对匹配点可以提供 2 个约束条件（$\boldsymbol{A}_i$ 有两行），故至少需要 4 对匹配点（要求没有三点共线）进行求解。因此总共有 4 组 2×9 的 $\boldsymbol{A}_i$ 矩阵，构成 8×9 的系数矩阵 $\boldsymbol{A}$。通过 SVD 分解求得 $\boldsymbol{A}$ 的一维零子空间，可以得到 $\boldsymbol{h}$ 的解空间，进而得到 $\boldsymbol{H}$。

DLT 方法虽然简单直接，但是在有噪声的情况下，求解稳定性会受到影响。Hartley 等(2004)提出了改进方法，对匹配的点对先进行归一化操作（使用相似变换，使得归一化后的匹配点中心与各点的平均距离为 $\sqrt{2}$），然后再对求得的单应性矩阵 $\boldsymbol{H}$ 去归一化。实际应用时，匹配点对往往超过 4 对，我们可以使用非线性优化方法来进一步优化单应性矩阵 $\boldsymbol{H}$。

一般可以使用最小化几何距离(geometric distance)的方式来优化。假设初始的匹配点对为 $\boldsymbol{x}_i$ 和 $\boldsymbol{x}_i'$，几何距离可以用源匹配点 $\boldsymbol{x}_i$ 变换到目标图像上的点 $\boldsymbol{\pi}(\boldsymbol{H}\hat{\boldsymbol{x}}_i)$ 与目标匹配点 $\boldsymbol{x}_i'$ 的欧氏距离来表示：

$$\sum_i d(\boldsymbol{x}_i', \boldsymbol{\pi}(\boldsymbol{H}\hat{\boldsymbol{x}}_i))^2 \tag{3.1.36}$$

式中，d 用于表示两个二维点间的欧氏距离，$\boldsymbol{\pi}((x,y,w)^\top)=(x/w,y/w)^\top$ 为投影函数。

考虑到两张匹配的图都存在误差，可以同时最小化源匹配点 $\boldsymbol{x}_i$ 正向变换（$\boldsymbol{\pi}(H\hat{\boldsymbol{x}}_i)$）之后与目标匹配点 $\boldsymbol{x}_i'$ 的误差，以及目标匹配点 $\boldsymbol{x}_i'$ 反向变换（$\boldsymbol{\pi}(H^{-1}\hat{\boldsymbol{x}}_i')$）到源匹配点 $\boldsymbol{x}_i$ 的误差，即最小化对称传递误差(symmetric transfer error)：

$$\sum_i d(\boldsymbol{x}_i',\boldsymbol{\pi}(H\hat{\boldsymbol{x}}_i))^2 + d(\boldsymbol{x}_i,\boldsymbol{\pi}(H^{-1}\hat{\boldsymbol{x}}_i'))^2 \tag{3.1.37}$$

更一般地，如果认为匹配点对的坐标值也是有噪声的，那么可以选择最小化重投影误差(reprojection error)的方式。同样，设初始的匹配点对为 $\boldsymbol{x}_i$ 和 $\boldsymbol{x}_i'$，而优化的目标除了找到最佳的单应性矩阵 H^* 外，还要找到最佳的匹配点对 $\boldsymbol{u}_i$ 和 $\boldsymbol{u}_i'$，那么代价函数变为：

$$\sum_i d(\boldsymbol{x}_i',\boldsymbol{u}_i')^2 + d(\boldsymbol{x}_i,\boldsymbol{u}_i)^2 \tag{3.1.38}$$

式中，$\boldsymbol{u}_i' = \boldsymbol{\pi}(H^*\hat{\boldsymbol{u}}_i)$。

使用非线性优化的方法求解单应性矩阵虽然在精度上会更高，但是需要提供比较好的初值，而且运算量也会增加。实际应用中，如果没有比较好的初值，可使用基于 DLT 的 RANSAC 方法(Fischler et al., 1981)来估算初值，即每轮迭代中随机采样 4 对匹配点，利用 DLT 方法计算单应性矩阵。获得单应性矩阵后，可以通过 Malis 等(2007)的方法来分解出旋转矩阵 R，平移向量 t 和对应平面的法向量。这一额外的法向信息可有效用于场景平面检测和识别。

3.1.2 多视图几何

前面我们介绍了双视图几何,描述了建立两个视图之间联系的基础矩阵和单应性矩阵。那么在三视图以及更多视图下，它们之间又有怎样的联系呢？对于点来说，多视图相对于双视图有更多的观测值，这对于消除噪声的影响和提高精度有很大帮助。类似于用基础矩阵表达双视图关系，我们可以用三焦点张量(Avidan et al., 2001)表达三视图之间的联系，用四焦点张量表达四视图之间的联系，用 N 焦点张量表达 N 视图之间的联系。

我们以空间直线在三视图上的观测量之间的约束为例,简要介绍三焦点张量的表示形式，如图 3.2 所示。

在三个视图 C,C',C'' 上都观测到了空间直线 L 在它们上的投影 l,l',l''，那么投影线 l,l',l'' 之间有什么约束呢？显然，它们的反投影平面都在空间中交于空间直线 L，可以记为：

$$L = [\Pi, \Pi', \Pi''] \tag{3.1.39}$$

式中，Π, Π', Π'' 依次为投影线 l, l', l'' 的反投影平面。

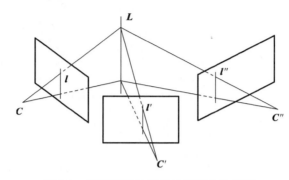

图 3.2 空间直线及其在三视图上的投影

存在一个 $3 \times 3 \times 3$ 的张量 $\boldsymbol{T} = (\boldsymbol{T}_k^{ij}, i, j, k \in \{1,2,3\})$，与投影线 l, l', l'' 之间的关系为：

$$l^\top = l'^\top \boldsymbol{T} l'' \tag{3.1.40}$$

假设三视图对应的投影矩阵为：

$$P = [I \mid 0] \tag{3.1.41}$$

$$P' = [A \mid a] \tag{3.1.42}$$

$$P'' = [B \mid b] \tag{3.1.43}$$

那么式 (3.1.40) 中的张量 $\boldsymbol{T}$ 可以由以下关系式求得：

$$\boldsymbol{T}_i^{jk} = a_i^{\ j} b_4^{\ k} - a_4^{\ j} b_i^{\ k} \tag{3.1.44}$$

这里 a_i, b_i 是对应投影矩阵的第 i 列（$i = 1,2,3,4$）。可以看到，三焦点张量 $\boldsymbol{T}$ 表达了三视图中三条投影线之间的关系，而且表达式中并没有显式刻画空间直线 L。

然而，三焦点张量虽然形式上与两视图的基础矩阵对应，但是它难以可视化表示，而且点线情形对应的是不同的三焦点张量，这使得这种张量表示方式并不实用。在实际应用过程中，一般用矩阵的表达来联立多视图的多个约束关系，然后视具体情形定义未知量、观测量与常量，进而解决多视图几何中的问题。

例如图 3.2 中的三视图情景，我们可以列出各个视图上每条直线与其通过相机光心的反向投影平面的关系：

$$\Pi = P^\top l \tag{3.1.45}$$

$$\Pi'=\boldsymbol{P}'^{\top}\boldsymbol{l}' \tag{3.1.46}$$

$$\Pi''=\boldsymbol{P}''^{\top}\boldsymbol{l}'' \tag{3.1.47}$$

因为投影线 $\boldsymbol{l},\boldsymbol{l}',\boldsymbol{l}''$ 是同一空间直线 $\boldsymbol{L}$ 在不同方向的投影,因此它们各自的反投影平面 Π 并不相互线性独立,这意味着其中的一个平面其实可以表示成另外两个平面的线性组合,这种约束关系可以通过下式来刻画:

$$\boldsymbol{M}=[\Pi,\Pi',\Pi''] \tag{3.1.48}$$

即它们的反投影平面组成的 4×3 矩阵 $\boldsymbol{M}$ 的秩为 2。式(3.1.45)~式(3.1.48)充分表达了场景的空间约束关系,虽然相比三焦点张量表示,形式变复杂了,但是更易于理解和使用。

对于多视图场景,空间点 $\boldsymbol{X}_j$ 与其在不同视图下的观测量 $\boldsymbol{x}_{ij}$ 的关系为:

$$\boldsymbol{x}_{ij} = \boldsymbol{P}_i \hat{\boldsymbol{X}}_j \tag{3.1.49}$$

式中, $\boldsymbol{x}_{ij}$ 代表 $\boldsymbol{X}_j$ 在第 i 个视图下的投影, $\boldsymbol{P}_i = \boldsymbol{K}_i[\boldsymbol{R}_i\,|\,\boldsymbol{t}_i]$ 代表第 i 个视图的投影矩阵。假设有 n 个视图、m 个三维点,则我们可以通过最小化如下目标函数求解出相机参数:

$$E_{BA}(\boldsymbol{P}_1,\boldsymbol{P}_2,\cdots,\boldsymbol{P}_n,\boldsymbol{X}_1,\boldsymbol{X}_2,\cdots,\boldsymbol{X}_m)=\sum_i\sum_j w_{ij}\parallel \boldsymbol{\pi}(\boldsymbol{P}_i\hat{\boldsymbol{X}}_j)-\boldsymbol{x}_{ij}\parallel^2 \tag{3.1.50}$$

式中, w_{ij} 为相应的可见性因子,如果 $\boldsymbol{X}_j$ 在第 i 个视图上可见则 $w_{ij}=1$,否则 $w_{ij}=0$。旋转矩阵 $\boldsymbol{R}_i$ 和平移向量 $\boldsymbol{t}_i$ 的自由度都为 3。内参矩阵 $\boldsymbol{K}_i$ 与具体的相机模型有关(详见第 2 章),以一般的针孔模型为例, $\boldsymbol{K}_i$ 自由度为 5。因此如果观测量足够多,那么我们还可以在相机内参未知的情况下,同时求解出相机的内外参数以及点的三维坐标。具体的技术细节,我们将在 3.3 节中详细介绍。

3.2　特征提取与匹配

对于 SfM 来说,首先需要为不同图像上的特征建立匹配关系,然后建立优化目标函数,进而求解出相机的内外参数和三维稀疏点云。图像的特征是对图中一些重要的区域(一般是图像中亮度或形状变化比较剧烈的部分)进行提炼之后的表达,常用的特征形式是点和线。特征的提取和匹配对于很多视觉任务来说至关重要,直接影响后续任务的稳定性。接下来,本节将重点介绍一些有代表性的特征提取和匹配方法。

3.2.1 特征提取

原始图像携带的信息量往往过大，如一张 8 位的 640×480 像素的灰度图的信息量高达 2457600 比特，相对于特定任务（如图像搜索、目标跟踪）所需的关键信息，这显得太过冗余，因此需要将它从一个高维空间映射到任务相关性更强的低维特征空间上，这个过程就是特征提取。

图像中的点和物体边缘是两种最常见的局部特征形式。特征点是以它为中心的局部图像块在任意方向上颜色都剧烈变化的像素(Forsyth et al., 2011)。由于特征点常常出现在两条边的交汇处，所以又称为"角点"（corner point）。点由于自带明确的位置信息，是很多视觉任务的基础，因此又常常称特征点为"兴趣点"（interest point），或"关键点"（key point）。边缘可认为是图像中拥有梯度方向相似且梯度模较大的相邻点组成的集合。在很小的区域内，边缘近乎直线段，因此局部图像中的边缘具有明显的方向性。这些小的边缘可以聚合成曲线、轮廓，进而形成图像的语义信息。

特征有很多重要的性质，其中最重要的是"可重复性"，指对一张图像进行旋转、尺度、光照、视角变化等变换操作之后，仍能在相同的位置重复提取出同一特征(Schmid et al., 2000)。同一特征对某一类具有相同模式的局部图像应产生相同的响应，即每次在相同类型场景中所提取到的特征位置及其描述应该是一一对应的，由此引申出特征的尺度不变、旋转不变和仿射不变等性质。

3.2.1.1 图像预处理

特征一般存在于图像梯度模较大的地方。在提取特征时，常常采用灰度图像，此时图像可表示为双变量的标量函数。这样，图像的梯度可定义为：

$$\nabla I(x,y) = \left(\frac{\partial I(x,y)}{\partial x}, \frac{\partial I(x,y)}{\partial y} \right)^{\top} \tag{3.2.1}$$

显然，梯度是由图像在 x 和 y 方向上的一阶偏导数构成的向量。因为图像坐标是间隔为 1 的离散值，所以水平方向上的梯度分量可以近似表示为：

$$\frac{\partial I(x,y)}{\partial x} \approx I(x+1,y) - I(x,y) \tag{3.2.2}$$

竖直方向上的梯度分量同理可得。在图像处理中，图像的二阶导采用拉普拉斯算子获得的标量来简单表示，即：

$$\nabla^2 I(x,y) = \frac{\partial^2 I(x,y)}{\partial x^2} + \frac{\partial^2 I(x,y)}{\partial y^2} \tag{3.2.3}$$

对图像求导一般采用滤波操作实现。根据卷积核（即滤波器）的不同，有求一阶偏导数的 Sobel 算子(Gonzalez et al., 2001)和求二阶导的拉普拉斯算子与高斯拉普拉斯算子等。图 3.3 给出了这些算子对应的卷积核。对图像求导的过程实际上是一个高通滤波过程，图像高频部分(即颜色随着空间变化大的部分)的响应值更大。由于感光元件和曝光条件的影响，图像中难免存在大量的噪声(高频信号)，考虑到求导操作会放大噪声，因此需要先用一个低通滤波器平滑图像，以抑制噪声。为了避免滤波器对特征方向的干扰，通常采用圆对称滤波器。高斯滤波器是常用的圆对称滤波器。平滑滤波以后，再求取图像的一阶导或二阶导。一般来说，采用高斯滤波卷积核来对图像进行平滑：

$$G_\sigma(x, y) = \frac{1}{\sqrt{2\pi\sigma^2}} \exp\left(-\frac{x^2 + y^2}{2\sigma^2}\right) \tag{3.2.4}$$

然后，再用 Sobel 算子或者拉普拉斯算子进行滤波，获得图像的一阶导或二阶导。由于卷积满足结合律，这两个过程可以合二为一，例如对高斯函数进行拉普拉斯操作，获得高斯拉普拉斯算子，再使用高斯拉普拉斯算子对图像进行滤波，即可得到图像抑制噪声后的二阶导。

(a) Sobel(水平方向)

(b) 拉普拉斯

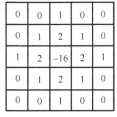

(c) 高斯拉普拉斯

图 3.3　三种常用于梯度计算的离散卷积核

3.2.1.2　特征点提取

特征点通常用于特征匹配与跟踪，一般取以特征点为中心的一个小窗口，观察其中的图像块是否在另一幅图像中有匹配。这个图像块必须足够独特，即一旦在任意方向上产生偏移，都会导致较大的差异。因此，判断一个像素是否是特征点，可以根据该像素周围一个窗口 W 中的像素构成的自相关矩阵来确定(Szeliski et al., 2010)：

$$\boldsymbol{M} = \omega(x, y) * \begin{pmatrix} \left(\dfrac{\partial I(x, y)}{\partial x}\right)^2 & \dfrac{\partial I(x, y)}{\partial x}\dfrac{\partial I(x, y)}{\partial y} \\ \dfrac{\partial I(x, y)}{\partial y}\dfrac{\partial I(x, y)}{\partial x} & \left(\dfrac{\partial I(x, y)}{\partial y}\right)^2 \end{pmatrix} \tag{3.2.5}$$

式中，$\omega(x,y)$ 为定义在窗口 W 中的核函数，一般为圆对称函数，比如高斯函数；*为卷积算子，下同。

自相关矩阵是梯度变化的度量矩阵，其最小特征根所对应的特征向量是梯度变化最小的方向。如果自相关矩阵的两个特征值都比较大，那么说明图像块在任意方向上的移动都会导致较大的梯度变化，因此该点是特征点；如果自相关矩阵的一个特征值远远大于另一个特征值，那么该点是边缘上的点，较大特征值对应着垂直于边缘方向的特征向量；如果两个特征根都很小，则该点缺乏任何特征。Harris 等（1988）提出的 Harris 角点检测方法采用一个响应函数来替代上述准则：

$$\xi = \det(\boldsymbol{M}) - \alpha \cdot \operatorname{trace}(\boldsymbol{M})^2 = \lambda_0 \lambda_1 - \alpha(\lambda_0 + \lambda_1)^2 \tag{3.2.6}$$

式中，λ_0 和 λ_1 是 $\boldsymbol{M}$ 的两个特征值，α 取值范围常设为 0.04～0.06。我们可以计算图像每个图像块的自相关矩阵的响应值 ξ。如果响应 ξ 超过给定阈值并且是局部最大值，则该点为特征点；如果 ξ 的绝对值很小，则为平坦区域；如果 ξ 为负值并有较大的绝对值，则该点为边缘点。Harris 特征因为对旋转、平移、光照变化和噪声都不太敏感，所以在相当长的时间里是非常重要的角点检测算子。

FAST（features from accelerated segment test）特征是一种用于快速检测角点的算法（Rosten et al., 2006），其核心思想是，如果像素与周围邻域内足够多的像素的灰度差异较大，则该像素可能是角点。FAST 速度很快，原因是它会先选较少的点进行比较，再依次增多。以点 p 为圆心，半径为 3 的圆周上选取 16 个像素为候选比较点，表示为 $p_1 \sim p_{16}$。首先计算中心点 p 与 p_1 和 p_9 的像素值差，如果绝对值都小于阈值 t，则该中心点非特征点；否则，p_1 和 p_9 作为候选点，并扩大比较范围，继续计算中心点与圆周点的差异；这个过程中先比较中心点与 p_1，p_5，p_9，p_{13} 的差异，如果 3 个或以上的点满足与中心点的像素值差异不小于阈值 t，再比较中心点与所有 16 个圆周点。FAST 特征提取示意图如图 3.4 所示。因为 FAST 特征计算出来的点可能在纹理丰富处大量聚集，所以有必要对所有计算得到的特征进行非极大值抑制，如要求特征的响应（如 FAST 特征中心点与 16 个临近点的像素值差异之和）必须大于其周围半径 r 区域内的特征并超过一定阈值。

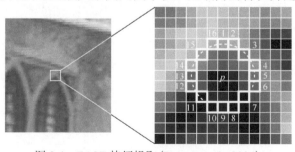

图 3.4　FAST 特征提取（Rosten et al., 2006）

为了在不同方向、不同分辨率的图像中稳定地提取特征点，特征点需要满足旋转不变性和尺度不变性。旋转不变性是指，物体发生旋转时，相关的特征仍能被准确地识别。主流的做法是对检测到的特征点周围的图像块计算一个主方向（dominant orientation）。常见的主方向的计算方法有四种：第一种是计算特征点周围区域的平均梯度，以此方向作为特征的方向；第二种是以梯度值最大的点的方向作为主方向；第三种是如 SIFT 特征(Lowe, 2004)一样，先对特征点周围梯度做一次高斯滤波，随后统计周围所有像素点对应的梯度，建立一个梯度直方图，并将梯度直方图的峰值对应的梯度方向作为主方向；第四种是如 ORB 特征(Rublee et al., 2011)一样通过求解灰度质心得到主方向。

在介绍尺度不变性之前，先要理解尺度空间。Lindeberg(1998)采用不同方差的高斯滤波器对图像进行卷积操作，获得一个三变量函数，即：

$$L(x,y,\sigma)=G_\sigma(x,y)*I(x,y) \tag{3.2.7}$$

式中，$G_\sigma(x,y)$ 为方差为 σ 的零均值高斯函数。σ 越大，图像越模糊，因此 σ 构成了图像的第三个维度，称为图像的尺度空间。直观上来讲，大的 σ 值对应于大尺度、低分辨率、图像粗略的观测；小的 σ 的值对应于小尺度、高分辨率、图像精细的观测。因此，$L(x,y,\sigma)$ 是金字塔形的，故称为图像金字塔。不同分辨率图像提取到的特征是有差异的。所谓的尺度不变性，是试图提取到所有分辨率下的特征，这样当对象出现在不同分辨率的图像中时，都有最佳的特征与其匹配。

图像的边缘检测常常采用拉普拉斯算子，因为边缘区域对拉普拉斯算子有强烈的响应。但是，拉普拉斯算子对离散点和噪声比较敏感，所以一般采用高斯拉普拉斯(Laplacian of Gaussian, LoG)滤波器对图像进行滤波。LoG 滤波器可以表示为：

$$\mathrm{LoG}(x,y,\sigma) = \frac{\partial^2 G_\sigma(x,y)}{\partial x^2} + \frac{\partial^2 G_\sigma(x,y)}{\partial y^2} \tag{3.2.8}$$

由于 LoG 的计算比较复杂，一般采用高斯差分(difference of Gaussian, DoG)来近似 LoG。高斯差分是用两个不同方差的高斯核对图像进行卷积后再进行差分，其实就是不同尺度图像间的差分：

$$\mathrm{DoG}(I,\sigma_1,\sigma_2) = G_{\sigma_1}*I - G_{\sigma_2}*I = (G_{\sigma_1} - G_{\sigma_2})*I \tag{3.2.9}$$

要想特征保证尺度不变性，我们需要检测到对 $L(x,y,\sigma)$ 做拉普拉斯滤波以后的局部极值点。在连续的尺度空间，对图像的 LoG 滤波等价于 DoG 滤波。但在实际执行时，很难构造连续的尺度空间进行计算，SIFT 特征通过构建高斯金字塔并计算 DoG 来近似 LoG。高斯金字塔的每一层都是原图像在不同 σ 下进行高斯卷积操作的结果，相邻层之间是固定倍数的降采样关系，相邻层相减就形成了高斯差分金字塔，由此即可得到离散的高斯差分尺度空间。

当然，也可以保持图像分辨率不变，通过改变滤波器窗口大小，来构造尺度空间金字塔。这种做法允许尺度空间中的多层图像并行处理，并且省去了图像的降采样操作，从而提高了算法性能。

3.2.1.3 边缘提取

边缘一般是物体的边界或区域的分割线，是非常重要的一种特征。边缘上的点是图像梯度模的局部最大值点，我们沿着梯度方向（即垂直于边缘的方向）找到边缘点，随后将这些点依次相连，就形成了边缘。

Canny 边缘检测（Canny, 1986）是一个经典的基于梯度的边缘检测算法，首先对图像进行高斯平滑，然后通过 Sobel 算子计算梯度。Sobel 算子是早期常用的计算梯度的算子之一。它通过 Sobel 卷积核（如图 3.3 所示）这一差分算子来获得图像的近似梯度。获得图像梯度后，先保留超过阈值的点，再对结果进行非极大值抑制，这事实上获得了一组梯度的极大值点，将这些点按照邻接关系进行连接，就可以获得边缘。但是，这样获得的边缘常常不能满足要求。因为阈值过大，会导致边缘线断断续续；而阈值过小，又会导致边缘线过于冗杂。为此，Canny 设立了两个梯度阈值，满足大阈值的作为严格挑选的边缘，但这样形成的边缘非常稀疏，而且可能无法闭合，因此需要在断点处的邻域内将超过小阈值的部分作为边缘连接起来。

显而易见，对于单变量函数，一阶导数的最大值点对应着二阶导数的过零点，即点两端的二阶导数数值符号相反。类似地，图像作为双变量函数，也可以通过求图像二阶导的方式来检测图像中的边缘。我们首先可以对图像平滑后求二阶导，也可以用高斯差分来计算图像包含了尺度空间的二阶导，然后通过插值方法来计算亚像素级的过零点位置，从而得到边缘的位置。

3.2.2 特征匹配的主流算法

主流的特征匹配算法可以分为两种，一种是基于特征点周围像素颜色分布相似度的模板匹配，另一种则是通过构造合适的描述子进行匹配。

3.2.2.1 模板匹配

模板匹配是一种基本的模式识别方法。它主要研究模板（某一特定对象）在图像中的位置，从而进行识别。在特征匹配中，模板一般是指以特征点为中心的邻域图像块，而模板匹配就是在另一图像的特征中查找与模板图像最为相似的图块。

模板匹配算法一般的流程是：遍历另一图像的所有特征，并将以这些特征为中心的图像块与模板图像进行对比，计算并记录两者的相似度，最终得到与模板图像相似度最高的特征。

为了得到准确的匹配结果，两幅图像块之间相似度的度量，就成为模板匹配算法中的重中之重。一个朴素的度量方法是，直接采取两个图像块中各个对应位置像素点的平方差之和或相关系数作为两者的相似度。这种方法比较直观，但是易受图像亮度等因素的影响，所以模板匹配算法一般需要先进行归一化操作，然后再进行相似度计算。

另外，这种方法需要遍历窗口中的每个像素，模板越大时，匹配速度越慢。为了加速模板匹配算法，可以采用二次匹配算法。这种方法在第一次匹配时并不遍历窗口的所有像素，而是隔行隔列地进行粗略匹配；第二次匹配则基于第一次匹配的结果，选取相似度较高的窗口进行匹配。为了进一步加速模板匹配，Barnea等(1972)提出序贯相似性检验，在窗口匹配计算过程中，若差异度已经超过给定阈值，则认为该窗口不存在和模板相似的图案，直接跳转到下一窗口。因为大部分窗口和模板是不一致的，所以多数的计算过程在途中就会跳转，从而大幅度节省计算时间。

3.2.2.2 描述子

模板匹配能够比较好地应对物体的平移移动，但是当物体发生旋转或尺度放缩等变化时，就难以匹配成功。另一方面，用图像块来表示图像特征的方式对内存消耗比较大。在这种情况下，人们先后提出构造具有视觉不变性的描述子来进行特征之间的匹配，这些特征不再直接采用图像块进行匹配，而是用描述子来刻画特征点周围的图像信息。关于视觉不变性在 3.2.1 节已经做了简要的介绍，本节将介绍几个主流特征的描述子生成算法。

SIFT(Lowe, 2004)是一种典型的具有视觉不变性的特征。即使在改变拍摄角度、场景亮度的情况下，依旧有着比较好的检测效果。SIFT 特征在高斯金字塔上提取关键点后，选取关键点的 16×16 像素邻域窗口，计算每个像素的梯度大小和方向，得到特征的主方向；然后旋转坐标轴使其与主方向一致，再重新选取采样窗口，将其分成 16 个 4×4 的小窗口，并把其中所有像素的梯度方向都规约到 8 个方向，在每个小窗口上统计 8 个方向各自的梯度加权和(越靠近关键点的像素权值越高)，这样每个小窗口将会有 8 个值，从而得到 128(16×8)维的特征向量；最后对该向量进行归一化处理，进一步去除图像亮度的影响，生成 SIFT 的描述子。这种方法既能很好地描述局部图像的特点，保证了一定的视觉不变性，又能很好地对抗噪声。

SIFT 算法检测的特征点比较稳定，但其计算复杂度较高。SURF 特征(Bay et al., 2006)在 SIFT 特征的基础上进行了改进，将提取和匹配的计算速度提高了数倍。SURF 特征生成描述子所采用的信息并不是像素的梯度，而是 Haar 小波特征。具体而言，SURF 特征统计固定大小的扇形内所有像素点的 Haar 小波特征和，并旋转扇形，选取 Haar 小波特征和最大的方向作为特征点的主方向。类似地，在描述子计算过程中，SURF 特征取一个 20×20 的大窗口，并分成 16 个 5×5 的小窗口，对每个小窗口统计水平方向和垂直方向的 Haar 小波特征，得到水平方向值之和、垂直方向值之和、水平方向绝对值之和、垂直方向绝对值之和四个值，形成 64(16×4)维特征向量。

ORB(Rublee et al., 2011)使用了一种轻量级的描述子，它在 BRIEF(Calonder et al., 2010)的基础上进行了改进，解决了旋转不变性和对噪声敏感的问题。与 BRIEF 算法类似，在在线计算描述子的过程中，ORB 算法首先以固定模式(即被选取的像素点相对于关键点的位置是固定的)选取关键点周围 N 对(N 一般取 256)像素点，然后根据每对像素点灰度值的大小关系计算对应的二进制数(即 0 或 1)，再将 N 个点对所对应的二进制数组合起来作为描述子。与 BRIEF 算法不同的是，为了减少噪声干扰，ORB 算法比较的是像素点邻域的平均灰度值而不是单像素的灰度值，并且直接由周围像素灰度的质心位置来计算特征主方向，以保证描述子的旋转不变性。相较于 SIFT 算法，ORB 算法仅需比较像素点对的大小关系，计算速度要快很多，但由于仅采用 256 位二进制数来描述图像块使得大部分信息被丢失，因此如何选取具有描述能力的像素点对就成了关键。

ORB 算法提出一种学习方法来泛化上述像素点对的固定选择模式，即在训练集上离线学习出应该从相对于关键点的哪些位置来挑选像素点对。对于一个描述能力强的像素点对，其二进制数在不同关键点下的均值应该接近 0.5，且与其他二进制数的相关性较低。ORB 算法建立了一个包含大量关键点的训练集，对每个关键点，考虑它邻域中的所有像素点对，对于每个点对，首先计算训练集中所有关键点下该点对的二进制数的均值，根据均值与 0.5 差值的绝对值，从小到大依次加入到结果集合，直到结果集合中含有足够多的点对。每个像素点对在加入结果集合前，还要测试其二进制数与结果集合中二进制数的相关性，舍弃相关度过高的二进制数。这个策略能很好地避免各个点对之间的相关性，有效强化了描述子的描述能力。表 3.1 给出了 SIFT、SURF 和 ORB 这三种特征的对比。

表 3.1　SIFT、SURF、ORB 特征的对比

特征	速度	描述子大小
SIFT	慢	128 维浮点数
SURF	中等	64 维浮点数
ORB	快	256 位二进制

3.2.2.3 描述子匹配

为特征点生成描述子之后，如何对它们进行匹配呢？对于带有描述子的特征，我们一般根据描述子间的距离来判断是否匹配。SIFT 等具有多维浮点数形式的描述子，一般采用欧氏距离，而 ORB 等二进制形式的描述子则采用汉明距离。

因为描述子间的距离越近，表示两个特征越相似，所以一个朴素的做法是，寻找该特征在另一图像的所有特征的最近邻，但这样往往会造成很多误匹配。为了减少误匹配，我们可以直接设定一个阈值，除去距离大于这个阈值的特征匹配对，但这种做法很容易受图像噪声的影响。另一种常见的方案是，剔除最近邻距离和次近邻距离的比值大于一个给定阈值的特征匹配对。当这个比值接近 1 时，即一个特征最近邻距离和次近邻距离相差很小时，说明这个匹配的可信度不高，因为此时根据距离很难分辨到底最近邻和次近邻哪个才是正确的匹配特征。由于该方法对图像噪声不敏感，所以在实际中常被采用，也是 SIFT 算法的标准实现方法。此外，我们还可以采用交叉验证的方法来减少误匹配，简单来说就是检验匹配上的特征是否互为对方的最近邻。这基于这样一个假设：对于一个正确的特征匹配对，两个特征应互为对方的最近邻。

当提取的特征点非常多时，基于描述子的匹配方法将会十分耗时，一种常见的优化方法是采用 k-d 树加速特征匹配过程。k-d 树方法是一种高维空间中查找最近邻的快速方法。k-d 树是一棵二叉树，在一个 k 维数据集合上构建一棵 k-d 树，可以看成对该 k 维数据集合构成的 k 维空间进行层级划分，树中的每个结点都对应了一个 k 维的超矩形区域。通过 k-d 树我们可以快速定位到目标数据的邻域，从而找到其最近邻，而无需遍历空间中的每个数据。因此，预先构造 k-d 树能够大幅度加速描述子匹配过程。

3.2.3 连续特征跟踪和非连续特征匹配

对于有序图像集合或视频序列，通常要在连续两帧图像之间进行特征匹配，这个过程也称为连续特征跟踪。与普通的特征匹配不同，连续帧之间往往视角变化不大，利用这个特性，可以大大提高特征匹配的质量与速度。

一种常见的连续特征点跟踪方法是 KLT 算法(Lucas et al., 1981; Tomasi et al., 1991)。它的主要思想是对于相邻两帧图像中的特征点，通过比较特征点邻域窗口的灰度距离来求解对应关系。KLT 算法较为简单，在计算速度上具有优势，但是对图像有一定要求，需要连续帧之间满足亮度变化小、运动幅度较小而且临近像素点的运动相似，才能达到较好的匹配效果。

对于利用描述子的特征匹配，也可以根据连续帧之间的运动平滑性进行加速。一个简单的做法是对于上一帧的每一个特征点，在其邻域窗口内进行特征点匹配，而不是对下一帧的所有特征点进行匹配。在一个 SfM 系统中，对于已知三维信息的特征点，我们可以将它投影到下一帧图像中，并且在投影点的邻域窗口内进行匹配，这样匹配的效率与质量会更好。

另一方面，由于描述子本身并不能完全地表达图像信息，在连续跟踪中如果图像视角变化较大，单纯靠描述子距离进行匹配，很容易出现特征跟踪丢失的情况。为了解决这个问题，我们提出了一个高效的特征点跟踪方法 ENFT[①]（Zhang et al., 2016），采取基于单应性的特征点跟踪方法来有效缓解特征丢失的情况。该方法采用两遍匹配来获取精准的连续帧匹配关系。第一遍匹配是基于 SIFT 特征的普通匹配，通过极线约束去除错误匹配；第二遍匹配则通过单应性矩阵估计特征点在下一帧出现的位置，并进行透视变换矫正，从而缓解特征点丢失现象。整个匹配的流程可以使用 GPU 加速，从而能高效地获取精准的匹配点。

ENFT 算法的基本思想是通过图像对齐来矫正视角变化，从而缓解特征匹配失败的问题。在没有深度信息的情况下，对于单个平面的场景可以采用估计单应性矩阵来对齐图像。因为真实场景中往往存在数个平面，所以 ENFT 算法提取了多个单应性矩阵，每个单应性矩阵用于对齐一个平面区域。

具体而言，ENFT 的特征点匹配分为两个步骤。第一遍匹配是标准的 SIFT 匹配，得到的匹配点对为 $M = \{(\boldsymbol{x}_1^i, \boldsymbol{x}_2^i) \mid i = 1, 2, \cdots\}$。在第二遍匹配中，首先根据第一遍匹配得到的匹配点对估计出一个内点（inlier）最多的单应性矩阵。求解单应性矩阵的具体算法可以参考 3.1.1.2 节。求解出第一个单应性矩阵之后，在剩余的匹配中继续估计内点最多的单应性矩阵，重复此步骤直到达到预设的单应性矩阵数目或没有足够多的剩余匹配点对为止。估计得到的单应性矩阵集合记为 $\mathcal{H} = \{\boldsymbol{H}_1, \boldsymbol{H}_2, \cdots\}$。有了这些单应性矩阵，不仅可以大致确定上一帧的特征点在当前帧的位置，还可以进一步矫正由于视角不同导致的透视形变。除了矫正视角变化，还可以根据特征匹配点的亮度比例的中值来矫正两帧之间的光照变化。对每个 $\boldsymbol{H}_k$，我们用 $\boldsymbol{H}_k$ 将图像 I_1 对齐至 I_2。将对齐后的图像标记为 I_1^k：

$$I_1^k(\pi(\boldsymbol{H}_k \hat{\boldsymbol{x}})) = aI_1(\boldsymbol{x}) \tag{3.2.10}$$

式中，参数 a 用于矫正光照变化，可以根据如下公式估计：

$$a = \underset{(\boldsymbol{x}_1^i, \boldsymbol{x}_2^i) \in M}{\mathrm{median}} I_2(\boldsymbol{x}_2^i) / I_1(\boldsymbol{x}_1^i) \tag{3.2.11}$$

———————————

① ENFT 源代码：http://github.com/zju3dv/ENFT

相应地，对于特征点 x_1 将被映射为 $\tilde{x}_1^k = \pi(H_k \hat{x}_1)$。寻找它在 I_2 上的匹配点，可以通过求解如下的目标函数来实现：

$$x_2^k = \arg\min_{x}(w_1 \sum_{y \in W(x)} \| I_1^k(\tilde{x}_1^k + y) - I_2(x + y) \|^2 + w_2 d^2(x, F\hat{x}_1) + w_3 \| \tilde{x}_1^k - x \|^2)$$

$$(3.2.12)$$

式中，$W(x)$ 为以 x 为中心的局部图像窗口。进而再选择出一个最佳的单应性矩阵 H_j：

$$j = \arg\min_{k}(\sum_{y \in W(x)} \| I_1^k(\tilde{x}_1^k + y) - I_2(x_2^k + y) \|)$$

$$(3.2.13)$$

这样，对于一个特征点 x_1，就得到了它的最佳匹配点 x_2^j。相较于描述子匹配算法，ENFT 算法有效地利用了全部的局部像素信息，而且比 KLT 算法在视角变化和光照变化上有更高的容忍度。此外，为了获得更多的特征点匹配，还可以将关键帧与当前帧之间也进行特征点匹配，从而进一步补充丢失的特征点匹配，提高特征点跟踪的稳定性。

在图 3.5 的特征点匹配中，图 3.5(a) 是基于 SIFT 的第一遍匹配，第一张图像提取了 958 个 SIFT 特征，其中 53 个特征被匹配；图 3.5(b) 是基于极线搜索 SIFT 特征点，只补充了 11 个匹配；图 3.5(c) 是基于单应性矩阵的第二遍匹配，增加了 346 个匹配点。这说明基于单应性的两遍匹配策略能够有效增加特征点匹配的鲁棒性。

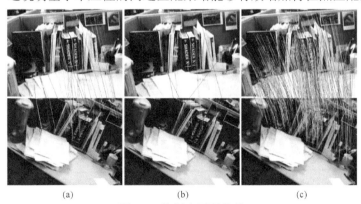

(a)　　　　　　　　(b)　　　　　　　　(c)

图 3.5　特征点匹配比较

对于 SfM 系统来说，除了连续特征跟踪部分，还需要进行非连续帧的特征匹配。如果采取暴力方法遍历所有可能具有相同特征点的非连续帧进行特征匹配，这个过程将极为耗时，尤其对于长视频序列来说几乎不可接受。一种常见的加速方法是使用词袋(bag of words)算法对两帧图像先进行相似性的度量，然后只对相似的图像对进行匹配。但是该方法比较依赖于词袋匹配的结果，如果非连续帧之间的视角变化过大，词袋算法也难以可靠地评估非连续帧间的相似性。

为了更好地选出具有公共特征点的图像对，ENFT 算法创新性地提出使用动态更新匹配矩阵的方法，首先对连续帧匹配得到的特征点轨迹进行聚类，描述子相似的特征点轨迹被归到同一个组里，然后根据聚类结果可以粗略估计出两帧之间的相似度：如果某两个特征点轨迹被聚类到同一个组里，假设这两个特征点轨迹所分布的帧集分别为 F_1 和 F_2，那么对于图像对 $\{(i,j)|i \in F_1, j \in F_2\}$ 之间的相似度都要加 1。根据上述计算可以估计出任意两帧之间的相似度，从而构成一个匹配矩阵，矩阵的第 i 行第 j 列上的元素代表第 i 帧和第 j 帧的相似度。因为在这里我们只考虑非连续帧之间的相似度，在计算匹配矩阵的时候将同一个特征点轨迹内的自匹配排除掉，所以计算得到的匹配矩阵的对角线附近的元素几乎都为 0。为了减少对初始匹配矩阵精度的依赖，以更好地选出具有重合区域的图像对来进行非连续帧的匹配，ENFT 算法首先选择相似度较高的图像进行特征匹配，并根据精确的特征匹配结果来更新匹配矩阵，然后再根据更新的图像相似度，更可靠地选择有公共特征点的图像对进行匹配，不断交替迭代从而实现对非连续帧上的同名特征点的高效匹配。图 3.6(a) 和图 3.6(b) 为两个差异很大的初始匹配矩阵；图 3.6(c) 和图 3.6(d) 分别为基于图 3.6(a) 和图 3.6(b) 优化之后的匹配矩阵。从图 3.6 中可以看到，经过动态更新后的匹配矩阵比初始的匹配矩阵更为精准，而且该方法对初始的匹配矩阵不敏感。即使差异比较大的两个初始匹配矩阵，经过动态更新之后，最后的结果几乎一样。图 3.6(c) 和图 3.6(d) 只有中间底下一点小差别，这是因为初始匹配矩阵图 3.6(b) 在这部分区域没有很好的初始点，导致在更新的时候难以扩展过来。

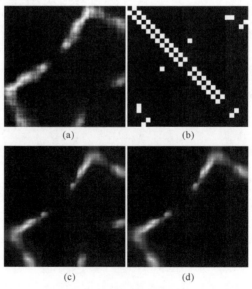

图 3.6　匹配矩阵估计

3.2.4　特征点匹配的发展趋势

特征点匹配是众多计算机视觉任务的基础。一个良好的特征选取能够很好地提升算法的鲁棒性。SIFT 特征作为一个经典的具有尺度不变性的特征被大量应用在各个领域，一方面它不易受图像的尺度、方向以及亮度上变化的影响；另一方面其描述子的区分性比较好，能够保证特征点数目很多的情况下匹配依然比较准确。

由于 SIFT 特征的抽取和匹配都相当耗时，在低功耗的移动设备上难以实时计算。一些更快的特征匹配方法，例如 SURF、ORB 被相继提出来。SURF 特征主要采用 Haar 小波响应来提取特征点和构造描述子。通过降低特征的维度，减少匹配的耗时，同时又保证了足够的区分度。与 SIFT 和 SURF 特征不同，ORB 特征采用快速的 FAST 方法提取特征点，并用 256 位的二进制数表示点对之间的大小关系来构成更加轻量级的描述子。相较于 SIFT 和 SURF，ORB 方法的提取和匹配过程要快很多，但其稳定性和性能有所下降。

除了改进提取关键点和描述子的算法，许多研究者还采用其他方法来辅助特征匹配。例如，Bian 等（2017）提出了一种基于网格的运动统计方法 GMS，利用运动平滑约束来选择对应关系。该方法基于如下假设：一堆相邻的特征点，若它们对应于同一个三维点，则与它们正确匹配的特征点也相邻。因为检测每个特征点的相邻特征是否符合运动平滑约束非常耗时，所以 GMS 算法提出将图像分割成若干个网格，先检测同一网格下的特征是否满足这一约束。这个策略可以显著提高算法的运行效率，使其可以满足一些实时应用的需要。鉴于特征的数量越多，GMS 算法的效果就越好，所以它尤其适用于特征密集的场景。

近年来，一些研究者开始尝试使用深度学习来进行特征的提取和匹配。有些通过深度学习取代传统方法的特征检测、方向计算、描述子生成等部分步骤，也有完全依靠深度学习来训练特征。例如，LIFT（Yi et al., 2016）就是一个完全基于深度学习特征的方法。为了进行有效的训练，它使用 SfM 产生的特征点，并且在不同尺度图像块上进行训练。因为 SfM 场景的视角和光照都在变化，这样来训练网络的权重，更容易得到比较好的结果。和 SIFT 特征相比，LIFT 能够提取出更稠密的特征点。总的来说，基于深度学习的方法在特定的场景下表现不错，但泛化性还有待提高。

3.3　运动恢复结构

运动恢复结构（SfM）是一种从运动的相机拍摄的图像或视频序列中自动地

恢复出相机运动轨迹以及场景三维结构的技术。类似于人们通过在三维空间中不断运动并观察来获得空间的三维结构信息，SfM 技术通过拍摄不同位置的图像来恢复出场景的三维结构。如图 3.7 所示，一个完整的 SfM 系统一般包括特征匹配、初始化、相机位姿和特征点三维位置的求解、集束调整(bundle adjustment, BA)和自定标(self-calibration)等模块。早期的 SfM 系统一般是离线计算的，后来随着技术的发展出现了实时的 SfM 技术，也就是视觉 SLAM(simultaneous localization and mapping)技术。本节将介绍如何使用获得的特征匹配信息来初始化相机的位姿和三维点，以及在增量式求解中如何优化相机位姿和三维点坐标。此外，本节还将介绍标准的集束调整以及改进方法(如增量式的集束调整、位姿图优化等)、自定标技术及一些比较有代表性的 SfM 方法和系统。

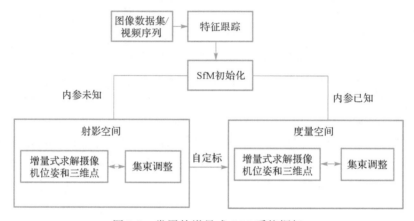

图 3.7 常用的增量式 SfM 系统框架

3.3.1 初始化

早期的 SfM 系统一般采用基于矩阵分解的方法(Tomasi et al., 1992; Sturm et al., 1996)，通过特征匹配的结果构造一个观测矩阵，并从观测矩阵中分解出所有相机的投影矩阵和所有三维点的齐次坐标。这类方法通常对观测结果有很高的要求，例如需要每个三维点在每个相机中都可见，且不存在误匹配，这在实际情况中很难满足。目前大多数 SfM 系统采样增量式(Snavely et al., 2006; Zhang et al., 2007)的求解策略。这类求解方法一般需要提供比较好的初始化结果。常见的增量式 SfM 首先选择两帧(或三帧)图像来初始化场景，也就是恢复初始帧的相机运动参数以及对应的公共匹配点的三维位置。

如果相机内参已知，一般只需要两帧图像即可初始化场景，通常选用 Nistér 的五点法(Nistér, 2004)来做初始化，计算出相机参数，这在之前的 3.1.1.1 节已有介绍。如果相机内参未知，那么可以先从两帧图像使用基础矩阵进行射影重建（projective reconstruction），即仅求解出投影矩阵，还未分解出旋转矩阵和平移向量，待后续更多图像加入优化后通过自定标技术升级为度量重建（metric reconstruction）。关于自定标技术详见 3.3.4 节。

用于初始化的图像对一般至少需要满足以下两个条件：①有充足的公共点（特征点匹配足够多）；②足够长的基线，从而使得初始的公共点可以通过三角化计算出空间位置。第一个条件很容易判断，第二个条件可以采用 Pollefeys 等（2004）提出的基于图像的距离（image-based distance）来判断：

$$\text{median}\{d(x_i', \pi(H\hat{x}_i))\} \tag{3.3.1}$$

式中，x_i 和 x_i' 是两帧上对应的某对匹配点；$d(x_i', \pi(H\hat{x}_i))$ 是将源匹配点 x_i 通过单应性变换（详见 3.1.1.2 节）之后，与目标匹配点 x_i' 间的欧氏距离；median 表示取中位数。在焦距已知或不变的情况下，根据上述两个条件一般能选出合适的图像对进行初始化。但在焦距未知且变化的情况下，还要考虑更多的因素才能使得初始化比较稳定，这在 3.3.4 节会详细介绍，这里主要考虑前者。

当初始图像对选取完毕之后，可以根据得到的若干匹配点对，求解出两幅图像对应的投影矩阵（可以通过基础矩阵 F 或者本质矩阵 E 构造出投影矩阵，这取决于相机内参是否已知）。通常，我们将其中的一个图像作为参考图像，即其相机坐标系作为世界坐标系。例如，在相机内参未知的情况下，我们可以先求解出基础矩阵 F，然后直接设定两张图像的投影矩阵为（Hartley et al., 2004）：

$$P = [I \mid 0] \tag{3.3.2}$$

$$P' = [[e']_\times F \mid e'] \tag{3.3.3}$$

式中，P 和 P' 是两帧对应的投影矩阵，e' 是极点，满足关系 $Fe' = 0$。在相机内参已知的情况下，一般可以根据五点法（Nistér, 2004）直接求解出两帧的位姿 R 和 t。

在求解出投影矩阵之后，我们可以进一步通过三角化的方法求解出匹配点的三维位置。如图 3.8 所示，假设某对匹配点对为 (x, x')，在无噪声的情况下，两幅图像的相机光心（C 与 C'）和匹配点（x 与 x'）的连线可以相交于同一个三维点（即构成一个三角形），其对应的三维位置为 X，那么应该满足以下等式：

$$\hat{x} \sim P\hat{X} \tag{3.3.4}$$

$$\hat{x}' \sim P'\hat{X} \tag{3.3.5}$$

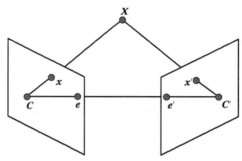

图 3.8　匹配点三角化

式(3.3.4)和式(3.3.5)经过变换，可以得到如下线性方程组：

$$
\begin{bmatrix}
u\boldsymbol{p}^{3\top} - \boldsymbol{p}^{1\top} \\
v\boldsymbol{p}^{3\top} - \boldsymbol{p}^{2\top} \\
u'\boldsymbol{p'}^{3\top} - \boldsymbol{p'}^{1\top} \\
v'\boldsymbol{p'}^{3\top} - \boldsymbol{p'}^{2\top}
\end{bmatrix} \hat{\boldsymbol{X}} = \boldsymbol{0}
\tag{3.3.6}
$$

$\boldsymbol{p}^{i\top}$ 代表 $\boldsymbol{P}$ 矩阵的第 i 行；(u,v) 和 (u',v') 分别是 $\boldsymbol{x}$ 和 $\boldsymbol{x'}$ 的图像坐标。

　　由于噪声等原因，上述等式不会严格成立，即相机光心到成像平面中观测到的匹配点的两条连线实际上并不相交。反映在成像平面上，观测点并不会严格落在对应的极线上。因此，一般可以用最小二乘法求解线性方程组(3.3.6)得到 $\boldsymbol{X}$ 的初值，然后用非线性优化方法进一步优化重投影误差(如图 3.9 所示)，即优化如下目标函数：

$$
\boldsymbol{X}^* = \arg\min_{\boldsymbol{X}} \sum_i \left\| \pi(\boldsymbol{P}_i \hat{\boldsymbol{X}}) - \boldsymbol{x}_i \right\|^2
\tag{3.3.7}
$$

式中，$\boldsymbol{P}_i$ 为第 i 张图像的投影矩阵，$\boldsymbol{x}_i$ 是三维点 $\boldsymbol{X}$ 在第 i 张图像的二维观测点坐标。

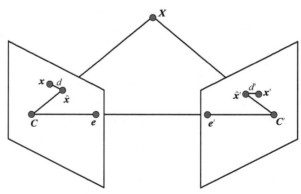

图 3.9　最小化重投影误差

3.3.2　相机位姿估计

当初始化完毕之后，我们可以基于已有的三维点云，使用 PnP(perspective-n-point)方法来对新增加的图像进行相机位姿估计。在这一问题中，我们假设已经获得了已重建的三维点云和新图像中的二维特征点的匹配关系，且相机的内参已知(直接线性变换法和 UPnP 等方法无需此条件)，利用 PnP 方法就可以通过这种 3D-2D 的对应关系求解出相机的位姿。

常见的 PnP 方法有直接线性变换法(DLT)、P3P(Gao et al., 2003)、EPnP(Lepetit et al., 2009)、DLS(Hesch et al., 2011)、UPnP(Kneip et al., 2014)、AP3P(Ke et al., 2017)等。除此之外，也可以使用更为通用的集束调整来进行迭代求解。由于篇幅有限，本书仅对其中部分方法进行简要介绍。

直接线性变换法(direct linear transform, DLT)通过构造一个线性方程组，直接线性地估计投影矩阵 P (虽然有 12 个参数，但因为尺度可以任意缩放，实际上只有 11 个自由度)，需要至少 6 对匹配点进行求解(可以使用 SVD 进行高效的求解)。但是 DLT 方法忽略了投影矩阵的内在约束关系，由于需要估计 11 个参数，不仅在效率上比较低，而且容易受到噪声的影响。但由于其实现比较简单，在对效率要求不高的情况下，可以用 DLT 方法先估计出投影矩阵 P 的初值，然后进一步分解出 K、R 和 t，并用非线性优化方法进一步求精。

P3P(perspective-three-point)方法顾名思义，仅使用三对匹配点就可以对问题进行求解。该方法充分利用了匹配点对构成的空间三角形结构，借助余弦定理，将空间几何关系形式化为三个多元二次方程。在仅提供三对匹配点的情况下，该方法会像求解本质矩阵一样，出现四个解的情况。所以，一般还需要提供额外的一对匹配点，用于排除无效的解。方程的解相当于匹配点的深度，故可以直接转换为相机视角下的三维点坐标。于是，原先 3D-2D 的问题就转换为 3D-3D 的点云配准问题，可以方便地使用 SVD 进行求解。历史上出现了很多基于 P3P 思想的方法。目前比较通用的做法是 Gao 等(2003)提出的 CASSC 算法，该算法使用了 Wu-Ritt 法来解析地求解上述方程组。著名的计算机视觉开源库 OpenCV[①]的 P3P 实现就是基于此方法。

EPnP 由 Lepetit 等于 2009 年提出，适用于匹配点数大于或等于 4 的情况 (Lepetit et al., 2009)。它的主要思想是使用四个虚拟控制点的加权和来表示三维点云(论文中被称作参考点)，即将所有世界坐标系下的点，都通过这四个控制点来表示。问题的关键就是求解四个控制点在相机坐标系下的坐标。该方法

---

① https://opencv.org/

将这些坐标表示为一个 12×12 矩阵的特征向量的加权和,只需要求解少量二次方程就可以获得合适的权重,进而结合质心系数求得三维点云在相机坐标系下的坐标。如果同时知道了一组三维点云在两个坐标系下的坐标,需要求解两个坐标系之间的变换,问题就转变为了 3D-3D 的点云配准问题(同 P3P 的最后一步)。EPnP 算法具有 $O(n)$ 的复杂度(在不使用高斯-牛顿法优化至最大精度的情况下),结果稳定高效,目前已经被广泛地使用。该算法的实现也已经包含在 OpenCV 里。

上述几种 PnP 方法都属于线性的方法。这些方法在无噪声的情况下,可以很好地解决问题。但实际情况中,难免有噪声和误匹配,导致求解的结果不够精确。鉴于 PnP 问题可以被形式化为非线性最小二乘问题,所以我们也可以通过最小化重投影误差来求解投影矩阵:

$$P_i^* = \arg\min_{P_i} \sum_j \| \pi(P_i \hat{X}_j) - x_{ij} \|^2 \qquad (3.3.8)$$

式中,P_i 为投影矩阵,x_{ij} 是当前观测到的点云中三维点 X_j 对应的二维点坐标。

获得投影矩阵之后,如果相机的内参已经标定,我们可以根据 2.2 节的公式,直接求出 R 和 t;如果相机的内参还未知,可以使用 RQ 分解(由于相机内参矩阵 K 是一个上三角矩阵)进行辅助求解。投影矩阵 P 的构成如下:

$$P = K[R|t] = [KR|Kt] = [M \mid Kt] \qquad (3.3.9)$$

通过对 M 进行 RQ 分解,我们可以得到相机内参 K 和旋转 R,最后再得到平移 t。实际应用中,常见的库可能只提供了 QR 分解,我们可以通过一些简单的矩阵变换技巧来将 QR 分解转换为 RQ 分解,详见文献(Hartley et al., 2004),此处不再做介绍。

通常情况下,我们一般使用线性的方法(如 EPnP)结合 RANSAC 鲁棒地估计出相机的位姿,然后通过优化目标函数(3.3.8)来进一步求精。如果相机内参未知,则可以采用 UPnP 来估计相机的初始位姿。

3.3.3 集束调整

在初始化之后,每添加一张新的图像,传统优化算法一般先假设三维点不变求解得到这张图像的投影矩阵,然后固定投影矩阵,三角化出新匹配上的三维点并对已有的三维点进一步求精。这种策略将相机参数和三维点分离优化,显然不是最优的,容易造成误差累积。集束调整方法将相机参数和三维点置于一个目标函数进行同时优化,理论上可以得到最优的解。为减少或消除误差累积,SfM 算法需要频繁地调用集束调整来优化相机参数和三维点。一般来说,对所有图像和三维点进行集束调整，计算复杂度很高，难以满足实时应用要求。随着实时 SfM 算法需求的日益增加，一些改进的集束调整算法应运而生，以期在保证一定精度的前提下降低计算代价。一般主要通过两种策略来减少算法的计算量。一种是针对应用场景的特点降低集束调整问题的规模，常见的有四种方式：

(1) 减少变量的个数。只保留相机状态变量，而不保留三维点变量，如位姿图优化(pose graph optimization)算法。

(2) 基于固定历史时间窗口(fixed-lag)。只估计最近一段固定时间内的历史状态。

(3) 基于滑动窗口(sliding-window)。只估计最近的数个历史状态。

(4) 基于关键帧。只估计一部分选定的携带了足够信息的历史状态。

当然，这些方式也可以结合使用。另一种策略则通过分析集束调整问题的特点，做针对性优化，以减少冗余的计算。集束调整问题通常具有非常特殊的性质，合理利用这些性质，可以帮助我们更高效地求解。比如，在 SfM 系统中，通常三维点变量的数量要远大于相机状态变量的数量，且状态约束集中在状态与状态、状态与三维点之间，因此集束调整构建的正规方程(normal equation)具有特别的稀疏结构，如图 3.10 所示。

另外，在进行增量式集束调整过程中，通常只有较新加入的变量会发生比较大的变动，旧的变量由于经过持续的优化而变动很小。我们可以利用这种局部的性质，仅对少量变量进行更新，从而减少集束调整的计算量。

3.3.3.1 标准的集束调整

这里首先介绍标准的集束调整方法。SfM 的核心问题在于优化如下目标函数：

$$\underset{\boldsymbol{K}_i, \boldsymbol{R}_i, \boldsymbol{t}_i, \boldsymbol{X}_j}{\arg\min} \sum_{i=1}^{m} \sum_{j=1}^{n} \| \pi(\boldsymbol{K}_i(\boldsymbol{R}_i \boldsymbol{X}_j + \boldsymbol{t}_i)) - \boldsymbol{x}_{ij} \|^2 \tag{3.3.10}$$

式中，m 为相机个数，n 为三维点个数，$\boldsymbol{K}_i$、$\boldsymbol{R}_i$ 和 $\boldsymbol{t}_i$ 分别为第 i 个相机的内参矩阵、旋转矩阵和平移向量，$\boldsymbol{X}_j$ 为第 j 个三维点的坐标，$\boldsymbol{x}_{ij}$ 为该点在第 i 张图像上的二维位置。

目标函数(3.3.10)通过联合优化所有相机参数和三维点坐标，使得所有投影点与图像中匹配上的二维点尽可能重合。这一过程本质上是一个非线性最小二乘问题，称为集束调整(Triggs et al., 1999)。不同于传统非线性最小二乘问题，集束调整可以利用投影方程的稀疏特性来大幅提升求解效率，并降低内存需求。本节首先介绍传统的非线性最小二乘求解方法，再介绍在集束调整中如何利用矩阵的稀疏特性。

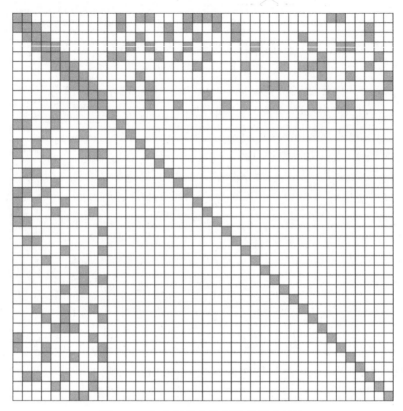

图 3.10　集束调整中的矩阵的稀疏结构

我们先介绍一种经典的非线性优化算法高斯-牛顿法，用来求解如下优化问题：

$$\boldsymbol{\varphi}^* = \arg\min_{\boldsymbol{\varphi}} \| e(\boldsymbol{\varphi}) \|_2^2 \tag{3.3.11}$$

这里 $\boldsymbol{\varphi}$ 为待优化的所有变量，非线性函数 $e(\boldsymbol{\varphi})$ 将 $\boldsymbol{\varphi}$ 映射为一个高维误差向量。非线性最小二乘的目标是通过最小化该误差向量的二范数得到一个最优解 $\boldsymbol{\varphi}^*$。对于非线性优化问题，需要使用迭代优化策略找到一个局部最优解。将当前迭代的结果标记为 $\tilde{\boldsymbol{\varphi}}$，并引入增量 $\Delta\boldsymbol{\varphi}$，使得

$$\boldsymbol{\varphi}^* = \tilde{\boldsymbol{\varphi}} \oplus \Delta\boldsymbol{\varphi} \tag{3.3.12}$$

式中，对于线性变量(例如平移向量 $\boldsymbol{t}$、三维点坐标 $\boldsymbol{X}$)，$\oplus$ 就是普通加法，而对于非线性的旋转矩阵 $\boldsymbol{R}$，则为：

$$\boldsymbol{R}^* = \tilde{\boldsymbol{R}} \oplus \Delta\boldsymbol{\theta} = \exp(\Delta\boldsymbol{\theta})\tilde{\boldsymbol{R}} \tag{3.3.13}$$

这里，指数函数 $\exp(\Delta\boldsymbol{\theta})$ 将一个三维向量 $\Delta\boldsymbol{\theta}$ 映射到 $\mathrm{SO}(3)$。对于一个小增量 $\Delta\boldsymbol{\theta}$，

$\exp(\Delta\boldsymbol{\theta})$ 可近似为：

$$\exp(\Delta\boldsymbol{\theta}) \approx \boldsymbol{I} - [\Delta\boldsymbol{\theta}]_{\times} \tag{3.3.14}$$

将式 (3.3.12) 带入式 (3.3.11)，原优化问题转化为：

$$\Delta\boldsymbol{\varphi}^{*} = \underset{\Delta\boldsymbol{\varphi}}{\arg\min} \| e(\tilde{\boldsymbol{\varphi}} \oplus \Delta\boldsymbol{\varphi}) \|_{2}^{2} \tag{3.3.15}$$

这里将待优化变量转化为增量 $\Delta\boldsymbol{\varphi}$。为求解优化问题 (3.3.15)，将 $e(\tilde{\boldsymbol{\varphi}} \oplus \Delta\boldsymbol{\varphi})$ 在 $\Delta\boldsymbol{\varphi} = 0$ 处线性展开，得到：

$$e(\tilde{\boldsymbol{\varphi}} \oplus \Delta\boldsymbol{\varphi}) \approx e(\tilde{\boldsymbol{\varphi}}) + \left.\frac{\partial e(\tilde{\boldsymbol{\varphi}} \oplus \Delta\boldsymbol{\varphi})}{\partial \Delta\boldsymbol{\varphi}}\right|_{\Delta\boldsymbol{\varphi}=0} \Delta\boldsymbol{\varphi} \tag{3.3.16}$$

可以简写为：

$$e(\tilde{\boldsymbol{\varphi}} \oplus \Delta\boldsymbol{\varphi}) \approx \tilde{e} + \tilde{\boldsymbol{J}}\Delta\boldsymbol{\varphi} \tag{3.3.17}$$

式中，$\tilde{e}$ 和 $\tilde{\boldsymbol{J}}$ 分别为 $\tilde{\boldsymbol{\varphi}}$ 处的误差向量及其雅克比矩阵 (Jacobian Matrix)，则式 (3.3.15) 中的目标函数可近似为：

$$\boldsymbol{E} = \| e(\tilde{\boldsymbol{\varphi}} \oplus \Delta\boldsymbol{\varphi}) \|_{2}^{2} \approx \Delta\boldsymbol{\varphi}^{\top}\tilde{\boldsymbol{J}}^{\top}\tilde{\boldsymbol{J}}\Delta\boldsymbol{\varphi} + 2\tilde{\boldsymbol{J}}^{\top}\tilde{e}\Delta\boldsymbol{\varphi} + \tilde{e}^{\top}\tilde{e} \tag{3.3.18}$$

上式在 $\dfrac{\partial \boldsymbol{E}}{\partial \Delta\boldsymbol{\varphi}} = 0$ 处取得极值，即：

$$\tilde{\boldsymbol{J}}^{\top}\tilde{\boldsymbol{J}}\Delta\boldsymbol{\varphi} = -\tilde{\boldsymbol{J}}^{\top}\tilde{e} \tag{3.3.19}$$

式 (3.3.19) 也称为正规方程 (normal equation)，$\tilde{\boldsymbol{J}}^{\top}\tilde{\boldsymbol{J}}$ 一般称为信息矩阵。高斯-牛顿法每次迭代中构造并求解正规方程 (3.3.19)，并用求解结果 $\Delta\boldsymbol{\varphi}$ 更新 $\tilde{\boldsymbol{\varphi}}$：

$$\tilde{\boldsymbol{\varphi}} \leftarrow \tilde{\boldsymbol{\varphi}} \oplus \Delta\boldsymbol{\varphi} \tag{3.3.20}$$

随着迭代的进行，$\tilde{\boldsymbol{\varphi}}$ 逐渐逼近最优解 $\boldsymbol{\varphi}^{*}$。

对于集束调整问题，将相机 i 的运动参数 $\boldsymbol{K}_i$，$\boldsymbol{R}_i$ 和 $\boldsymbol{t}_i$ 对应的增量标记为 $\Delta\boldsymbol{c}_i$，将三维点 j 坐标 $\boldsymbol{X}_j$ 对应的增量标记为 $\Delta\boldsymbol{x}_j$。将所有待优化变量 $\Delta\boldsymbol{c}_i$，$\Delta\boldsymbol{x}_j$ 构成一个高维向量：

$$\Delta\boldsymbol{\varphi} = (\Delta\boldsymbol{c}^{\top} \quad \Delta\boldsymbol{x}^{\top})^{\top} = (\Delta\boldsymbol{c}_1^{\top} \cdots \Delta\boldsymbol{c}_m^{\top} \quad \Delta\boldsymbol{x}_1^{\top} \cdots \Delta\boldsymbol{x}_n^{\top})^{\top} \tag{3.3.21}$$

将三维点 j 在相机 i 上的投影方程定义为：

$$e_{ij} = \pi(\boldsymbol{K}_i(\boldsymbol{R}_i\boldsymbol{X}_j + \boldsymbol{t}_i)) - \boldsymbol{x}_{ij} \tag{3.3.22}$$

将 e_{ij} 在当前线性化点处线性展开得到：

$$e_{ij} \approx \tilde{e}_{ij} + \tilde{\boldsymbol{J}}_{ij}^{c}\Delta\boldsymbol{c}_i + \tilde{\boldsymbol{J}}_{ij}^{x}\Delta\boldsymbol{x}_j \tag{3.3.23}$$

由式(3.3.23)可见，e_{ij} 对于相机 i、三维点 j 以外变量的雅克比矩阵均为零。于是，正规方程(3.3.19)中的雅克比矩阵 $\tilde{J}$ 十分稀疏，且有着特殊的稀疏结构。利用这一性质，可快速构造正规方程。具体而言，集束调整的正规方程有着如下形式：

$$\begin{bmatrix} U & W \\ W^\top & V \end{bmatrix}\begin{bmatrix} \Delta c \\ \Delta x \end{bmatrix} = \begin{bmatrix} u \\ v \end{bmatrix} \tag{3.3.24}$$

式中，U 和 V 分别为 $m \times m$ 和 $n \times n$ 的对角块矩阵

$$U = \mathrm{diag}(U_1 \cdots U_m) \tag{3.3.25}$$

$$V = \mathrm{diag}(V_1 \cdots V_n) \tag{3.3.26}$$

式中，每个子矩阵 U_i, V_j 可由下式计算：

$$U_i = \sum_{j \in \mathcal{V}_i}(\tilde{J}_{ij}^c)^\top \tilde{J}_{ij}^c \tag{3.3.27}$$

$$V_j = \sum_{i \in \{k | j \in \mathcal{V}_k\}}(\tilde{J}_{ij}^x)^\top \tilde{J}_{ij}^x \tag{3.3.28}$$

式中，$\mathcal{V}_i$ 为相机 i 中可见的三维点集合。相应地，有：

$$u = (u_1^\top \cdots u_m^\top)^\top \tag{3.3.29}$$

$$v = (v_1^\top \cdots v_n^\top)^\top \tag{3.3.30}$$

式中，每个子向量 u_i, v_j 可由下式计算：

$$u_i = -\sum_{j \in \mathcal{V}_i}(\tilde{J}_{ij}^c)^\top \tilde{e}_{ij} \tag{3.3.31}$$

$$v_j = -\sum_{i \in \{k | j \in \mathcal{V}_k\}}(\tilde{J}_{ij}^x)^\top \tilde{e}_{ij} \tag{3.3.32}$$

W 为 $m \times n$ 的块矩阵：

$$W = \begin{bmatrix} W_{11} & \cdots & W_{1n} \\ \vdots & \ddots & \vdots \\ W_{m1} & \cdots & W_{mn} \end{bmatrix} \tag{3.3.33}$$

式中，每个子矩阵为 $W_{ij} = (\tilde{J}_{ij}^c)^\top \tilde{J}_{ij}^x$。$W$ 也是个稀疏矩阵，当且仅当三维点 j 在相

机 i 中可见时 $W_{ij} \neq 0$。总结来说，由式 (3.3.25) ~ (3.3.33)，可以显式地利用集束调整特殊的稀疏特性，高效构造正规方程 (3.3.24)。

由于三维点数 n 通常较大，一个较小尺度的场景往往也有几千甚至几万个三维点，导致正规方程 (3.3.24) 很庞大，不宜直接求解 $\Delta\boldsymbol{\varphi}$。集束调整算法进一步利用正规方程的稀疏特性提高 $\Delta\boldsymbol{\varphi}$ 的求解效率。由于三维点数 n 通常远大于图像帧数 m，可先对所有三维点进行边缘化 (marginalization)，得到一个仅关于相机变量 $\Delta\boldsymbol{c}$ 的较小线性系统。求解该系统得到 $\Delta\boldsymbol{c}$ 后，再代入正规方程 (3.3.24) 中求解三维点变量 $\Delta\boldsymbol{x}$。具体来说，对正规方程 (3.3.24) 等式两边左乘如下矩阵（$\boldsymbol{I}_{m\times m}$ 和 $\boldsymbol{I}_{n\times n}$ 分别表示 $m\times m$ 和 $n\times n$ 的单位矩阵，$\boldsymbol{0}_{m\times n}$ 为 $m\times n$ 的零矩阵）：

$$\begin{bmatrix} \boldsymbol{I}_{m\times m} & -\boldsymbol{W}\boldsymbol{V}^{-1} \\ \boldsymbol{0}_{m\times n} & \boldsymbol{I}_{n\times n} \end{bmatrix} \tag{3.3.34}$$

得到：

$$\begin{bmatrix} \boldsymbol{U}-\boldsymbol{W}\boldsymbol{V}^{-1}\boldsymbol{W}^{\top} & \boldsymbol{0} \\ \boldsymbol{W}^{\top} & \boldsymbol{V} \end{bmatrix} \begin{bmatrix} \Delta\boldsymbol{c} \\ \Delta\boldsymbol{x} \end{bmatrix} = \begin{bmatrix} \boldsymbol{u}-\boldsymbol{W}\boldsymbol{V}^{-1}\boldsymbol{v} \\ \boldsymbol{v} \end{bmatrix} \tag{3.3.35}$$

由于上式系数矩阵的右上角元素为零，相机变量 $\Delta\boldsymbol{c}$ 的计算可独立于三维点变量 $\Delta\boldsymbol{x}$ 通过求解下式得到：

$$\boldsymbol{S}\Delta\boldsymbol{c} = \boldsymbol{g} \tag{3.3.36}$$

式中：

$$\boldsymbol{S} = \boldsymbol{U}-\boldsymbol{W}\boldsymbol{V}^{-1}\boldsymbol{W}^{\top} \tag{3.3.37}$$

$$\boldsymbol{g} = \boldsymbol{u}-\boldsymbol{W}\boldsymbol{V}^{-1}\boldsymbol{v} \tag{3.3.38}$$

式 (3.3.36) 称为舒尔补 (Schur complement) 方程。舒尔补方程中的 $\boldsymbol{S}$ 和 $\boldsymbol{g}$ 可利用 $\boldsymbol{U}$，$\boldsymbol{V}$，$\boldsymbol{W}$ 特殊的稀疏特性高效构造。具体来说，将 $\boldsymbol{S}$ 看成一个 $m\times m$ 的块矩阵：

$$\boldsymbol{S} = \begin{bmatrix} \boldsymbol{S}_{11} & \cdots & \boldsymbol{S}_{1m} \\ \vdots & \ddots & \vdots \\ \boldsymbol{S}_{m1} & \cdots & \boldsymbol{S}_{mm} \end{bmatrix} \tag{3.3.39}$$

其对角线上的子矩阵为：

$$\boldsymbol{S}_{ii} = \boldsymbol{U}_{ii} - \sum_{j\in\mathcal{V}_i} \boldsymbol{W}_{ij}\boldsymbol{V}_j^{-1}\boldsymbol{W}_{ij}^{\top} \tag{3.3.40}$$

非对角线上的子矩阵为：

$$S_{i_1 i_2} = -\sum_{j \in \mathcal{V}_{i_1} \cap \mathcal{V}_{i_2}} W_{i_1 j} V_j^{-1} W_{i_2 j}^\top \tag{3.3.41}$$

相应地，有：

$$g = (g_1^\top \cdots g_m^\top)^\top \tag{3.3.42}$$

式中，每个子向量：

$$\tag{3.3.43}$$

$$g_i = u_i - \sum_{j \in \mathcal{V}_i} W_{ij} V_j^{-1} v_j$$

由式 (3.3.41) 可知，当且仅当相机 i_1 和 i_2 存在公共点时 $S_{i_1 i_2} \neq 0$，即 S 本身也是一个稀疏矩阵，可利用稀疏线性系统求解算法，如 AMD (approximate minimum degree)(Amestoy et al., 1996)、PCG (preconditioned conjugate gradient)(Jeong et al., 2012) 等算法高效地求解相机变量 Δc。最后，将 Δc 代入正规方程 (3.3.24)，得到三维点变量 Δx。利用 V, W 特殊的稀疏特性，每个三维点变量 Δx_j 可独立求解：

$$\Delta x_j = V_j^{-1}\left(v_j - \sum_{i \in \{k | j \in \mathcal{V}_k\}} W_{ij}^\top \Delta c_i\right) \tag{3.3.44}$$

以上是用高斯-牛顿法求解集束调整问题的整个过程。虽然高斯-牛顿法具有二阶收敛性，但因为计算的 $\tilde{J}^\top \tilde{J}$ 未必正定，而且每次迭代不一定能保证目标函数下降，所以容易出现求解不稳定的情况。因此在实际求解集束调整问题时，常采用 LM (Levenberg-Marquart) 算法。LM 算法把牛顿法和梯度法结合起来，吸取了各自的优点，迭代的步长介于牛顿法和梯度法之间，并用参数 λ 控制：当牛顿法收敛的时候，λ 取比较小的值，步长倾向于采用牛顿法步长；当 λ 很大时，步长约等于梯度下降法的步长。这样既能保证收敛速度比较快，又能保证每次迭代目标函数是下降的。但由于 LM 算法在每次迭代时修改了信息矩阵，导致无法进行增量式的计算 (3.3.3.3 节会详细介绍增量式集束调整)。

LM 算法其实是带了阻尼的高斯-牛顿法，通过阻尼因子 λ 间接地控制了每次迭代的步长，可以算是信赖域算法的前身。另一个常用的信赖域算法是 Dog-Leg 算法，其显式地结合了梯度下降法和高斯-牛顿法求解的步长，并将每次迭代的步长控制在以当前线性化点为中心、半径为 δ 的超球体内，几何上更为直观。Dog-Leg 算法在线性化的部分和高斯牛顿法、LM 算法相同，在构建好正规方程后，首先分别求解高斯-牛顿法的步长 $\Delta\varphi_{gn} = -(\tilde{J}^\top \tilde{J})^{-1}(\tilde{J}^\top \tilde{e})$ 和梯度下降的步长 $\alpha\Delta\varphi_{sd} = -\alpha\tilde{J}^\top \tilde{e}$，其中 α 是控制梯度下降步长的参数。

Dog-Leg 的迭代步长 $\Delta\boldsymbol{\varphi}_{dl}$ 选择取决于 $\Delta\boldsymbol{\varphi}_{gn}$ 和 $\alpha\Delta\boldsymbol{\varphi}_{sd}$ 与信赖域半径 δ 的关系：

• 如果高斯-牛顿法的步长落在信赖域内 $\|\Delta\boldsymbol{\varphi}_{gn}\| \leqslant \delta$，那么直接采用高斯-牛顿法的步长 $\Delta\boldsymbol{\varphi}_{dl} = \Delta\boldsymbol{\varphi}_{gn}$；

• 否则，再查看梯度下降的步长 $\alpha\Delta\boldsymbol{\varphi}_{sd}$，如果也落在信赖域外，那么采用梯度下降的方向 $\Delta\boldsymbol{\varphi}_{dl} = \dfrac{\delta}{\|\Delta\boldsymbol{\varphi}_{sd}\|}\Delta\boldsymbol{\varphi}_{sd}$；

• 如果 $\Delta\boldsymbol{\varphi}_{gn}$ 落在信赖域外且 $\alpha\Delta\boldsymbol{\varphi}_{sd}$ 落在信赖域内，则 $\Delta\boldsymbol{\varphi}_{dl}$ 需要结合 $\Delta\boldsymbol{\varphi}_{gn}$ 和 $\alpha\Delta\boldsymbol{\varphi}_{sd}$：$\Delta\boldsymbol{\varphi}_{dl} = \boldsymbol{\alpha}\Delta\boldsymbol{\varphi}_{sd} + \beta(\Delta\boldsymbol{\varphi}_{gn} - \alpha\Delta\boldsymbol{\varphi}_{sd})$，并选择 β 参数使得 $\|\Delta\boldsymbol{\varphi}_{dl}\| = \delta$。

Dog-Leg 方法显式地保证了迭代的步长总是落在信赖域半径 δ 内，并且不会修改信息矩阵，因而可以很好地适应增量式的计算。同 LM 算法一样，Dog-Leg 算法也需要根据当前迭代的收敛质量调整信赖域的半径，在高斯-牛顿法收敛的时候放大 δ，使得结果倾向于高斯-牛顿法的步长，反之则缩小 δ，使得结果倾向于梯度下降法的步长。

3.3.3.2　位姿图优化

在集束调整中，三维点的变量数一般远大于相机的变量数，导致求解的线性方程组的规模非常巨大，即使利用稀疏性求解复杂度依然很高。因此位姿图优化算法（Lu et al., 1997a）被提出来以提高全局优化的效率。在具体介绍位姿图之前，我们先介绍一下因子图（factor graph）。

因子图是用来分析 SfM/SLAM 问题结构的一种常用工具，如图 3.11 所示。一般来说，SfM/SLAM 问题中的变量和约束都会以节点的形式存在，而因子图中的边则用来表示变量与约束之间的关联。由此可见，因子图是二分图，边只存在于变量节点和约束节点之间。

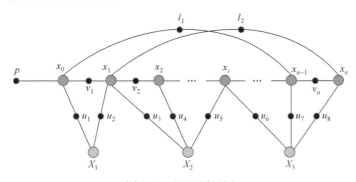

图 3.11　因子图示例

图 3.11 描绘了一个简单的 SfM/SLAM 问题的因子图示例，其中的红色节

点代表状态变量，蓝色节点代表三维点变量，黑色节点代表变量之间的约束。按照图示的例子，系统可能存在的约束有状态变量的先验 p，相邻状态之间的相对位姿约束 $v_{1...n}$，非相邻状态之间的回路闭合约束 l_1, l_2，以及视觉观测 $u_{1...8}$ 等。求解完整集束调整的过程，就相当于最大化整个因子图中的所有约束节点的概率：

$$\prod_i f_i(\boldsymbol{X}_i) \tag{3.3.45}$$

式中，$\boldsymbol{X}_i$ 代表所有与因子 f_i 相关的变量。如前所述，SfM/SLAM 问题中，通常三维点变量的数量远大于状态变量的数量，而通常一个状态变量可以观测到数百个甚至上千个三维点（一般称为地标点）。这就意味着即使状态变量以非常缓慢的速度增长，三维点的变量的增长也会是爆炸式的。显然，每次对所有变量都进行估计是非常耗时的。

位姿图优化就是以因子图的形式对 SfM/SLAM 问题进行建模，同时在图中只保留表示位姿的状态节点和状态之间的相对位姿约束，放弃了对数量庞大的三维点变量的持续优化，从而显著提升求解速度。被舍弃的三维点变量则以相对位姿约束的形式保留下来。一种构建相对位姿约束的方法是，在每次完成当前的集束调整步骤后，将当前的三维点变量"消去"[1]，同时在形成共视关系的状态变量之间构建一系列相对位姿约束(Leutenegger et al., 2015)。在删去被舍弃的三维点变量之前，要先以边缘化的方式将其信息保留下来，即得到剩余变量的边缘概率分布。因为消去三维点变量后，三维点变量的信息被"永远"定在了发生边缘化的时刻，而后续即使状态变量发生了改变，其与旧的三维点之间的信息不能再改变，原因是这些信息已经被编码进了相对位姿约束。因此，位姿图优化实际上是对集束调整的近似，如果三维点变量还没有收敛，那么可能产生较大的误差，从而导致优化的结果不够理想。目前最常用的图优化开源库是 g2o[2](Kümmerle et al., 2011)。它是一个开源 C++框架，提供了各种各样的求解器，可以用来处理通用的图优化问题，效率很高。

3.3.3.3　增量式集束调整

由于三维点变量数远远大于相机变量数，所以在传统的集束调整中，正规方程的构造以及三维点的边缘化(舒尔补)的运算量，通常远高于最后的相机变量求解步骤。注意到传统的集束调整方法包含很多冗余的运算，每当增加新的关键帧，

---

[1] 被舍弃的三维点变量并不是直接从集束调整问题中删去，而是以边缘化(marginalization)的形式将信息保留下来之后再删去。由于边缘化操作与利用舒尔补进行消元操作类似，故称之为"消去"。

[2] g2o 源代码：https://github.com/RainerKuemmerle/g2o

原有正规方程中的许多变量几乎没有发生变化，这为增量式算法设计提供了机会。这里，我们将介绍几种代表性的增量式集束调整算法。

1) 基于贝叶斯推断的增量式集束调整

Kaess 等提出的 iSAM (Kaess et al., 2008) 和 iSAM2 (Kaess et al., 2012) 增量式集束调整算法，很好地利用了 SfM/SLAM 中集束调整问题的稀疏性和局部性，实现了高效的求解。Kaess 等人指出：对观测的雅克比矩阵或者信息矩阵进行分解得到平方根信息矩阵的过程，等同于将因子图转化成弦贝叶斯网络 (chordal Bayes net) 的过程；矩阵分解时产生的填充现象，则等同于因子图转化过程中多出来的变量之间的边；同样，在矩阵分解时，选定不同的主元顺序对应于因子图转化过程中变量的消去顺序，其所产生的填充现象的程度也是不同的。因此，完全可以用分析因子图的转化过程来代替对矩阵分解过程的分析。具体来说，iSAM2 算法通过一种特殊的贝叶斯树的结构编码了平方根信息矩阵的结构，使得每次更新平方根信息矩阵时，只需做很少的改动即可。

(1) 减少填充现象：通过一些启发式算法，如 COLAMD (Davis et al., 2004)、CHOLMOD (Chen et al., 2008) 算法找到次优的变量消去顺序，使得因子图转化为贝叶斯置信网络的过程中尽可能不产生新的边。

(2) 使用贝叶斯树编码平方根信息矩阵：对于因子图转化而来的贝叶斯置信网络，使用特殊的贝叶斯树来编码其中的稀疏结构和变量因果关系。

(3) 即时重新线性化：利用贝叶斯树中的编码的变量因果关系，每当因子图中加入新的变量或约束，即时地对影响到的变量进行线性化，避免每次都重新构造整个平方根信息矩阵。

(4) 局部变量更新策略：通过设置一个阈值 ϵ，在求解得到变量的增量 δ 后，根据其是否满足 $|\delta| > \epsilon$ 来判断是否需要更新这个变量。

2) 基于增量更新舒尔补的增量式集束调整

我们提出的 EIBA[①] (Liu et al., 2017) 和 ICE-BA[②] (Liu et al., 2018) 以及 Ila 等提出的 SLAM++[③] (Ila et al., 2017) 也充分利用了这种增量式的特性，自动检测哪些分量真实发生了变化，自适应地选择哪些分量需要更新，并增量式地更新舒尔补方程。当全局地图中新加入一个关键帧，如果局部地图已较为精确，通常只会影响到一小部分局部分量；如果局部地图误差较大，则自适应地引入更多的变量进行优化。

这里以 EIBA 为例进行说明。在每一轮迭代中，EIBA 没有选择重新构造正

① EIBA 源代码：https://github.com/zju3dv/EIBA

② ICE-BA 源代码：https://github.com/baidu/ICE-BA

③ SLAM++源代码：https://sourceforge.net/projects/slam-plus-plus/

规方程和舒尔补方程，而是在上一次迭代的基础上进行构建。对于大多数重投影误差项来说，由于对应的相机运动参数 C_i（包含旋转和平移）和三维点位置 X_j 并未发生变化，其重投影误差 $\tilde{e}_{ij}$ 和雅克比矩阵 $\tilde{J}_{ij}^C$, $\tilde{J}_{ij}^X$ 在正规方程 (3.3.24) 和舒尔补方程 (3.3.36) 中的对应部分基本保持不变。我们将 $\tilde{e}_{ij}$, $\tilde{J}_{ij}^C$, $\tilde{J}_{ij}^X$ 对式 (3.3.36) 中的 U_i, V_j, u_i, v_j, $W_{i_1j}V_{jj}^{-1}W_{i_2j}^\top$ 的影响保存下来，分别记为 A_{ij}^U, A_{ij}^V, b_{ij}^u, b_{ij}^v, $A_{i_1i_2j}^S$。当且仅当 C_i 或 X_j 发生明显变化时，我们才重新计算这些影响值。计算过程如下所示：

$$A_{ij}^U = (\tilde{J}_{ij}^C)^\top \tilde{J}_{ij}^C$$

$$A_{ij}^V = (\tilde{J}_{ij}^X)^\top \tilde{J}_{ij}^X$$

$$b_{ij}^u = (\tilde{J}_{ij}^C)^\top \tilde{e}_{ij}$$

$$b_{ij}^v = (\tilde{J}_{ij}^X)^\top \tilde{e}_{ij}$$

$$A_{i_1i_2j}^S = W_{i_1j}V_{jj}^{-1}W_{i_2j}^\top \tag{3.3.46}$$

在重新计算时，我们先取消上次迭代这些量对正规方程和舒尔补方程的影响，根据公式重新计算这些项，并作用于正规方程和舒尔补方程。这里不再显式储存正规方程中的 U 和 u，而是直接作用于 S 和 g 上：

$$S_{ii} -= A_{ij}^U; \quad A_{ij}^U = (\tilde{J}_{ij}^C)^\top \tilde{J}_{ij}^C; \quad S_{ii} += A_{ij}^U$$

$$V_{jj} -= A_{ij}^V; \quad A_{ij}^V = (\tilde{J}_{ij}^X)^\top \tilde{J}_{ij}^X; \quad V_{jj} += A_{ij}^V$$

$$g_i -= b_{ij}^u; \quad b_{ij}^u = (\tilde{J}_{ij}^C)^\top \tilde{e}_{ij}; \quad g_i += b_{ij}^u$$

$$v_j -= b_{ij}^v; \quad b_{ij}^v = (\tilde{J}_{ij}^X)^\top \tilde{e}_{ij}; \quad v_j += b_{ij}^v$$

$$S_{i_1i_2} += A_{i_1i_2j}^S; \quad A_{i_1i_2j}^S = W_{i_1j}V_{jj}^{-1}W_{i_2j}^\top; \quad S_{i_1i_2} -= A_{i_1i_2j}^S \tag{3.3.47}$$

对于式 (3.3.44) 中的 W_{ij}，直接更新为 $W_{ij} = (\tilde{J}_{ij}^C)^\top \Delta J_{ij}^X$。

与传统的集束调整相比，EIBA 只更新了正规方程和舒尔补方程的一小部分子矩阵和子向量，因而极大提升了计算效率。除此以外，EIBA 算法使用预处理共轭梯度法（preconditioned conjugate gradient, PCG）(Jeong et al., 2012) 求解舒尔补方程，计算相机运动参数以及回代求解三维点位置的步骤，只更新相机运动参数增量超过阈值 ϵ_c 或者三维点增量超过阈值 ϵ_x 的部分变量。

3）增量式集束调整方法总结对比

iSAM（Kaess et al., 2008）主要使用增量更新平方根信息矩阵的策略，并且每隔一段时间做一次完整的全局 COLAMD 消去变量和重新线性化，本质上并不是完全增量的优化。相比较而言，iSAM2（Kaess et al., 2012）将平方根信息矩阵编码到贝叶斯树中，并使用贝叶斯树来深入分析变量之间的因果关系，在每次加入新的因子/变量的时候，选取影响到的一部分变量，使用 COLAMD 消去变量，然后增量更新线性化点，实现了完全增量的优化。

SLAM++（Ila et al., 2017）、EIBA（Liu et al., 2017）和 ICE-BA（Liu et al., 2018）都使用了增量式更新舒尔补的方法，实现增量式的集束调整。前者除了可以增量地优化变量以外，还可以非常快地恢复协方差矩阵。而 EIBA 和 ICE-BA 在实现上使用了块矩阵的结构，并通过记录影响矩阵的方式来减少计算。除此之外，SLAM++使用矩阵分解的方式来求解线性方程，而 EIBA/ICE-BA 使用了基于块结构的预处理共轭梯度法来进行求解。通常来说，基于块结构的预处理共轭梯度法在解舒尔补的时候，可以更充分地利用矩阵的块稀疏结构。此外，在有比较好的初值的情况下，预处理共轭梯度法只需要很少的迭代次数就能收敛，通常比矩阵分解的方法更快。

与 iSAM2 相比，EIBA/ICE-BA 优先边缘化点来减少填充现象，使得只有可被观测到的点会被影响到（重新线性化）。尽管采用这一策略后，所有的相机变量都会被影响到，但 iSAM2 的策略却可能影响到很多在当前帧无法被观测到的三维点变量，使得这些变量都需要被重新线性化。由于三维点变量的个数往往远大于相机变量的个数，所以 EIBA/ICE-BA 通常比 iSAM2 在增量式 SfM 和 SLAM 的集束调整优化上更为高效。

3.3.4 自定标

自定标（self-calibration）是 SfM 系统的一个非常重要的环节，可以通过图像上的二维信息自动求解出相机的内部参数，而无需在场景中放置标定物。一般带自定标的 SfM 求解流程是，先通过两帧（Zhang, 1998）或三帧（Avidan et al., 2001; Shashua et al., 1995）求解来初始化射影空间上的三维结构和相机运动参数，然后增量式地来扩大求解的帧数和重建的三维点云，最后选择合适的时机通过自定标技术（Pollefeys et al., 1999, 2004; Triggs, 1997）将重建的结果转换到度量空间上。

绝对二次曲线（absolute conic）是自定标理论的一个重要概念，一般用对偶绝对二次曲面（Triggs, 1997）来表达，记为 $\boldsymbol{\Omega}^*$。$\boldsymbol{\Omega}^*$ 在射影空间坐标下可以表达成一个 4×4 秩为 3 的对称半正定矩阵，而在度量坐标框架下则简化成对角线矩阵

diag(1,1,1,0)，且对于相似变换具有不变性。通过自定标技术，可以求解出一个提升变换（upgrading transformation）矩阵 U 将 $\boldsymbol{\Omega}^*$ 变换成 diag(1,1,1,0)，即 $\boldsymbol{U}\boldsymbol{\Omega}^*\boldsymbol{U}^\top = \text{diag}(1,1,1,0)$，从而将三维重建从射影空间提升到度量空间（即 $\boldsymbol{P}_M = \boldsymbol{P}\boldsymbol{U}^{-1}\boldsymbol{P}^\top, \boldsymbol{X}_M = \boldsymbol{U}\boldsymbol{X}$）。

对偶绝对二次曲面在图像上的投影可以用公式 $\boldsymbol{w}^* = \boldsymbol{P}\boldsymbol{\Omega}^*\boldsymbol{P}^\top$ 来描述。因为在度量坐标框架下，$\boldsymbol{w}^*$ 仅与相机的内参有关，与相机的运动无关（即 $\boldsymbol{w}^* = \boldsymbol{K}\boldsymbol{K}^\top$），所以我们可以进一步得到如下公式：

$$\boldsymbol{w}^* \sim \boldsymbol{K}_k \boldsymbol{K}_k^\top \sim \boldsymbol{P}_k \boldsymbol{\Omega}^* \boldsymbol{P}_k^\top \qquad (3.3.48)$$

式中，$\boldsymbol{K}_k$ 和 $\boldsymbol{P}_k$ 分别是第 k 帧的内参矩阵和投影矩阵。为了求解稳定，投影矩阵 $\boldsymbol{P}_k$ 一般需要先经过如下的归一化处理（假设图像的长和宽分别为 w 和 h）：

$$\boldsymbol{P}_k^N = (\boldsymbol{K}^N)^{-1}\boldsymbol{P}_k, \boldsymbol{K}^N = \begin{bmatrix} w+h & 0 & w/2 \\ 0 & w+h & h/2 \\ 0 & 0 & 1 \end{bmatrix} \qquad (3.3.49)$$

根据这个约束方程，在多帧情况下，可以求解出 $\boldsymbol{\Omega}^*$ 和各帧对应的内参矩阵 $\boldsymbol{K}$，从而实现相机的自定标，并进一步求出提升变换矩阵 $\boldsymbol{U}$，完成射影重建到度量重建的提升。内参矩阵 $\boldsymbol{K}$ 有五个变量，但为了求解的稳定性，一般需要对其做一些合理的约束限制，比如限定相机主点在图像中心，纵横比为 1，倾斜率为零等。如果主点和纵横比已知而且倾斜角为零，根据 Pollefeys 等提出的线性自定标方法（Pollefeys et al., 1999, 2004），等式 (3.3.48) 可以改写成如下形式：

$$\lambda_k \begin{bmatrix} f_k^2 & 0 & 0 \\ 0 & f_k^2 & 0 \\ 0 & 0 & 1 \end{bmatrix} = \boldsymbol{P}_k \begin{bmatrix} f_1^2 & 0 & 0 & a_1 \\ 0 & f_1^2 & 0 & a_2 \\ 0 & 0 & 1 & a_3 \\ a_1 & a_2 & a_3 & \|\boldsymbol{a}\|^2 \end{bmatrix} \boldsymbol{P}_k^\top \qquad (3.3.50)$$

根据上述归一化后，焦距一般会比较接近 1。根据文献（Pollefeys et al., 2004），通过对焦距等参数的波动范围做一定合理的假设，可以得到如下等式：

$$\frac{1}{9v}(\boldsymbol{P}_k[1]\boldsymbol{\Omega}^*\boldsymbol{P}_k[1]^\top - \boldsymbol{P}_k[3]\boldsymbol{\Omega}^*\boldsymbol{P}_k[3]^\top) = 0$$

$$\frac{1}{9v}(\boldsymbol{P}_k[2]\boldsymbol{\Omega}^*\boldsymbol{P}_k[2]^\top - \boldsymbol{P}_k[3]\boldsymbol{\Omega}^*\boldsymbol{P}_k[3]^\top) = 0$$

$$\frac{1}{0.2v}(\boldsymbol{P}_k[1]\boldsymbol{\Omega}^*\boldsymbol{P}_k[1]^\top - \boldsymbol{P}_k[2]\boldsymbol{\Omega}^*\boldsymbol{P}_k[2]^\top) = 0$$

$$\frac{1}{0.1v}(\boldsymbol{P}_k[1]\boldsymbol{\Omega}^*\boldsymbol{P}_k[3]^\top) = 0$$

$$\frac{1}{0.1v}(\boldsymbol{P}_k[2]\boldsymbol{\Omega}^*\boldsymbol{P}_k[3]^\top) = 0 \tag{3.3.51}$$

$$\frac{1}{0.01v}(\boldsymbol{P}_k[1]\boldsymbol{\Omega}^*\boldsymbol{P}_k[2]^\top) = 0$$

这里 $\boldsymbol{P}_k[i]$ 表示 $\boldsymbol{P}_k$ 的第 i 行向量；v 是一个缩放因子，初始值设为 1，迭代的时候设为 $\boldsymbol{P}_k[3]\tilde{\boldsymbol{\Omega}}^*\boldsymbol{P}_k[3]^\top$（$\tilde{\boldsymbol{\Omega}}^*$ 表示上一次迭代获得的 $\boldsymbol{\Omega}^*$ 值）。每次迭代，可以采用最小二乘法求解方程组(3.3.51)。一般只需要迭代两次，即可完成求解。但是，实验中发现上述线性自定标方法并不稳定，容易出现求解的 f_k^2 很小，甚至是负的情况。其原因主要在于方程组 (3.3.51) 的前 3 个式子对 f_k^2 的约束不对称，导致 $(\boldsymbol{P}_k[1]\tilde{\boldsymbol{\Omega}}^*\boldsymbol{P}_k[1]^\top) / (\boldsymbol{P}_k[3]\tilde{\boldsymbol{\Omega}}^*\boldsymbol{P}_k[3]^\top)$ 和 $(\boldsymbol{P}_k[2]\tilde{\boldsymbol{\Omega}}^*\boldsymbol{P}_k[2]^\top) / (\boldsymbol{P}_k[3]\tilde{\boldsymbol{\Omega}}^*\boldsymbol{P}_k[3]^\top)$ 容易从 1.0 偏向零，甚至是负的。为此，我们对上述线性方程组进行改进，构建了如下非线性目标函数(Zhang et al., 2007)：

$$E_{\text{calib}} = \frac{1}{N-1}\sum_{k=2}^{N} E_k \tag{3.3.52}$$

式中，

$$
\begin{aligned}
E_k &= \left(\frac{1}{9}\right)^2 \left(\left(\frac{\boldsymbol{P}_k[1]\boldsymbol{\Omega}^*\boldsymbol{P}_k[1]^\top}{\boldsymbol{P}_k[3]\boldsymbol{\Omega}^*\boldsymbol{P}_k[3]^\top} - 1\right)^2 + \left(\frac{\boldsymbol{P}_k[3]\boldsymbol{\Omega}^*\boldsymbol{P}_k[3]^\top}{\boldsymbol{P}_k[1]\boldsymbol{\Omega}^*\boldsymbol{P}_k[1]^\top} - 1\right)^2\right) \\
&+ \left(\frac{1}{9}\right)^2 \left(\left(\frac{\boldsymbol{P}_k[2]\boldsymbol{\Omega}^*\boldsymbol{P}_k[2]^\top}{\boldsymbol{P}_k[3]\boldsymbol{\Omega}^*\boldsymbol{P}_k[3]^\top} - 1\right)^2 + \left(\frac{\boldsymbol{P}_k[3]\boldsymbol{\Omega}^*\boldsymbol{P}_k[3]^\top}{\boldsymbol{P}_k[2]\boldsymbol{\Omega}^*\boldsymbol{P}_k[2]^\top} - 1\right)^2\right) \\
&+ \left(\frac{1}{0.2}\right)^2 \left(\left(\frac{\boldsymbol{P}_k[1]\boldsymbol{\Omega}^*\boldsymbol{P}_k[1]^\top}{\boldsymbol{P}_k[2]\boldsymbol{\Omega}^*\boldsymbol{P}_k[2]^\top} - 1\right)^2 + \left(\frac{\boldsymbol{P}_k[2]\boldsymbol{\Omega}^*\boldsymbol{P}_k[2]^\top}{\boldsymbol{P}_k[1]\boldsymbol{\Omega}^*\boldsymbol{P}_k[1]^\top} - 1\right)^2\right) \\
&+ \left(\frac{1}{0.1}\right)^2 \left(\frac{\boldsymbol{P}_k[1]\boldsymbol{\Omega}^*\boldsymbol{P}_k[3]^\top}{\boldsymbol{P}_k[3]\boldsymbol{\Omega}^*\boldsymbol{P}_k[3]^\top}\right)^2 + \left(\frac{1}{0.1}\right)^2 \left(\frac{\boldsymbol{P}_k[2]\boldsymbol{\Omega}^*\boldsymbol{P}_k[3]^\top}{\boldsymbol{P}_k[3]\boldsymbol{\Omega}^*\boldsymbol{P}_k[3]^\top}\right)^2 \\
&+ \left(\frac{1}{0.01}\right)^2 \left(\frac{\boldsymbol{P}_k[1]\boldsymbol{\Omega}^*\boldsymbol{P}_k[2]^\top}{\boldsymbol{P}_k[3]\boldsymbol{\Omega}^*\boldsymbol{P}_k[3]^\top}\right)^2
\end{aligned} \tag{3.3.53}
$$

求解上述非线性目标函数 E_{calib} 需要提供初值，可以用线性算法先求解出 f_k 作为初值，然后代入到目标函数 E_{calib} 中进行求解。该方法能够有效提高自定标的稳定性(尤其对于焦距变化情况)。

3.3.4.1 初始帧选择

准确的自定标要求有足够多的特征点匹配，而且结构和运动不能濒临退化。通常可以采用 Pollefeys 等(2004)提出的基于图像的距离(image-based distance, IBD)来判断场景的结构是否退化成一个平面：

$$b = \text{median}(d(\pi(H\hat{x}), x')) \tag{3.3.54}$$

这里，H 是一个 3×3 的满秩单应性矩阵；$d(\pi(H\hat{x}), x')$ 表示 x 经过 H 变换之后与 x' 在图像上的欧氏距离；median 表示取中位数。H 可以通过最小化 b 求解得到。在焦距已知或固定不变的情况下，根据特征点的匹配数目和基于图像的距离来选择初始两帧一般已经足够，这也是多数 SfM 系统(Pollefeys et al., 2004; Snavely et al., 2006)常采用的策略。但是在焦距变化的情况下，仅采用这两个标准选出的初始帧进行自定标还不是很可靠，需要考虑更多的因素。

1）焦距变化度

在相机焦距变化比较大的情况下进行求解很容易遇到稳定性问题。主要原因是：①镜头缩放很容易跟相机的前后运动发生混淆，尤其是当场景三维结构退化成一个平面的时候；②镜头缩放很容易带来其他问题，比如匹配噪声偏大、运动模糊等，这使得特征跟踪会变得更加困难。因此，在实际求解过程中很容易遇到如下情况：虽然重投影误差比较小，但恢复的运动和结构跟真实情况却相差很远。相比而言，焦距变化小的情况更容易求解稳定。为了测量焦距变化情况，我们给出一个评估两帧的焦距变化度的标准：

$$\Delta f_{ij} = \frac{|f_i / f_j - 1| + |f_j / f_i - 1|}{2b_{ij}} \tag{3.3.55}$$

焦距变化度主要是估计这两帧焦距的相对关系，可以通过求解一个三帧组来实现。例如，对于某三帧$(1, 2, 3)$，可以先求解出这三帧的投影矩阵，然后用自定标方法来估计出每帧的焦距。为了选出基线较长的关键帧，先根据式(3.3.54)从$(1, 2),(2, 3),(1, 3)$这三对组合中选出 b_{ij} 比较大的一对(不妨假设为 1, 2 两帧)，然后采用 3.3.1 节介绍的初始化方法求解出这两帧的投影矩阵 P_1 和 P_2 以及匹配点的三维位置。接着根据第 2 帧已经恢复了三维位置的特征点和它们在第 3 帧上的匹配点，通过最小化第 3 帧上的重投影误差来求得 P_3。有了 P_1, P_2, P_3，通过自定标，可以求出 f_1, f_2, f_3，再代入式(3.3.55)中计算出 $\Delta f_{11}, \Delta f_{12}, \Delta f_{23}$。

2）自定标质量

因为我们先进行射影重建，然后再通过自定标技术得到度量重建，而自定标技术通常对噪声很敏感，所以射影重建的质量就非常重要。虽然 SfM 的求解是通过最小化重投影误差来实现的，但我们发现，重投影误差并不能很好地衡量射影重建的精度。在实际过程中，很容易造成如下情况：尽管重投影误差很小，但是求解的投影矩阵依然是病态的，从而导致自定标的失败。既然自定标对射影重建的精度很敏感，那么自定标的质量可以很大程度上反映射影重建的质量。基于式 (3.3.52)，我们提出用如下式子来衡量自定标的质量：

$$C(E_{\text{calib}}) = \frac{\varepsilon}{\varepsilon + \sqrt{E_{\text{calib}}}} e^{-\frac{E_{\text{calib}}}{2\sigma^2}} \tag{3.3.56}$$

一般可以设置 $\varepsilon = 1$，$\sigma = 0.2$。$C(E_{\text{calib}})$ 的取值范围在[0,1]区间，值越大表示自定标的质量越好。

我们可以根据以下几个标准来判断某段子序列是否适合度量重建：

(1) 特征点匹配足够多；

(2) 结构和运动非退化；

(3) 焦距变化度比较小；

(4) 自定标质量比较好。

一般而言，特征点匹配数目越多，求解越稳定。但是，这个数目的阈值比较难设定。我们发现自定标的质量已经能比较好地反映特征点匹配数目是否足够，因此这里我们并没有直接为这个标准设定阈值。根据自定标理论，三帧求解要比两帧求解稳定。因此，可以采用三帧作为 SfM 求解的基本单元。算法 3.1 给出了一个基于自定标的单序列增量式 SfM 求解框架。在完成特征匹配之后，一般需要抽取关键帧进行求解，可以提高求解的效率和稳定性。考虑到很短的特征轨迹对求解帮助不大，而且会加大计算量，我们只选取跟踪时间较长的轨迹参与求解，例如特征轨迹长度大于 N，这些特征轨迹我们也称为黄金跟踪轨迹。关键帧间隔越大，一般基线越长，对求解越有利；但间隔太远，可能没有足够数目的对应点。一个简单的策略是以 $(N-1)/2$ 间隔在视频序列上选取关键帧，这可以保证任意一个黄金跟踪轨迹，至少会存在于两个关键帧上，即黄金跟踪轨迹总可以参与求解。另外，为了鲁棒地求解，任意三个连续的关键帧之间必须有足够的公共黄金跟踪轨迹(例如设置为不少于 30 条)。如果公共黄金跟踪轨迹的数目不足，那么需要把间隔的阈值临时调低来选择关键帧。抽取出关键帧之后得到一个关键帧序列，编号分别为 $1, 2, 3, \cdots, n$。我们可以将它们分成一系列的三帧组 (triplet)，如 $(1, 2, 3)$，$(2, 3, 4)$，$(3, 4, 5)$，$\cdots$，并将它们分别编号为三帧组 $1, 2, 3, \cdots, n-2$。这里，初始帧选择的好坏对于自定标以及整个 SfM 求解的稳定性都是非常重要的。我们需要从这些三帧组里选出一个最优的，然后由这三帧开始进行初始化。这个选中的三帧组我们称为参考三帧组。

算法 3.1　基于自定标的单序列增量式 SfM 求解框架

1. 自动抽取特征点并匹配；

2. 抽取关键帧组成关键帧序列；

3. 初始化度量空间下的三维结构和运动：

　　3.1 选择合适的三帧组进行射影重建的初始化；

　　3.2 采用增量式求解，并选择合适时机进行自定标，将射影重建转换到度量重建；

4. 对于每一个新加入求解的关键帧：

　　4.1 初始化新求解帧的相机参数和相关的三维点；

　　4.2 用局部集束调整算法对局部已经求解的结构和运动进行求精；

5. 求解所有非关键帧的相机参数；

6. 对整个序列恢复的结构和运动用集束调整进行最后优化。

对于三帧组 i，我们将基于图像的距离、焦距变化度和自定标质量等因素综合起来，定义如下衡量标准：

$$S_i = C(E_{\text{calib}})(B_{i,i+1} + B_{i+1,i+2} + B_{i,i+2}) \tag{3.3.57}$$

式中，$B_{ij} = \dfrac{b_{ij}}{\beta + \Delta f_{ij}}$，$\beta$ 一般可以设置为 0.04。我们可以通过自定标方法优化目标函数 (3.3.52) 来求解出每个三帧组的焦距和 B_{ij} 等值，然后代入到式 (3.3.57) 中计算 S_i。

为了避免一些偶然因素对求解稳定性的干扰，不能只考虑三帧组本身的求解稳定性，还要考虑相邻的三帧组是否也适合初始化。为此，我们对 S_i 进行高斯滤波：

$$\tilde{S}_i = \left(\sum_{k=i-3w}^{i+3w} e^{-\frac{(k-i)^2}{2w^2}} S_k \right) \bigg/ \sum_{k=i-3w}^{i+3w} e^{-\frac{(k-i)^2}{2w^2}} \tag{3.3.58}$$

一般设置 $w = 3$。最终，我们定义如下自定标质量标准：

$$S_i^b = \sqrt{\tilde{S}_i S_i} \tag{3.3.59}$$

来选取最佳的三帧组 (即满足 S_i^b 最大)。例如三帧组 l，即 $(l, l+1, l+2)$，被选作参考三帧组。在接下来的求解过程中，其他关键帧将会按如下次序求解：$l-1, l+3, l-2, l+4$。

3.3.4.2　自定标的合适时机

对于自定标来说，在投影矩阵比较准确的情况下，方程数越多，一般求解越稳定。但是，估计的投影矩阵难免会有误差累积，特别是对于长序列来说，投影矩阵很容易沿着序列逐渐偏离真实值，最终导致自定标失败。因此，我们需要对误差累积进行监控，以选择一个合适的时机(在误差累积过大之前)进行自定标，及时将射影重建提升到度量重建。

我们把参考三帧组中的特征轨迹称之为参考轨迹,其对应的三维点称之为参考三维点。因为参考三帧组比较适合初始化，所以其射影重建的结果一般也比较准确。因此我们可以用参考三维点在某帧图像上的重投影误差来评估该帧投射矩阵的精度。每新加入一帧进行求解时，都要检查一下是否至少有 n_p 个参考三维点在该帧上有对应的二维特征点，并且这些参考三维点在该帧上的平均重投影误差小于 e_p。一般可以取 $n_p = 15, e_p = 3.0$。如果没有新的关键帧满足这个条件，我们便停止射影重建，然后用自定标方法进行射影重建到度量重建的转换。转换完成之后，立即用集束调整进行优化，从而完成了度量重建的初始化。

完成度量重建的初始化之后，开始进入算法 3.1 的步骤 4，即后续的求解都在度量空间上进行。每当新增加一帧(假设第 i 帧)进行求解时，先用式(3.3.8)来求解出该帧的投影矩阵 P_i。然后对 $P_i = K_i[R_i \mid t_i]$ 进行 RQ 分解(Hartley et al., 2004)，并立即对分解的 K_i, R_i, t_i 最小化重投影误差来进一步优化：

$$\underset{K_i, R_i, t_i}{\mathrm{argmin}} \sum_j \| \pi(K_i R_i X_j + K_i t_i) - x_{ij} \|^2 \tag{3.3.60}$$

进而，使用集束调整来优化所有已经求解的相机参数和三维点。所有关键帧通过这种增量式的方式求解完毕后，再用恢复的这些三维点求解其他非关键帧的相机参数。最后，可以将整个序列的相机参数和三维点用集束调整进行最终的优化。图 3.12 给出了一个焦距变化的视频序列的自定标以及 SfM 求解结果[①]。可以看到，这个序列的焦距变化非常大，最大焦距是最小焦距的两倍多。采用本节提出的基于自定标的单序列增量式 SfM 求解方法，可以非常鲁棒地恢复相机的内外参数，并重构出特征点的空间位置。将虚拟物体(黄色的小牛以及长方体)合成到视频里没有明显的漂移现象，证明了恢复的相机参数的准确性。

---

① 该序列是采用 KLT 算法进行特征跟踪。

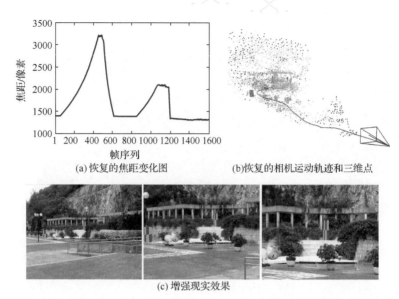

(a) 恢复的焦距变化图　　　(b)恢复的相机运动轨迹和三维点

(c) 增强现实效果

图 3.12　一个变焦序列的 SfM 结果和增强现实效果

3.3.5　代表性 SfM 方法

SfM 技术目前已经发展得较为成熟，涌现出了很多方法，总结起来可以分为增量式方法、层次式方法、全局式方法、混合式方法以及语义 SfM 方法等。下面分别对这些方法进行简要的介绍。

3.3.5.1　增量式 SfM

增量式 SfM（incremental SfM）采用逐张图片加入处理的方法，也是目前最为广泛使用的方法。Bundler[①]（Snavely et al., 2006）是增量式 SfM 方法的一个代表。它先使用特征匹配和 RANSAC 方法计算图像对之间的基本矩阵，然后根据图像的匹配结果，将多幅图像中的对应点合并为轨迹，最后将图像逐一加入 SfM 的集束调整中进行优化。良好的初始化对增量式 SfM 非常重要，为了能使初始三维点准确并提供足够的冗余，Bundler 选择的初始化图像对需要同时满足有足够的特征匹配和相机基线足够大两个条件。由于 Bundler 每增加一帧或若干帧就进行集束调整，在不考虑稀疏性的情况下，计算复杂度达到了 $O(n^4)$（n 为图像的数目），即使利用稀疏性，计算复杂度至少也是 $O(n^2)$，在处理大数据集时极为耗时。ACTS[②]（Zhang et al., 2007）是我们研发的基于视频序列的相机自动跟踪系统，系统采用类似的增量式求解策略，但其不一样的初始化方法能够在焦距未知

---

① Bundler 源代码：https://github.com/snavely/bundler_sfm

② ACTS 软件主页：http://www.zjucvg.net/acts/acts.html

的情况下,实现相机的自定标(详见 3.3.4 节)。VisualSFM[①](Wu, 2013)在 Bundler 架构的基础上加入了局部集束调整的处理,对于新加的图像,只在其临近的图像子集上进行集束调整,只有当整个 SfM 求解规模达到一定级别后,才进行整体的重新集束调整。通过这种方法,可以使得增量式 SfM 的平均复杂度保持在 $O(n^2)$ 水平,显著提高了 SfM 系统的效率。由于不断在已有结果上加入新的图像进行求解优化,增量式 SfM 系统容易产生误差累积问题。此外,由于相机的位姿估计不够精确,使得一些原本正确的特征匹配无法进行三角化,这些匹配的丢失同样带来了误差的累积。因此,VisualSFM 提出了在集束调整之后重新三角化的方法,以增加更多的三维点,从而减少误差积累。Bundler 和 VisualSFM 等方法,直接在图像间鲁棒估计基础矩阵的方法来获得特征匹配和相对位姿,但由于基础矩阵的几何约束不够强, 难以很好地处理一些退化的场景和运动。COLMAP[②](Schönberger et al., 2016a; 2016b)提出了将基础矩阵估计和单应性矩阵估计结合起来,以区分相机纯旋转或者纯平面场景,有效地解决了纯旋转情形无法提供有效基线的问题。此外,COLMAP 同时估计特征点匹配在新图像中的分布,并优先选择特征点匹配覆盖更均匀的图像加入 SfM,进一步提高了计算的鲁棒性。

3.3.5.2　层次式 SfM

增量式 SfM 具有实现简单、求解鲁棒等优点,但需要频繁的集束调整,效率不是很高,尤其当图像数目很大的时候。层次式 SfM(hierarchical SfM)首先对部分图像匹配形成的子问题进行求解,然后补充或合并得到完整的重建,显著提高了求解的效率。Snavely 等(2008b)提出从全体图像中寻找一个骨架子集以充分覆盖所有图像所拍摄的场景,然后先对这个子集进行重建,再恢复剩余图像的位姿。这种方法类似于基于关键帧的视频序列 SfM 方法,可以显著提高增量重建的效率。Agarwal 等(2011)在此基础上进一步采用分布式匹配,利用集群计算系统实现了城市规模场景的快速重建。Farenzena 等(2009)则提出利用图像匹配的层次式聚类来生成树谱图(dendrogram)的方法。图上每个叶子节点对应于一幅图像,而节点的汇聚分别对应图像间的 2D-2D 立体匹配、图像和已重建点云的 2D-3D 匹配以及两个重建好点云的 3D-3D 匹配。重建工作自底向上进行,每次合并具有最小距离的两个聚类,并且要求用以重建的视图满足多匹配和宽基线的条件。在合并聚类时, 仅选择 k 对图像进行集束调整,从而有效降低了复杂度。在最坏情况下,树谱图完全不平衡,层次式聚类方法本质上就是传统的增量 SfM。

---

① VisualSFM 软件主页:http://ccwu.me/vsfm/
② COLMAP 源代码:https://github.com/colmap/colmap

Gherardi 等(2010)改进了这个聚类策略，显著改善了树谱图的平衡性。

我们的 ENFT-SfM[①](Zhang et al., 2016)提出了一个分段式计算策略，适合处理长视频序列和多视频序列的 SfM 问题。首先将长视频序列分成若干段短序列，独立地跟踪和增量式重建每个短序列(类似算法 3.1 的求解策略，如果相机内参已知，可以无需自定标直接进行度量空间重建)，并根据公共匹配对为每个短序列求解一个 7 自由度的相似变换，整体地对齐到同一个世界坐标系下。如果重投影误差超过阈值，将每个短序列进一步分裂成更多的小段，每段均参数化为 7 个自由度的相似变换，然后进行集束调整。重复上述步骤直至重投影误差小于阈值或不能再分裂(达到最大分段数目或每段只包含一帧)为止。最后，再对每小段内的相机参数和三维点云进行独立的优化。与传统的增量式方法相比，这种从粗到细的层次式优化策略可以高效地处理长视频序列，而且不容易陷入局部最优解。此外，通过控制分段的数目，可以实现在有限的内存下对大数据集进行全局的优化。如图 3.13 所示，ENFT-SfM 能够自动地恢复多视频序列的相机运动轨迹并注册到同一个坐标系下。

 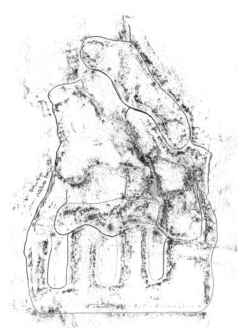

(a) 输入的六段长视频序列 　　　　　(b) 重建的相机运动轨迹和三维点云

图 3.13　多视频序列的 SfM 重建

---

① ENFT-SfM 源代码：https://github.com/zju3dv/ENFT-SfM

3.3.5.3　全局式 SfM 和混合式 SfM

增量或者层次式 SfM 本质上是一种增量式重建方法,在增长中不断进行集束调整,因此仍需要很大的计算开销。一些全局方法尝试一次性求解全体图像的外参并通过极少的集束调整完成优化。由于三维旋转的非线性特点,全局式 SfM (Global SfM)方法通常将旋转、平移等参数分开处理。首先通过旋转平均 (rotation averaging)方法(Govindu, 2001),全局地求解所有图像的旋转,然后在已知相对旋转的前提下,全局求解图像的位置(Cui et al., 2015)。全局方法虽然可以一次性完成整体求解,但由于作为输入的相对位置信息由图像匹配得到,很容易包含错误信息。这些错误匹配的视图无法在全局求解时得到恢复,因此重建的完整性尚待提高。混合式 SfM (hybrid SfM)则结合了全局式和增量式 SfM 的优点。OpenMVG[①](Moulon et al., 2013)系统将 SfM 求解分解为三个步骤:先求解全局旋转,再注册全局平移,最后整体进行集束调整。其中全局旋转和全局平移则采用先局部再合并的方法,即先求解有匹配点的图像对之间的相对旋转或平移,然后进行全局对齐。在 Cui 等(2017)的方法中,作者利用全局式方法估计所有图像的旋转,然后回归增量地求解图像的位置。通过结合全局和增量方法,混合式方法大幅减少了 SfM 重建需要的时间,而且错误的匹配关系可以得到及时的修正,有效保证了重建的完整性。

3.3.5.4　语义 SfM 系统

相比基于底层特征匹配(SIFT、ORB 等特征)的 SfM 系统,语义 SfM 系统将场景和物体识别得到的语义标签信息融合到系统的优化体系中,一方面提高了 SfM 系统对三维点云和相机位姿的估计准确度,另一方面也提高了物体的识别准确度。例如,Bao 等(2011)提出了一种新的优化框架,成功将物体的语义标签添加到系统的约束中,通过对物体三维位置以及方位的建模,以最大似然估计方式,联合优化相机位姿、三维点云以及三维物体的属性。

3.4　稠密深度估计

除了要恢复相机参数和场景的稀疏结构,有时候为了更好地处理遮挡关系和合成阴影,增强现实系统还需要恢复出场景的稠密三维结构。因此,稠密的深度估计也是增强现实的重要技术环节。深度计算方法有很多种,主要有立体匹配法(stereo matching)、光度立体视觉法(photometric stereo)、色度成形法(shape from shading)、散焦推断法(depth from defocus)以及基于深度学习的方法等,

---

① OpenMVG 源代码: https://github.com/openMVG/openMVG

其中最常用的方法是基于立体匹配的方法。人类有两只眼睛，看场景时左右眼的视线角度不一样，导致场景在视网膜上所形成的两幅图像存在一定的差别，经过大脑加工后形成立体感。立体匹配方法基于类似的原理(即多视图几何原理)，从不同视角拍摄得到多幅图像，通过匹配恢复出场景的三维信息。

3.4.1　双视图立体匹配

双视图立体匹配就是利用相机模仿人的双目视觉系统，在同一场景的不同位置，拍摄出两幅图像(即左视图和右视图)，进而匹配恢复三维信息。由于左右视图之间存在较大重叠区域，系统可以在左右视图之中找到许多相匹配的点，借由三角几何关系即可计算出这些点的深度。在相机参数已知的情况下，利用极线约束，可以将匹配点的搜索范围从二维降到一维，从而极大减少计算量。为了匹配的方便，一般都会对左右视图进行校正,让两个视图的朝向相同并且垂直于基线，这样只需要在水平扫描线上进行匹配搜索。图 3.14 所示的是一个双目相机成像的示意图，三维点 $\boldsymbol{X}$ 在左视图上的成像点为 $\boldsymbol{p}$ ，在右视图上的成像点是 $\boldsymbol{p}'$ ，它们是一对匹配点。假设 $\boldsymbol{p}$ 点的深度为 z ，因为 $\Delta\boldsymbol{Xpp}'$ 和 $\Delta\boldsymbol{XC}_l\boldsymbol{C}_r$ 为相似三角形，则有：

$$\frac{z-f}{z}=\frac{\boldsymbol{pp}'}{\boldsymbol{C}_l\boldsymbol{C}_r}=\frac{b-x_l+x_r}{b} \tag{3.4.1}$$

由此可得 $z=\dfrac{b\cdot f}{x_l-x_r}$ ，其中 $d=x_l-x_r$ 称为视差(disparity)。对于基线 b 和焦距 f 已知的立体相机，如果求出了视差 d ，也就相当于求出了深度 z ，它们之间成反比关系。

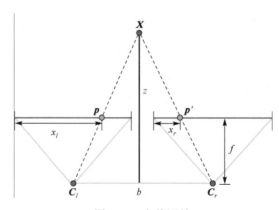

图 3.14　立体视差

目前,基于双视图的深度恢复技术已经发展得比较成熟,按优化方法的不同,可以分为局部优化方法和全局优化方法。局部优化方法一般采用基于局部窗口的匹配方式,每个像素独立地通过比较局部窗口的颜色相似度来寻找匹配点并计算深度。常用的基于窗口的相似度比较方法有误差平方和算法(sum of squared differences, SSD)、绝对误差和算法(sum of absolute differences, SAD)、归一化互相关算法(normalized cross correlation,NCC)等。基于局部窗口的匹配方法,实际上假设窗口内的像素的深度值是相同的,但深度不连续的边界区域往往不满足这个条件,容易产生误匹配。此外,从不同的视点观察深度不连续区域,还容易形成不同的遮挡关系,严重影响匹配的准确性。因此,窗口大小的选择就变得非常关键:窗口太小,容易受图像噪声影响,计算的深度噪声很大;窗口太大,计算的深度可能不准确,尤其在一些细小结构和不连续边界附近。因此,一些研究者提出了自适应的窗口(Kanade et al., 1994)和自适应的权重(Yoon et al., 2006)方法来解决这些问题。

全局优化方法除了考虑像素自身的颜色信息外,还同时考虑它和相邻像素之间的深度平滑性,通过求解一个全局目标函数来实现整张图像的深度估计。全局优化方法一般都是构造并优化一个满足马尔可夫随机场(Markov random field,MRF)的目标函数:

$$E = \sum_{x} (E_d(\boldsymbol{x}) + \sum_{y \in N(\boldsymbol{x})} E_s(\boldsymbol{x}, \boldsymbol{y})) \tag{3.4.2}$$

式中,$N(\boldsymbol{x})$ 表示像素 $\boldsymbol{x}$ 的领域;数据项 E_d 一般是基于匹配代价(如基于颜色一致性约束)来定义,例如两个匹配点的颜色差的绝对值;平滑项 E_s 要求相邻像素之间的视差是光滑变化的。考虑到不连续边界的视差突变情况,平滑项一般可以定义成截断函数的形式,如下面这个形式:

$$E_s(\boldsymbol{x}, \boldsymbol{y}) = \lambda(\boldsymbol{x}, \boldsymbol{y}) \cdot \min\{D(\boldsymbol{x}) - D(\boldsymbol{y}), \eta\} \tag{3.4.3}$$

式中,η 决定函数的上界,$\boldsymbol{x}$ 和 $\boldsymbol{y}$ 是相邻像素;$\lambda(\boldsymbol{x}, \boldsymbol{y})$ 通常定义成各向异性的方式,使得深度不连续性跟颜色或亮度的突变相吻合;$D(\boldsymbol{x}) - D(\boldsymbol{y})$ 用来衡量临近像素的视差变化。一般用图割(graph cut)算法(Kolmogorov et al., 2001; Boykov et al., 2001)或置信度传播(belief propagation, BP)算法(Sun et al., 2003; Felzenszwalb et al., 2006)来求解目标函数(3.4.2)。全局优化方法通常比局部优化方法的结果要好,但是计算复杂度相对较高。

对于遮挡和弱纹理等区域,即使采用了全局优化方法也依然难以恢复高质量的深度。一些方法专门针对这些问题提出了相应的改进。对于弱纹理的区域,常采用基于分割的方法(Tao et al., 2001; Hong et al., 2004; Klaus et al., 2006),通过聚类颜色相似的像素,将图像分割为若干块区域,进而采用一个三维平面来近似每块区域的三维表面。基于分割的方法虽然可以有效地解决弱纹理区域的深度恢复问题，但是平面近似会降低有些区域的深度恢复精度，尤其当分割存在误差时，必然导致错误分割区域的深度恢复错误。对于遮挡区域，直接进行匹配必然导致结果不理想。因此一些全局优化方法(Sun et al., 2005; Strecha et al., 2006)引入可见性变量，对遮挡区域进行显式判断：如果一个像素被判断为遮挡，就无需计算匹配代价，而是直接设定一个惩罚常量。由于难以同时求解出深度和可见性变量的值，一般采用迭代求解的策略：先固定可见性变量，求解出深度，然后固定深度变量，重新求解可见性变量，反复迭代直至收敛。这类方法在一定程度上可以提高深度恢复的可靠性，但增加了计算复杂度，而且迭代策略也极易陷入局部最优解。

3.4.2　多视图立体匹配

双视图立体匹配很容易受噪声影响，尤其难以处理遮挡问题。如果有三张或更多张图像，噪声和遮挡等问题就能得到更好的解决，恢复的深度精度也会更高。多视图立体匹配和双视图立体匹配在原理上是一样的，就是为每个像素在多幅视图中寻找相同的点，然后根据相机参数求解出这个像素的深度或三维位置，如图 3.15 所示。因此，上一节提到的局部匹配方法和全局匹配方法也同样适用于多视图立体匹配。因为在多视图情况下，相机的位置一般不会正好共线，所以难以将其矫正到像双视图那样的标准立体图配置，以便在扫描线上寻找匹配点。通常的做法是，对于每个给定的深度，根据相机参数将其投影到其他视图上计算匹配代价。由于在多视图情况下，对应点的二维坐标偏移不再简单地跟深度成反比，为了更好地求解深度，我们一般用逆深度(即 $d = 1/z$)来表达，因为它比深度更能反映匹配的精度。将逆深度 d 离散化成若干级，例如假定逆深度范围 $[d_{\min}, d_{\max}]$，将逆深度划分成 $n+1$ 等份，生成 $n+1$ 个深度候选值，第 k 级深度为 $d_k = \dfrac{n-k}{n} d_{\min} + \dfrac{k}{n} d_{\max}, k = 0, \cdots, n$，如果采用全局优化方法，我们可以直接套用目标函数(3.4.2)，只需要对数据项做一些修改。在多视图情况下，可以将视图 i 的每个像素 $\boldsymbol{x}$ 投影到各个帧上，计算匹配代价并求和来定义数据项：

$$E_d(\boldsymbol{x}, d) = \sum_{i'} C(\boldsymbol{x}, d, I_i, I_{i'}) \tag{3.4.4}$$

式中，C 就是用来衡量视图 i 中的像素 $\boldsymbol{x}$ 与和它在视图 i' 上对应的像素 $\boldsymbol{x}'$ (给定逆深度预测值 d)的匹配代价，I_i 和 $I_{i'}$ 分别代表视图 i 和 i'。至于平滑项 E_s，可以定义成截断函数(3.4.3)的形式。最后利用图割或 BP 算法优化目标函数，在 $n+1$ 个逆深度候选值当中选取最佳逆深度值。

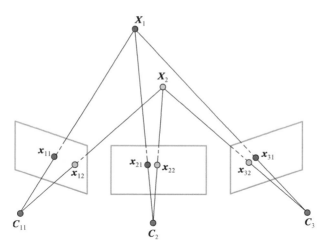

图 3.15　多视图几何

我们发现，如果每帧独立求解深度图，由于噪声、遮挡和优化不稳定等原因，恢复的深度图可能不理想，而且时空一致性欠佳。如果只是简单地在相邻帧的深度估计上施加平滑性约束，由于对应点难以完全准确建立，而且受错误点影响，效果往往不理想，容易产生过平滑效应。注意到，对于视频序列来说，一个物体一般不会一直被遮挡，而且一个三维点的深度估计也很少在所有的帧上都是错的。也就是说，对于视频序列来说，遮挡和估计错误类似于时序上的噪声。基于这个观察，我们提出了一个集束优化模型 (Zhang et al., 2009b)，通过引入几何一致性，以多帧统计的方式，将整个视频序列的深度图关联起来。不同于传统的方法在时域上施加平滑性约束，我们在数据项中将几何一致性和颜色一致性结合起来，定义如下逆深度似然概率：

$$L(\boldsymbol{x}, d) = \sum_{i'} p_c(\boldsymbol{x}, d, I_i, I_{i'}) \cdot p_v(\boldsymbol{x}, d, D_{i'}) \tag{3.4.5}$$

式中，p_c 是颜色一致性因子，p_v 是几何一致性因子，用来衡量 $\boldsymbol{x}$ 和 $\boldsymbol{x}^{i' \to i}$ 在图像位置上的接近程度，如图 3.16 所示。图中 $\boldsymbol{x}$ 在 i' 帧上的共轭像素表示为 $\boldsymbol{x}'$，它位于相应的共轭极线上。理想情况下，当我们把 $\boldsymbol{x}'$ 从 i' 帧投影回到 i 帧，投影像素 $\boldsymbol{x}^{i' \to i}$ 应该满足 $\boldsymbol{x}^{i' \to i} = \boldsymbol{x}$。但是，在深度计算中，由于匹配误差，$\boldsymbol{x}^{i' \to i}$ 和 $\boldsymbol{x}$ 可能是两个不同的位置，几何一致性就是要使得这个差异性尽可能小。

我们定义的逆深度概率，本质上要求一个正确的逆深度需要同时满足两个条件，即对应的像素之间既有很高的颜色相似性，又有很高的几何一致性。一个正确的逆深度具有比较大的 $L(\boldsymbol{x}, d)$ 值，而错误的逆深度值，则很难同时满足颜色一致性和几何一致性约束，输出的值往往比较小。在多帧统计的情况下，逆深度概率能够很好地将正确逆深度值和错误逆深度值区分开来。在引入几何一致性之后，我们的数据项 E_d 定义如下：

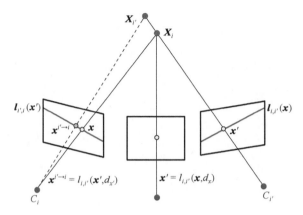

图 3.16　多帧之间的几何一致性约束

$$E_d(D_i; \hat{I}, \hat{D} \setminus D_i) = \sum_x (1 - u(\boldsymbol{x}) \cdot L(\boldsymbol{x}, D(\boldsymbol{x}))) \tag{3.4.6}$$

式中，$\hat{I} = \{I_i \mid i = 1, \cdots, n\}$ 表示整个图像序列，$\hat{D} = \{I_i \mid i = 1, \cdots, n\}$ 表示对应的深度图序列，$u(\boldsymbol{x})$ 是一个自适应的归一化因子，即 $u(\boldsymbol{x}) = 1 / \max\limits_{D_i(\boldsymbol{x})} L(\boldsymbol{x}, D_i(\boldsymbol{x}))$。

　　集束优化模型的目标函数定义如下：

$$E_d(\hat{D}; \hat{I}) = \sum_{i=1}^{n} (E_d(D_i; \hat{I}, \hat{D} \setminus D_i) + E_s(D_i)) \tag{3.4.7}$$

式中，E_s 是平滑项，类似于式(3.4.3)。在求解之前，我们需要对深度图进行初始化才能计算数据项。初始化时，将几何一致性去掉，直接采用传统的立体匹配方法，这样可以独立地估计每帧图像的深度。同时，可以采用 mean-shift 分割技术(Comaniciu et al., 2002)将图像分割成若干块，并对每个块进行平面拟合来改善弱纹理区域的深度估计结果。在完成初始化之后，我们可以以迭代的方式优化目标函数(3.4.7)：从第 1 帧开始，依次优化到最后一帧；在优化逆深度图像 D_i 的时候，其他逆深度图像固定不变。实验表明，这样迭代优化两遍就能收敛到比较好的结果。图 3.17 给出了一个相机移动拍摄的视频序列的时空一致性深度恢复结果。可以看到，采用集束优化方法恢复的深度图不仅在时域上具有高度一致性，而且在不连续边界处也有很高的质量。

图 3.17　一个相机移动拍摄的视频序列的时空一致性深度恢复结果

3.4.3　深度学习方法

近几年，深度学习方法发展迅猛，开始广泛应用于很多视觉处理任务，取得了惊人的成效。如果换一种角度来看深度估计，我们可以认为输入的是图像，希望得到的是对应的深度图，中间的处理过程则可以当成一个函数变换。因此，深度估计的任务本质上等价于寻求这个函数变换，而深度学习的强大函数拟合能力，自然成为解决这一问题的有力工具。根据训练样本的特点，可以大致将基于深度学习的图像深度估计方法分为基于监督学习和基于非监督学习两类。

基于监督学习的深度估计需要大量带有真实深度的图像数据作为训练样本，一般采用 RGB-D 摄像头(如 Kinect)或者激光雷达来获取。基于这些带有深度的训练样本，系统以深度信息作为约束条件，对神经网络进行反向传播和训练，实现对相似场景深度的预测。

Eigen 等(2014)首次提出了一个基于卷积神经网络的单张图像的深度估计方法。该方法设计了一个多尺度的神经网络，由粗网络和精细网络两部分构成。粗网络是一个 AlexNet 网络，它利用输入图像做一个全局的场景深度预测，作为精细网络的一部分输入；而精细网络则在整体预测的基础上进行局部区域的优化。随后，Eigen 等(2015)改进了这个工作，提出了一个多任务的多尺度神经网络，不仅可以预测深度，还可以预测法向以及进行图像分割。在网络结构上，之前的 AlexNet 被 VGG 网络所取代，而且尺度数目从 2 增加到了 3。

基于深度学习的单目深度恢复虽然可以利用神经网络强大的模型拟合能力，在跟训练数据类似的场景中可以得到不错的深度估计结果。但是，它不像传统的深度恢复方法有精确的数学模型和几何原理支持，容易在泛化性上出现问题。与此相反，传统的多视图几何方法在弱纹理区域的深度估计上容易出现问题。传统深度恢复方法和深度学习相结合的研究得到了人们的重视，其中比较经典的有文献(Zbontar et al., 2016)。根据文献(Scharstein et al., 2002)的总结，一个传统的立体匹配算法大致可以分为四步：①匹配代价计算；②代价聚合；③视差计算；④视差优化。LeCun 等文献采用深度学习方法来训练和计算匹配代价，之后的步骤直接采用传统的方法。利用神经网络计算出的匹配代价只是初始值，需要后续步骤的处理才能得到比较好的深度结果。这里的匹配代价是基于块的（即一个像素点为中心的一个局部区域），与 3.4.2 节中局部优化方法的匹配代价类似。

还有一些工作提出利用条件随机场(conditional random field, CRF)来进行基于监督学习的深度估计。CRF 在语义分割上就取得了很大成功，鉴于图像的深度信息和语义分割信息有着很强的关联性，自然可以利用 CRF 来做深度估计，例如文献(Li et al., 2015a; Xu et al., 2017)都取得了不错的效果。还有一种深度估计方法，例如文献(Chen et al., 2016)，其目标不是估计出场景的深度值，而是着重于估计场景中物体的相对远近关系。训练样本的图像随机标注了图像中两个点的远近关系，通过训练神经网络，可以得出图像中物体的相对远近关系。

以上介绍的方法都是基于监督学习的深度估计方法，它们的训练样本要么带有真实值(ground truth)，要么带有人工标注信息。考虑到图像深度真实值的采集，利用激光雷达成本太高，而利用 Kinect 之类的 RGB-D 摄像头精度和范围有时又不够，那么是否可以不需要这些标注数据就能训练估计出深度呢？Garg 等(2016)提出了一个基于非监督学习的深度估计方法，利用视差关系，先用左视图 l 作为输入图像，然后经过卷积神经网络训练输出一个深度图，再结合右视图得到相应的左视图 l'，最后比较 l 和 l' 的误差作为目标函数反向训练模型。基于训练好的模型就可以直接预测出输入的单目图像的深度图。与之类似的工作还有文献(Godard et al., 2017)。不过利用视差关系求深度，一般首先需要知道相机参数。Zhou 等(2017)提出在相机参数未知的情况下，同时用网络训练得到相机的参数和图像的深度。因为相机参数也是训练得到，所以该方法可算是比较彻底的无监督方法。

3.4.4 数据集和测评网站

无论是传统的深度估计算法还是基于深度学习的算法，都需要大量全面的数据来测试或者训练。这里介绍几个学术界比较常用的数据集和算法评测网站：

（1）Middlebury 数据集（http://vision.middlebury.edu/stereo/）。Middlebury 数据集是由明德学院、微软和美国国家科学基金会等联合创立，是立体匹配方面非常重要的一个数据和评测网站。该网站提供了立体匹配的标准测试集，测试数据非常全面，包含各种纹理、光照、阴影的数据。该网站还提供直接对算法进行测评的工具，以及当前各种算法的性能排名情况。

（2）KITTI 数据集（http://www.cvlibs.net/datasets/kitti/eval_object.php）。KITTI 数据集由德国卡尔斯鲁厄理工学院（Karlsruher Institut für Technologie）和丰田美国技术研究院联合创立，是目前国际上最大的自动驾驶场景的计算机视觉算法评测数据集。它包含丰富的街景数据，其深度真实值由激光雷达获取，比较准确可信。

（3）CVonline 网站（http://homepages.inf.ed.ac.uk/rbf/CVonline/Imagedbase.htm）。该网站上的数据集基本覆盖了计算机视觉各个方面，比较全面，可以按需搜索。

（4）NYU 数据集（https://cs.nyu.edu/~silberman/datasets/nyu_depth_v2.html）。NYU 深度数据集由当时纽约大学的博士生 Nathan Silberman 等发布，它从由 Kinect 拍摄的室内场景的视频（包括 RGB 和深度图）中逐帧提取图像而构成。

3.5　三维几何重建

在恢复了相机参数甚至是深度图之后，我们往往还需要进一步重建出三维几何模型。根据对三维信息的表达方式，可以将三维重建方法分为：基于深度图融合的三维重建、基于点云的三维重建、基于体素的三维重建等。接下来将分别对这三类方法做简要介绍，并推荐几个代表性的系统。

3.5.1　基于深度图融合的三维重建

深度图是一种图像坐标系下的表达方式，每一幅图像的像素被赋予了在该相机下的深度。通过相机参数，深度图可以被反投到世界坐标系中。与点云不同的是，深度图由像素的邻接关系定义了其拓扑结构，因此每张深度图都对应了世界坐标系下的一张曲面。由于深度恢复技术日益成熟和 RGB-D 相机的出现，使得深度图的获取相对容易。因此，深度图已成为三维重建的常见方式之一。当然，如果没有深度相机的话，我们需要先进行深度恢复得到深度图，然后再进行深度融合。但是，由于多幅深度图之间可能有重叠，这种表示方式存在着很大的冗余，需要的存储空间比较大。另外，在深度不连续的边界处，直接通过像素邻接关系来定义拓扑结构存在歧义。一些深度恢复算法假设局部深度平滑，导致不连续边界处存在较大的误差。综合这些因素，多幅深度图反投在同一个世界坐标系时，难以实现完美的重合。因此，需要对多幅深度图进行融合，以得到一个一致并且精简的三维模型。图 3.18 给出了一个基于多张深度图融合得到三维点云的例子。基于深度图融合的三维重建方法有采用点云滤波的方式进行融合，例如基于置信度融合的方法（Merrell et al., 2007）、多尺度深度融合方法（Fuhrmann et al., 2011）、基于全局目标函数优化的方法（Zach, 2008）等；也有通过将深度图转换为隐式表达进行融合，例如基于水平集（level set）的融合方法（Newcombe et al., 2011a）等。此外，通过设定一个参考平面（例如地平面），基于深度图的三维重建方法也可以用来进行 2.5D 的恢复（Kuschk et al., 2013），这被广泛用于城市场景的重建。

图 3.18　基于深度图融合的三维重建结果

不论是通过深度恢复还是通过 RGB-D 相机直接获取的深度图，都存在一定的误差，而且各个视图的深度图之间有很大的重合度，所以需要进行深度图的融合，才能实现三维重建。点云滤波融合方式通过过滤掉点云中明显错误或矛盾的点，合并十分相似的点，保留好的点，从而形成高质量的三维点云。基于置信度融合方法是典型的点云滤波融合方法，有很多具体的实现。例如，Merrell 等（2007）通过计算每个深度的置信度，对当前帧的深度和参考帧的深度，根据其置信度进行加权平均得到融合的深度，置信度设为两者的置信度之和。当然融合时，需要剔除相互矛盾的点（主要指遮挡关系不合理的点）：如果发生遮挡，则需要减去相应深度的置信度值；如果置信度值小于阈值，该点被看作矛盾点，直接丢弃该深度值。鉴于深度的剔除容易造成空洞现象，该算法还需要对相应的空洞进行填补（如直接进行插值）。

不同视角拍摄的图像可能深度差异很大，而且得到的图像分辨率也不尽相同。对这些差异较大的图像，进行深度融合存在较大的难度。为此，多尺度深度融合方法被提了出来。多尺度深度融合方法实现方法有很多，例如，Fuhrmann 等(2011)提出通过构造离散、多尺度的距离场来代表物体表面的不同层次的细节。通过定义 4D 的尺度空间(即 3D 空间加上一维尺度)，作者采用八叉树的数据结构来存储深度图，并且根据每个像素的实际大小划分深度图的层次，从而将多尺度的距离场存入八叉树中，最后采用改进的移动四面体(marching tetrahedra)算法(Doi et al., 1991)提取不同尺度的深度信息，从而获取物体的三维表面。

还有一种深度融合方法将深度数据转化成隐式表达，然后再进行融合。基于水平集的三维曲面表示是一种常见的隐式表达方法。水平集指的是一个函数的等势集合。为了在三维空间中表示二维曲面 S，一般定义空间中的势函数 ϕ，满足 $\phi(x) = 0, x \in S$。这种隐式表示可以直接地处理空间曲面的拓扑变化，而这在显式表达中通常难以处理。当然，它需要对整个空间进行描述，其存储代价可想而知是比较高的。但相对的，隐式表达下诸如拓扑变化的问题可以很简单地处理。

3.5.2　基于点云的三维重建

三维点云可以看作是对物体表面的采样，是最简单的一种三维表达方式。因为点没有大小，缺乏有效的遮挡关系，而且拓扑结构也不明确，所以对于像法向、曲率这样的局部几何信息必须通过求解最近邻后计算得到。根据物体表面几何细节的丰富程度，对点云密度的要求也有所不同，过分稀疏的点云将有可能损失细节。尽管点云并不是最适合稠密重建的表达方法，但由于点云存储空间小，添加、删除方便，格式简单，适配性好，可以无缝地对接运动恢复结构算法，因此，有许多三维重建的工作选择点云的表达方式。一类基于点云表达的三维重建方法采用平面扫描，通过在空间中一系列的参考平面上进行扫描，检测出光度一致性比较好的点以完成重建。另一类方法则采用表面区域生长的方式 (Furukawa et al., 2010)，先通过特征匹配计算得到稀疏的三维点云，然后从已有的稀疏点云出发往外扩张，并利用光度一致性、几何约束和可见性条件等过滤掉质量差的点，不断重复以上匹配、扩张和过滤的过程，直至得到整个场景的稠密三维点云。图 3.19 给出了一个基于点云的三维重建结果。

图 3.19 基于点云的三维重建结果(Furukawa et al., 2010)

正如前面所说，点云表示难以处理遮挡关系，因此我们可为每个点赋予一个比较小的片状区块(有大小信息)，用以表达法向和进行遮挡处理，进而采用基于点云的三维表面重建方法(如泊松表面重建方法(Kazhdan et al., 2006))来得到三维模型。

3.5.3 基于体素的三维重建

体素法通过描述物体在空间中的实体区域来表示其几何形状。不只是表面，物体的内部也被体素表达。早期基于体素的三维重建方法大多采用空间雕刻方法(Kutulakos et al., 2000)，即从一个完整填充的空间，逐步雕刻(剔除)掉不满足边界和光度一致性的实体，直到表面有很好的光度一致性。原始的空间雕刻方法有着明显的缺陷，一旦一个本应为实体的区域被错误地剔除，产生的新表面会更加不符合光度一致性，导致越来越多的区域被剔除。这种雪崩现象导致该算法不够鲁棒。为此，Seitz 等 (1999)提出了基于体素着色的方法，通过直接计算空间中每个体素的色彩一致性并进行过滤来求解三维信息。

上述两类方法都只考虑了局部信息,随着图割方法在视觉问题求解应用中的不断深入，出现了在体素中建立图割优化问题的三维重建方法(Sinha et al., 2007; Vogiatzis et al., 2007)。此类方法的关键是全局目标函数的定义。一般来说，全局目标函数由数据项和平滑项组成。数据项代表体素位于内部或者外部的惩罚，平滑项则表示对不平滑性的惩罚。具体的实现形式有很多种。例如，Vogiatzis 等

(2007)提出将数据项定义为常数，利用图像一致性来建立平滑项，重建结果如图 3.20 所示。而 Hernández 等(2007)则利用体素在不同视角的可见性概率来定义智能数据项，得到了更好的分割效果。体素的主要缺点是很耗内存，为此 Sinha 等(2007)提出自适应分辨率网格，在物体表面采用高分辨率，而在其他区域采用低分辨率来节省内存。全局目标函数最小化可以通过图割方法来求解。具体执行时，分别增加源点和汇点，源点和汇点到体素的权值，分别代表位于内部或者外部的概率，体素与体素之间的边权值代表了其平滑性。这样经过图割优化，产生的最小割将切断若干邻接面，切断的邻接面两侧必然被分割于内部或外部，也就是说最小割对应了重建物体的表面。

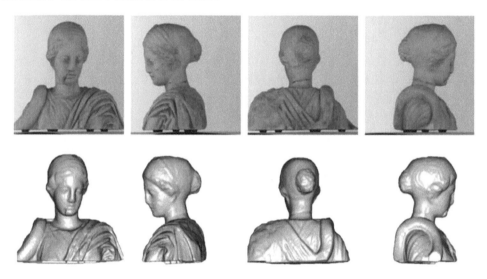

图 3.20　一个基于体素的重建结果(Vogiatzis et al., 2007)

3.5.4　代表性的三维重建系统

目前已经有一些开源的三维重建系统，有的侧重于运动恢复结构，有的侧重于多视图立体重建，还有的则同时兼具这两大功能。例如，PMVS[①](patch-based multi-view stereo)是一个基于点云的三维重建系统(Furukawa et al., 2010)。正如前面所介绍的那样，该系统先提取特征点，通过特征匹配得到稀疏的点云，然后由稀疏的三维点云向周围扩散，过滤掉置信度低的点；反复进行上述过程，直至得到最后的三维点云。该软件只能重建刚性物体，非刚性物体将会被忽略，例如

---

① https://www.di.ens.fr/pmvs/

建筑物前面的行人。HPMVS[1]（hierarchical progressive multi-view stereo）（Locher et al., 2016）也是通过点云的方式来进行三维重建，不同之处在于，它先利用运动恢复结构技术得到稀疏的三维点云，然后不断演进得到稠密的三维模型。HPMVS对于不同尺度的图像，一样可以进行重建。

有的系统同时整合了运动恢复结构和多视图立体重建两大功能，例如，COLMAP[2]（Schönberger et al., 2016a; 2016b）先通过运动恢复结构技术恢复相机位姿，在此基础上再进行多视图立体重建。正如 3.3.5.1 节所介绍，COLMAP 结合基础矩阵估计和单应性矩阵的估计来求解运动恢复结构问题，并利用深度和法向量的联合优化，为每个像素选择合适的参考帧，最后实现深度的融合。OpenMVS[3]是面向计算机视觉，尤其是多视图立体重建研究的一个算法库，包括稠密点云重建、网格重建、网格优化以及网格纹理映射等。除了上述代表性的开源三维重建系统以外，还有 MVE[4]、MICMAC[5]等三维重建系统。目前，产业界也推出了一些基于图像的三维重建商业软件（如 Acute3D[6]、Pix4d[7]、Altizure[8]、RealityCapture[9]等），取得了不错的重建效果。

3.6 表面纹理重建

重建出三维几何模型之后，为了让模型更具真实感，还需要求出模型表面的纹理和颜色信息。一种方法是直接得到模型的顶点颜色，然后根据相邻顶点的颜色插值求出面片上每个位置的颜色信息。这种方法严重依赖于模型的精度，当模型的顶点很稀疏的时候，模型表面的纹理信息将会严重丢失。为了产生高保真的视觉效果，除了高精度的几何模型外，还需要重建表面的纹理信息。

纹理映射是将二维纹理图像映射到三维模型表面的一个过程，通过将高质量的纹理图映射到三维模型表面上，使得三维模型看起来具有良好的真实感。即使三维模型比较粗糙，缺少细节，通过映射带有丰富细节的纹理图，也能让人看起来有很强的真实感，这对于增强现实应用来说非常重要。对于基于多视图重建的

---

[1] https://github.com/alexlocher/hpmvs

[2] https://github.com/colmap/colmap

[3] https://github.com/cdcseacave/openMVS

[4] https://github.com/simonfuhrmann/mve

[5] https://github.com/micmacIGN/micmac

[6] https://www.acute3d.com/

[7] https://pix4d.com/

[8] https://www.altizure.com/

[9] https://www.capturingreality.com/

三维模型，由于每张视图的相机参数、二维图像和三维模型之间的映射关系都已知，因此我们可以由这些图像优化重建出纹理图像和纹理坐标，实现高质量纹理重建。图 3.21 给出了一个基于多视图三维几何重建和纹理重建的例子。

(a) 输入的图片和恢复的深度图像

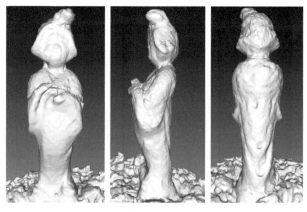

(b) 重建的三维几何模型

(c)纹理映射结果

图 3.21　三维重建与纹理映射

3.6.1 纹理映射框架

传统的多视图纹理映射算法一般包括两个步骤,即纹理拼接和颜色融合。拼接是指从映射到相同三维面片的多个视角图像中选择合适的图像信息作为纹理图,逐一拼接起来。因为多视图重建中使用的图像有很多重叠区域,会有多张图像对应到同一个重建区域中,如何合理地从这些图像中选择纹理信息对于高质量的纹理映射是非常重要的。一旦选择好纹理信息,我们便可拼接得到一张纹理图。但是,因为光照变化、曝光强度和阴影等原因,从不同视图拼接得到的纹理图像块难免会出现颜色不一致等情况,呈现出明显的色差缝,这需要进行颜色融合来消除。

传统方法认为每个视图的位姿信息是正确可靠的,不存在三维模型和视图之间的配准误差。然而在实际应用中,这个误差是不可避免的,一般是因三维模型求解错误或部分缺失以及三维重建恢复出来的视图位姿信息不准确而产生的。目前已经有一些专门解决配准误差的工作。接下来,我们简要介绍一下纹理映射框架的三个主要模块。

3.6.2 纹理拼接

纹理拼接首先需要为每个三角面片选择合适的视角图像。主要有三种情况,即一个面片融合多个视图信息,一个面片对应一个视图信息以及多个视图和单个视图的混合。在融合多个视图信息的方法中,Callieri 等(2008)提出使用权重融合的方式,通过加权多个视角的图像生成最后的纹理图。Allène 等(2008)则提出使用频域融合的方法来生成纹理图。该类方法因为使用多个视角的图像,所以对配准的精度很敏感,如果配准出现误差,则融合得到的纹理图像会产生重影和模糊。

使用单个视图信息的代表工作是 Lempitsky 等(2007)提出的基于马尔可夫随机场的视角图像选择方法。该方法借助马尔可夫随机场模型建立一个目标函数,为三维模型的每个面片确定一个最佳视角图像的标签,最后使用标签对应的视角图像建立纹理图。其目标函数定义如下:

$$L^* = \min_L \sum_i D(F_i, L(i)) + \beta \sum_i \sum_{j \in N_i} S(F_i, F_j, L(i), L(j)) \tag{3.6.1}$$

式中,$F = \{F_i, i \in \{1, 2, \cdots, N\}\}$ 表示三维模型的面片集合,$L = \{L(i), i \in \{1, 2, \cdots, M\}\}$ 表示每个三维模型面片可选的视角的标签集合。当面片 F_i 的标签分配为 $L(i)$ 时,表示该面片将使用第 i 个视角的图像信息来进行纹理映射。$D(F_i, L(i))$ 是目标函数的数据项，表示该面片在对应标签视角图像上的纹理信息丰富程度。$S(F_i, F_j, L(i), L(j))$ 是目标函数的平滑项，表示相邻三维面片间纹理图像信息的平滑程度，保证相邻面片的光度一致性。上面的目标函数一般可以用图割法或置信度传播算法来求解。该方法是目前视角选择的主流方法，许多学者从不同角度改进该方法，以得到更加精确的纹理图。例如文献（姜翰青等，2015）修改了目标函数的数据项，使用三维面片到纹理图像对应相机光心的距离和三角面片法向与纹理图像视线方向的一致性来表示。距离越近，纹理图像可表示三维面片的分辨率越高；方向越一致，纹理信息越丰富。该方法还加入了遮挡处理，以降低遮挡对纹理映射的影响。

3.6.3 颜色融合

纹理颜色融合主要有局部调整和全局调整两种方法。Velho 等（2007）提出了一种局部调整方法，在不同视角产生的纹理块的连线处，计算来自两个视图的颜色平均值，然后取平均值和该视角下的颜色值的差作为热源值，通过热扩散方法求出颜色校正图像（如图 3.22 所示），作用到纹理图中，得到平滑的纹理图像。考虑到热扩散方程求解非常耗时，该方法使用多网格方法进行加速求解。

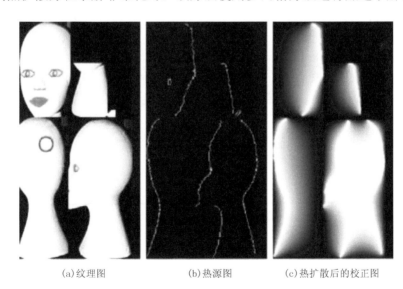

(a) 纹理图　　　　　　(b) 热源图　　　　　(c) 热扩散后的校正图

图 3.22　基于热量扩散的颜色校正（Velho et al., 2007）

Gal 等（2010）提出了一种基于泊松融合的局部颜色调整方法。该方法首先标记出每个纹理块的边界，以边界两侧的颜色信息作为边界条件计算出纹理块内部的颜色值，得到平滑的纹理图像，如图 3.23 所示。类似地，文献（姜翰青等，2015）

采用泊松融合算法进行颜色调整，并以纹理块集合分批处理的方式实现大场景纹理数据的迭代融合，有效减少了内存消耗，具有很好的鲁棒性。Lempitsky 等（2007）提出一种全局的颜色调整方法，为模型上的每个顶点计算一个颜色校正值，而纹理块的其他区域颜色校正值则通过插值得到。该方法在三维模型的所有网格顶点上定义一个暗色纹理平整函数，以保证不同纹理块之间的梯度差异最小化，并将块之间不连续顶点处的平整函数值保持与原始块间的跳跃距离一致，如图 3.24 所示。求解出顶点处的平整函数值后，即可插值计算出纹理块所有区域的颜色校正值，将它作用到原始纹理块上，就校正得到整体平滑并且保留了原始纹理块细节的纹理图像。由于平整函数仅全局优化了顶点处的信息，因此是一种比较稀疏的纹理调整方法，这对纹理细节非常丰富的图像来说，会导致纹理细节的部分缺失，有时无法完全消除交界处的色差。

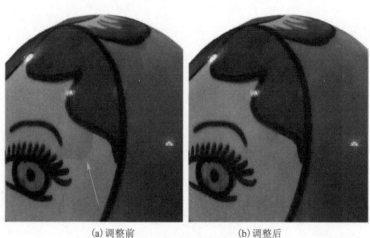

(a) 调整前　　　　　　　　　　　　　(b) 调整后

图 3.23　泊松融合算法进行颜色调整的前后对比图（Gal et al., 2010）

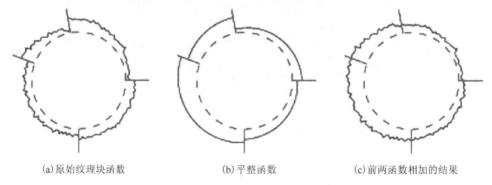

(a) 原始纹理块函数　　　　　　(b) 平整函数　　　　　　(c) 前两函数相加的结果

图 3.24　纹理平整函数（Lempitsky et al., 2007）

更进一步，Waechter 等(2014)提出了一种结合局部与全局的方式来进行颜色调整。首先使用类似于文献(Lempitsky et al., 2007)的全局方法对纹理图颜色信息进行一次全局调整，然后再使用泊松融合方法对纹理块的一个宽度为 20 像素的带状区域进行局部调整，其他像素值则保持不变。这个策略有效加快了泊松方法的处理速度，因而可以处理更大尺度场景的纹理颜色融合。

3.6.4 配准误差

配准误差处理一般有两类方法：一类方法是直接求解多个视角之间的偏移场，然后通过偏移场对不同视图下获取的纹理进行校正。例如文献(Aganj et al., 2009)通过提取和匹配 SIFT 特征点来计算出特征点处的偏移量，进而插值得到偏移场。但是当场景图像的特征不丰富时，这种方法并不适用。Dellepiane 等(2012)通过计算所有存在重叠区域的图像对之间的光流，并由光流局部优化出偏移场，以更正配准误差带来的干扰。另一类是将偏移场和各个视图的其他信息结合起来一起优化求解，以修正配准误差，得到更加精确的结果。Aganj 等(2009)提出了一种变分方法，联合估计偏移场和由三维模型的多个视图构成的超分辨率纹理图，通过交替求解一个去模糊的偏微分方程和模型表面的一个完整变分最小化，得到非常精确的光度和几何信息。由于涉及超分辨率纹理图的变分优化，其求解非常缓慢。Zhou 等(2014)则建立光度一致性目标函数联合优化得到稀疏网格偏移场和相机参数。算法以交替更新对颜色图和相机参数的方式，实现目标函数优化。鉴于每个视图的优化是完全独立的，该算法可以高度并行地加速，效率很高。当然，算法对光度一致性的依赖，导致其难以鲁棒地处理高光场景。

3.7 小结

从影像中恢复三维结构和重建三维模型是实现虚实融合的重要途径，也是计算机视觉的核心研究问题。本章以多视图几何理论为基础，详细介绍了多视图的特征表达和匹配、运动恢复结构、场景稠密深度恢复和三维几何/纹理重建的基本原理、关键算法和最新研究进展，为后续增强现实系统的三维定位注册和融合呈现奠定了基础。

经过多年的发展，运动恢复结构和三维重建技术日渐成熟。当场景特征比较丰富、影像足够清晰时，通过有效的优化，我们可以高质量地恢复出相机的参数和场景的三维结构。但是，当处理大尺度复杂动态场景时，目前的技术在优化计算的高效性、鲁棒性和普适性等方面仍存在诸多挑战。如何高效利用视觉信息、其他传感信息和场景先验信息，实现大尺度场景的实时、鲁棒、高质量的三维结构恢复和重建将是一个重要的研究课题。

第4章

虚实环境的实时三维注册

增强现实系统中,为了产生虚实融合的视觉体验,首先需要保证虚实环境的注册对齐。一个简单的方法是让虚实环境共享同一空间坐标系,将虚拟景物嵌入其中,即可达到目的。在此基础上,系统只需在线地计算用户在空间坐标系中的观察方位,绘制出虚拟物体的画面,获取现实环境的影像,就可将虚拟物体正确地呈现在观察者的视野中。因此,问题的本质是如何借助各种传感器,实时地将用户的观察(相机)坐标系注册到现实环境坐标系中。第3章介绍的运动恢复结构方法,尽管能够精确地估计相机的位姿,但一般是离线处理的,难以满足增强现实的实时性需求。本章将主要介绍以相机为主要传感器的虚实环境实时注册技术,以在未知现实环境中在线实时地估计相机的位姿,并同时构建出现实场景的三维地图,实现虚实环境的三维注册。在此基础上,本章还将介绍基于二维平面标志和三维模板的三维物体跟踪方法,以实现平面或三维物体相对于相机的实时三维注册。

4.1　同时定位与地图构建

早在人类开始航海的时期,人们便可以借助指南针和六分仪在广阔的大洋上进行导航。在中国古代,人们借助指南车的轮式里程计的差速获取当前朝向。在这些位置和方向获取方法中,仅仅根据某一时刻传感器的局部信息进行推断运动从而恢复位置,这种方法被称为航位推测法(dead reckoning)。相关的原理直到今天仍然被广泛地使用着。然而，航位推测法无法解决定位中不断累积的误差，如果没有地图或者绝对位置信息，航线便会逐渐偏离目的地。

日常生活中，当我们处在一个陌生的环境中，我们会一边行走一边探索周边的环境，记下有特征的地貌。当我们对当前位置存疑时，如果周边存在已经记录过的地貌，便可以提示我们所处的位置。这一思路同样可以用于在未知环境中的定位，通过不断地对周边的地图进行构建，当我们再次来到已经到达过的场景时，便可以建立起一个回路，这对于矫正定位误差有很大的帮助。

要在场景中进行地图构建，需要知道当前所在的位置；反过来，若要知道自身的位置，了解场景地图会有很大帮助。SLAM 算法可以在未知环境中定位自身方位并同时构建环境三维地图。SLAM 算法有很多种，特别是所使用的传感器不同算法差别很大。可以说，传感器就是 SLAM 算法的眼睛，通过传感器对外界进行测量和求解，才能获得设备在世界中的位姿信息。常用的传感器包括摄像头、深度传感器、激光雷达、差分 GPS、惯导等。不同类型的传感器提供不同的信息，而且都有各自的优缺点，在实际应用中往往融合多种传感器的信息进行定位。例如，无人车常采用基于差分 GPS 和惯性导航系统的定位方案，手机上一般采用摄像头结合惯性测量单元(inertial measurement unit, IMU)的跟踪定位方案。在增强现实应用中，由于虚拟物体的叠加目标通常为图像/视频，因此基于图像/视频等视觉信息的 SLAM 方案，对于确保虚实融合结果在几何上保持一致有着天然的优势。

如图 4.1 所示为目前 SLAM 系统较常采用的并行跟踪和地图构建框架，最早为 Klein 等(2007)所提出，即将实时定位和地图构建分别分配到前台线程和后台

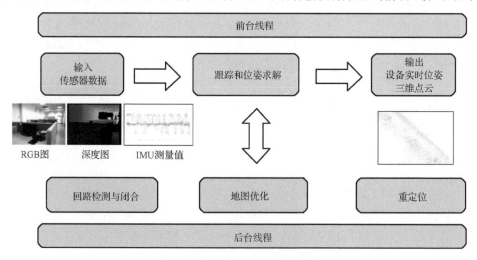

图 4.1　常用的 SLAM 系统架构

线程上执行。前台线程实时处理输入的传感器信息,恢复每个时刻的设备位姿;后台线程主要对关键帧和三维点进行局部或者全局的优化,以减少误差的累积。此外,后台线程还会通过检测是否存在回路并将其闭合来减少误差累积。SLAM地图与常用的地图不同,多采用体素或点云等方式表达,而且往往还带有特征点、关键帧等信息,以便于对设备进行准确定位。SLAM 的计算过程往往是假设先有一个初始位置(即一个局部的坐标系),然后从这个局部坐标系开始不断扩展地图并更新自身位置,一点点完成全部地图的构建。

4.1.1　视觉 SLAM

视觉 SLAM 技术是以视觉传感器作为主要传感器进行跟踪和定位。其中,又以基于特征匹配的方法尤为常见。因此,本节将重点对基于特征匹配的视觉 SLAM 算法进行介绍。基于特征匹配方法的视觉 SLAM 的常用系统框架如图 4.2 所示,它包含这样几个模块:①初始化;②前台特征跟踪与位姿求解;③后台优化;④重定位;⑤回路检测与闭合。下面就将针对这几个模块分别进行介绍。

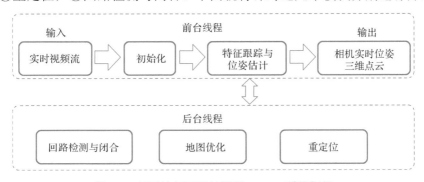

图 4.2　基于特征匹配的视觉 SLAM 系统框架

4.1.1.1　初始化

在系统运行的最初阶段,SLAM 与 SfM 类似,都需要一个初始化的过程。在 SfM 的问题中,有时候需要处理相机内参未知的情况,故需要采用自定标等技术来估计出相机内参。而在 SLAM 问题中,相机内参通常会预先标定好而且在使用过程中不会改变。所以在某种程度上,单目 SLAM 系统的初始化跟 SfM 系统在相机内参已知情况下是非常类似的(如较常使用 Nistér(2004)的五点法来做初始化),而双目或者多目 SLAM 的初始化步骤就会简单得多。

对于单目 SLAM 而言,如果想要精确地三角化出 2D 匹配点的三维点坐标,就需要知道两帧对应的相机的相对位姿。但是一开始并没有位姿信息,需要通过获得若干组 3D-2D 的对应点并进行求解的方法来获得(这部分内容将在后面介绍），这就需要知道场景的三维信息。这就演变为一个鸡生蛋还是蛋生鸡的问题：需要求解的三维点和相机位姿之间存在相互依赖。因此，在初始状态下，单目 SLAM 通常会先根据两帧之间 2D-2D 的特征匹配来估计出相机的初始位姿，并三角化出匹配上的特征点的三维位置，之后再使用 3D-2D 的方法对这些特征点进行跟踪匹配，并求解相机运动。

对于双目或者多目 SLAM 而言，由于预先标定了多个同步相机之间的相对位姿变换，三维信息可以通过多相机视图进行特征匹配并三角化来获得，在这之后的相机运动直接通过 3D-2D 的方法求解，所以初始化步骤会简单得多。例如，对于双目摄像头，如果获取到的图像经过双目的矫正，那么可以直接通过双目立体匹配(stereo matching)获得左右视图上的匹配点的视差，结合摄像头之间的基线长度以及相机焦距，利用相似三角形来计算出三维点坐标。多目 SLAM 的初始化过程跟双目 SLAM 类似，无非是在更多的相机视图之间进行特征匹配并三角化出特征点的三维坐标。

匹配点的三角化方法在 3.3.1 节已有介绍，故本小节主要介绍基于二维特征匹配的相机位姿估计。通常，我们可以借助极线几何的相关理论来进行运动的估计。关于极线几何、基础矩阵、本质矩阵的详细介绍可以参见 3.1.1 节。假设相邻图像上的匹配特征的齐次坐标分别表示为 $\hat{x}_1, \hat{x}_2$，用内参归一化后的坐标为 $\tilde{x}_1, \tilde{x}_2$，那么匹配点满足如下极线约束：

$$\hat{x}_2^\top F \hat{x}_1 = \tilde{x}_2^\top E \tilde{x}_1 = 0 \tag{4.1.1}$$

式中，本质矩阵 $E = [t]_\times R$，基础矩阵 $F = K^{-\top}[t]_\times RK^{-1} = K^{-\top}EK^{-1}$，$K$ 为相机内参矩阵，R 为两帧之间的旋转矩阵，t 为平移向量。

可以看出，通过匹配特征的空间位置关系，建立了相机运动中旋转 R 和平移 t 的关联。因此，有了特征匹配的关系之后，根据匹配的像素点位置求出 E 或者 F；再根据 E 或者 F 分解求出 R 和 t (Nistér, 2004)。需要注意的是，由于 E 或者 F 的极线约束在尺度上可以被任意缩放(乘以任何缩放因子，约束都能成立)，这里分解得到的 t 的尺度是人为指定的(例如可以将其指定为 1，在此之后相机位姿的平移将以初始化时的平移量为单位长度)，并不反映真实世界上的平移距离。这通常被称为单目 SLAM 的尺度不确定性问题。值得一提的是，双目或者多目 SLAM 系统由于多个相机间的外参是提前标定的绝对尺度值，故三角化得到的点也具有绝对尺度，没有单目 SLAM 的尺度不确定性问题。

除了基础矩阵和本质矩阵，在一些特殊的情况下，如果场景中的特征点都位于同一个平面上，那么可以通过单应性进行运动估计，分解出 R 和 t (Malis,

2007)。单应性矩阵描述了两个平面之间的映射关系，假设图像之间的单应变换为 H，参照 3.1.1.2 节的推导有：

$$\hat{x}_2 \sim H\hat{x}_1 \tag{4.1.2}$$

式中，$H = K\left(R - \dfrac{tn^\top}{d}\right)K^{-1}$，平面参数 $\pi = \left(n^\top, d\right)^\top$。关于单应性矩阵的详细介绍可以参见 3.1.1.2 节。

　　单应性在 SLAM 中有着非常重要的意义，尤其是在特征点共面或者相机发生纯旋转运动，导致基础矩阵的自由度下降，引起所谓的退化问题时。然而，现实中的数据都是存在噪声的，此时如果仍然按照传统的方法进行基础矩阵的求解，基础矩阵多出来的自由度将会被噪声决定，进而可能会导致运动估计的错误。因此，在实际求解过程中，通常会同时估计基础矩阵和单应性矩阵，并根据一定的策略(如选择重投影误差较小的一个)来选择最终的运动估计矩阵。

　　早期的单目 SLAM 系统 PTAM(Klein et al., 2007)，在初始化时需要用户指定两个关键帧：首先用户的摄像头需要对准待追踪的空间区域，点击按钮之后，会选择第一个关键帧，并开始追踪这一关键帧上的二维特征点；用户在缓慢平移一段距离之后，再次按下按钮，选择第二个关键帧；最后，系统使用基于五点法模型的 RANSAC 估计出本质矩阵，并三角化出最初的一批三维特征点。在尺度方面，PTAM 直接假设了初始的平移为 10cm，让相机轨迹的尺度在一个合理的数量级上。

　　Mur-Artal 等(2015)提出的 ORB-SLAM 在初始化阶段不需要用户指定初始化帧，而是自动地从输入的图像序列中选取两帧，同时估计单应性矩阵和基础矩阵，并通过计算两个矩阵模型下点匹配的对称传递误差，根据统计模型计算得分，最后再依据一定的策略选择其中一个矩阵模型用于初始化。这一方法可以使得 SLAM 系统在多种场景下都能较好地进行初始化。

　　良好的初始化通常能帮助 SLAM 在后续步骤中更精确地求解三维点坐标和相机位姿，但是在实际应用当中，用户可能不会按照最容易初始化的"缓慢平移"运动方式来移动相机；另外，在完成初始化之前，单目 SLAM 系统也无法提供相机的定位信息。针对这些实际问题，一些单目 SLAM 系统使用了单帧初始化的方法。比如我们针对移动增强现实设计的 RKSLAM (Liu et al., 2016a)假设摄像头一开始正对着一个距离固定的平面，并使用了常深度(例如假设平均深度为 1m)来初始化出二维特征点的三维坐标。在用户产生了足够的运动，摄像头不断地观察并跟踪这些点之后，通过优化使得三维点坐标逐渐收敛。另外，针对单目 SLAM 的尺度不确定问题，RKSLAM 还提供了根据已知尺寸的标志物(例如 A4 纸或者是标准尺寸的信用卡）来估计初始平面深度信息的功能，这一功能可以使得虚拟三维物体能以真实的尺寸放置在真实的场景中。如图 4.3 所示，RKSLAM 在检测出放在地平面上的 A4 纸之后，可以把一个椅子模型按真实的尺寸放置到拍摄的视频场景里。

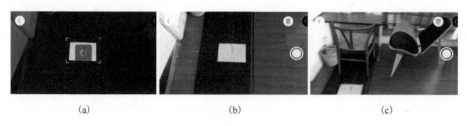

（a）   （b）   （c）

图 4.3   基于 A4 纸的尺寸估计和增强现实

4.1.1.2   前台跟踪

视觉初始化完成之后，能够得到一个初始的地图，当相机运动捕获到新的图像时，通过特征匹配建立图像点同地图点之间的匹配关系并进行当前相机的位姿求解。同时，根据图像特征之间的共视关系，可以生成新的地图点，对地图不断进行扩展。前台跟踪的过程就是不断进行特征匹配和位姿求解。

1）特征提取与匹配

特征通常是指图像中比较有代表性的一些点，这些点在图像发生旋转、缩放等变换后仍然具有比较好的局部唯一性和显著性。通过一些精心的设计和构造，能够获取一些具有这些性质的特征（如 ORB、SIFT、SURF 等）。关于特征的详细描述和提取以及匹配过程在 3.2 节有比较详细的描述，这里就不再赘述。这里我们对在 SLAM 系统中的特征匹配的两种常见策略进行介绍：

（1）基于关键帧的匹配。对于实时性要求比较高的 SLAM 系统，通常都会采取提取关键帧的策略，地图点的三角化也都只针对关键帧上的点进行，如图 4.4（a）所示。同一般的特征匹配不同：①当前帧并不是同前一帧图像的特征建立匹配关系，而是同关键帧上的地图点进行匹配；②一般会考虑运动先验信息，将关键帧上的地图点根据运动信息投影到当前帧上，再在投影点附近选择特征点进行匹配，该策略能够极大地提高特征匹配的速度和精度；③特征点提取以及匹配过程中会考虑点的空间均匀分布，防止点集中在图像上某一局部区域，造成求解结果的偏差。这里还需要说明，尽管特征点的匹配最终都是同关键帧上的地图点建立匹配关系，但是在特征匹配过程中仍可以将当前图像同前一帧或几帧图像进行匹配，以增加匹配点的数目，并为后续添加新的关键帧时，进行关键帧上点的三角化做准备。此外，如果场景中存在运动的物体或逐渐变化，那还需要检测出改变的地图点并将其从地图中删除掉。一种可行的做法(Tan et al., 2013)是将与当前帧视角比较接近的关键帧上的地图点投影到当前帧来比较颜色的变化,如果颜色差异比较大而且排除遮挡的因素，那么可以判定是发生了改变(比如由于物体位置移动或者光照变化造成的)，将其从地图中删除掉。

(2)连续帧跟踪。连续帧跟踪的方法是将当前帧同前一帧图像直接进行匹配,如图 4.4(b)所示。连续帧跟踪通常采用基于光度误差计算的光流法跟踪(参见4.1.1.5 节)，而不是描述子距离。由于连续帧跟踪更加强调特征的连续性，因此需要更加频繁地进行点的三角化和地图中三维点的更新。而且,一旦三维点移出了视野之后再重新进入视野，就需要重新匹配和估计三维。同时，连续帧跟踪的点一般没有描述子，这导致难以用来做重定位和回路闭合。此外，连续帧跟踪的误差随着场景的扩展也会逐渐累积，并且难以消除。因此，单纯的连续帧跟踪方法在较小场景中的短时间跟踪结果较好，但是不太适合大场景下或长时间的跟踪。但是，相对于关键帧的匹配来说，连续帧跟踪一般速度上会更快，而且对于弱纹理、重复纹理的鲁棒性会更好。如果能将关键帧匹配同连续帧跟踪策略很好地进行结合，就可以同时发挥出各自的优势，提高特征跟踪的鲁棒性。

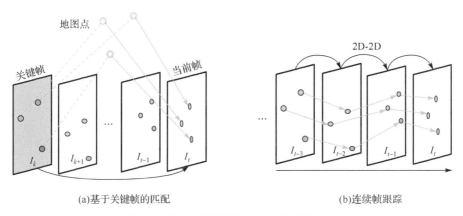

(a)基于关键帧的匹配　　　　　　(b)连续帧跟踪

图 4.4　基于关键帧的匹配和连续帧跟踪

2)位姿估计

在跟踪过程中，当地图初始化完成之后，我们已经得到了初始图像上匹配点的二维特征点对应的三维点。此时我们可以根据地图上的三维点与当前帧图像上的二维匹配点之间的对应关系，通过最小化重投影误差求解出当前帧的位姿，这个过程称之为 PnP(perspective-n-point)。关于 PnP 的求解方法有很多，例如直接线性变换(DLT)、P3P、EPnP、UPnP 以及构造最小二乘问题进行非线性优化迭代求解等。3.3.2 节对这部分已经有比较详细的描述，这里就不再赘述。

4.1.1.3 后台优化

前台跟踪部分可以看成是对后台优化的准备工作，包括构建视觉特征与相机状态之间的关联、筛选关键帧、获得相机状态或地图状态的初值等。其结果一般作为后台优化的输入，通过一些机制触发后台的更新。而后台则通常要通过集束调整对相机状态和地图状态进行更新来保证全局一致性。

一般前台线程主要运行对实时性要求高的任务，例如 AR 应用中与用户的交互、每一时刻相机位姿的求解。运算任务比较重的，例如局部优化、全局优化、回路闭合和重定位，甚至三维场景的恢复一般都放到后台线程执行。使用两个甚至多个线程相对独立地运行前台和后台部分，通常是较为合理的选择(Klein et al., 2007; Liu et al., 2016a; Li et al., 2017)，但也有一些较为轻量级的系统，如无结构的 MSCKF(Mourikis et al., 2007)就只采用了一个线程。

第 3 章中已经介绍了集束调整的方法。对于离线 SfM 来说，在得到恰当初始值后，利用非线性最小二乘直接进行集束调整往往足以满足应用需要。但在实时 SLAM 跟踪中，每次总是求解完整的集束调整将会严重降低系统的性能，特别是当地图增长到一定规模后，完整的集束调整非常耗时，无法满足及时降低误差的要求。针对这一问题，常见的做法是高频的局部优化和低频的全局优化相结合，甚至只有在回路闭合的时候才调用全局优化。

1）局部窗口优化

前台实时跟踪和后台全局优化分别有着各自的性能目标，因此设计上会有一些不同。局部优化通常采用滑动窗口扫描式进行：最新的一帧图像被加入到滑动窗口进行优化，而窗口内最老的一帧图像被移除，因此窗口内始终保持一定数量的图像，以保证整个窗口的优化可以快速完成。对于一个时间窗口内的图像 $\mathcal{I} = \{I_k \mid k = i-n+1, \cdots, i\}$ 依旧可以采取集束调整的方式，通过最小化重投影误差来对窗口内全部的相机位姿 $C = \{R_k, t_k \mid k = i-n+1, \cdots, i\}$ 和相关的三维点集 $M = \{X_j\}$ 进行优化：

$$\arg\min_{C,M} \sum_{k=i-n+1}^{i} \sum_{x_{kj} \in I_k} \| \pi(K_k(R_k X_j + t_k)) - x_{kj} \|_{\Sigma_{kj}}^2 \qquad (4.1.3)$$

式中，Σ_{kj} 表示相机位姿 R_k, t_k 与三维点 X_j 之间的协方差矩阵，有 $\| e \|_{\Sigma_{kj}}^2 = e^\top \Sigma_{kj}^{-1} e$。

每当向局部窗口中加入一个新的帧时，就要调用一次局部窗口优化。不同的系统对加入窗口中的帧有不同的策略。有的 SLAM 系统会把所有的帧都加入窗口中，而一些基于关键帧的 SLAM 系统，则会根据一定策略选择关键帧，加入到局部窗口中。有的 SLAM 系统会结合前两者,把所有的帧都加入窗口,但是滑出窗口时会根据滑出的是否是关键帧而执行不同的策略。

另外,对于滑出窗口的帧,不同的系统也有不同的选择策略。有的按部就班,按照时间顺序对窗口进行滑动;也有的系统会判断将要加入窗口的帧与窗口中最新的一帧能否形成足够的视差,在视差不足的时候,会选择用新帧替换窗口中最新一帧,而不是直接将最老的一帧滑出窗口。不同的选择适应不同的应用场景。在 AR 应用中,由于经常会遇到运动不够大,相机接近静止的情况,这时候为了保证求解的稳定性,在视差不够时使用新帧替换窗口中最新一帧的策略就比较合适。

2) 带状态先验的局部窗口优化

直接对局部窗口应用集束调整固然是可以的,但是众所周知,一般单目视觉 SLAM 系统有 7 个状态自由度是不可观的,包括全局的位姿(6DOF)和尺度(1DOF)。即使是重力已知的单目视觉惯性 SLAM,也至少有 4 个状态自由度是不可测的,包括关于重力方向的旋转(1DOF)和全局的平移(3DOF)。如果不加任何约束直接对局部窗口中的相关变量进行集束调整,会造成由于欠约束导致的求解结果的反复跳变,这对于 AR 应用来说是不可接受的。

一种做法是每次求解局部窗口集束调整时将从窗口中滑出去的帧的状态和在窗口的帧中不可见的三维点设置为常量(如图 4.5(a)所示)。这样虽然保证了集束调整的结果总是不会跳变的,但是却引入了误差累积——滑出窗口的状态和三维点被条件化了(conditioning),这种情况下,如果不借助全局优化,误差累积将是无法消除的。

另一种做法就是在每次将状态和相应的三维点滑出窗口时,对其做边缘化(marginalization),然后将其结果作为状态先验加入到下一次局部窗口优化中,如图 4.5(b)所示。这样,窗口优化求解的就是下面这样一个最大后验概率估计:

$$\arg\min_{C,M}\left(\parallel r_{\mathcal{I}}\parallel^2_{\Sigma_{\mathcal{I}}} + \sum_{k=i-n+1}^{i}\sum_{x_{kj}\in I_k}\parallel \pi(K_k(R_kX_j+t_k))-x_{kj}\parallel^2_{\Sigma_{kj}}\right) \qquad (4.1.4)$$

式中,$r_{\mathcal{I}}$ 是先验部分的残差,$\Sigma_{\mathcal{I}}$ 是先验协方差矩阵。这里需要指出的是新加入窗口的状态是没有先验部分的。边缘化操作虽然会比较大地影响问题结构的稀疏性,但是在窗口长度设置比较小的时候,其对求解速度的影响并不显著。在精度要求和全局一致性要求不是很苛刻的应用场景下,这种做法是比较合理的。

3) 全局优化

全局优化,即对所有历史相机状态和地图状态进行批量式优化。后台地图的优化无需实时完成,也不需要频繁调用,有的系统甚至没有全局优化这一部分。

111

但由于回路闭合、重定位，甚至三维结构恢复等需求的存在，有时还是需要一个全局优化模块来不时地进行全局更新，以消除误差累积。

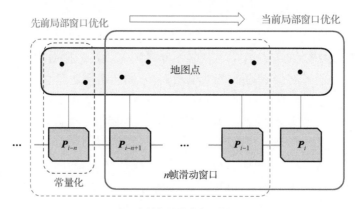

(a)基于常量化的滑动窗口优化

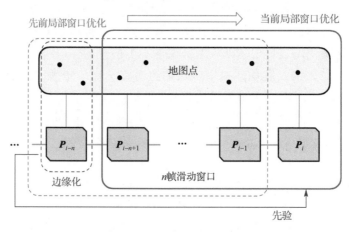

(b)基于边缘化的滑动窗口优化

图4.5　两种基于滑动窗口的优化策略

通常，加入到全局优化中的状态和三维点都是要经过严格筛选的，要尽可能地不引入外点(outliers)。在检测到回路的时候需要调用全局优化使得全局的相机状态和地图保持一致，以达到最优。除此之外也可以定时地触发全局优化，以防止在触发回路检测的时候由于误差太大而导致回路闭合失败。

由于全局优化的问题规模较大，同时又由于回路检测等因素的存在，导致我们要处理一个变量更多、结构更一般的稀疏非线性最小二乘。此外，局部的滑动窗口优化会不断产生积累误差，需要及时获得地图的更新来进行纠正，因此也要采取一些手段保证后台地图能够在可接受的时间内完成。具体来说，就是采用

3.3.3 节中提到过的一些策略，如利用地图中三维点变量个数远大于相机状态变量的特点，选用无结构的建模只求解位姿图优化问题；或是利用 SLAM 问题的局部性特点，采用增量式的集束调整方法，每次优化仅对少数受到新的观测影响的变量进行更新，避免大规模的批量集束调整。

即便如此，让全局地图无限制地增长下去也不是明智的选择，这不仅会对应用的性能造成影响，也会使得内存占用过大。因此我们可以引入一些状态删除的策略来解决这个问题。与局部窗口优化类似，删除状态的时候也有直接删除和通过边缘化操作之后再删除这两种策略的选择。直接删除状态可以保证运行时间的上限，但相对来说精度更低。边缘化操作除了自身需要计算时间，同时也会使得问题的稀疏性变差，影响后续的优化速度，但精度更好。开发者可以根据实际情况选择不同的策略。

4.1.1.4　重定位与回路闭合

实时跟踪定位过程中误差难以避免。在传统的视觉 SLAM 系统中，当前帧的位姿估计是依赖于之前帧的位姿估计，整个相机定位过程中误差会不断积累，影响后续帧的跟踪。这些误差在小尺度的运动过程中可能并不明显，但是随着运动距离的加长，累积的误差很快会达到一个较大的量级。类似水手运用指南针修正前行方向一样，我们也可以通过一些特殊的约束对当前相机的位姿进行修正，回路闭合就是一种常用的约束。在跟踪过程中，一旦发现当前帧包含之前帧的场景，那相机的轨迹中就产生了一个回路，利用回路约束便可以减少之前相机轨迹求解过程中的误差，如图 4.6 所示。

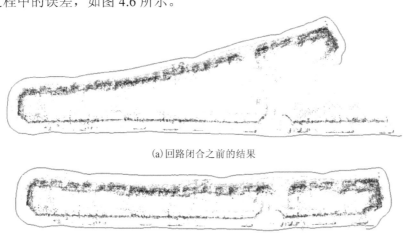

(a)回路闭合之前的结果

(b)回路闭合之后的结果

图 4.6　回路闭合

在跟踪还算正常的情况下，回路闭合可以有效地矫正误差，但在一些比较糟糕的情况下，回路闭合就无法适用了。对于视觉 SLAM，图像质量过差(剧烈的运动导致严重的运动模糊)，或者图像内容缺少特征(偶然出现的一面纯白的墙，或者高光的玻璃)都会导致一段时间内跟踪系统崩溃，对于这样的极端状况，只能通过重定位来重置跟踪状态，如图 4.7 所示。重定位指的是由于跟踪失败或误差过大，导致需要根据之前构建的地图进行重新匹配和相机位姿求解，以恢复正确的相机位姿。

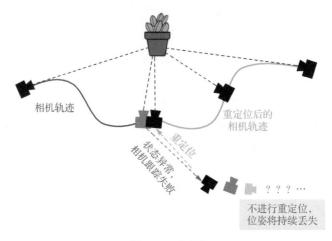

图 4.7　重定位

回路闭合和重定位的第一步操作是完全相同的，那便是将当前的场景与之前保存过的地图进行比较，找到曾经访问过的场景。这其实是一个图像检索的过程，按照使用的特征的类型可以分为两种，即局部特征检索方法和全局图像检索方法。局部特征检索方法主要是指基于各种特征点(如 SIFT、SURF、ORB 等)的检索方法，这类方法可以一定程度上容忍视角的变化，结合词袋算法，可以在保证一定准确率的同时得到不错的速度，但是对场景的变化容忍度较差。使用整张图像信息来进行图像检索的方法包括 Gist(Oliva et al., 2001)、基于深度学习的方法等，以 Gist 为代表的传统方法的弊端是速度慢，对于视角变化的容忍度差，而基于深度学习的方法需要大量的数据进行预训练，但对场景变化的容忍度好。随着场景的拓展，SLAM 系统中的关键帧数目会持续增长，因此如何快速、精准地从大量图像中找到与当前帧最相似的帧是重定位和回路闭合过程中图像检索模块的关键。

在现有的 SLAM 系统中比较流行的重定位和回路闭合方法是特征点结合词袋的方法，如 ORB-SLAM、VINS-Mono(Qin et al., 2018)等 SLAM 系统都采用了这种方法。基于词袋的方法需要预加载一个词袋字典树,通过这个预加载的字典树将图像中的每一个特征点的描述子转换为一个单词,通过对整张图像的单词统计生成一个词袋向量,词袋向量间的距离即代表了两张图像之间的差异性。在图像检索的过程中,会利用倒排索引先找出与当前帧拥有相同单词的关键帧,并根据它们的词袋向量计算与当前帧的相似度,剔除相似度不够高的图像帧,将剩下的关键帧作为候选关键帧,按照词袋向量距离由近到远排序。

基于词袋的方法的一个主要缺点是,需要预先载入一个训练好的词袋字典树,这个字典树一般包含大量特征单倒以保证良好的特征区分能力,否则对图像检索结果产生很大的影响,因而这个字典树文件通常都比较大。以 ORB-SLAM 为例,它需要预先载入的字典树文件大小一般至少要几十 MB,这对于一些移动应用来说会是一个很大的负担。在 ENFT-SLAM(刘浩敏等,2016)中,通过动态地建立 k-d 树来避免预载入字典的麻烦。在添加关键帧的过程中维护一个全局的 k-d 树,将每个特征点以帧为单位添加到这个 k-d 树中。在图像检索过程中,寻找最接近的节点进行匹配,根据匹配结果对每个关键帧进行投票,获得的票数即可作为该帧的分数,从而生成与当前帧相似的关键帧候选集。

当然也有一些 SLAM 系统是用整张图像来进行图像检索的,典型的代表便是 PTAM。以 PTAM 为例,为了提高速度,在构建关键帧时会将每一帧的图像缩小并高斯模糊生成一个缩略图,作为整张图像的描述子。在进行图像检索时,通过这个缩略图来计算当前帧和关键帧的相似度。这种方法的主要缺点是当视角发生变化的时候,结果会产生较大的偏差,鲁棒性不如基于不变量特征的方法。

不论是对于重定位还是回路闭合,匹配的准确性都极为重要。然而不论是使用何种图像检索算法,都无法保证 100%的准确率,通常都需要使用其他方法加以验证。在验证阶段,由于重定位和回路闭合的求解目的不同,验证的方法也会有所不同。重定位的应用场景是当前跟踪已经完全丢失,急需重定位模块给出当前帧的位姿来重置。而回路闭合的应用场景是系统跟踪正常的同时,发现了之前访问过的场景,添加新的约束项用以优化相机位姿和三维地图。

以 ORB-SLAM 为例,在重定位的验证过程中,它会将每个候选帧与当前帧进行特征匹配,对匹配的结果使用 PnP 算法进行验证(关于 PnP 算法的介绍见 3.3.2 节)。如果特征点的匹配数量不够或者大量的匹配点在 PnP 求解过程中被剔除,说明这两帧的匹配是不符合空间一致性的,是一个错误的图像匹配结果,应当舍弃。如果经过 PnP 验证仍然有足够多的正确匹配,则说明匹配结果符合空间一致性。得到准确的图像匹配后,我们就可以根据匹配结果去求解相机位姿,事实上 ORB-SLAM 直接使用 PnP 求解出来的位姿作为当前帧的位姿。

ORB-SLAM 的回路闭合的验证过程则更加严格，而且比较复杂，总结起来，主要是以下三个准则：①不会与过近的帧发生回路闭合；②闭合的结果在一定长度的连续帧上都是一致的；③闭合的结果在空间上是一致的。

准则①和准则②比较好理解，而对于准则③，ORB-SLAM 会将通过准则①和准则②验证的图像帧作为回路闭合的候选帧，对每个候选帧进行 Sim3 优化（Horn，1987），经过优化后，如果图像匹配结果仍然保留足够多的内点（inliers），则认为该候选帧符合准则③，并使用 Sim3 优化的结果来更新回路的帧以及与回路帧相连帧的位姿。在完成对回路的帧的优化之后，会使用优化后的 Sim3 结果来将地图点投影到当前关键帧上，并进行特征点匹配，当匹配达到一定数量之后才会对地图中其他帧进行更新。如果特征点的匹配数量达到阈值，则回路检测的匹配部分就结束了。得到准确的图像匹配后，我们就可以通过匹配结果去优化相机位姿。一般我们会使用集束调整来最小化重投影误差：

$$\arg \min_{\boldsymbol{K}_i, \boldsymbol{R}_i, \boldsymbol{t}_i, \boldsymbol{X}_j} \sum_{ij} \| \pi(\boldsymbol{K}_i(\boldsymbol{R}_i \boldsymbol{X}_j + \boldsymbol{t}_i)) - \boldsymbol{x}_{ij} \|_2^2 \tag{4.1.5}$$

ORB-SLAM 会通过位姿图优化来闭合回路，目标函数如下：

$$\arg \min_{\boldsymbol{\xi}_1, \cdots, \boldsymbol{\xi}_m} \sum_{(\boldsymbol{\xi}_{ij}, \Sigma_{ij})} (\boldsymbol{\xi}_{ij} \circ \boldsymbol{\xi}_i^{-1} \circ \boldsymbol{\xi}_j)^{\top} \Sigma_{ij}^{-1} (\boldsymbol{\xi}_{ij} \circ \boldsymbol{\xi}_i^{-1} \circ \boldsymbol{\xi}_j) \tag{4.1.6}$$

位姿图优化的具体内容请参见3.3.3节。在位姿图优化之后，ORB-SLAM还会再进行一次全局优化，目标函数为：

$$E_g(\boldsymbol{X}^j, \boldsymbol{R}_i, \boldsymbol{t}_i \mid i \in F) = \sum_{i \in F} \sum_{j \in \chi_F} \rho(E_{ij}) \tag{4.1.7}$$

式中，F 为所有关键帧，χ_F 为所有能被观测到的点，E_{ij} 为标记为 j 的点在第 i 帧上的投影误差，ρ 为鲁棒函数。

近年来，随着深度学习在三维视觉领域的深入应用，一些端到端的相机位姿估计方法也涌现出来。深度学习和视觉定位结合的开创性工作 PoseNet（Kendall et al.，2015）就使用神经网络直接从图像中得到 6 自由度的相机位姿。相较于传统的视觉定位方法省去了复杂的图像匹配过程，并且也不需要对相机位姿进行迭代求解，但是输入图像必须在训练场景中，这一点使得 PoseNet 的应用场景受到一定限制。在后来的工作中（Kendall et al.，2017），他们在误差函数中使用了投影误差，进一步提高了位姿估计的精度。也有一些深度学习的研究者将神经网络和视觉 SLAM 中的另一些方法进行结合以达到更好的效果，如 MapNet（Brahmbhatt et al.，2017）就使用了传统方法求解两张图像的相对位姿，与网络计算出的相对位姿对比得到相机的相对位姿误差，将相对位姿误差添加到网络的损失函数中，使得求解出的相机位姿更加平滑,并且 MapNet 还会将连续多帧的结果进行位姿图优化,使得最终估计出的相机位姿更为准确。

4.1.1.5 直接法跟踪

虽然当下基于特征点的方法仍然是视觉 SLAM 中比较主流的方法,但是也存在着一些缺点:①基于特征点跟踪的 SLAM 都需要预先对图像进行特征点的提取和匹配,而这个过程同位姿估计相比是比较耗时的,通常前端跟踪一半以上的时间花在了特征提取和匹配上;②虽然特征是图像上比较显著且具有代表性的点,但是通常一幅图像上含有数十万甚至数百万的像素点,单单使用几百个或者几千个特征点无法准确表达图像上的完整信息,不可避免地会导致图像上一些信息的丢失;③基于特征点的方法过于依赖特征,对于特征不丰富或重复纹理的情况就难以鲁棒地进行跟踪和位姿估计。

针对特征点跟踪法的这些问题,学术界陆续提出了采用光度误差进行运动估计的方法,代表性的方法有 LSD-SLAM(Engel et al., 2014)、SVO(Forster et al., 2014)和 DSO(Engel et al., 2018)。所谓光度误差其实就是像素点之间的灰度差异,通过最小化光度误差来进行运动估计。直接基于光度误差优化的 SLAM 算法统称为直接法,同使用特征点最小化重投影误差的间接法相对应。与间接法相比,直接法一方面避免了特征提取和匹配的过程,另一方面也能够更加充分地利用图像上的像素信息,一定程度上可以缓解特征不足的问题。

直接法根据采用的像素点数量的不同,可以分为稀疏、半稠密和稠密三种。相对于特征点法(间接法)只能构建稀疏的地图,直接法能够重建出更加稠密、信息更加丰富的地图。在介绍直接法之前,我们先简单了解一下光流法特征匹配。光流描述的是图像上的像素点随着时间的运动情况。根据计算像素点个数的不同,可以分为稀疏光流法(只计算部分像素点运动)和稠密光流法(计算图像上所有像素点的运动)。光流估计中普遍都采用了灰度一致性假设,即认为随着时间推移,图像上同一个像素点的灰度不发生变化。在 SLAM 中用于特征跟踪的往往是指稀疏光流,因此下文中若不加说明,光流法都是指稀疏光流法。稀疏光流法比较具有代表性的算法是 Lucas-Kanade 算法(Lucas et al., 1981)。光流法在进行特征匹配的过程中使用了同直接法类似的光度误差,但是在运动估计中采用的仍然是同间接法类似的重投影误差。

同光流法非常类似,基于直接跟踪的 SLAM 算法也是依据灰度不变假设进行运动估计的,只是两者使用的时机不同。光流法是依据灰度一致性假设进行特征的匹配,而直接法是直接根据灰度不变性约束进行运动求解。

在基于特征的方法中,通过特征匹配我们可以获取特征点 x_1, x_2 之间的点对关系，从而可以计算重投影误差。但是在直接法中，我们并不会进行特征匹配的操作，所以无法确定当前帧图像中的像素点 x_1 同下一帧图像的哪一个像素点 x_2 是对应的。直接法的思想是，如果两个像素点 x_1，x_2 是匹配点，那么这两个像素点看上去应该是相似的，而这个相似程度就可以通过灰度差异进行衡量。因此，通过优化相机的位姿，来寻找同 x_1 最相似的像素点 x_2，同特征点法类似，这也是一个优化问题，不同的是这里不再是最小化重投影误差，而是光度误差。目标方程为：

$$\arg \min_{\boldsymbol{R},\boldsymbol{t}} \sum_i \| I_1(\boldsymbol{x}_1) - I_2(\boldsymbol{x}_2) \|^2 \tag{4.1.8}$$

式中，$\boldsymbol{x}_1 = \pi(\boldsymbol{X})$，$\boldsymbol{x}_2 = \pi(\boldsymbol{K}(\boldsymbol{RX} + \boldsymbol{t}))$。关于这个方程的求解通常采用非线性优化的方法(例如高斯牛顿法、LM 方法)进行迭代求解。

根据使用点的个数的不同，直接法还可以进一步划分为以下几种。

1)稀疏直接法

仅采用少数几百个或几千个关键点来进行运动估计，并且同光流法计算类似，需要假定这些关键点周围的像素点也是灰度不变的。同特征法相比，由于不需要进行描述子计算来进行特征匹配，所以稀疏直接法的速度通常较快，但同特征点法一样只能重建稀疏的结构。稀疏直接法比较有代表性的工作有 SVO 和 DSO。SVO 提取了一些角点作为关键点，而 DSO 则没有采用传统的特征点，而是将图像划分成网格，再从每个网格中选取梯度变化最显著的点作为关键点，由于点的个数并不是很多，所以仍然可以看作是稀疏直接法。

2)半稠密直接法

介于稀疏直接法和稠密直接法之间，选取的是图像上梯度变化比较显著的点。虽然图像上梯度有明显变化的点的个数要远远多于特征点的个数，但同整幅图像的像素点相比仍然还是比较稀疏的，因此称为半稠密直接法。半稠密直接法可以重建出相对较为稠密的场景结构。LSD-SLAM 是这方面的一个代表性工作。

3)稠密直接法

使用图像上所有像素点进行运动估计，计算复杂度比较高。由于图像上梯度变化不明显的点在优化过程中能够提供的贡献是非常有限的，而且重构时也难以计算其三维位置，因此在实际使用中很少会采用这种方法。稠密直接法比较有代表性的一个工作是 DTAM(Newcombe et al., 2011b)，为了达到实时，DTAM 使用了 GPU 加速。

同特征点法相比，直接法不需要进行特征的提取、描述子计算和特征匹配，能够处理特征比较弱的场景，能够恢复半稠密甚至稠密的场景结构。但是直接法仍然也存在一些缺点：①首先直接法非常依赖于灰度不变假设，而灰度不变假设比较容易受到光照变化的影响，相比之下特征点法对于光照的鲁棒性就要好很多；②如果只考虑单个像素，相似的像素点通常很多，因此为了降低这种不确定性，通常是采用以梯度变化比较明显的像素点附近的局部窗口块来进行计算，而这无疑会增加计算的复杂性；同时，窗口内的像素点也并不总是满足同样的运动模型，因此实际上通常是采用少数服从多数的原则；③直接法的求解过程采用的是梯度下降方法，而目标函数采用的是图像的像素点灰度值，由于图像是一个高度非凸的函数，因此求解容易陷入局部最小。

4.1.2　视觉惯性 SLAM

众所周知，单目视觉 SLAM 系统存在一定的局限性，它非常依赖相机的成像质量，在图像质量不佳的时候则难以正常工作。即使是在图像质量很好的情况下，也难以恢复尺度信息，即单目视觉 SLAM 系统的尺度信息是不可观测的（unobservable）。而在 AR 应用中，为了与场景交互，SLAM 算法必须提供鲁棒的带正确尺度信息的相机位姿估计。而随时可能出现的光照、纹理质量的变化，以及相机快速运动带来的图像模糊，都给 SLAM 带来很大的挑战。

为了解决这些问题，我们可以考虑引入其他辅助手段，比如使用更好的图像特征、更鲁棒的特征匹配方法来减轻图像质量不佳造成的影响，借助场景中尺度已知的物体和标志（marker），或是采用多目视觉系统来恢复尺度信息。在这一节中，我们不妨换一种思路，引入一种新的传感器——惯性测量单元（inertial measurement unit, IMU）来解决这些问题。本节将会介绍一类基于视觉和惯性测量单元的 SLAM 系统（下文简称 VISLAM），在 IMU 的帮助下，提高相机跟踪算法的鲁棒性，同时得到场景的准确尺度信息。

4.1.2.1　IMU 基本模型

惯性测量单元是测量物体三轴角速度以及加速度的装置，其工作极其稳定——几乎不会有宕机的情况。通常 IMU 能以远高于相机的频率（数百到上千赫兹）得到相对于自身坐标系的角速度 ω（rad·s^{-1}）和加速度 a（m·s^{-2}）。依靠这些数据，我们可以通过计算得到系统的旋转、速度和平移等信息。很自然地，由于 IMU 工作并不依赖于视觉信息，它可以在恶劣的光照、纹理以及模糊图像的条件下为我们提供可靠的跟踪结果。并且，由于整个系统的速度 v 和平移 p 分别来自于加速度 a 的一次和二次数值积分，因而基于 IMU 的跟踪结果直接就带有了场景的尺度信息。

1) 噪声模型

正确地使用 IMU 并不是一件容易的事，和所有传感器一样，IMU 信号也带有误差，不管是使用滤波的方法还是非线性优化的方法处理 IMU 信息，首先都需要对其进行合理的建模。我们可以将 IMU 的输出数据（IMU 对实际运动的观测）和输入数据（实际的物理运动）的差异定义为 IMU 读数的误差，它可能包含偏移、随机游走噪声、尺度系数、不正交性等。如图 4.8 展示了一种常见的 IMU 误差模型。

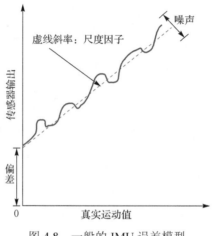

图 4.8　一般的 IMU 误差模型

IMU 误差的成分比较复杂，不同类型误差对于运动估计的影响也是不同的。前面我们提到，在位姿估计的过程中，我们会对角速度 ω 进行数值积分，得到系统的朝向 R，而对加速度 a 进行一次和二次积分，分别得到速度 v 和平移 p。加速度经过了两次数值积分，其误差也会通过两次积分进入平移量 p 中，故相比角速度的误差，我们的跟踪算法对于加速度的误差更为敏感。实际经验也告诉我们，由 IMU 积分得到的朝向信息是较为准确的，而位置信息的误差则是较大的。不过，一般 IMU 在出厂时都会经过厂商的校准，故我们可以不必使用上面那样复杂的误差模型。

以常用的六轴 IMU 为例，目前的视觉惯性里程计算法（visual inertial odometry，VIO）中最为常用的做法是将其误差模型简化为偏移和测量噪声两个部分，并假设加速度计和陀螺仪相互统计独立，且各自的三轴之间都是统计独立的。我们用 ~ 标记每次观测的值，不带 ~ 的表示真实值，在不考虑地球自转的情况下，角速度和加速度的观测量分别为（Mourikis et al., 2007）：

$$\tilde{\omega} = \omega + b^g + \eta^g$$
$$\tilde{a} = {}^G R^\top ({}^G a - {}^G g) + b^a + \eta^a \tag{4.1.9}$$

使用左上标 G 来表示全局坐标系，不带左上标的表示当前的局部坐标系，陀螺仪的相关参数用右上标 g 表示，加速度计的相关参数用右上标 a 表示。可以看到，IMU 的读数可以看成是真实值、偏移（包括角速度偏移 b^g 和加速度偏移 b^a）、加性高斯白噪声（包括角速度白噪声 η^g 和加速度白噪声 η^a）之和。加速度计特殊的一点是，它的读数里面还包含重力 ${}^G g$ 的影响，另外就是所谓的偏移和白噪声了：

(1) 偏移 b 随时间的增长符合零均值的高斯随机游走。这个噪声从 IMU 开机以来就一直存在且不断积累，与是否从 IMU 读取数据无关。可以用一个初始偏移量 b_0 和随机游走噪声 n_b 来描述它：$b = b_0 + n_b$。

(2) 测量噪声 η 为零均值的加性高斯白噪声，表示从 IMU 读取数据时产生的小抖动，而且这个噪声只在观测它的时候产生。

其中：

$$
\begin{aligned}
n_{bg} &\sim \mathcal{N}(\mathbf{0}, \Sigma_{bg}) \\
\eta_{wg} &\sim \mathcal{N}(\mathbf{0}, \Sigma_{wg}) \\
n_{ba} &\sim \mathcal{N}(\mathbf{0}, \Sigma_{ba}) \\
\eta_{wa} &\sim \mathcal{N}(\mathbf{0}, \Sigma_{wa})
\end{aligned}
\tag{4.1.10}
$$

故它们的协方差矩阵为：

$$
Q_{\mathrm{IMU}} = \mathrm{diag}(\Sigma_{bg}, \Sigma_{wg}, \Sigma_{ba}, \Sigma_{wa})
\tag{4.1.11}
$$

2）离散时间噪声和连续时间噪声

上面说的噪声模型都是在连续时间系统下面考虑的，连续时间系统的高斯协方差（或标准差）也就称为传感器的噪声强度。实际上我们不可能每时每刻都在观测 IMU，这是一个离散时间系统。离散时间噪声和连续时间噪声的关系，可以参考文献 (Smith et al., 1978)。这里我们只是简单地给出离散时间系统下噪声的协方差。以陀螺仪为例，一般假设三轴的噪声独立同分布而且采样时间间隔为 Δt，那么陀螺仪的两种噪声的离散时间协方差可以用如下公式计算：

$$
\begin{aligned}
\Sigma_{bgd} &= \Sigma_{bg} \Delta t \\
\Sigma_{wgd} &= \Sigma_{wg} / \Delta t
\end{aligned}
\tag{4.1.12}
$$

加速度计的离散噪声协方差 Σ_{bad} 和 Σ_{wad} 形式也是类似的。

3）IMU 状态传递

所谓的 IMU 状态传递（IMU propagation）指的就是通过将当前时刻 IMU 的读数在时间上进行积分，来得到下一时刻的 IMU 状态。这个 IMU 状态包括 IMU 的位姿、运动以及噪声等，通过积分操作，IMU 读数的信息就被"传递"到了下一时刻。

我们先来考虑理想情况，也就是 IMU 的读数不存在白噪声，偏移量也不存在随机游走的情况，此时 IMU 的读数符合：

$$\boldsymbol{\omega} = \tilde{\boldsymbol{\omega}} - \boldsymbol{b}^g$$
$$\boldsymbol{a} = \tilde{\boldsymbol{a}} - \boldsymbol{b}^a + \boldsymbol{g}$$

(4.1.13)

记全局坐标系下 IMU 的状态为（为保持简洁，省略了转置符号）：

$$\boldsymbol{\varphi}_{\mathrm{IMU}} \triangleq [{}^G\boldsymbol{R}, {}^G\boldsymbol{p}, {}^G\boldsymbol{v}, \boldsymbol{b}^g, \boldsymbol{b}^a]$$

(4.1.14)

具体来说，积分过程包括积分这个 IMU 状态向量的五个分量。那么，要对 IMU 状态进行积分，我们首先要写出 IMU 状态关于时间的导数：

$$
\begin{aligned}
{}^G\dot{\boldsymbol{R}} &= {}^G\boldsymbol{R}[\tilde{\boldsymbol{\omega}} - \boldsymbol{b}^g]_{\times} \\
{}^G\dot{\boldsymbol{P}} &= {}^G\boldsymbol{v} \\
{}^G\dot{\boldsymbol{v}} &= {}^G\boldsymbol{R}(\tilde{\boldsymbol{a}} - \boldsymbol{b}^a + \boldsymbol{g}) \\
\dot{\boldsymbol{b}}^g &= 0 \\
\dot{\boldsymbol{b}}^a &= 0
\end{aligned}
$$

(4.1.15)

显然，由于偏移 $\boldsymbol{b}^g$ 和 $\boldsymbol{b}^a$ 随时间的增长符合零均值的高斯随机游走，故它们关于时间的导数为零。积分的步骤包括：①将角速度在时间上积分，得到当前 IMU 的朝向；②将加速度在时间上积分，得到当前 IMU 的速度；③将速度再在时间上积分，得到当前 IMU 的位置；④角速度偏移和加速度偏移由于增长符合零均值随机游走，所以直接取旧的状态中的值。

我们可以使用任意一种数值积分算法来实现，比如欧拉法（Euler method）、龙格-库塔法（Runge-Kutta method）等。此外，不仅要对状态向量进行数值积分，同时还要更新协方差矩阵。

4.1.2.2　优化方法

视觉信息和 IMU 信息相结合可以提高跟踪定位的精度。IMU 优化可以分为基于滤波的方法和非线性优化方法。两者的数学模型本质是一样的，都是最大化后验估计，主要区别在于有没有做重新线性化。滤波方法只做一次线性化，而非线性优化在每次迭代的时候会根据每一轮优化的质量去修正信赖域的大小并重新线性化直到收敛。因此，滤波方法可以看作是非线性优化的一次迭代，理论上精度没有非线性优化的精度高，但因为其实现相对简单、速度快，在实际应用中比较常被采用。无论基于滤波方法还是非线性优化方法实现的 VISLAM 系统，对 IMU 的建模都大同小异，基本可以分为两类：一类是类似于 MSCKF（Mourikis et al., 2007)、OKVIS(Leutenegger et al., 2015)(OKVIS 的后续开源代码[①]上更改了预积分的方式)那样迭代式的 IMU 积分；另一类则是使用 IMU 预积分的方法(Forster et al., 2017; Li et al., 2017)。

1)基于 MSCKF 的 VISLAM

MSCKF 全称是多状态约束卡尔曼滤波(multi-state constraints Kalman filter)，是较早的关于 VISLAM 的工作。MSCKF 使用了迭代式的 IMU 积分技术，即通过对 IMU 读数进行积分，得到作为状态的先验分布，而将图像特征信息作为观测，通过扩展卡尔曼滤波方法求解状态的后验分布。

MSCKF 的状态变量实际也是一个状态窗口，它包括最新的 IMU 状态和保留在窗口内的部分历史相机状态。k 时刻的状态变量定义如下：

$$\boldsymbol{\varphi}_k \triangleq [\boldsymbol{\varphi}_{\mathrm{IMU}_k}, {}^G\boldsymbol{R}_{C_1}, {}^G\boldsymbol{p}_{C_1}, \cdots, {}^G\boldsymbol{R}_{C_N}, {}^G\boldsymbol{p}_{C_N}] \tag{4.1.16}$$

MSCKF 算法的框架如下：

(1)状态传播。对于 IMU 读数，使用龙格-库塔法对其进行积分，同时根据噪声参数更新状态的协方差矩阵。

(2)图像注册。每当得到新的图像时，根据当前的最新状态以及 IMU-相机外参对状态进行增广，得到状态的先验。并对图像进行处理，提取视觉特征，更新特征跟踪信息等。

(3)状态更新。选择合适的时机，计算卡尔曼增益，对状态进行更新，得到后验状态信息。

MSCKF 算法是无结构信息的，也就是只估计相机/IMU 的状态，而不估计三维点的状态。每当要进行状态更新时，选取一部分特征，通过边缘化的操作将它们的信息融合到相机/IMU 状态中，然后再对状态进行更新。

2)基于 IMU 预积分技术的 VISLAM

接下来重点介绍 IMU 预积分技术(Forster et al., 2017)。与普通基于 IMU 积分的 VISLAM 系统不同，Forster 等使用了更为精确的相对运动模型，即将 IMU 观测模型包含三个部分：相对旋转、相对速度、相对平移(与初始状态无关，但包含重力影响)，并认为它们是仅关于偏移量的函数。假设需要对 t_i 和 t_j 之间的 IMU 读数进行积分(假设相邻两帧 IMU 之间时间间隔相同，即 $\Delta t_{i,i+1} = \Delta t_{i+1,i+2} = \cdots = \Delta t_{j-1,j} = \Delta t$)，计算公式如下：

$$\boldsymbol{R}_j = \boldsymbol{R}_i \prod_{k=i}^{j-1} \exp((\tilde{\boldsymbol{\omega}}_k - \boldsymbol{b}_k^g - \boldsymbol{\eta}_k^g)\Delta t)$$

---

① https://github.com/ethz-asl/okvis

$$v_j = v_i + {}^G\boldsymbol{g}\Delta t_{ij} + \sum_{k=i}^{j-1} \boldsymbol{R}_k(\tilde{\boldsymbol{a}}_k - \boldsymbol{b}_k^a - \boldsymbol{\eta}_k^a)\Delta t$$

$$p_j = p_i + \sum_{k=i}^{j-1}\left[v_k\Delta t + \frac{1}{2}\,{}^G\boldsymbol{g}\Delta t^2 + \frac{1}{2}\boldsymbol{R}_k(\tilde{\boldsymbol{a}}_k - \boldsymbol{b}_k^a - \boldsymbol{\eta}_k^a)\Delta t^2 \right]$$

(4.1.17)

传统的 VISLAM 中，通常将连续关键帧之间的一系列 IMU 读数进行积分，得到相对的状态变化 "$\Delta\boldsymbol{\varphi}$"，然后加上前一个关键帧的状态 $\boldsymbol{\varphi}_i$，得到下一个关键帧的状态 $\boldsymbol{\varphi}_j$，同时计算出累积的协方差，作为下一个关键帧的先验估计参与到视觉的优化中去。这样做的缺陷就是，积分项 $\Delta\boldsymbol{\varphi}$ 实际上会随着偏移量的更新而改变，除非在每一轮优化迭代时重新积分计算新的 $\Delta\boldsymbol{\varphi}$，否则 IMU 积分项的误差会一直存在。

按照如下方式定义状态 $\boldsymbol{\varphi}_i$ 和 $\boldsymbol{\varphi}_j$ 之间的相对状态变化 $\Delta\boldsymbol{\varphi}$：

$$\Delta\boldsymbol{R}_{ij} \triangleq \boldsymbol{R}_i^\top \boldsymbol{R}_j = \prod_{k=i}^{j-1}\exp((\tilde{\boldsymbol{\omega}}_k - \boldsymbol{b}_k^g - \boldsymbol{\eta}_k^g)\Delta t)$$

$$\Delta\boldsymbol{v}_{ij} \triangleq \boldsymbol{R}_i^\top(v_j - v_i - {}^G\boldsymbol{g}\Delta t_{ij}) = \sum_{k=i}^{j-1}\Delta\boldsymbol{R}_{ik}(\tilde{\boldsymbol{a}}_k - \boldsymbol{b}_k^a - \boldsymbol{\eta}_k^a)\Delta t$$

(4.1.18)

$$\Delta\boldsymbol{p}_{ij} \triangleq \boldsymbol{R}_i^\top\left(p_j - p_i - v_i\Delta t_{ij} - \frac{1}{2}\,{}^G\boldsymbol{g}\Delta t_{ij}^2 \right)$$

$$= \sum_{k=i}^{j-1}\left[\Delta\boldsymbol{v}_{ik}\Delta t + \frac{1}{2}\Delta\boldsymbol{R}_{ik}(\tilde{\boldsymbol{a}}_k - \boldsymbol{b}_k^a - \boldsymbol{\eta}_k^a)\Delta t^2 \right]$$

每一轮优化迭代过后，使用一阶的线性方法对 $\Delta\boldsymbol{R}_{ij}, \Delta\boldsymbol{p}_{ij}, \Delta\boldsymbol{v}_{ij}$ 这三个量进行更新，这样就使得在状态变量随着优化更新的时候，状态的观测也在不断地向着更准确的方向更新，使得整个观测模型更加精准。

3）预积分项的误差模型

传统的 IMU 积分其实也可以通过不断地重新积分来不断地使观测模型变精准，但是每次重新积分的计算代价太大了，一般不会这么做。而预积分的基本操作就是首先假设两帧之间的偏移量为定值，即 $\boldsymbol{b}_i = \boldsymbol{b}_{i+1} = \cdots = \boldsymbol{b}_{j-1}$，然后将式 (4.1.18) 的普通 IMU 积分项认为是与预积分项-白噪声带来的扰动量之和：

$$\Delta\boldsymbol{R}_{ij} \triangleq \Delta\tilde{\boldsymbol{R}}_{ij}(\boldsymbol{b}_i^g)\exp(-\delta\phi_{ij})$$

$$\Delta\boldsymbol{v}_{ij} \triangleq \Delta\tilde{\boldsymbol{v}}_{ij}(\boldsymbol{b}_i^g, \boldsymbol{b}_i^a) - \delta v_{ij}$$

(4.1.19)

$$\Delta\boldsymbol{p}_{ij} \triangleq \Delta\tilde{\boldsymbol{p}}_{ij}(\boldsymbol{b}_i^g, \boldsymbol{b}_i^a) - \delta p_{ij}$$

最终可以得到 IMU 预积分项 $[\Delta\tilde{\boldsymbol{R}}_{ij}, \Delta\tilde{\boldsymbol{v}}_{ij}, \Delta\tilde{\boldsymbol{p}}_{ij}]$ 和预积分的误差项 $\boldsymbol{\eta}_{ij} \triangleq [\delta\phi_{ij}, \delta v_{ij}, \delta p_{ij}]$，并且认为这个九维的误差也是符合均值为零的高斯分布的。

记它的协方差为 $\boldsymbol{\Sigma}_{ij}$，即 $\boldsymbol{\eta}_{ij} \sim \mathcal{N}(\boldsymbol{0}, \boldsymbol{\Sigma}_{ij})$。而这个协方差，显然是在预积分的过程中通过 IMU 读数的白噪声累积得来的。因此需要在预积分的过程中根据白噪声的协方差 $\boldsymbol{\eta} \triangleq [\boldsymbol{\eta}^g, \boldsymbol{\eta}^a] \sim \mathcal{N}(\boldsymbol{0}, \boldsymbol{\Sigma}_{\boldsymbol{\eta}})$ 同时完成白噪声的传递。限于篇幅，白噪声的传递的推导，这里不再给出。

4）偏移量的线性修正

上面说到，预积分技术提出使用线性的方法将每轮迭代时偏移量增量更新到预积分项中去，作为其修正。因此需要先将偏移量写成一个偏移量初值加迭代小增量的形式：

$$\hat{\boldsymbol{b}}_i^g = \overline{\boldsymbol{b}}_i^g + \delta \boldsymbol{b}_i^g$$
$$\hat{\boldsymbol{b}}_i^a = \overline{\boldsymbol{b}}_i^a + \delta \boldsymbol{b}_i^a \tag{4.1.20}$$

记 $\Delta \overline{\boldsymbol{R}}_{ij} \triangleq \Delta \tilde{\boldsymbol{R}}(\overline{\boldsymbol{b}}_i^g), \Delta \overline{\boldsymbol{v}}_{ij} \triangleq \Delta \tilde{\boldsymbol{v}}_{ij}(\overline{\boldsymbol{b}}_i^g, \overline{\boldsymbol{b}}_i^a), \Delta \overline{\boldsymbol{p}}_{ij} \triangleq \Delta \tilde{\boldsymbol{p}}_{ij}(\overline{\boldsymbol{b}}_i^g, \overline{\boldsymbol{b}}_i^a)$，按如下方式进行线性修正：

$$\Delta \tilde{\boldsymbol{R}}_{ij}(\hat{\boldsymbol{b}}_i^g) \triangleq \Delta \tilde{\boldsymbol{R}}_{ij}(\overline{\boldsymbol{b}}_i^g + \delta \boldsymbol{b}_i^g) \simeq \Delta \overline{\boldsymbol{R}}_{ij} \exp\left(\frac{\partial \Delta \overline{\boldsymbol{R}}_{ij}}{\partial \boldsymbol{b}_i^g} \delta \boldsymbol{b}_i^g\right)$$

$$\Delta \tilde{\boldsymbol{v}}_{ij}(\hat{\boldsymbol{b}}_i^g, \hat{\boldsymbol{b}}_i^a) \triangleq \Delta \tilde{\boldsymbol{v}}_{ij}(\overline{\boldsymbol{b}}_i^g + \delta \boldsymbol{b}_i^g, \overline{\boldsymbol{b}}_i^a + \delta \boldsymbol{b}_i^a) \simeq \Delta \overline{\boldsymbol{v}}_{ij} + \frac{\partial \Delta \overline{\boldsymbol{v}}_{ij}}{\partial \boldsymbol{b}_i^g} \delta \boldsymbol{b}_i^g + \frac{\partial \Delta \overline{\boldsymbol{v}}_{ij}}{\partial \boldsymbol{b}_i^a} \delta \boldsymbol{b}_i^a \tag{4.1.21}$$

$$\Delta \tilde{\boldsymbol{p}}_{ij}(\hat{\boldsymbol{b}}_i^g, \hat{\boldsymbol{b}}_i^a) \triangleq \Delta \tilde{\boldsymbol{p}}_{ij}(\overline{\boldsymbol{b}}_i^g + \delta \boldsymbol{b}_i^g, \overline{\boldsymbol{b}}_i^a + \delta \boldsymbol{b}_i^a) \simeq \Delta \overline{\boldsymbol{p}}_{ij} + \frac{\partial \Delta \overline{\boldsymbol{p}}_{ij}}{\partial \boldsymbol{b}_i^g} \delta \boldsymbol{b}_i^g + \frac{\partial \Delta \overline{\boldsymbol{p}}_{ij}}{\partial \boldsymbol{b}_i^a} \delta \boldsymbol{b}_i^a$$

这样，在每轮优化迭代的时候，需要同时使用式（4.1.20），将新的偏移量更新到 IMU 预积分结果里。不过，当必要的时候，比如偏移量的增量非常大，那么线性更新可能精度也是不够的，此时还是可以采用重新积分的方式去更新预积分项，以减少误差累积。

5）非线性优化

传统的 VISLAM 或 VIO 算法，IMU 项参与优化的方式一般非常直接，即使用 IMU 积分得到状态先验，再和视觉观测融合，如此反复。和大部分的 SLAM 系统一样，IMU 预积分技术的优化也是基于非线性最小二乘。它的目标函数同样包括基本的视觉观测项和 IMU 预积分项，形式上没有区别，区别仅在于 IMU 部分的能量：

$$\mathcal{X}^\star = \arg\min_{\mathcal{X}} \left(\sum_{i,j} \| \boldsymbol{r}_{\mathcal{I}_{ij}} \|_{\boldsymbol{\Sigma}_{ij}}^2 + \sum_i \sum_l \| \boldsymbol{r}_{C_{il}} \|_{\boldsymbol{\Sigma}_{C_{il}}}^2 \right) \tag{4.1.22}$$

式中，$\boldsymbol{r}_{C_{il}}$ 是关于状态 i 和地图点 l 的视觉残差，$\boldsymbol{\Sigma}_{C_{il}}$ 为状态 i 和地图点 l 之间的协

方差矩阵，这一部分的定义和大部分 SLAM 系统一致。$r_{\mathcal{I}_{ij}}$ 则与 MSCKF、OKVIS 等系统不同，是关于相邻状态 i 和 j 的 IMU 预积分残差，$\boldsymbol{\Sigma}_{ij}$ 为对应的协方差矩阵。在 IMU 预积分技术中，这一项被认为是仅和状态 i 的偏移量相关的函数：$\Delta\tilde{\boldsymbol{R}}_{ij}(\boldsymbol{b}_i^g)$、$\Delta\tilde{\boldsymbol{v}}_{ij}(\boldsymbol{b}_i^g,\boldsymbol{b}_i^a)$ 和 $\Delta\tilde{\boldsymbol{p}}_{ij}(\boldsymbol{b}_i^g,\boldsymbol{b}_i^a)$。前面已经给出了 IMU 预积分项的误差模型，因此可以很容易地写出 IMU 预积分项的残差公式：

$$r_{\Delta R} \triangleq \log\left(\left(\Delta\overline{\boldsymbol{R}}_{ij}\exp\left(\frac{\partial\Delta\overline{\boldsymbol{R}}_{ij}}{\partial\boldsymbol{b}_i^g}\delta\boldsymbol{b}_i^g\right)\right)\boldsymbol{R}_i^\top\boldsymbol{R}_j\right)$$

$$r_{\Delta v} \triangleq \boldsymbol{R}_i^\top(\boldsymbol{v}_j-\boldsymbol{v}_i-{}^G\boldsymbol{g}\Delta t_{ij})-\left[\Delta\overline{\boldsymbol{v}}_{ij}+\frac{\partial\Delta\overline{\boldsymbol{v}}_{ij}}{\partial\boldsymbol{b}_i^g}\delta\boldsymbol{b}_i^g+\frac{\partial\Delta\overline{\boldsymbol{v}}_{ij}}{\partial\boldsymbol{b}_i^a}\delta\boldsymbol{b}_i^a\right] \qquad (4.1.23)$$

$$r_{\Delta p} \triangleq \boldsymbol{R}_i^\top(\boldsymbol{p}_j-\boldsymbol{p}_i-\boldsymbol{v}_i\Delta t_{ij}-\frac{1}{2}{}^G\boldsymbol{g}\Delta t_{ij}^2)-\left[\Delta\overline{\boldsymbol{p}}_{ij}+\frac{\partial\Delta\overline{\boldsymbol{p}}_{ij}}{\partial\boldsymbol{b}_i^g}\delta\boldsymbol{b}_i^g+\frac{\partial\Delta\overline{\boldsymbol{p}}_{ij}}{\partial\boldsymbol{b}_i^a}\delta\boldsymbol{b}_i^a\right]$$

限于篇幅，关于残差的雅克比矩阵计算，包括预积分项关于偏移量的雅克比矩阵，以及 IMU 预积分项的协方差矩阵的传递，本书没有给出，有兴趣的读者可以参照原论文进行推导。

4.1.2.3 VISLAM 框架

前面讨论的 VSLAM 的基本框架包括初始化、前台跟踪、后台优化（包括局部和全局优化）、重定位和回路闭合等模块。而 VISLAM 的框架基本上和 VSLAM 差异不大，同样也包含这些模块。不过由于多了 IMU 这个传感器，各个模块的具体实现上会有所差异。图 4.9 给出了一个常见的基于关键帧的 VISLAM 框架。

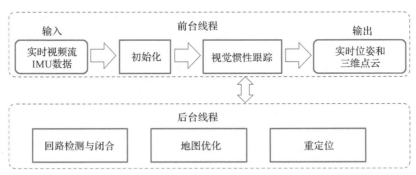

图 4.9　基于关键帧的 VISLAM 框架

正如图 4.9 所展示的，它在逻辑上被划分为五个模块：初始化、前台视觉惯性跟踪、后台地图优化、回路检测与闭合、重定位等模块。

1）初始化模块

初始化模块的目标是获得初始的状态变量值。与 VSLAM 相比，VISLAM 的状态估计部分由于状态变量多，需要包括初始的旋转（由于重力加速度的值可以认为是不变的，因此初始化计算重力方向即可认为是计算相对于重力的旋转）、速度、尺度、IMU 的偏移量。有的系统并没有着重介绍初始化部分，如 MSCKF（Mourikis et al., 2007）更依赖后续的滤波算法来使状态收敛，而 VINS（Li et al., 2017）和 VI-ORB（Mur-Artal et al., 2017b）则给出了较为完整的初始化思路，大致策略为使用纯视觉 SfM 和纯惯性积分对齐的方式计算出初始陀螺仪的偏移量，然后将加速度计的偏移量置为零，并使用一个简化的线性 VIO 问题来计算初始状态的速度、重力以及与 SfM 结果的相对尺度量，具体的方法可以参考其文章。

2）前台视觉惯性跟踪模块

前台视觉惯性跟踪模块首先需要考虑相机与 IMU 数据的时间对齐。通常 IMU 的频率要远高于相机获取图像的帧率，因此两种传感器之间的时间戳对齐也是 VISLAM 前台跟踪一个较为棘手的问题。一般可以采用线性插值的方法，以图像的时间戳为准，对 IMU 的读数进行插值。插值法可以得到同步后的两个图像帧之间的一组 IMU 读数组成的窗口，这样每当接收到图像的时候，可以先对图像进行关键点提取，维护图像之间的匹配关系。IMU 方面，可以使用前面提到过的积分或预积分技术进行处理。

另外，我们可以使用陀螺仪预测当前相机的旋转或者使用 IMU 预测当前相机位置，进而预测上一个特征点在下一帧图像上的位置，给相应的图像匹配算法或者光流跟踪方法提供一个很好的初始位置预测，特别是在剧烈运动的情况下，该方法更为鲁棒，如文献（Hwangbo et al., 2009）。同时，也可以借用 IMU 帮助下的 2-Point-RANSAC 方法（Troiani et al., 2014）进行特征点剔除。此外，因为可以依靠 IMU 积分来估计相机的位姿，而且在 IMU 状态估计准确的情况下短时间内一般误差累积不大，所以在 VISLAM 中实际上并不需要每帧都进行特征匹配。因此我们可以采取在后台线程每隔若干帧抽取一帧的策略，并采用相对比较耗时的特征提取和匹配方法来加强跟踪的稳定性。

通常需要在前台跟踪模块里先计算好最新状态的初始值，以供后台优化使用。这一部分可以认为是后台优化的"初始化"。VSLAM 中可能会使用 DLT、P3P、PNP 等方法来得到旋转和平移的初值，而在 VISLAM 中，由于 IMU 的存在，纯惯性或是视觉惯性结合的方式是更为主流的方法。可以采用直接 IMU 积分的方式获取新一帧的初始值，亦或更进一步，在前台求解一个小规模的 VIO 集束调整问题（如两到三个状态），并将求解的结果作为状态的初值放到后台进一步优化。

3）后台地图优化模块

后台地图优化模块可以分为基于局部窗口的优化和全局优化。基于局部窗口的优化可以采用 4.1.1 节第三部分提到过的带先验信息的局部窗口优化的方法，在后台维护一个较长的状态窗口，每当有新的状态加入到窗口中时触发一次非线性优化求解。在基于关键帧的 VSLAM 中，通常只需要根据图像本身来考虑关键帧的筛选，如特征是否丰富、特征分布是否合理、与上一帧是否能形成足够的视差和共视等。在窗口滑动的时候也有不同的做法：顺序滑动，或用最新的状态替换窗口中最新的状态。离开窗口的状态则以边缘化的方式滑出窗口，其结果会作为先验信息加入到后续优化中。

在 VISLAM 中，除了要保证关键帧本身的图像质量和关键帧之间的视差，还要考虑 IMU 的影响。由于 IMU 积分模型采用了近似，同时考虑到各方面的噪声以及多重积分带来的误差放大效应，移动端常用的消费级 IMU 通常只能在较短的时间窗口内保证积分的精度。因此，在选择关键帧时，关键帧之间的 IMU 窗口不宜过长。

VISLAM 的视觉跟踪要求足够的视差，而惯性部分要求较短的时间窗口，这就造成了一些矛盾。比如 AR 应用中时常会遇到低速运动情况，这时候连续帧图像差异比较小，足够的视差通常就意味着较长的 IMU 窗口。这时候就需要开发者根据实际情况合理地设置关键帧筛选策略以达到最佳的性能。

4）回路检测与闭合模块

回路检测与闭合模块可以在检测到回路闭合时调用全局集束调整，消除长时间跟踪的积累误差。但是出于性能上的考虑，全局集束调整不适合频繁地调用。一种策略是在检测到回路闭合之后，将匹配到的历史关键帧加入到当前的滑动窗口中，并设置为固定的变量。这样，窗口内的集束调整就成了以历史关键帧为条件的极大似然估计。另一方面，又可以再额外维护一个全局的集束调整模块，定期运行以消除历史关键帧的误差。这样可以节省大量计算，同时不会引入很大的误差累积。这个额外的集束调整同样可以采用 3.3.3 节介绍的一些方法来加速，比如无结构的位姿图优化、增量式集束调整算法等。

5）重定位模块

重定位可以在跟踪丢失或者极度不稳定的状况下，重新定位之前访问过的场景，重置 SLAM 系统。由于有 IMU 的积分，相较于 VSLAM，VISLAM 通常不容易丢失，而一旦丢失，则说明窗口中 IMU 的积分结果已经失去意义，需要丢弃并重新初始化。重定位的过程与 4.1.1.4 节中介绍的基本相同，主要差别在于定位到当前帧的位姿之后对系统的重置操作。这个重置的过程，可以看作是一个轻量级的初始化模块，同样它需要先使用纯视觉的 SfM 方法跟踪一段距离，重新初始化 IMU 模块。由于之前已经有过一些稳定跟踪的信息，一般只要跟踪丢失的持续时间不是太久，在重定位之后的重新初始化过程中不需要优化全部参数，类似于陀螺仪的偏移量、SfM 尺度和重力之类的信息可以保留之前的优化结果，从而降低问题的复杂度。

4.1.3　RGB-D SLAM

如果采用 RGB-D 传感器进行 SLAM，每一时刻除了获取的 RGB 图像以外还有稠密的深度图，从而可以更方便地进行稠密地图的重建，如图 4.10 所示[①]。这类方法叫 RGB-D SLAM。微软在 2010 年首次推出了消费级的 RGB-D 相机 Kinect 之后，各种 RGB-D SLAM 的方法被不断地提出。2011 年的 SIGGRAPH 会议上展示了 KinectFusion 实时重建算法(Newcombe et al., 2011a)，拉开了 RGB-D SLAM 算法的序幕。近年来，除了微软，一些厂商也推出了自己的 RGB-D 相机，包括英特尔 RealSense、华硕 Xtion、索尼 ToF 3D 传感器等设备，使得 RGB-D 相机在消费级市场甚至移动端也越来越普及。另一方面，近年来 GPU 性能的迅速提升，使得需要大量运算的重建算法可以通过并行加速的方式实时运行。这些进展降低了 RGB-D SLAM 最大的硬件门槛，使直接利用 RGB-D 相机进行场景重建也更加方便。接下来，我们将介绍一些有代表性的工作。

(a)某个时刻的 RGB-D 数据　　　　　　　(b)重建的稠密三维模型

图 4.10　基于 RGB-D 传感器的稠密 SLAM

4.1.3.1　RGB-D 相机跟踪

RGB-D 相机跟踪指的是根据 RGB-D 相机获取的颜色图像和深度图序列得到相机的位姿轨迹，大多数 RGB-D SLAM 系统都充分利用了稠密的颜色图像和

---

① RGB-D 数据来自 TUM RGB-D 数据集(Sturm et al., 2012)的 fr3_longoffice 序列，采用 RKD-SLAM 方法(Liu et al., 2017)重建。

深度信息来求解相机位姿。在求解新一帧的相机的位姿时，通常有帧到模型的对齐和帧到帧的对齐两种方案。

在帧到模型的对齐方法中，通常利用上一帧的相机位姿将模型进行渲染得到点云图，将渲染得到的点云与当前输入帧所生成的点云进行对齐，求解相机相对位姿。帧到帧的直接对齐则通常采用关键帧框架进行相机跟踪，使用位姿图优化相机位姿，通过闭环检测纠正累积误差。对比两种方法可以发现，前者需要利用实时更新的模型，通过新帧点云到整个模型的注册来避免累积误差，后者则需要位姿图优化、闭环检测来纠正累积误差。

RGB-D 相机的跟踪，如果仅利用深度信息，常用迭代最近邻点(iterative closest point, ICP)算法(Besl et al., 1992)来对两个位姿变化较小的点云进行配准对齐。如果再加上灰度图信息，还可以最小化深度误差和光度误差来求解相机位姿变化，即 RGB-D 对齐。除此之外，前面提到的 SLAM 中基于特征点的跟踪算法，在特征丰富时也有较高精度。接下来我们依次具体介绍这些方法。

1) ICP 算法

ICP 算法通常用来做点云的注册配准，因此 RGB-D 相机跟踪往往就直接对 RGB-D 相机得到的时序点云应用 ICP 算法来获取位姿变换关系。对于模型渲染得到的点云 $X = \{X_1, X_2, \cdots, X_m\}$，以及当前帧对应的点云 $Y = \{Y_1, Y_2, \cdots, Y_n\}$，可以通过优化下面这个目标函数来求解两帧之间的相对位姿变换 T：

$$E_{\mathrm{ICP}}(T, A) = \sum_{i=1}^{m} \rho(T(X_i), Y_{A(i)}) \tag{4.1.24}$$

式中，T 是两组点云之间的相对变换，$A(i) \in \{1, 2, \cdots, n\}$ 是点 X_i 在点云 Y 中对应点的索引，ρ 是代价函数，度量两点匹配的误差。

式(4.1.24)是一个离散优化问题，ICP 算法将此优化问题分为两步进行近似求解：固定相对变换 T，求解最优的对应关系 A，然后再固定匹配 A，求解最优的相对变换 T，重复迭代直到算法收敛，即可获得最优位姿变换 T。除了经典的标准 ICP 使用点到点的欧氏距离外，还有求解点到面的距离以及面到面的距离等变体 ICP。因为采用最邻近匹配对的思想，所以 ICP 算法只适合求解小范围内的位姿变换，即 ICP 算法对位姿变换的初值较为敏感。

大多数 RGB-D SLAM，例如 KinectFusion、ElasticFusion(Whelan et al., 2016)采用帧到模型的对齐方案求解相机位姿。KinectFusion 采用了点到平面的距离作为 ICP 算法的代价函数。

2) RGB-D 对齐

经典 ICP 算法只利用了点云的几何信息而忽略了光度信息，因此如果再考虑光度信息，也可以用来进行 RGB-D 相机跟踪，即 RGB-D 对齐。ElasticFusion 在代价函数中就包含了两点的颜色差异，因此在弱几何结构、光照变化较小等环境下有更好的跟踪效果。

相对于 ICP 算法，RGB-D 对齐不仅考虑到深度信息的几何误差，还考虑了光度误差，通过优化如下目标函数来实现对齐：

$$\arg \min_{T} E_{align} = E_z + \alpha E_I \tag{4.1.25}$$

式中，E_z 为几何误差项，E_I 为光度误差项，α 为权重系数。在一些 RGB-D SLAM 方法中，α 也可为自适应控制参数。

3）基于特征点的方法

ORB-SLAM2（Mur-Artal et al., 2017a）是一个基于特征点的 RGB-D SLAM 方法，它在 ORB-SLAM 的基础上增加了对双目相机和 RGB-D 传感器的支持。在 RGB-D 跟踪模式下，ORB-SLAM2 首先在灰度图上提取 ORB 特征，将特征点(u, v)及其深度 d 转化为立体相机坐标。在相机定位时，根据初始位姿估计（通常为上一帧位姿或假设匀速运动模型得到的位姿）将地图的点投影到当前帧，并通过 ORB 特征匹配获得对应关系，之后 ORB-SLAM2 固定三维点位置，用集束调整求解相机位姿，通过局部集束调整来对位姿和局部地图进行进一步优化。

总的来说，这三种方案都有各自的局限性：ICP 算法比较适合处理位姿变换较小的场景，对初值比较敏感；RGB-D 对齐方法容易累积误差；基于特征点的跟踪算法要求场景的特征比较丰富，在弱纹理和重复纹理场景下容易失败。因此，一个比较好的解决方案是将这些算法结合起来进行优势互补，从而达到尽可能的稳定。

4.1.3.2　稠密几何重建

RGB-D SLAM 中稠密几何重建需要利用多帧的输入进行融合而生成完整的三维模型。由于模型是在线、增量式构建出来的，因此算法需要采用适合于 GPU 硬件进行并行操作的模型表示方法。现有的实时稠密重建算法中，通常采用基于截断带符号距离（TSDF）或面元（surfel）的模型表示方法。

Newcombe 等（2011a）在 KinectFusion 中采用 TSDF 的模型表示方法进行稠密场景重建。对于三维空间中的任意点，其带符号距离是指点到最近表面的距离，当点在平面外部时此距离为正，否则为负，当点在表面上时，其带符号距离为零。因此模型的表面由 TSDF 为零的点隐式的定义。KinectFusion 将空间均匀地离散化为网格点，每个网格点称为体素，记录其 TSDF 和权重 $w(v)$。

给定深度图 Z 及其对应的相机位姿 $\boldsymbol{T}$，采用如下方法更新体素：对于每个体素 v，其在空间的坐标、TSDF 和权重分别用 $\boldsymbol{p}_w(v)$，$D(v)$，$w(v)$ 表示，首先计算

v 在相机坐标系的局部坐标 $p(v)$，以及局部坐标的深度 $d(v)$ 和在图像上的投影位置 $x(v)$：

$$p(v) = Rp_w(v) + t \qquad (4.1.26)$$

$$d(v) = z(p(v)) \qquad (4.1.27)$$

$$x(v) = \pi(Kp(v)) \qquad (4.1.28)$$

式中，$z(\cdot)$ 代表 Z 轴分量。然后计算此体素在当前深度图下 v 的 TSDF，即 $D(v)$，并采用加权平均更新 $D(v)$：

$$D'(v) = \max(\min(d(v) - Z(x(v)), \mu), -\mu) \qquad (4.1.29)$$

$$D(v) = \frac{D(v) \cdot w(v) + D'(v) \cdot w'(v)}{w(v) + w'(v)} \qquad (4.1.30)$$

$$w(v) = w(v) + w'(v) \qquad (4.1.31)$$

式中，$w'(v)$ 表示当前的权重，μ 表示预先定义的截断值。

采用 TSDF 表示的一个优势是，模型的渲染操作可以直接通过光线投射算法来实现，并且此算法的开销大致和待渲染图片的大小成正比，而与模型的复杂度无关。将隐式表面转换为网格模型则可以用 Marching Cube (Lorensen et al., 1987) 算法来实现。

KinectFusion 使用一个三维数组来存储所有的体素，因为对于一个模型而言，通常只有模型表面附近的体素是有效的，所以这种体素组织方式存在很大的空间浪费，导致其内存消耗大、可重建模型小。研究人员针对此问题做了一系列改进，例如采用移动体积法 (Roth et al., 2012)、哈希表 (Nießner et al., 2013) 或树状结构 (Zeng et al., 2013) 对体素进行组织。

Keller 等 (2013) 采用基于面元的显式模型表示进行 RGB-D 重建。面元实质上是一个三维空间中圆形的面片，包含位置、半径、法向和颜色等信息。模型则定义为无序的面元的集合。模型的融合过程如下：首先将每帧的输入转化为顶点、颜色与法向图，将其转化为面元表示，然后将模型中的面元投影到当前深度图，建立面元之间的匹配关系，对匹配的面元进行融合更新。对于新的未融合到已有面元中的面元，则加入到模型中。模型的渲染操作则需要遍历所有的面元并依次进行渲染。

相对于基于体素的表达方式，基于面元的表达相对更为灵活，并且空间占用和重建的表面大小成正比。然而由于基于体素的表达通常在模型的更新、渲染等操作具有稳定的时间开销，而基于面元的表示在更新、渲染模型时需要遍历所有面元，因此在构建大规模场景时随着面元数目的增多其效率会逐渐下降。

ElasticFusion 中将面元分为活跃的与不活跃的部分，仅使用活跃的部分进行相机跟踪、模型更新等操作，在一定程度上缓解了此问题。

4.1.3.3 模型调整

RGB-D 相机跟踪过程中不可避免地会积累误差，尤其在构建较大的场景时，累积的误差通常比较大，从而导致模型产生明显的偏差。为了构建全局一致的三维模型，我们需要对重建的三维模型进行调整消除误差累积。通常的做法是采用 4.1.1 节第四部分里介绍的回路闭合方法，在非连续帧之间添加闭合约束并进行全局优化将相机位姿的误差累积消除掉。除了矫正相机的位姿，三维模型如何进行相应调整也是非常关键。现有的方法一般分为三类：基于模型变形的方法、基于子地图的方法、基于关键帧的模型调整方法。

1) 基于模型变形的方法

在相机位姿发生调整时，我们首先构建一张变形图(即嵌入在三维空间中的一张无向图)，然后将变形图应用在模型上，从而完成对模型的调整，这就是基于模型变形的方法。关于变形图的具体构造方法，可以参考文献(Sumner et al., 2007)。Kintinuous 采用了基于模型变形的方法(Whelan et al., 2012)，其模型基于 TSDF 表示，将视角以外的不活跃的体素导出为网格模型。当相机位姿发生调整时，Kintinuous 构建变形图，然后对网格模型中的顶点应用变形图，改变其坐标来实现三维模型的调整。ElasticFusion 也采用了基于模型变形的方法，由于它采用基于面元的模型表示，其模型调整只需将变形图应用在受影响的面元上，改变面元的属性即可，相对来说更加灵活。

2) 基于子地图的方法

基于子地图的方法通常将多帧的输入融合为子地图,将模型(即地图)定义为所有子地图的集合。基于子地图的方法在创建子地图时和融合子地图融合时有以下的一些方法。

在对输入序列分割成多个子地图时,可以采用一定的运动阈值或者固定帧数来进行分割,代表性的方法有文献(Choi et al., 2015),将输入序列分为大约为 50 帧大小的段,每段的图像融合到一个模型并导出为网格模型。也有基于内容来创建子地图,即当相机视角内的内容发生较大变化时,创建一个子地图,例如文献(Kähler et al., 2016)。

对于子地图的融合方案,可以采用暴力匹配寻找所有子地图之间的约束,将所有的网格模型融合到一个 TSDF 模型中,代表性的方法有(Choi et al., 2015)。但考虑到这样做时间开销较大,因为通常而言每个子地图只和时序上相邻的子地图存在空间重叠,所以将每个子地图与其相邻的子地图融合来实现更新,一般在几分钟内就可以完成对模型的更新。这类代表性的方法包括文献(Fioraio et al., 2015)。也有在相机跟踪阶段，用当前帧和多个子地图同时对齐，这样在求解到相机位姿的同时也获得了子图之间的位姿约束关系，例如文献(Kähler et al., 2016)。

3)基于关键帧的模型调整方法

基于关键帧的深度图，即首先将非关键帧的深度图融合到关键帧上，在模型调整时，仅需对关键帧以及少量因为视角差异、遮挡等无法融合到关键帧上的点进行重融合操作：首先需要将这些三维点从 TSDF 模型中进行去融合操作，然后将调整之后的三维点重新融合到 TSDF 中。基于关键帧的模型调整可以以较低的代价实现对模型的更新，甚至可以实现在线的模型调整(Liu et al., 2017)。图 4.11 给出了一个在线的三维模型调整比较。可以看到进行基于关键帧的重融合之后，三维模型变得更加准确、全局一致。

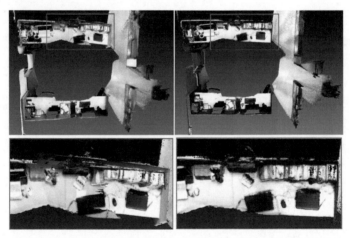

(a)没有进行重融合的三维重建结果　　(b)基于关键帧的在线重融合结果

图 4.11　基于关键帧的在线重融合

基于关键帧的框架，也可以应用在相机跟踪中，将当前帧对齐到关键帧，通过最小化深度误差和光度误差求解相机位姿。为减小累积误差，还可以使用位姿图对关键帧的位姿进行优化，将帧与帧的对齐结果和闭环检测的对齐结果作为约束加入到位姿图中优化，从而得到全局一致的位姿。

4.1.4　问题与发展趋势

随着技术的发展，以及越来越多开源系统的出现，SLAM 技术在逐渐趋于成熟。然而，时至今日仍有很多问题尚待进一步研究解决。

　　视觉 SLAM 最大的局限在于过于依赖视觉特征。在特征不够丰富的情况下，例如相机拍摄纯色的墙面或地面，那么仅从图像无法恢复出相机的运动。此外，快速运动可能产生图像模糊，曝光调节导致图像颜色发生严重变化，也为稳定跟踪带来了巨大的挑战。最后，如果场景存在重复纹理，传统的特征跟踪方法也容易失效。现有视觉 SLAM 对图像特征的依赖，本质上是由于采用了过于底层的局部特征（主要是点特征），如果能利用边缘、平面甚至物体等更为高层的图像信息，也能有效缓解特征点依赖的问题。Klein 等（2008）提出使用边特征来对抗图像模糊，如图 4.12（a）所示。LSD-SLAM 实际上也是隐式地利用了图像边缘信息，如图 4.12（b）所示，大多数用于跟踪的半稠密图像区域均位于物体边缘。Concha 等（2014）提出使用面特征将图像中颜色一致的区域近似为平面（图 4.12（c）），称之为超像素（superpixel），与传统的基于点特征的视觉 SLAM 相辅相成，可以提升视觉 SLAM 的鲁棒性。空间布局对视觉 SLAM 来说也是非常有价值的高层图像信息，通常室内房间可以近似成一个三维盒子（图 4.12（d）），通过恢复房间盒子的三维参数可用于辅助相机跟踪（Salas et al., 2015）。视觉 SLAM 对图像特征的依赖，还可以通过融合其他传感器得以缓解。目前较常用的是在视觉 SLAM 中融合 IMU 信息，也就是 4.1.2 节介绍的视觉惯性 SLAM。目前以苹果的 ARKit 和谷歌的 ARCore 为代表的商业产品都是基于这样的方案。ARKit 和 ARCore 在特定设备上有着非常出色的表现，但却难以普及至所有设备。其原因在于，现有的视觉惯性 SLAM 方法对标定参数十分敏感。标定参数包括摄像头与 IMU 之间的相对位置和时间偏差，IMU 噪声和漂移量，以及 IMU 加速度计、陀螺仪间的坐标轴偏差等。特定设备可以对这些参数进行精确标定，但若要普及至更多通用设备，就需要采用在线标定的技术。Li 等（2014）提出一种同时在线标定摄像头与 IMU 之间的相对位置和时间偏差的方法，并对估计参数的可见性做了理论分析。单目 SLAM 缺少真实的尺度信息，为了与读数为真实尺度的 IMU 进行融合，往往还需要一个显式的尺度初始化过程（Mur-Artal et al., 2017b; Qin et al., 2018）。融合深度传感器直接获取的深度信息也可以降低对图像特征的依赖，也就是 4.1.3 节介绍的 RGB-D SLAM。此外，根据特定的应用，还可以进一步融合其他类型的传感器，比如室内导航可结合 Wifi 信号，室外导航结合 GPS，机器人、无人车可结合轮速计等。总的来说，每种类型的传感器既有其优势又有其自身固有的局限性。例如，低成本的 IMU 很容易误差累积，在特征缺失的情况下只能短时间辅助跟踪；深度传感器一般有感知距离的限制问题，而且往往受太阳光的影响，一般无法在室外使用；Wifi、GPS 也存在长时间信号缺失的问题。因此，如何将各种传感器有机融合起来，实现尽可能稳定的跟踪定位是未来的一个发展趋势。

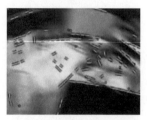
(a) 边特征(Klein et al., 2008)

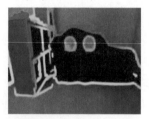
(b) 半稠密区域(Engel et al.，2014)

(c) 面特征(Concha et al., 2014)

(d) 空间布局(Salas et al., 2015)

图 4.12　高层图像信息

目前大多数视觉 SLAM 方法只能恢复稀疏或半稠密的三维结构。对于许多应用来说，需要 SLAM 方法能够获取场景稠密的三维信息。例如，移动机器人需要实现自动避障，就需要恢复整个障碍物的深度信息。再如，AR 应用中叠加的虚拟物体需要与真实场景发生物理碰撞，就需要恢复碰撞表面完整的三维结构。使用深度摄像头固然可以直接获取稠密的深度信息，但目前深度摄像头尚未大范围普及。近年来出现了一些视觉 SLAM 方法，只用单目摄像头就能实时重建稠密的三维信息。例如，Schöps 等(2014)提出由 LSD-SLAM 恢复的半稠密深度拟合出大致的场景三维网格，用于 AR 应用中虚拟物体与真实场景间的物理碰撞，如图 4.13(a)所示。Ondruska 等(2015)提出将手机作为三维扫描设备，实时扫描出物体的三维模型，如图 4.13(b)所示。这类方法均通过多视图几何原理恢复半稠密或稠密的深度图，需要在不同视角的图像间进行立体匹配，因此仅能对场景中纹理丰富的区域进行稠密三维重建。

RGB-D SLAM 能够恢复场景的稠密三维几何结构,但是现有的 RGB-D 算法通常只能用于构建室内场景大小的地图，无法应用在室外的大规模场景中。这是因为，一方面，消费级的 RGB-D 相机的有效深度感知范围通常比较小而且在室外容易受太阳光的干扰；另一方面，相对于稀疏场景而言，稠密的三维几何结构需要更大的存储空间和计算资源。因为 RGB-D SLAM 的计算量较大，通常需要 GPU 等硬件进行并行加速处理，所以现有算法通常无法较好地应用在计算能力有限的移动端，从而限制了 RGB-D SLAM 的应用场景和普及。另外，由于深度相机的精度有限,如何恢复场景非常精细的几何结构,也是一个较为挑战的课题。大多数 RGB-D SLAM 算法只能处理静态场景的三维重建。近年来,一些工作开始将 RGB-D 重建应用在非刚性、可变形的物体重建上,例如 DynamicFusion（Newcombe et al., 2015）,对人脸、衣服等易变形的物体有更好的重建效果。

(a) 基于稠密三维重建的 AR 应用（Schöps et al., 2014）

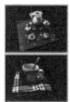

(b) MobileFusion（Ondruska et al., 2015）

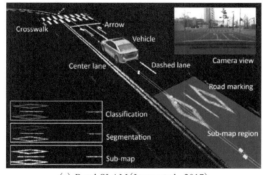

(c) Road-SLAM（Jeong et al., 2017）

(d) CNN-SLAM（Tateno et al., 2017）

图 4.13　稠密三维重建

此外，对于很多应用来说，不仅需要重建稠密的三维模型，还需要获取模型各部分的语义信息。例如，无人车需要沿着车道线行驶，基于 AR/VR 的室内设计应用需要区分墙面、地面和家具。近年来也出现了一些方法，能自动重建语义地图。Jeong 等 (2017) 提出自动识别路标作为高层语义特征并且重建出语义地图，如图 4.13 (c) 所示。Tateno 等 (2017) 提出的利用卷积神经网络估计稠密深度图并提取语义标签，最终得到带有语义信息的场景三维结构，如图 4.13 (d) 所示。与基于局部图像纹理的重建方法相比，这些方法均利用了高层图像信息，不仅能重建纹理缺失的区域，还能获取语义信息，但目前重建的精度仍有待提升。

4.2 平面标志物的检测、识别与跟踪

SLAM 技术一般对静态场景进行定位和地图构建。增强现实中，虚拟物体与现实世界有紧密的联系甚至相互作用，因此需要感知现实世界中物体的状态，尤其是感知动态物体的运动变化，以便虚拟物体做出恰当的响应。这种感知一般分为两个层面，第一个层面是一个兴趣物体是否存在于环境中，这由物体的检测和识别来实现；第二个层面是该物体在连续的时间域中具体的位姿变化，由跟踪来实现。通过实时估计三维物体的位姿，可以实现相机坐标系与这个三维物体的局部坐标系的实时注册。但是，由于三维物体外观的复杂性，许多应用选择采用简易的二维平面标志物体，也能实现相同的功能。

平面标志，顾名思义，是一种具有特别图案的预制二维标志物。平面标志的识别与跟踪可用来快速识别出平面标志并求解出其所定义的局部坐标系与相机的坐标变换关系。通常，平面标志只能定义一个二维的局部坐标系，但是可以通过左手或者右手系的二维叉积确定第三个维度，构成三维空间的局部坐标系。因此，标志物需要预先约定其局部坐标系的建立方式。出于对增强现实技术鲁棒性和实时性的需求，为了方便、快捷、准确地实现识别与跟踪，标志物图案常常需要经过特别的设计，使其具备独特性而不会产生空间上的混淆。

平面标志的检测、识别与跟踪技术经过多年的发展，在技术上已经很成熟，因此广泛地应用在增强现实环境中。例如，读者在看一本增强现实书籍的时候，如果使用手机拍摄书中的内容或者插图，手机屏幕上就会出现虚拟的三维物体或者动画叠加在实物书本上，使得静态书籍产生更为生动的画面。这种增强现实效果的实现，就是通过在平面区域上制作特殊图案化标志，从应用场景获取的图像中识别并定位跟踪该标志，实现虚实空间的注册，从而产生虚实融合的效果。

平面标志的检测与识别问题可以泛化为目标检测与识别问题，即在复杂光

照、复杂背景、多尺度、多视角、局部遮挡等苛刻条件下的检测与识别。检测是发现标志物在图像上的区域位置,识别则是确定标志的类别,而标志的类别关联着该标志的预制图案及其相关信息,例如有些静态标志是自带位姿参数的,还可以通过标志类别建立与特定虚拟物体的关联。在平面标志问题中,检测与识别常常是合为一体的,因此下文中我们直接用识别来表述。识别问题的解决方法主要分为全局方法和局部方法两类:全局方法一般使用统计学分类技术,而局部方法则是用局部特征(如点特征或边特征)来描述目标对象进而实现识别。

在得到平面标志的识别结果之后,需要解决标志物的定位问题,即确定标志物的局部空间坐标系与相机坐标系之间的变换关系。由于已经得到图像中包含的标志物类别,并且标志图案是预制的,因此可通过图像配准来实现标志物的精确定位,即根据标志物原始图案与三维空间中实物影像的对应关系估计得到相机的相对位姿。在识别到标志物并实现定位之后,结合视频图像的时域连续性特点,假设当前帧与前一帧的标志物类别相同和定位位姿相似,就只需进行平面标志位姿的微小调整,仅仅跟踪局部特征获得到当前帧的平面标志与相机的相对位姿变化,实现平面标志的快速跟踪。与识别算法相比,跟踪算法可以明显减少计算开销,提高效率。

平面标志一般分为人工标志和自然标志两种。为了实现视觉计算所需的独特性、鲁棒性和计算高效性,人工标志图案常常经过精心设计,而自然图像则往往选用具有丰富特征的图像块,以实现增强现实所需的实时、稳定、鲁棒的三维空间注册。根据平面标志的特点,其识别跟踪方法可以分为人工标志的识别跟踪和自然标志的识别跟踪。下面将对这两种方法分别进行介绍。

4.2.1 人工标志的识别与跟踪

在基于视觉的空间注册方法中,采用人工标志的方法是增强现实中最早实用化的技术。平面人工标志为便于计算机识别跟踪而进行了特别的设计,一般采用对比度很高的黑白二色构成的图案,这些图案通常具有简单规则的结构。由于标志的二维属性,其在图像中的变化维度较低,再加上其易于识别的颜色和外观,识别和跟踪都简单迅速,通常也具有鲁棒和稳定的特点。

世界上第一个人工标志识别系统是由 Rekimoto 在 1998 年发明的(Rekimoto, 1998)。设计使用的标志形如图 4.14(a)所示;图 4.14(b)则是该系统从视频画面中经过空间变换的映射而恢复得到的标志物图像,由于图像采样问题导致图案形成了锯齿。从图中可以看出,该人工标志使用了一个黑色的外框,并由黑色和白色格子组成内部正方形,具有非常容易识别的外观特征。人们进一步发明出了带图案的标志(如图 4.15(a))、二维码(如图 4.15(b))、圆形标志(如图 4.15(c))等。

目前，人工标志的种类已经数不胜数，但是仍然不断开发出新型的人工标志，以达到更好的稳定性、可伸缩性等目标。

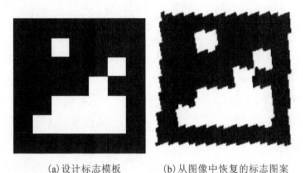

(a) 设计标志模板　　　(b) 从图像中恢复的标志图案

图 4.14　Rekimoto 发明的人工标志图案（Rekimoto, 1998）

(a)　　　　　　　　　(b)　　　　　　　　　(c)

图 4.15　人工标志举例（Siltanen, 2012）

常见的对于人工标志的识别与跟踪可以分为如下几个步骤：获取灰度图、预处理、快速识别和快速丢弃、计算标志位姿、图案匹配与解码。下文中，我们以图 4.14(a) 中所示的平面标志为例，按照算法步骤进行说明。

4.2.1.1　获取灰度图

由于一般的人工标志都仅包含黑白两色的二值图像，颜色信息对于检测人工标志没有帮助。而灰度图像仅具有单通道，在视觉信息处理计算上代价较低。因此，尽管一般的视觉传感器都捕获彩色图像，我们一般仍将彩色图像转换成灰度图。

4.2.1.2　预处理

对灰度图像进行预处理的主要目的是获取潜在的标志边框。预处理通常有两种方法，一种是通过设定阈值来将图像转换成二值图，另一种是在灰度图中检测边。黑色边框的检测是标志检测的重要环节。在使用阈值的方法中，对于转换得到的二值图，系统使用适当的标记算法(如文献(Gonzalez et al., 2001))标记出所有的物体，然后求出每个物体的轮廓。得到轮廓后，对其进行直线拟合，来检验这些物体是否刚好有四条直线和四个交点。如果通过了检验，则认为这是一个潜在的标志，将四个交点的信息保存以用于之后的计算。

因为高分辨率图像的边检测要消耗比较多的时间，所以边检测算法往往使用图像降采样等近似手法来处理。这类算法通常会得到许多像素点，因此系统需要先将它们连成一小段一小段的线段，然后使用边排序算法将这些线段分组，每组构成一条更长的线。最后，系统需要将这些线映射至未降采样的原图中，以得到精确的交点位置。其他类型的标志，一般也根据其整体特征，设计相应的算法，检测到其外框，从而获得标志物在图像中的候选区域。

4.2.1.3　快速识别和快速丢弃

为了满足增强现实的实时性要求，对潜在标志的快速接受和拒绝就显得尤为必要，能够节省大量的计算时间，提高系统的性能。这里列举一些可选的过滤候选标志的方法：

(1)直接拒绝仅有几个像素的小型区域。通常这些小区域都不是标志，即便是标志，由于过小，在之后的处理过程中也很可能产生错误或者被拒绝，所以不妨一开始就拒绝它们。增强现实的软件开发工具 ARToolKit 就假设标志与相机的距离在一个合理的范围内，从而忽略过小或者过大的区域。

(2)通过测试候选区域的颜色分布是否具有两极性来判断。因为标志设计为非黑即白的，虽然由于光照等条件的变化导致其灰度级发生变化，但其颜色直方图通常具有两极性，可以使用该条件来快速接受或拒绝。不过值得注意的是，光照反射等因素可能会产生具有过渡性的灰度值，影响标志的两极性，从而影响系统的正确判断。

(3)通过对物体中的"洞"进行计数来判断。例如，对于黑色边框的标志，计算其中白色区域的个数，如果个数与正确值不同则进行快速的拒绝。

(4)通过候选区域内颜色跳变的次数来判断。对于类似二维码这样的内部有大量白色和黑色相间的小块的标志，任意选取两个互相垂直的方向，计算其亮度的跳变次数(即从黑色到白色，或从白色到黑色)。如果变化次数过低的话，则直接进行拒绝。

通过上述方法，候选区域会大为减少，从而减少后续精细计算的计算量。

4.2.1.4　计算标志位姿

在预处理阶段，已经获得了标志的四个角点在图像中的坐标，分别记为 x_1, x_2, x_3, x_4。那么对于每个角点 x_i ($i = 1, 2, 3, 4$)，我们有：

$$\hat{\boldsymbol{x}}_i = \boldsymbol{K}[\boldsymbol{R}\,|\,\boldsymbol{t}]\hat{\boldsymbol{X}}_i \tag{4.2.1}$$

式中，$\hat{\boldsymbol{X}}_i$ 为 $\boldsymbol{x}_i$ 对应的三维点在世界坐标系中的齐次坐标，$\boldsymbol{K}$ 为相机内部参数矩阵，$[\boldsymbol{R}\,|\,\boldsymbol{t}]$ 为欧氏变换矩阵。需要特别说明的是，预处理计算的是标志外框的 4 个角点坐标。由于一般标志物都是正方形的，这些角点对应的三维点坐标 $\boldsymbol{X}_i$ 与真实坐标可能相差一个局部空间的旋转，旋转参数将在下一步决定。假设 $\boldsymbol{K}$ 的纵横比为 1，倾斜因子为 0，则展开上式，可得：

$$\begin{pmatrix} x_i \\ y_i \\ 1 \end{pmatrix} \sim \begin{bmatrix} f & 0 & c_x \\ 0 & f & c_y \\ 0 & 0 & 1 \end{bmatrix} \begin{bmatrix} r_1 & r_2 & r_3 & t_x \\ r_4 & r_5 & r_6 & t_y \\ r_7 & r_8 & r_9 & t_z \end{bmatrix} \begin{bmatrix} X_i \\ Y_i \\ Z_i \\ 1 \end{bmatrix} \tag{4.2.2}$$

由于标志点均在平面上，而坐标系的建立是任意的，因此不妨假设 $Z_i = 0$，于是有：

$$\begin{pmatrix} x_i \\ y_i \\ 1 \end{pmatrix} \sim \begin{bmatrix} f & 0 & c_x \\ 0 & f & c_y \\ 0 & 0 & 1 \end{bmatrix} \begin{bmatrix} r_1 & r_2 & t_x \\ r_4 & r_5 & t_y \\ r_7 & r_8 & t_z \end{bmatrix} \begin{bmatrix} X_i \\ Y_i \\ 1 \end{bmatrix} \tag{4.2.3}$$

这样，投影矩阵可简化为 3×3 的矩阵，也就是平面图像的单应性矩阵，具有 8 个自由度，记为 $\boldsymbol{H}$。因为标志的像素坐标 $\boldsymbol{x}_i$ 和相应的世界坐标 $\boldsymbol{X}_i$ 已知，4 个匹配点产生 8 个约束条件，所以 $\boldsymbol{H}$ 是可解的。通常的方法是先使用 DLT 这样的非迭代方法来得到一个初始估计值，然后将重投影误差作为目标函数，使用非线性迭代优化的方法来计算更为精确的矩阵 $\boldsymbol{H}$。

假如不只是想框出标志，还需要在平面标志上渲染一些立体物体的话，那么单求出单应性矩阵还不够，需要进一步计算出标志与相机的相对位姿。如果相机预先校准过，即已知内部参数矩阵 $\boldsymbol{K}$，则可以通过分解单应性矩阵得到旋转矩阵 $\boldsymbol{R}$ 和平移 $\boldsymbol{t}$，从而得到相机和标志之间的位姿关系（Malis et al., 2007）。至此，我们通过对标志外框的检测，获得了候选标志的区域及其位姿，但是具体属于哪一个标志，需要对区域内部进行图案匹配才能确定。

4.2.1.5　图案匹配

识别平面标志的类别是通过将标志区域与预存的标志图案进行匹配来实现的。首先，对检测到的标志，用上一步中计算出的相机位姿参数，恢复出其正面的图像，即标志在其局部坐标系中的投影，再将其缩放到与标志图案相同的像素分辨率（如图 4.14（b）所示）。理论上，这幅正投影图像应该与预存的标志图案相同，将其与所有的标志图案一一对比，既可得到正确匹配。如前所述，由于标志一般是正方形区域,每一个图案都要在四个不同的方向上进行比对,以获得旋转不变性。对于每次比对,计算其差异度(或相似度)。一般选取具有最小差异度的匹配标志,但是其差异度须低于一定阈值才能认为与对应的图案匹配成功;否则,认定为匹配失败。

图案匹配的差异度计算可以使用差的平方和(SSD),即:

$$D = \sum_i d(r_i, s_i)^2 \tag{4.2.4}$$

式中,i 遍历每一个像素坐标,r_i 和 s_i 分别是标志和图案第 i 个像素点的灰度值,d 是两个灰度值的差值。然后从所有的图案(每个图案又分四个朝向)中,找出差异值最小的那一个作为匹配标志,并通过其朝向重新计算坐标系变换矩阵。

4.2.2 自然标志的识别与跟踪

平面标志尽管可实现稳定的定位结果,但是标志图案往往跟环境有显著差异,从而破坏环境的和谐性。因此,人们试图通过具有丰富特征和独特性的自然图像作为标志,从而更好地与周边环境融合。

4.2.2.1 基于特征点的识别

自然标志虽然仍然是平面的,但是其特征与自然图像的特征并无差异,上述针对人工标志的方法就不适用了。对于自然标志的识别问题,基于 PCA(Abdi et al., 2010)、KNN(Bremner et al., 2005)、AdaBoost(Freund et al., 1995)等统计学分类技术的全局方法,通过比较输入图像与训练集图像的相似程度来达到标志的分类。更为常用的局部方法则是使用特征点来描述目标,通过特征描述实现特征点匹配,从而识别特征。这种方法主要分为特征点的提取与描述、特征点匹配、单应性矩阵计算等三个步骤。如图 4.16 就是基于自然标志的"平面多标志识别跟踪系统"的实例。

1)特征点提取

特征点提取和描述的目的是找出那些和其他像素点外观差异大的像素点。这部分内容在之前的章节中介绍过,特征点提取有诸如 Harris 角点检测器、FAST 角点检测器、SIFT 中的 DoG、SURF 中的快速 Hessian 等方法,特征点描述有诸如 SIFT、SURF、ORB、BRISK(Leutenegger et al., 2011)、KAZE(Alcantarilla et al., 2012)等方法。这些方法都可以用于平面标志的识别,根据不同的应用环境、速度要求等,选择合适的特征点检测器和描述符可以有效改进自然标志识别的效果。

对于待匹配的平面标志的模板图像和当前输入的图像,都需要对其进行特征点的提取并生成描述。这里的要点是,模板图像和输入图像需要使用相同的特征提取和描述方法,这样通过特征点描述的匹配,就可以找到匹配的特征点。

图 4.16　平面多标志识别跟踪系统

2)特征点匹配

如何将输入图像上提取的特征点与待匹配的标志模板上提取的特征点匹配起来？最基础的方法是暴力匹配,通过一一计算输入图像中的描述符与各个待匹配的图标志模板的描述符的距离,取最小值对应的那一对作为配对。然而,对于像 SIFT 这样有 128 维的特征描述向量来说,进行暴力匹配所花的时间往往较长,因此通常使用树形的搜索算法,如 k-d 树、k-means 树等,来进行近似的最近邻搜索(Muja et al., 2009)。另一类搜索方法是通过哈希将一个特征向量映射到一个整型的索引值。该方法的时间复杂度理论上是 $O(1)$,但是该方法对于微小的误差十分敏感。如果特征点使用的是二进制描述符(如 ORB),那么只能使用基于汉明距离的穷举匹配。汉明距离定义为两个长度相同的二进制描述符具有的对应位不同的数量,距离计算仅需要最基础的位操作,因此十分迅速。

值得一提的是,有一类方法显得与众不同,它们是基于随机树(Lepetit et al., 2006)或者随机蕨(Ozuysal et al., 2010)的方法。这一类方法将匹配问题转换成了分类问题,具体来说,就是将每一个待匹配图像中的特征点当作一类,对每一个特征点周围的小区域进行各种仿射变换,以生成足够多的样本(通常是一个特征点产生数千至上万个样本),然后用随机树或随机蕨进行学习,得到每个类的概率分布直方图。这个学习阶段在预处理时离线完成;在线识别时,对输入图像的特征点用随机树或随机蕨进行概率估计，然后将其与概率最大的点进行配对。

一般情况下，初步匹配得到的结果准确率往往不能令人满意，通常还需要进行进一步的精细化处理。比率测试是一个最简单然而有用的处理方法：求出最近邻的距离与次近邻的距离的比值，只有当这个比值小于某个特定的阈值(如一般可取 0.7)，才认为这是一个合格的匹配。其他还有诸如 RANSAC 及其衍生的算法，基于几何位置关系的算法等。

3) 单应性矩阵计算

基于特征点的识别不仅获得了标志的分类，其图案特征点具有三维坐标信息，通过特征匹配建立了从原始标志图案到实拍标志画面的对应点的线性映射关系，这是平面间的映射关系，可以用 3×3 的矩阵 H 来表达。特征点匹配算法建立了图像中的标志特征点与预存图案上特征点的对应关系，也即图像点 x_i 与三维点 X_i 的对应关系。与人工平面标志略有区别的是，这些对应点不再都是角点或者规则的点，并且常常有多于 4 个的匹配点对。通过对应点对求取单应性矩阵并从单应性矩阵获得位姿参数的方法，与 4.2.1.4 节中的方法相同，在此不再赘述。

4.2.2.2 自然标志的跟踪

自然标志的跟踪，是要在视频序列上计算三维模板位姿的连续变化。在自然标志的识别过程中，通过特征匹配已经获取特征点的三维坐标，可以直接求解位姿参数。注意到在视频序列的相邻帧间标志的移动范围一般较小，因此可以考虑时域上的连贯性，在特征点匹配的过程中，仅仅将标志的特征点与在局部空间中的特征点进行匹配，这将大大减少特征匹配的搜索空间，节约计算资源。

对于自然标志的跟踪问题，宏观上一般有两种主要框架：一是相邻帧之间的跟踪，二是关键帧之间的跟踪。两者各有优缺点：相邻帧之间的跟踪由于较好的时域一致性而不容易跟踪失败，但是逐帧的跟踪导致误差累积，极大地降低结果的精确性；基于关键帧的跟踪则可以有效抑制累积误差，但是其时域一致性较差，容易导致跟踪失败。因此，可以将这两种策略结合起来，在保证精度的同时提高跟踪的稳定性。

4.2.3 问题与讨论

由于人工标志是专门设计制作的，因此人工标志的识别跟踪方法可以达到很高的效率与稳定性。但是，人工标志的专门设计制作也导致了对标志设计的依赖性，具有很大的不便性和局限性，并且其图像往往在自然背景中显得十分突兀，影响增强现实的沉浸感体验。

自然标志的识别跟踪方法由于不需要专门制作标志图案而具有更好的扩展性和实用性。但是这一类方法依赖于局部特征的效率和性能，所以需要权衡不同局部特征的优缺点。需要注意的是，当标志物的局部特征缺乏或消失时，该类方法将会失效。

由于平面标志在透视投影变换下的单应性，无论是人工标志还是自然标志，其检测识别以及位姿估计等过程，都具有灵活性、便捷性和鲁棒性，因此获得了广泛的应用。

4.3 三维实物的检测、识别与跟踪

增强现实环境中，作为实体的三维物体常常成为关注的目标。当三维物体成为目标物体，例如维修中的设备部件，估计其位姿就成为三维注册的必要条件。与平面标志不同的是，由于在透视投影变换下，三维物体的外观变化较大，难以用单应性矩阵描述，并且目标物体在视觉上一般没有显著人为设计特征，尤其是一些人工物体往往缺乏纹理特征，因此三维物体跟踪的任务更加复杂，对于计算性能的要求也更加严格。

4.3.1 概述

在计算机视觉技术中，物体的检测、识别与跟踪均是计算机视觉领域的经典问题(Kehl et al., 2017)。三维物体识别与跟踪获得的结果，可以为增强现实环境中实现虚实物体间的动态融合与交互或机器人的抓取任务规划提供帮助，因此在机器人、增强现实、自动驾驶等领域有着非常重要的应用价值。

相比于平面标志识别与跟踪，三维物体识别与跟踪的传感器选择更加丰富。不仅可以使用灰度摄像头来提供明度、梯度、表面纹理等信息，也可以使用彩色摄像头来提供物体的颜色信息。近年来，除了彩色摄像头，还出现了深度摄像头，它可以与彩色摄像头同步捕获场景的深度信息。三维物体的识别与跟踪既可以使用单个摄像头，也可以使用多个摄像头的组合，特别是彩色与深度摄像头的组合。深度摄像头的使用可以提高算法的鲁棒性，但是使用多个传感器在实时计算中是一个负担，并且实际应用场所并非总能具备安装条件，因此我们主要关注彩色单目摄像头的识别与跟踪技术。

刚性物体的三维注册技术对于增强现实来说十分重要。三维物体分为刚体和非刚体，其中刚体在运动过程中不发生形变，需要求解的参数较少；而非刚体，例如行走的人体，其跟踪所涉及的参数众多，需要大量的辅助运算，难以实现鲁棒的实时跟踪，在增强现实环境中的应用受到很大制约，所以本节仅介绍刚性物体的相关方法。增强现实应用中，通过物体检测确定兴趣物体出现的区域，进一

步通过物体识别获得其类别，同时获得跟踪对象的粗略位姿参数，这是三维跟踪自动进行的基础。检测和识别常常仅在起始帧或者跟踪失败需要重新初始化时进行，不需要每帧计算。在后续帧的位姿估计过程中，由于视频序列在时间域上的连贯性，可将前一帧的位姿参数作为当前帧的位姿初始值，在其邻域内通过优化算法估计精细的位姿参数。从这个过程中可以看出，三维物体跟踪是视频序列中算法的主体。与此同时，通过物体检测与识别获得对物体的认知，实际上将实物所在的局部空间与虚拟物体的空间自动对齐，是智能化的增强现实技术的体现。

具体来说，检测、识别与跟踪的最终目的是为了获得三维物体在当前图像中相对于相机的空间位姿信息。在检测阶段，一般给出物体包围盒(bounding-box)在图像中的 8 个投影点，这些投影点组成图像中的二维包围盒。三维识别则需要输出物体对应的类别，如果该类别有对应的三维模板，还能获取其相应的三维模型，并确定大致的初始三维位姿。跟踪则是估计物体准确的三维位姿参数，即三维旋转矩阵 R 和三维的平移向量 t，我们用 C 来表示这 6 自由度的各个参数。图 4.17 给出了一个预知三维模型跟踪算法的例子，检测结果如图 4.17(a) 中的方框所示；对该区域子图像进行识别，以确定方框内物体的类别(如图 4.17(b) 所示，目标物体的三维模型是猫模型)，一般算法还可以确定其相应的初始位姿参数。在已知三维模型及其初始位姿的基础上，继续根据外观计算精细的位姿参数；将三维模型按照这些参数重投影至图像中，可以观察到参数估计的精度(如图 4.17(c) 所示)。如果位姿参数准确，那么渲染的图形与实物影像会准确对齐。

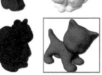

(a)图像检测结果(红色方框)　　　(b)识别结果(红色方框)　　　(c)三维跟踪结果的重投影(绿色)

图 4.17　三维物体(小猫模型)识别与跟踪的目标

三维检测与识别方法需要预先进行三维物体的外观与真实位姿之间的关联，建立三维物体的空间信息库。对于不同外观特征的三维物体，往往会采用不同的注册方法。对于基于三维模型的方法，建立空间信息库相对容易，一般利用物体三维模型与各种位姿参数，渲染出相应位姿的画面，在其基础上建立三维物体位姿与其影像的关联。有些三维物体具有明显的特征，通常采用基于特征点的三维跟踪方法，其特征点可以通过跟踪过程中多视点几何产生的约束来恢复，因此预先的三维注册不是必须的；但是，如果预先建立了二维特征点与三维物体表面点之间的对应关系，三维位姿的参数求解问题会得到简化，计算结果也更为鲁棒。

物体检测和识别是计算机视觉的重要任务，可分为两类不同的任务：目标类别检测或识别、目标实例检测或识别。目标类别检测或识别会预定义类别涵盖的所有可能个体，而不关心具体的实例；目标实例检测或识别则要求识别并定位具体的特定目标实例。三维物体的检测与识别方法一般是从基于图像的检测与识别方法中发展出来的。经典的检测物体类别的方法多使用以可变形的组件模型（deformable part model, DPM）为代表的模板匹配的方法（Felzenszwalb et al., 2010），它继承了HOG（Dalal et al., 2005）特征和Latent SVM（Felzenszwalb et al., 2008）分类器的优点，学习得到目标的全局模板和各个组件的模板，结合组件的形变关系在图像中搜索物体。目标实例检测的典型方法则是LINEMOD（Hinterstoisser et al., 2012），这是一种基于模板匹配的实例检测器，其基本思想是在模板上提取物体边缘的方向，在待检测图像上进行滑动窗口扫描找到最匹配目标。LINEMOD方法已经推广到基于三维模板的物体检测。近年来随着深度学习的发展，出现了不少利用卷积神经网络来进行物体检测识别的方法，例如Faster R-CNN（Ren et al., 2017）、YOLO（Redmon et al., 2016）、SSD（Liu et al., 2016b）等。这些方法利用卷积神经网络学习图像较高层次的特征，来进行通用类别物体的检测与识别。这些网络经过数量庞大的数据集的训练，具备了上千种物体种类的分类能力，因此三维物体的检测与识别方法常常将其作为基础网络。

在检测出物体及其类别的基础上，常常还需要获得对应三维物体的位姿估计。三维物体在不同位姿下投影到图像上往往具有不同的外观，而位姿估计就是通过外观来估计其大致的位姿参数。位姿估计一般通过与模板的特征进行配准得到（Ulrich et al., 2012），也可以通过随机森林（random forests）来回归得到位姿（Brachmann et al., 2016）；此外也可将物体位姿离散化，每一个离散位姿对应一幅物体图像，构成训练数据，这样就将位姿估计问题转化为分类问题进行处理。图4.18给出了使用分类和回归进行位姿估计的一个示意图。深度卷积神经网络体现出超强的表达能力和分类能力，因此也常常将其用于分类方法的位姿估计。SSD-6D就是在SSD方法的基础上，实现了三维检测与识别的端到端估计（Kehl et al., 2017），可以同时预测物体的类别与6自由度位姿参数C。由于深度学习方法预测的位姿较为粗糙，一般只用于三维物体跟踪之前的初始化（即识别过程）。为得到更精确的位姿参数，一般还需要采用三维物体跟踪的方法来进一步优化。

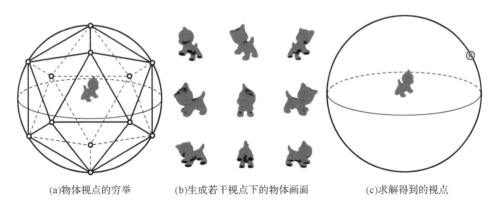

(a)物体视点的穷举	(b)生成若干视点下的物体画面	(c)求解得到的视点

图 4.18　通过影像分类和回归反求视点

当前三维跟踪的主流方法可以分为两类,即基于特征点的方法与基于模型的方法。基于特征点的方法基本原理与相机跟踪所使用的 SfM 相同;而基于模型的方法又可以分为基于区域的方法和基于边缘的方法,其共同点是需要预知物体的三维模型,一般用于处理缺乏特征的无纹理类型物体。这些方法将在下面两节分别陈述。

4.3.2　基于特征点的三维物体跟踪

刚体在画面中的运动一般由两种因素导致:相机的运动与物体自身运动。当物体相对背景静止时,三维物体的跟踪与相机的跟踪问题等价,都是根据特征匹配恢复相机与物体的相对位姿。而当物体相对背景运动时,由于物体的运动与背景特征的运动不一致,因此需要剔除掉背景的特征,仅选用物体上的特征来计算物体相对于相机的位姿。

三维物体跟踪是要在视频序列上估计三维物体相对于相机的位姿变化。根据 2.1 节中给出的相机模型,设 X 是世界坐标系中某物体上的点,其齐次坐标为 $\hat{X}$, x 是 X 投影在图像上的点,其齐次坐标为 $\hat{x}$, K 是相机内参矩阵。$\pi((x,y,w)^{\top}) = (x/w, y/w)^{\top}$ 是投影函数,将图像点从齐次坐标变换到坐标, $[R\,|\,t]$ 为物体相对于相机的坐标变换矩阵,则三维空间点 X 与其像点 x 有如下对应关系:

$$x = \pi(K[R\,|\,t]\hat{X}) \tag{4.3.1}$$

三维跟踪的目标就是要恢复式(4.3.1)中的 $[R\,|\,t]$。出于跟踪的实时性和稳定性考虑,一般会预先标定相机的内参矩阵并让其保持不变。如果场景中存在多个三维物体,则需要逐一计算每个物体相应的位姿参数。通常采取的策略是选择一种与物体位姿相关的目标函数,通过最小化目标函数来求解位姿参数:

$$C = \underset{R,t}{\arg\min} E(R,t) \tag{4.3.2}$$

式中，E 是由算法定义的目标函数，一般是关于位姿参数 $[R\,|\,t]$ 的函数。$C = (c_1, c_2, c_3, c_4, c_5, c_6)^\top$ 是相机位姿参数的 6 自由度表示，即平移有三个参变量，旋转也有三个参变量，一般可以用欧拉角、李代数来表示(四元数也可以表示旋转，但是需要满足归一化约束)。

基于特征点跟踪方法的关键是特征点的实时匹配。相比较而言，这一类方法位姿参数的计算更为成熟。特征点的匹配可以通过关键点的描述子进行匹配，或使用 NCC、SSD 等方法进行匹配，或直接使用 KLT 跟踪器。后者对于光照变化比较敏感，而且要求两帧之间的移动幅度较小。为了减少跟踪时的匹配时间，也为了提高匹配的正确率，连续帧之间的连贯性需要得到充分利用。一般来说，因为相邻两帧之间视点变化相对较小，所以特征点的相对位置在图像上的变化较小。在特征点匹配时，对于前一帧的某个点，仅在当前帧中该点的位置附近搜索其对应点，这样可以快速得到足够多的正确匹配，实现实时跟踪。

正如 Vincent Lepetit 在文献(Lepetit, 2005a)中提到的，由于跟踪过程中每次只计算了当前帧与其前一帧的点对应关系，因此随着跟踪的进行往往会产生累积误差。如何消除累积误差是一个重要的问题。这一问题的解决往往依赖于关键帧的引入。通常的做法是用原始模型在各视角下的观测图像作为关键帧；跟踪时，不与上一帧进行匹配，而是选用与当前位姿最接近的关键帧进行匹配，从而消除误差累积。这一思路最极端的做法就是直接使用检测结果来进行跟踪，即所谓的 Tracking-by-Detection。文献(Lepetit, 2005b)中使用随机森林来对生成的模板进行训练，从而得到基于特征点检测的跟踪器，并在三维物体中得到了较好的应用。

基于关键帧的方法完全消除了相邻帧之间的依赖关系，在跟踪过程中很容易发生位姿的跳变。为了对这一问题进行折中处理，Vacchetti 等(2004)将三维物体跟踪问题描述为一个集束调整问题。通过优化相邻帧的重投影误差以及关键帧与当前帧的重投影误差组成的目标函数来优化当前位姿。通过对两者进行适当加权，在时序一致性和累积误差最小化之间取得均衡。Rosten 等(2005; 2006)则将基于关键点的方法与基于边缘的跟踪方法融合，并且使用 FAST 特征来进行关键点检测，实现了实时的三维跟踪。

4.3.3　基于边缘的三维物体跟踪

人造三维物体常常缺乏足够的特征，不能适用于基于特征的跟踪方法。但是，人造物体常常拥有对应的数字三维模型，可以将其作为三维跟踪的约束条件，这样的跟踪方法也称为三维模板跟踪。尽管三维物体模型已知,但是三维跟踪仍然存在一个核心问题,即不容易确定像点 x 在三维空间的对应点 X。一般来说,三维模板跟踪采用各种线索产生的约束来优化求解三维模板的位姿参数。

图像边缘因其计算简单高效,并且在光照和尺度等变换下具有良好的稳定性,成为最早被用于三维物体跟踪的特征,尤其是在纹理缺乏的应用场景中。给定物体三维几何模型和初始位姿,基于边缘的三维物体跟踪方法一般在三维几何模型表面上采样可见的物体三维轮廓点,通过迭代优化位姿,将物体三维轮廓点投影到二维图像平面,与图像上物体的轮廓边缘匹配,进而得到物体的位姿参数。根据图像上物体轮廓边缘的计算方式,基于边缘的三维物体跟踪方法大致分为两类:基于隐式轮廓边缘计算的方法和基于显式轮廓边缘计算的方法。

基于隐式轮廓边缘计算的方法通常在物体三维轮廓点的投影点附近寻找图像梯度强度大的像素点,作为其在图像上的轮廓边缘对应点,但不涉及图像边缘或轮廓的提取。其中代表性的方法为 RAPiD(Harris et al., 1990),这是第一个能实时运行的三维物体跟踪系统。给定初始位姿 $[R\,|\,t]$,RAPiD 计算出三维几何模型表面上可见的物体三维控制点集合 Ψ,每个三维控制点 $X_i \in \Psi$ 被投影到二维图像像素点 x_i;RAPiD 以 x_i 为中心,在投影轮廓的法向方向的一维扫描线上寻找 X_i 对应的二维图像上的轮廓边缘点 x_i^e。最后,RAPiD 把一维扫描线上图像梯度强度最大的点选作三维控制点对应的二维图像上的轮廓边缘点。如图 4.19 所示,物体三维控制点集投影到二维图像上后沿白色线段方向找到对应的轮廓边缘点。

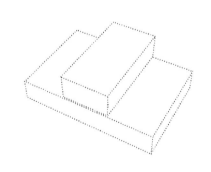 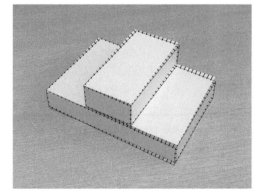

(a)物体三维控制点集　　　　(b)三维控制点投影到二维图像上寻找对应的轮廓边缘点

图 4.19　采样点的投影示例

每个三维控制点找到对应的二维图像上的轮廓边缘点后,所有的 3D-2D 点对被用来计算重投影误差的平方和:

$$E(\boldsymbol{R},\boldsymbol{t}) = \sum_{X_i \in \Phi} (\pi(\boldsymbol{K}[\boldsymbol{R} \,|\, \boldsymbol{t}]\hat{X}_i) - \boldsymbol{x}_i)^2 \tag{4.3.3}$$

假设内参矩阵 $\boldsymbol{K}$ 是预先标定的，利用标准的非线性优化算法，通过迭代求解最小化重投影误差平方和 E，得到当前物体的位姿参数：

$$\boldsymbol{C} = \underset{\boldsymbol{R},\boldsymbol{t}}{\arg\min} \, E(\boldsymbol{R},\boldsymbol{t}) \tag{4.3.4}$$

RAPiD 假设一维扫描线上图像梯度强度最大的点即为三维轮廓点的对应点，这在很多情况下并不成立，比如梯度强度较大的图像噪声或复杂背景存在时，会产生误匹配的 3D-2D 对应点，导致错误的重投影误差和，进而影响位姿求解的准确性。为了减少误匹配或抑制其对误差函数的影响，后续很多工作（Marchand et al., 2001; Drummond et al., 2002; Comport et al., 2003; Wuest et al., 2005; Seo et al., 2014; Wang et al., 2015）对 RAPiD 进行了改进，以提升跟踪算法的鲁棒性。为了在寻找 3D-2D 对应点的过程中使用轮廓的方向信息，文献（Marchand et al., 2001; Comport et al., 2003）采用与三维投影轮廓的方向一致的预计算卷积核在一维扫描线上进行滤波操作以寻找对应的二维图像上的轮廓边缘点，确保找到的对应点与投影轮廓的方向相似而不只是找图像梯度强度最大的点。为了抑制误匹配的 3D-2D 对应点对误差函数的影响，文献（Drummond et al., 2002）使用加权重投影误差平方和代替原始 RAPiD 最小二乘误差和，每个三维轮廓点重投影误差的权重与其投影点对应的一维扫描线上的图像梯度极值点数量成反比，以减少嘈杂环境下找到的 3D-2D 点对误差函数的影响。Wuest 等（2005）提出保留一维扫描线上的所有图像梯度极值点作为候选的三维轮廓点的对应点，选择误差最小的对应点参与重投影误差和的计算。

物体的前背景颜色信息在寻找 3D-2D 对应点时也极为重要，因为轮廓边缘点实际上分割了前景和背景。文献（Seo et al., 2014; Wang et al., 2015）利用前景背景的颜色统计信息和图像上轮廓边缘点在图像空间上邻近的约束关系，在法线的一维扫描线上为每个三维轮廓点寻找正确的二维图像上的轮廓边缘点。Wang 等（2015）提出使用全局优化策略同时找到所有三维轮廓点对应的方法，而不是像文献（Seo et al., 2014）独立地寻找每个对应点，因此在复杂环境和物体有镂空等情况下能更准确地找到对应点，从而提高定位精度。为了在二维图像中找到 $\boldsymbol{x}_i$ 的正确对应点，先建立相应的全局优化模型。如图 4.20(a) 的左图所示，每条绿线表示三维模型投影点的法线方向上的局部搜索线，红色方块展示了搜索线上的候选对应点，我们首先绘制物体边缘的投影线（左图红色线），并采样部分点做出其法线（左图绿色线）。在法线上的点中找出一些图像梯度极值点作为候选对应点集 σ_i，如图 4.20(a) 的右图所示。我们可以为所有候选点建立如下目标函数：

$$E(\boldsymbol{A}) = \sum_{i,j} E_d(a_{ij}) + \lambda \sum_{i=1}^{N-1} \sum_{j,k} E_s(a_{ij}, a_{i+1,k}) \tag{4.3.5}$$

式中，$\boldsymbol{A} = (\boldsymbol{a}_1, \boldsymbol{a}_2, \cdots, \boldsymbol{a}_N)$，$\boldsymbol{a}_i = (a_{i1}, a_{i2}, \cdots, a_{ij}, \cdots)$ 表示候选点 σ_{ij} 是否属于正确的对应点，$a_{ij} \in \{0,1\}$，$|\boldsymbol{a}_i| = 1$ 约束候选点集 σ_i 中有且仅有一个正确的对应点。数据项 $E_d(a_{ij}) = -a_{ij} \cdot \log(p(\sigma_{ij} | x_i))$ 度量了候选点 σ_{ij} 是正确对应点的误差，其中 $p(\sigma_{ij} | x_i)$ 度量分割前背景的概率，可以通过候选点 σ_{ij} 进行前背景相关的颜色直方图计算。光滑项 $E_s(a_{ij}, a_{i+1,k}) = a_{ij} \cdot a_{i+1,k} \cdot \exp(|(x_{ij} - x_{i+1,k})|_2^2 / \delta^2)$ 度量候选点对 $(\sigma_{ij}, \sigma_{i+1,k})$ 在图像空间的邻近程度，其中 $x_{ij}, x_{i+1,k}$ 分别为 $\sigma_{ij}, \sigma_{i+1,k}$ 在图像上的位置。光滑项使得相邻点保持一定的连贯性，避免三维轮廓点发生显著的跳变。λ 是自由参数控制数据项和光滑项的权重。上述目标函数可以转换成一个包含起始节点和终止节点的图模型，如图 4.20 (b) 所示，其中每个节点代表一个候选对应点，每条边连接两个邻近的候选对应点，红色路径表示所有最优的对应点连接起来的最小能量路径。我们可以通过动态规划算法进行快速计算，为所有三维轮廓点求解出最优的对应点。

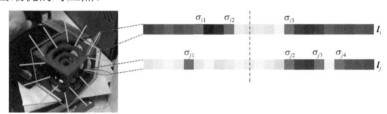

(a) 候选对应点示意图

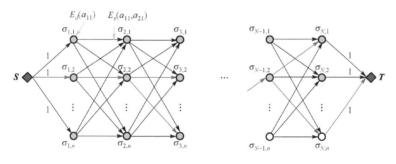

(b) 图模型

图 4.20　候选对应点示意图与图模型

　　由于使用了全局优化策略，上述方法在一定程度上减少了误匹配，或抑制了误匹配对三维物体位姿求解稳定性的影响。但是，此类方法在局部的一维扫描线上寻找二维图像上的轮廓边缘点，这要求初始位姿应足够接近真实位姿，否则在局部的一维扫描线上不存在正确的轮廓边缘点。为了去除此限制，人们提出了基于显式轮廓边缘点计算的三维跟踪方法。

基于显式轮廓边缘计算的方法通常会先提取图像边缘、直线段或轮廓等，利用三维模型在虚拟视点下的轮廓线与图像上边缘的匹配，来求解位姿参数。文献（Koller et al., 1993）提出使用马氏距离(Mahalanobis distance)计算三维模型上线段的投影线段与图像上线段的距离。任意线段记为 $x = (s_x, s_y, \theta, l)^\top$，其中心点记为 $(s_x, s_y)^\top$，朝向记为 θ，长度记为 l。给定三维模型上线段 X_m^i 的投影线段 x_m^i 与图像上直线段 x_d^j，则可定义投影线段 x_m^i 与图像上直线段 x_d^j 的马氏距离为：

$$d_{ij}(\boldsymbol{R}, \boldsymbol{t}) = [(x_m^i - x_d^j)^\top (\varLambda_m^i + \varLambda_d^j)^{-1} (x_m^i - x_d^j)]^{1/2} \tag{4.3.6}$$

式中，x_m^i 是位姿参数的函数，目标函数会随着位姿参数的变化而变化，而 $\varLambda_m^i$ 和 $\varLambda_d^j$ 分别为三维模型线段的投影线段和图像上线段的协方差矩阵。如果模型的位姿参数精确，则三维模型上线段的投影线段与图像上线段具有最近马氏距离。由于图像中提取的线段很多，需要首先找到与投影线段 x_m^i 最为匹配的图像直线段，然后再优化位姿参数，使得投影线段 x_m^i 与最佳匹配的图像直线段间的马氏距离和最小。定义目标函数：

$$E(\boldsymbol{R}, \boldsymbol{t}) = \sum_i (\min_j d_{ij}^2(\boldsymbol{R}, \boldsymbol{t})) \tag{4.3.7}$$

因此，三维物体的位姿参数通过最小化所有轮廓线段与匹配图像线段的马氏距离平方和得到：

$$C = \arg \min_{\boldsymbol{R}, \boldsymbol{t}} E(\boldsymbol{R}, \boldsymbol{t}) \tag{4.3.8}$$

上述方法适用于规则的多边形三维物体的跟踪；对于复杂自由形式的三维物体，通常使用图像边缘或轮廓来做跟踪。文献（Klein et al., 2006）利用 GPU 实现粒子滤波框架用以跟踪复杂三维物体，每个粒子的状态就是物体的位姿参数，每个粒子的概率正比于粒子状态下投影轮廓点与图像边缘点重合的比例。文献（Imperoli et al., 2015）提出使用三维有向边缘距离场编码图像边缘的位置和方向信息，三维物体的位姿通过最小化物体轮廓在三维有向距离场里的距离得到。因为三维距离场计算量较大，所以难以应用于实时的三维物体跟踪。我们提出了在二维边缘距离场中对齐三维物体轮廓和二维图像边缘，同时利用鲁棒估计算法和粒子滤波框架处理部分遮挡和快速帧间运动（Wang et al., 2017）。该方法将位姿优化问题建模为三维轮廓点集 Ψ 与图像的二维边缘距离场 $D: \boldsymbol{R}^2 \to \boldsymbol{R}$ 的匹配过程。对于每个像素位置 x，$D(x)$ 表示其到最近图像边缘点的距离，其负梯度方向编码了该像素点到图像边缘的方向。若三维轮廓与图像边缘完全对齐，则三维轮廓点集中所有点在二维边缘距离场 D 中的值都为零。我们通过非线性优化算法最小化三维轮廓点集在二维边缘距离场 D 中的距离和，完成了三维物体位姿求解。对于每个三维轮廓点 $\boldsymbol{X}_i \in \Psi$，其投影点在二维边缘距离场 D 中查找到的距离为：

$$d_i = D(\pi(\boldsymbol{K}[\boldsymbol{R}\,|\,\boldsymbol{t}]\hat{\boldsymbol{X}}_i)) \tag{4.3.9}$$

则所有的物体三维轮廓点和图像边缘的匹配误差为：

$$E = \sum_{\boldsymbol{X}_i \in \Phi} w(d_i)d_i^2 \tag{4.3.10}$$

式中，$w(\cdot)$ 为鲁棒估计算子 Tukey 函数，定义如下：

$$w(x) = \begin{cases} [1-(x/\varepsilon)^2]^2, & |x| \leqslant \varepsilon \\ 0, & |x| > \varepsilon \end{cases} \tag{4.3.11}$$

式中，ε 是预定义阈值。

利用非线性优化算法，迭代最小化 E 得到物体的位姿参数，我们将 E 对位姿参数求导得到 L-M 优化算法需要的雅克比向量

$$\boldsymbol{J} = \sum_i w(d_i) \cdot \frac{\partial d_i}{\partial \boldsymbol{x}_i} \cdot \frac{\partial \boldsymbol{x}_i}{\partial \boldsymbol{C}} \tag{4.3.12}$$

式中，$\boldsymbol{x}_i$ 是三维轮廓点 $\boldsymbol{X}_i$ 对应的投影点，$\dfrac{\partial d_i}{\partial \boldsymbol{x}_i}$ 是二维边缘距离场 D 上的梯度向量，$\dfrac{\partial \boldsymbol{x}_i}{\partial \boldsymbol{C}}$ 是投影点 $\boldsymbol{x}_i$ 对位姿参数的导数。

图 4.21 分别展示原图像、图像边缘、图像边缘距离场及其中优化前后的物体三维轮廓的投影、估计位姿下物体渲染图与原图叠加的结果。图 4.22 展示算法在跟踪兔子情形下的虚实融合结果。

(a)彩色图像

(b)图像边缘

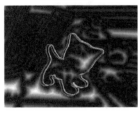

(c) 图像边缘距离场及其中优化前后的物体三维轮廓的投影　(d) 估计位姿下的物体渲染图与原图叠加的结果
（红色为初始位姿下的轮廓，绿色为优化后位姿下的轮廓）

图 4.21　跟踪小猫的虚实融合结果

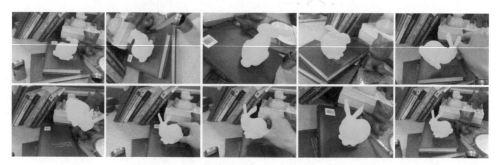

图 4.22　基于边缘距离场的跟踪方法在跟踪兔子的虚实融合结果

4.3.4　基于区域的三维模板跟踪

　　基于边缘的三维跟踪方法很容易受到其他背景边缘的影响，主要原因在于图像中的边缘可能很多，难以判断哪些是物体的轮廓边缘。基于区域的方法则在一定程度上使用了物体的检测特征（例如前背景概率）来更好地确定物体的轮廓。由于物体本身在画面上总是占据一定的区域，这些区域又是由轮廓线围成的，因此区域与轮廓线有一定的对应关系。

　　基于区域的方法的基本思想是：利用区域中物体颜色、纹理、边缘等信息，对图像进行前背景分割，分割区域边界为 Γ' ；然后使用预测位姿参数将跟踪对象的 3D 模型重投影至图像上，其区域轮廓线记为 Γ 。通过三维模板投影与分割图像区域的重叠程度（如图 4.23（e）所示），优化当前预测三维物体位姿的准确参数。

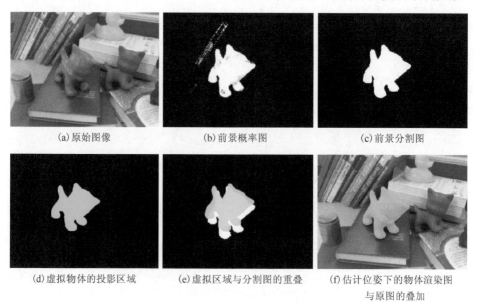

(a)原始图像　　　　　　　(b)前景概率图　　　　　　　(c)前景分割图

(d)虚拟物体的投影区域　　(e)虚拟区域与分割图的重叠　　(f)估计位姿下的物体渲染图
　　　　　　　　　　　　　　　　　　　　　　　　　　　与原图的叠加

图 4.23　基于区域的三维模板跟踪方法

将物体从图像中分割出来通常是一个非常有挑战性的工作。如果预先将物体从图像中分割出来，势必将分割过程与三维模型所产生的约束条件割裂，难以获得精确的结果。因此可以将图像分割与三维跟踪的参数计算放到统一的框架下，通过估计分割结果的准确性，来度量位姿估计的准确性，而这种度量以三维模型为约束条件，可以显著提升算法的精度。

假设上一帧的位姿参数是准确的，将三维物体投影到图像空间，就可以获得三维物体的边界，并且可以据此获得物体特征的先验信息。我们一般可以使用颜色特征来分别建立物体前景区域和背景区域的颜色模型(Dambreville et al., 2008)。不妨将三维物体的区域边界记为 $\boldsymbol{\Gamma}'$，该边界将图像分为前景区域 Ω_f 和背景区域 Ω_b，其中下标 f 和 b 分别代表前景和背景。图像中前景与背景的区域特征信息记为 $\boldsymbol{M}_\mathrm{f}$ 和 $\boldsymbol{M}_\mathrm{b}$。对图像中的像素 $\boldsymbol{x}$，其颜色(例如 RGB 值)为 $I(\boldsymbol{x})$，记 $\boldsymbol{y} = I(\boldsymbol{x})$。前背景的颜色模型分别表述为前背景区域中像素的颜色统计，即 $P(\boldsymbol{y}\,|\,\boldsymbol{M}_\mathrm{f})$ 和 $P(\boldsymbol{y}\,|\,\boldsymbol{M}_\mathrm{b})$，这里 P 表示概率。这是在图像空间中统计前背景区域特征获得的全局颜色模型，不再与像素点的位置关联。

考虑到视频序列具有连贯性，可以假设每个像素的颜色模型在当前帧仍然保持不变，仍为 $P(\boldsymbol{y}\,|\,\boldsymbol{M}_\mathrm{f})$ 和 $P(\boldsymbol{y}\,|\,\boldsymbol{M}_\mathrm{b})$。因此可以用来判别当前帧画面中每一个像素是前景或者背景的概率。在当前帧，有一个假设的三维物体位姿 $[\boldsymbol{R}\,|\,\boldsymbol{t}]$，利用此位姿参数将三维物体投影在帧图像空间，其轮廓 $\boldsymbol{\Gamma}$ 也将图像分为前景区域 Ω_f 和背景区域 Ω_b。根据前一帧获得的前背景颜色模型，分别用 $r_\mathrm{f}(I(\boldsymbol{x}),\boldsymbol{\Gamma})$ 和 $r_\mathrm{b}(I(\boldsymbol{x}),\boldsymbol{\Gamma})$ 表达前景区域 Ω_f 和背景区域 Ω_b 中的像素点 $\boldsymbol{x}$ 与区域颜色模型的匹配质量。我们可以直接使用像素颜色符合前景或者背景颜色模型的概率来表达匹配质量，即 $r_\mathrm{f}(I(\boldsymbol{x}),\boldsymbol{\Gamma}) = P(\boldsymbol{y}\,|\,\boldsymbol{M}_\mathrm{f})$，$r_\mathrm{b}(I(\boldsymbol{x}),\boldsymbol{\Gamma}) = P(\boldsymbol{y}\,|\,\boldsymbol{M}_\mathrm{b})$。我们用一个实例来说明：图 4.23(a) 是一只猫模型的帧画面，图 4.23(b) 是其前景概率图，由于前景概率是逐像素估计的，因此图像上有噪点。为了评估分割结果的正确性，将前景区域 Ω_f(用绿色表示，如图 4.23(c) 所示)和物体重投影区域(用白色表示，如图 4.23(c) 所示)叠加，获得结果如图 4.23(e) 所示。正确的位姿参数，应该使得重投影划分的前背景区域中像素颜色与图像的前背景区域颜色模型均有最佳的匹配。因此，目标函数定义如下：

$$E(\boldsymbol{R},\boldsymbol{t}) = \iint_{\Omega_\mathrm{f}} r_\mathrm{f}(I(\boldsymbol{x}),\boldsymbol{\Gamma})d\Omega + \iint_{\Omega_\mathrm{b}} r_\mathrm{b}(I(\boldsymbol{x}),\boldsymbol{\Gamma})d\Omega \qquad (4.3.13)$$

式中，前面一项表示轮廓线 $\boldsymbol{\Gamma}$ 内部的所有点是前景的逐像素概率和；后面一项表示轮廓线 $\boldsymbol{\Gamma}$ 外部的所有点是背景的逐像素概率和。因为图像的前背景分割一般基于像素属于前景或者背景的概率的方式来实现，这里将像素的前背景概率与三维模型的位姿参数关联起来，因此将分割与三维模型的位姿参数估计融入一个统一的框架之中。位姿参数的调整，会导致轮廓线 $\varGamma$ 的变化。最佳的位姿将使得尽可能多的前景像素落入虚拟物体的投影区域之中，尽可能多的背景像素落入虚拟物体的投影区域之外，从而得到准确的物体分割结果。

在上述算法中，通过优化策略逐渐修改位姿参数，其最优位姿下的投影区域将最好地匹配对图像前背景的分析结果，最终将图像的前景与背景尽可能准确分开。因此，图像的分割与位姿估计是同步优化获得的。由于三维模型是一个很强的约束条件，算法保证了图像分割的结果必然是物体在某个位姿下的投影区域，因此不会出现其他奇异形状的区域。

为了进一步提高算法的准确性，在上述方法的基础上引入了水平集(level set)的思想(Bibby et al., 2008; Prisacariu et al., 2012)，这是一种根据区域形状建模的方法，通过区域轮廓演化的思想来获得精确解。水平集方法采用隐函数的方式表达二维区域边界，通过将其拓展一个维度空间(如水平高度)，来实现更为准确的边界搜索的效果。

水平集的方法一般采用轮廓线的符号距离场来实现区域在水平维度空间的拓展。令 x 为图像上的任意一点，$\varGamma$ 为三维物体以当前的位姿参数 $K[R\,|\,t]$ 投影到图像上的轮廓线，因此轮廓线 $\varGamma$ 是可以获得的，并且是位姿参数的函数。Ω 是图像上所有点的集合。定义轮廓线 $\varGamma$ 的符号距离函数作为水平集函数，即 $\Phi(x,\varGamma)$ 为像素 x 到轮廓线 $\varGamma$ 最近距离的函数；如果 x 是前景点，该值为负数；如果 x 是背景点，该值是正数。具体地，$\Phi(x,\varGamma)$ 定义如下：

$$\Phi(x,\varGamma)=\begin{cases}-d(x,\varGamma), & \forall x \in \Omega_{\mathrm{f}}\\ d(x,\varGamma), & \forall x \in \Omega_{\mathrm{b}}\end{cases} \qquad (4.3.14)$$

式中，$d(x,\varGamma)$ 为点 x 到投影轮廓 $\varGamma$ 上点的最小距离。因此轮廓线 $\varGamma$ 就是 $\Phi(x,\varGamma)$ 的 0 水平集，即 $\varGamma=\{x\,|\,\Phi(x,\varGamma)=0,\forall x \in \Omega\}$。

图 4.24 给出了一个猫模型的水平集函数，其中图 4.24(a)中轮廓线 $\varGamma$ 是物体的投影轮廓，图 4.24(b)是图像在水平函数转化为颜色后的平面图，图 4.24(c)是图像在水平函数 $\Phi(x,\varGamma)$ 转化后的三维视图。

一般地，基于水平集的图像分割方法还需要定义一个阶跃函数 H：

$$H(z)=\begin{cases}0, & z<0\\ 1, & z\geqslant 0\end{cases} \qquad (4.3.15)$$

然而阶跃函数不可导，这为优化求解带来困难。因此一般将阶跃函数改为接近阶跃函数的光滑函数，例如：

(a)物体的投影轮廓

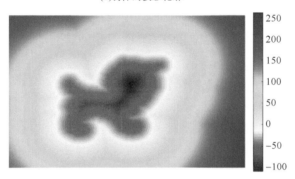

(b)用符号距离场定义的水平函数，颜色代表了水平值

(c)从三维空间观看水平函数

图 4.24 猫模型的轮廓线的水平集函数

$$H_e(z) = \frac{1}{\pi}\left(-\arctan(bz) + \frac{\pi}{2}\right) \tag{4.3.16}$$

式中，b 为常数，用于调控函数的平坦性。通过在式 (4.3.13) 中加入水平集函数，我们可以定义如下目标函数：

$$E(\boldsymbol{R},\boldsymbol{t}) = \int_{\boldsymbol{x}\in\Omega}(H_e(\Phi(\boldsymbol{x},\boldsymbol{\Gamma}))r_{\mathrm{f}}(I(\boldsymbol{x}),\boldsymbol{\Gamma}) + (1 - H_e(\Phi(\boldsymbol{x},\boldsymbol{\Gamma})))r_{\mathrm{b}}(I(\boldsymbol{x}),\boldsymbol{\Gamma}))\mathrm{d}\boldsymbol{x} \tag{4.3.17}$$

该目标函数采用隐式函数的方式，表达了虚拟投影区域与三维物体的前背景区域的吻合性。位姿参数的变化会导致投影区域轮廓 $\boldsymbol{\Gamma}$ 的变化，不仅改变了似然函数 r_{f} 和 r_{b} 的值，也会改变函数 Φ 的值，使得能量 $E(\boldsymbol{R},\boldsymbol{t})$ 发生改变。因此，在通过最小化目标函数 $E(\boldsymbol{R}, \boldsymbol{t})$ 优化位姿参数的过程中，水平集分割前背景的作用会显现，使得该位姿参数产生的重投影区域与前背景区域有更好的匹配。

受到 Bibby 和 Reid(2008) 的图像生成模型方法的启发，可以将上述目标函数稍做修改。假设图像上像素的颜色模型是独立的，那么可以采用图像 I 中所有像素的联合概率分布来表达水平函数 Φ 的后验概率(Prisacariu et al., 2012)：

$$P(\Phi \,|\, I) = \prod_{\boldsymbol{x} \in \Omega}(H_e(\Phi(\boldsymbol{x}, \boldsymbol{\Gamma}))P_{\mathrm{f}} + (1 - H_e(\Phi(\boldsymbol{x}, \boldsymbol{\Gamma})))P_{\mathrm{b}}) \qquad (4.3.18)$$

式中，Φ 是水平函数，是与物体位姿关联的。颜色模型 P_{f} 和 P_{b} 分别定义为：

$$\begin{aligned}P_{\mathrm{f}} &= \frac{P(\boldsymbol{y} \,|\, M_{\mathrm{f}})}{\eta_{\mathrm{f}} P(\boldsymbol{y} \,|\, M_{\mathrm{f}}) + \eta_{\mathrm{b}} P(\boldsymbol{y} \,|\, M_{\mathrm{b}})} \\ P_{\mathrm{b}} &= \frac{P(\boldsymbol{y} \,|\, M_{\mathrm{b}})}{\eta_{\mathrm{f}} P(\boldsymbol{y} \,|\, M_{\mathrm{f}}) + \eta_{\mathrm{b}} P(\boldsymbol{y} \,|\, M_{\mathrm{b}})}\end{aligned} \qquad (4.3.19)$$

式中，$\boldsymbol{y} = I(\boldsymbol{x})$，即像素点 $\boldsymbol{x}$ 的颜色值。η_{f} 和 η_{b} 的计算公式如下：

$$\begin{aligned}\eta_{\mathrm{f}} &= \sum_{\boldsymbol{x} \in \Omega} H_e(\Phi(\boldsymbol{x}, \boldsymbol{\Gamma})) \\ \eta_{\mathrm{b}} &= \sum_{\boldsymbol{x} \in \Omega}(1 - H_e(\Phi(\boldsymbol{x}, \boldsymbol{\Gamma})))\end{aligned} \qquad (4.3.20)$$

式 (4.3.19) 将前背景颜色模型做了处理，使得式 (4.3.18) 中每一个像素的水平函数的后验概率满足归一化条件。对式 (4.3.18) 两边取对数，并定义如下目标函数：

$$\begin{aligned}E(\Phi) &= -\log(P(\Phi \,|\, I)) \\ &= -\sum_{\boldsymbol{x} \in \Omega} \log(H_e(\Phi(\boldsymbol{x}, \boldsymbol{\Gamma}))P_{\mathrm{f}} + (1 - H_e(\Phi(\boldsymbol{x}, \boldsymbol{\Gamma})))P_{\mathrm{b}})\end{aligned} \qquad (4.3.21)$$

式 (4.3.18) 是在区域内逐像素计算后验概率(pixel-wise posteriors, PWP)的联合分布，因此该方法称为 PWP3D 方法。式 (4.3.21) 所定义的目标函数表面上看起来是水平函数的函数，但联想到水平函数是三维物体的位姿参数的函数，因此归根到底还是位姿参数的函数。最小化目标函数 $E(\Phi)$，会最大化后验概率 $P(\Phi \,|\, I)$，并求解出三维物体的位姿参数。也就是说，使用此位姿参数重投影三维物体至图像平面，所获得的前背景区域将与前背景颜色模型在内嵌了水平函数的意义上最为吻合。

需要指出的是，目标函数的可导性对参数的求解非常重要。由于目标函数是由复合函数表达的，需要每一层函数均对位姿参数可导，而偏导数与位姿参数的表示有关。位置参数一般是唯一的，但是姿态参数有三种不同的表达形式，在用矩阵表达时共 9 个参数，但需要满足 6 个约束条件，一般不予采纳；也可以使用欧拉角表达，但是欧拉角的表达形式不唯一，并且有出现万向节死锁（gimbal lock）的可能。因此，一般采用四元数来表达旋转，并使其满足归一化的条件。位姿参数描述了欧氏变换，而欧氏变换也可以用李代数表示（Kirillov, 2008）。由于李代数表示的位姿变换属于线性空间，且优化函数在李代数空间也是可解析求导的，所以李代数具有更好的计算属性。由于导函数的表达相对复杂，这里就不具体列出了。在具体的计算中，目标函数离散为对各个像素的计算，其中每一项均可以对位姿参数解析求导，然后采用梯度下降或高斯-牛顿法，通过迭代优化得到物体的位姿参数估计。

上述方法就是基于逐像素后验概率的实时三维跟踪算法，即 PWP3D（Prisacariu et al., 2012），是基于区域的三维物体跟踪中的经典算法。该算法经过后续发展（Tjaden et al., 2016），通过增强 PWP3D 的位姿优化策略，以更好地处理快速旋转和缩放变化，并将计算聚焦到物体的边缘附近，进一步减少了整体运行时间。Hexner 等（2016）提出使用多个局部前背景颜色统计模型，代替 PWP3D 中所使用的全局前背景颜色统计模型，以更精准地区分前景与背景，提升 PWP3D 在复杂背景下的跟踪稳定性。最近，Tjaden 等（2017）提出将 PWP3D 的全局前背景颜色统计模型改进为局部模型，提高了前背景概率图的准确性，并在此基础上设计了一种基于快速模板匹配的错误恢复方法，当物体因为移出相机视野或被遮挡后重新出现在视野中，该方法能够快速进行重定位，并将系统恢复到准确的位姿跟踪状态，进一步提高了三维跟踪的鲁棒性。

4.3.5　问题与讨论

上述三种跟踪方法各有优缺点，并有自身的适用环境。

基于特征的方法，对于有纹理的物体能够保持鲁棒的跟踪，即便物体被部分遮挡，只要有足够的图像特征，也能取得良好的跟踪结果。但是，这依赖于图像特征的提取效果，在光照较弱的情况下，或者三维物体是弱纹理或者无纹理时，基于特征的方法往往难以保持鲁棒的跟踪。另外，图像特征的提取与匹配会降低跟踪的效率，使得此类算法比较耗时，为了保持实时的跟踪，往往还需要结合其他方法。

基于边缘的方法，在杂乱的场景中表现良好，并且相较于基于区域的方法，当物体颜色与背景颜色较为接近时，也能够保持稳定的跟踪。但是，当物体相对于相机发生快速移动，或者相机本身发生散焦时，拍摄到的物体边缘容易模糊。此时基于边缘的方法就可能会跟踪失败，因此基于边缘的方法比较适合慢速移动的情况。

基于区域的方法对于弱纹理或者无纹理的三维物体能保持良好的跟踪结果；

即使当物体处于高速运动而造成成像模糊时，基于区域的方法一般也能够进行跟踪。基于区域的方法的缺点是在物体被遮挡的情况下，表现不够鲁棒。以 PWP3D 为代表的利用区域颜色信息进行隐式分割优化的算法，当三维物体的颜色信息与背景过于接近时，难以获得满意的效果。总的来说，基于区域的方法在面对遮挡、快速移动或者发生翻转的情况时，其鲁棒性仍有待提高。

4.4 小结

虚实空间的实时注册对于增强现实来说非常关键。SLAM 将场景重构与定位技术集于一体，即使没有对场景做预处理，也能够实现实时的位姿估计和三维结构的准确恢复，是目前增强现实中最重要的一个三维注册技术，被越来越多的增强现实系统(例如微软的 HoloLens)所采用。

SLAM 技术有非常广阔的应用前景，多年的研究也已经将 SLAM 技术推进到实用化的程度，比如目前已有手机版本的开发工具包发布。SLAM 技术主要还是面向静态场景，一般是将虚拟物体放置到 SLAM 重构的三维环境中。当虚拟物体需要交互性驱动时，可以采用二维标志的跟踪技术来实现。因为二维标志建立了一个简单有效的局部三维空间，将虚拟物体与这个局部空间配准之后，二维标志的变化会直接驱动虚拟三维物体的变化，从而实现想要的增强现实效果。基于平面标志物的跟踪是最早实用化的视觉定位技术，已相对成熟。三维实物的跟踪不需要标志物，所实现的空间注册，跟在静态场景中对相机的跟踪是等效的。当三维实物运动变化时，三维物体跟踪使得增强现实可以呈现与该物体保持一致性的虚拟信息或者景象。当三维实物是用户关注的兴趣物体时，在该三维实物上所呈现的增强现实效果可以使用户对三维物体产生更好的认知，例如，操作说明、维修指南等。目前，三维实物的跟踪也进入实用化的阶段，但在解决技术规模化之前，离在工业界的大规模应用尚有距离。

第5章

虚实环境的视觉融合

增强现实系统的最大特点是虚拟物体与现实景物共存。人类观察现实世界具有自身独特的视觉特点，而虚拟物体客观上是计算机生成的数据，并不真实存在，因此要营造虚拟环境与真实环境融于一体的视觉体验，在呈现虚拟物体时，不仅要考虑虚拟物体的视觉特性，还要考虑现实环境对虚拟物体的影响。前面章节已介绍了如何保持虚拟物体与现实环境的空间一致性，并恢复了观察虚拟物体的相机参数，因此需要进一步阐述如何可视化或绘制虚拟物体，在观察者面前呈现出虚实融合的景象。目前主要有两类视觉融合技术。一类是高保真的虚实融合技术，追求视觉上的逼真性，因此需要虚拟物体与现实世界共享光照环境，实现实时的真实感绘制；另一类是文字、数据等信息的可视化呈现技术，系统更多地关注信息是否易于人类视觉的感知和理解。本章将重点介绍这两类视觉融合技术。

5.1　虚拟物体的绘制

虚拟物体的外观呈现需要借助绘制技术来实现，从而将数字化的虚拟物体模型转化为影像。由于虚拟物体的影像与其形状、位姿、材质、纹理、光源以及周围环境密切相关，因此其绘制需要确定所有这些元素，才能获得真实感。其中，物体相对于相机的位置与朝向，一般由空间注册完成，现实世界的光照环境则通过现场获取或重建得到；而其材质、纹理等信息，通常是预先定义的。在增强现实系统中，虚拟物体的绘制需要快速响应真实场景和视域的变化，实时地生成逼真的图像，实现自然的虚实视觉融合。

5.1.1 绘制方程

实时绘制技术优先考虑图形生成的效率，在保证用户舒适交互所需帧率的前提下，尽可能地提高绘制的质量。对于增强现实系统来说，满足沉浸式的视觉交互融合至少需要达到每秒 30 帧以上的绘制帧率。为满足如此苛刻的性能要求，需要有效简化光能传输的物理过程。最常见的简化方法是放弃对光能多次传输的模拟，仅仅考虑光源对物体的直接光照。此外，还可通过简化几何、光源、光照和材质模型来进一步降低计算量，甚至通过减少部分光源和物体的自由度，预计算光能传输，来实现场景的实时绘制。为此，有必要了解一下用于刻画光能辐射传输的绘制方程。

真实世界的光能传播是一个非常复杂的物理过程（如图 5.1 所示）。由光源辐射出来的光能，向场景中的各个方向沿直线辐射传播；当与物体相遇后，部分能量被吸收，剩余的能量经由物体表面或体内继续向各个方向传播。一般来说，承载光能的光线在物体表面经由反射、折射或透射等路径继续传播。鉴于折射或者透射在绘制的计算模型中仅是参数不同，如无特殊说明，下面将不再区分。光能在场景中经由不同物体表面多次反射后，在宏观上达到平衡，进入接收器（人的瞳孔或者相机镜头）的所有光线承载的光能最终合成所见的图像。

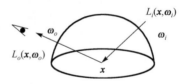

图 5.1　光能的辐射传输原理

图形绘制实际上就是计算图像上每个像素处由特定光线方向进入接收器的光能强度。具体实现时，以观察点为原点，经每个像素向场景发射光线，找到最近的可见物体表面着色点 x，然后计算场景沿各方向发射到该点，并经由其表面反射后沿视线方向进入接收器的光照辐射度。该反射的辐射度同时受各方向的入射辐射度、着色点处的表面几何性质（法向）以及物体材质的光能性质等要素的影响。

根据光能辐射传输理论，来自各个方向的能量反射计算，可转化为物体表面点 x 沿 ω 方向的出射辐射率的计算，这是一个复杂的积分过程，且应遵循能量守恒定律。著名的绘制方程（Kajiya, 1986）精确刻画了这一物理过程：

$$L_o(\boldsymbol{x},\boldsymbol{\omega}_o) = L_e(\boldsymbol{x},\boldsymbol{\omega}_o) + \int_{\Omega} f_r(\boldsymbol{x},\boldsymbol{\omega}_i,\boldsymbol{\omega}_o) L_i(\boldsymbol{x},\boldsymbol{\omega}_i)\cos(\theta_i)\mathrm{d}\boldsymbol{\omega}_i \tag{5.1.1}$$

式中，$L_o(\boldsymbol{x},\boldsymbol{\omega}_o)$ 表示物体表面点 $\boldsymbol{x}$ 沿 $\boldsymbol{\omega}_o$ 方向的出射辐射亮度（radiance，表示单

位时间单位面积单位立体角所经过的光能，也是肉眼可感知的物体亮度）；$L_e(\boldsymbol{x}, \boldsymbol{\omega}_o)$ 表示 $\boldsymbol{x}$ 自身沿 $\boldsymbol{\omega}_o$ 方向发出的辐射亮度；$L_i(\boldsymbol{x}, \boldsymbol{\omega}_i)$ 表示沿 $\boldsymbol{\omega}_i$ 方向进入 $\boldsymbol{x}$ 的入射辐射亮度；θ_i 是 $\boldsymbol{x}$ 点处的表面法向 $\boldsymbol{n}$ 与 $\boldsymbol{\omega}_i$ 的夹角；$f_r(\boldsymbol{x}, \boldsymbol{\omega}_i, \boldsymbol{\omega}_o)$ 为刻画表面 $\boldsymbol{x}$ 点处材质特性的双向反射率分布函数（bidirectional reflectance distribution function, BRDF），即光能沿入射方向 $\boldsymbol{\omega}_i$ 反射到出射方向 $\boldsymbol{\omega}_o$ 的比例；Ω 是围绕 $\boldsymbol{x}$ 的入射方向所在的半球面。

绘制方程是图形绘制的理论基础。如果能够精确计算这一积分方程，就可以还原真实世界的光能传播过程。然而，精确求解绘制方程是非常困难的，计算的难度主要源于两个方面。一方面，真实世界物体的光学反射和透射性质复杂多样，即 BRDF 函数非常复杂，既有均匀反射能量的漫反射材质，也有仅向特定方向反射能量的镜面材质或者向小范围特定方向反射能量的高光泽材质，还有能透射或散射的半透明材质以及在物体表面处自反射和吸收后再向外反射的微表面材质等。另一方面，入射光强度 $L_i(\boldsymbol{x}, \boldsymbol{\omega}_i)$ 同样由其他景物表面上的采样点沿特定方向的出射辐射亮度决定，也就是说我们需要递归计算每个采样点和采样方向上的绘制方程，因此，绘制方程的求解过程本质上是计算一个无限维的高维积分问题。

在过去三十年中，人们提出了各种各样的绘制方法，尝试从不同的角度来解决这一问题。这些创新算法可粗略分为局部光照计算和全局光照计算两大类。局部光照计算将复杂的绘制方程求解简化为光源直接对景物表面的光能辐射计算，由于景物表面采样点的出射辐射亮度仅与光源、采样点处的几何形状和 BRDF 函数有关，因而可实现快速的粗略求解。而全局光计算则考虑光能传播的多重折射反射，递归地逼近计算绘制方程，因而可实现高精度的求解。下面几个小节将分别介绍 BRDF 函数、局部光照计算及其绘制流水线、全局光照计算方法。

5.1.2　BRDF 函数

双向反射率分布函数（BRDF）描述了物体表面上一点处的材质特性。如果给定沿入射方向 $\boldsymbol{\omega}_i$ 入射到物体表面点 $\boldsymbol{x}$ 处的辐射照度（irradiance）$\mathrm{d}E_r(\boldsymbol{x}, \boldsymbol{\omega}_i)$，由 BRDF 可以得到从该点出射到方向 $\boldsymbol{\omega}_o$ 的辐射亮度（radiance）$\mathrm{d}L_r(\boldsymbol{x}, \boldsymbol{\omega}_o)$，即物体表面上 $\boldsymbol{x}$ 点处，入射方向为 $\boldsymbol{\omega}_i$，出射方向为 $\boldsymbol{\omega}_o$ 的 BRDF 可定义为：

$$f_r(\boldsymbol{x}, \boldsymbol{\omega}_i, \boldsymbol{\omega}_o) = \frac{\mathrm{d}L_r(\boldsymbol{x}, \boldsymbol{\omega}_o)}{\mathrm{d}E_r(\boldsymbol{x}, \boldsymbol{\omega}_i)} = \frac{\mathrm{d}L_r(\boldsymbol{x}, \boldsymbol{\omega}_o)}{L_i(\boldsymbol{x}, \boldsymbol{\omega}_i)(\boldsymbol{n} \cdot \boldsymbol{\omega}_i)\mathrm{d}\boldsymbol{\omega}_i} \tag{5.1.2}$$

式中，$\boldsymbol{n}$ 表示物体表面点处的法向量。

现实世界中物体的材质分布表达往往比较复杂。在对绘制真实感要求不是很高的情况下，经常使用简化的 BRDF 模型来计算光照，形成了经典的经验光照模型和基于经验的 BRDF 着色技术，在数字娱乐、虚拟现实等实时绘制领域得到了广泛应用。在影视特效制作等对画面真实感要求很高的应用场合，往往需要精确地模拟光与物体之间的相互作用过程，这就需要使用基于物理的 BRDF 着色技术。随着计算性能的不断提高，基于物理的 BRDF 着色技术开始应用于虚拟环境的实时绘制，以生成高度逼真的视觉效果。

5.1.2.1 经验光照模型

现实世界中的光能传输是一种非常复杂的物理现象。在有限的计算资源下，我们往往无法考虑所有影响光能传输的因素，经验光照模型就是通过简化光能传输过程来近似绘制虚拟场景，以快速生成与真实结果较为相似的画面。经验光照模型主要由环境光项 I_{ambient}、漫反射项 I_{diffuse} 与镜面反射项 I_{specular} 三项叠加而成，即：

$$I = I_{\mathrm{ambient}} + I_{\mathrm{diffuse}} + I_{\mathrm{specular}} \tag{5.1.3}$$

环境光(ambient light)主要用来模拟周围环境对绘制物体的光照影响，即间接光照。正是环境光的存在，使得物体上没有受到直接光源照射的区域，由于存在周围物体对光源的反射，往往会呈现出一定的亮度和色彩，而非完全呈现为黑色。环境光的精确计算是非常复杂的，因此经验光照模型简单地将它粗略近似为一个常数值。

漫反射光(diffuse light)是指入射到粗糙物体表面的光能各向同性地往外反射而形成的反射光，它服从朗伯漫反射定律，即有：

$$I_{\mathrm{diffuse}} = k_{\mathrm{diffuse}} I_{\mathrm{light}} (\boldsymbol{l} \cdot \boldsymbol{n}) \tag{5.1.4}$$

式中，k_{diffuse} 是表面着色点处的漫反射系数，I_{light} 是光源的光强，$\boldsymbol{l}$ 为着色点指向光源的光线方向，$\boldsymbol{n}$ 是着色点处的法向。这里的向量均为单位向量(如图 5.2 所示)，下同。

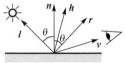

图 5.2 Phong 与 Blinn-Phong 模型的高光计算

镜面反射光(specular light)常常表现为光泽物体上呈现的高光，呈现出物体的金属质感，它的精确计算也极为复杂。Phong 光照模型和 Blinn-Phong 光照模型是经验刻画了镜面反射光的计算。Phong 光照模型由 Phong(1975)提出，是目前应用最为广泛的经验光照模型。Phong 光照模型假设镜面反射与入射光线反射方向和视线方向的夹角密切相关，并采用下式来计算：

$$I_{\mathrm{specular}} = k_{\mathrm{specular}} I_{\mathrm{light}} (\boldsymbol{r} \cdot \boldsymbol{v})^s \tag{5.1.5}$$

式中，k_{specualr} 是表面着色点处的漫反射系数；$\boldsymbol{r}$ 是光线方向 $\boldsymbol{l}$ 的反射方向；$\boldsymbol{v}$ 是

着色点指向视点的视线方向；s 是高光会聚指数，其值越大高光范围越小（如图 5.3 所示）。

$s=1$　　　$s=2$　　　$s=4$　　　$s=8$　　　$s=16$

图 5.3　不同高光会聚指数下 Phong 模型的绘制结果

Blinn-Phong 光照模型由 Blinn（1977）提出，是对 Phong 模型的一种改进。不同于 Phong 模型，Blinn-Phong 模型使用法向 $\boldsymbol{n}$ 与半角方向 $\boldsymbol{h}$（定义为视线和光线的角平分线方向）的夹角来模拟高光，即：

$$I_{\text{specular}} = k_{\text{specular}} I_{\text{light}} (\boldsymbol{n} \cdot \boldsymbol{h})^s \tag{5.1.6}$$

OpenGL 与 Direct3D 的固定绘制流水线（在 OpenGL3.1 与 Direct3D 10.0 之前）就是使用 Blinn-Phong 模型来进行逐顶点的着色计算。

物体着色点处的颜色由其漫反射和镜面反射系数以及光源的光强决定，这些参数均包含红、绿、蓝三个分量。经验模型有着很高的计算效率，且着色结果在很多情况下基本满足要求。但是，一些比较重要的物理现象（如菲涅尔反射、各向异性反射等）难以使用上述经验模型来模拟，需要发展基于物理的 BRDF 着色技术来模拟复杂的光与物体相互作用。

5.1.2.2　基于物理的 BRDF

基于物理的着色方法旨在模拟光与物体表面的相互作用。光是一种电磁波，从微观角度来看，光与物体的相互作用本质上是光子与物体原子的交互过程，这种交互过程不仅改变光的行进方向，而且吸收转化部分光能，是一个十分复杂的物理过程。总的来说，光线与物体表面的相互作用主要分为折射与反射，折射到物体内部的光线又会经历光的散射与吸收过程。一般来说，精确模拟这些物理现象是非常困难的，因此，需要做恰当的抽象和简化，以建立起较为逼真的计算模型。下面，我们分别对物体表面的反射光与折射光进行讨论。

1）光的反射模拟

物体表面上光的反射遵循反射定律，但仅仅使用反射定律不足以表现不同材质的反射光效果。完全光滑的表面可以像镜子一般将入射光线沿其镜面反射方向反射出去，但是较为粗糙的表面可能将入射光线反射到镜面反射方向及其临近方向上，即反射光分布在一个以镜面反射方向为中心的圆锥内。表面越粗糙，反射光线的分布越分散（如图 5.4（a）所示），这个圆锥的立体角越大，反射后得到的图像高光越模糊。因此，光的反射模拟需要有效刻画表面的粗糙度。

反射光的计算大多建立在微平面理论之上。微平面理论最早是在光学领域用来研究物体表面的散射特性，后来被引入到计算机图形学中（Cook et al., 1982），用来描述光在粗糙表面上的反射行为。微平面理论认为，物体表面在微观尺度下可以逼近为大量具有理想反射特性的微小平面。对于较光滑的表面，微平面的朝向大多比较一致，入射平行光的反射方向也比较接近；而对于粗糙的表面，微平面的法线方向分布相对比较随机，反射光也在镜面反射方向附近随机地分布。因此，使用微平面的统计分布，可以有效表达物体表面的宏观特性。具体的微平面法线分布函数将在下节中介绍。图 5.4 示意了使用微平面集合来表示物体表面。

(a)较粗糙表面   (b)较光滑表面

图 5.4 物体表面的微平面模型及光线反射示意图

2）光的折射模拟

光的折射与物体的材质密切相关，对不同材质的物体需要分别讨论。因为光是一种电磁波，物体的光学特性往往与其导电性质密切相关。一般地，物体的材质大致可分为电介质（dielectric）、金属（metal）与半导体（semiconductor）三类。鉴于图形学中常见物体很少以半导体作为材质，这里仅讨论电介质和金属材质的物体。

金属材质会吸收所有的折射光线。对于非金属材质，折射到物体内部的光线会发生多次的散射。在散射的过程中可能会造成光能的损失，能量没有耗尽的光线将继续散射，直到射出物体表面。这些经过散射后再次出射的光线即为漫反射光，又称为次表面散射光，其原来的光线方向完全丢失，出射方向往往随机地分布在上半球面上（如图 5.5（a）的绿色光线所示）。这很好地验证了朗伯漫反射体的假设。这些漫反射光会从不同于入射点的地方重新射出表面，入射点和出射点距离的不同将产生不同的视觉效果。如果距离在一个像素内，出射点和入射点可以被认为是同一点，只需要在此点进行计算即可。如果距离大于一个像素的宽度，则会产生较明显的次表面散射效果（sub-surface scattering），需要采用相应的次表面散射绘制技术来模拟。

反射光和折射光经历了两种完全不同的光线和物体的交互作用过程。通常把物体表面直接反射的光称为镜面反射光,把折射后又经历了吸收、散射与重新从表面出射的光称为漫反射光(如图 5.5(b)所示)。

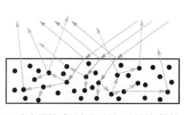 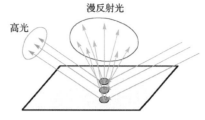

(a)非金属材质下光的反射、折射与散射　　　(b)对漫反射光与镜面反射光的分类

图 5.5　光与物体交互的示意图

基于物理的绘制方法还需要遵循能量守恒原理。能量守恒要求在不考虑物体自发光的情况下,出射光的能量不能超过入射光的能量。一个典型的现象是,使用相同的光源去照亮不同粗糙度的表面,越粗糙的表面高光面积越大,相应的高光亮度越小。由于光线入射到物体表面上时,会发生折射和反射,分别形成镜面反射光与漫反射光。因此,能量守恒要求漫反射光与镜面反射光的总能量不得超过入射光的能量。

3) BRDF 模型

我们知道,BRDF 描述了物体表面对光的散射特性。基于物理的图形绘制技术(physical based rendering, PBR)的核心就是使用基于物理的 BRDF 进行着色。前面介绍的 Phong 和 Blinn-Phong 模型,并不遵循能量守恒定律,因此它们都不是基于物理的 BRDF 模型。至今,人们已经提出了许多基于物理的 BRDF 模型,其中 Cook-Torrance BRDF 模型(Cook et al., 1982)是应用最为广泛的模型,其表达式为:

$$f_r(\boldsymbol{x}, \boldsymbol{\omega}_i, \boldsymbol{\omega}_o) = k_d f_{\text{lambert}} + k_s f_{\text{cook-torrance}} = k_d \frac{\rho_d}{\pi} + k_s \frac{DFG}{4(\boldsymbol{\omega}_o \cdot \boldsymbol{n})(\boldsymbol{\omega}_i \cdot \boldsymbol{n})} \quad (5.1.7)$$

这里,漫反射光的计算仍然使用朗伯漫反射模型,其 BRDF 为一个常数 $f_{\text{lambert}} = \frac{\rho_d}{\pi}$,$\rho_d$ 为物体表面反射率(albedo)。对于漫反射项,也有更加准确的计算方法,如 Burley 提出的 BRDF 漫反射模型(Burley, 2012):

$$f_{\text{diffuse}} = \frac{\rho_d}{\pi}(1 + (F_{D90} - 1)(1 - \boldsymbol{n} \cdot \boldsymbol{l})^5)(1 + (F_{D90} - 1)(1 - \boldsymbol{n} \cdot \boldsymbol{v})^5) \quad (5.1.8)$$

$$F_{D90} = 0.5 + 2\alpha(\boldsymbol{h} \cdot \boldsymbol{l})^2 \quad (5.1.9)$$

式中,α 为表面的粗糙度。不同于经典的朗伯漫反射模型,该模型考虑了视点方向与表面粗糙度对漫反射光的影响。

镜面高光项的计算往往比较复杂，且大多建立在微平面理论的基础上。在 Cook-Torrance BRDF 模型中，镜面高光项中的 D、F 和 G 分别为法向分布函数、菲涅尔方程与几何遮挡函数，分母为归一化因子。下面分别介绍这三个参数的基本含义。

法向分布函数 (normal distribution function, NDF) 描述了在一定的粗糙度下，物体表面上微平面的法向统计分布。具体来说，给定一个半角向量方向 h，可以认为 NDF 给出了有多少微平面的法向与给定的半角向量相平行，即反映了在一个给定法线方向上的微平面聚集程度。微平面的法向分布决定了表面的宏观特性，即高光的形状与大小。因此，NDF 是计算镜面高光的关键要素。

GGX NDF (Walter, 2007) 与 Beckmann NDF (Beckmann et al., 1987) 是目前应用比较广泛的法向分布函数。因为其原理来自于 Trowbridge 等关于粗糙物体表面光学特性的研究，GGX NDF 又称为 Trowbridge-Reitz NDF。GGX NDF 产生的高光形状和实际测量的材质效果十分相似，且计算复杂度不高，其表达式为：

$$N_{\mathrm{GGX}}(\boldsymbol{n}, \boldsymbol{h}, \alpha) = \frac{\alpha^2}{\pi((\boldsymbol{n} \cdot \boldsymbol{h})^2(\alpha^2 - 1) + 1)^2} \tag{5.1.10}$$

式中，粗糙度 α 越低，表面越光滑，所产生的高光越小越亮；反之，粗糙度越高，其表面的高光越大越暗。

菲涅尔方程 (Fresnel equation) 描述了在不同视角下物体表面的反射率。物体表面在不同视角下对于光线有着不同的反射率。一般来说，当入射光线垂直物体表面时，表面的反射率最低，此时的反射率称为基础反射率 (base reflectivity)。当我们以相对表面法线 90° 的临界角去观察时，反射率最高，理想情况下可以达到完全反射，即反射率为 1。

菲涅尔方程的精确物理描述比较复杂。在实时绘制时，我们经常使用 Fresnel-Schlick 近似 (Schlick, 1994)。这种方法计算简单，且结果较为精确。其具体计算公式为：

$$F_{\mathrm{schlick}}(\boldsymbol{n}, \boldsymbol{v}, F_0) = F_0 + (1 - F_0)(1 - (\boldsymbol{n} \cdot \boldsymbol{v}))^5 \tag{5.1.11}$$

式中，F_0 为材质的基础反射率。可以看出，随着视线方向与表面法向夹角的增大，当入射光以临界角入射并反射到视线方向时，得到的反射率接近于 1。

几何遮挡函数 (geometry function) 描述了微平面的自阴影特性。当物体表面较粗糙时，微平面之间可能会遮挡入射或反射的光线，使得一些原本可以反射入射光到给定出射方向的微平面被遮挡，因而减少了出射光的强度。几何遮挡函数往往以表面粗糙度为参数，越粗糙的表面，微平面受到遮挡的概率越大。

可以看出，基于物理的图形绘制方法并不完全基于物理定律来模拟真实世界，通常进行了许多近似与简化。尽管如此，它对图形绘制技术的发展有着重要的影响。这种影响不仅仅在于提升了绘制画面的真实感，同时也为设计者和艺术家们提供了诸多便利。设计者在调节材质参数时，可以参考现实世界的物理参数，更加容易生成高度逼真的材质效果。值得指出的是，由于传统材质系数没有实际物理意义，因此在一些光照环境下，可能难以达到理想的材质效果，需要利用绘制引擎和光照环境来弥补传统材质的不足。而基于物理的材质模型则无需这些额外的处理，可以在不同 PBR 绘制系统和不同的光照环境下，都能生成相同且正确的材质效果。

5.1.3　局部光照计算与绘制流水线

光线入射到物体表面，经 BRDF 模型作用后得到出射辐射亮度的计算，被称为着色过程(shading)。具体来说，一旦已知光源和物体表面材质的信息，着色计算就是确定物体与光源相互作用结果的过程，即计算着色点沿某个观察方向的出射辐射亮度的过程。若忽略光线在场景中的反射传播，那么着色计算仅与着色点处的入射光线和 BRDF 相关，这样的局部计算与其他着色点无关，特别适合并行计算。为此，人们发展出了专用的图形绘制流水线，用来高效地并行执行大规模的局部着色计算，这已成为实时图形绘制技术的基础。本小节将介绍绘制流水线的基本结构。

绘制流水线通常定义为一个将三维场景转化为二维图像的图形绘制系统所蕴含的操作流程。其典型流程如下：定义在物体局部空间的三维模型通过平移、旋转等几何操作变换到相机的投影空间，再通过光栅化完成在屏幕空间对三维场景的采样，最后根据用户指定的逻辑，综合纹理、光照等信息计算每一个像素着色点的颜色值。这一过程和 CPU 通常所需要处理的任务完全不同，为了支持在操作系统中运行计算特性各异的应用，CPU 被设计为擅于在较小数据上处理复杂任务的架构。而图形绘制过程中，尽管需要处理的数据量非常庞大，如一个场景中可能有几百万个面片，一张 1080P 的图像则需要处理约 200 万像素，但其执行的操作较为固定，如对于所有的像素都执行同样的着色函数。因此为了提高绘制效率，人们发明了专门的图形绘制加速处理器 GPU。GPU 通常由成百上千个计算核心组成，利用并行计算策略来实现比 CPU 快得多的图形绘制。

下面，我们将概要介绍绘制流水线的组成及其硬件实现，并针对不同需求，从硬件架构到应用实现等方面优化提升其性能。

5.1.3.1　通用绘制流水线

图 5.6 给出了从三维模型生成图像的绘制流水线架构。输入的三维模型，首先通过一系列坐标变换操作将每一个顶点的坐标变换到适于处理的屏幕空间。然

后，由顶点构成的三角形面片，经预先剔除或裁剪掉位于视域外的部分，通过光栅化确定每一个面片在屏幕空间所覆盖的像素，这些像素组成一个片段（每个片段至少包含一个像素）。最后，根据片段的属性，执行开发者所定义的着色函数，计算出像素着色点的颜色，写入到屏幕空间的相应位置上。

图 5.6　绘制流水线

实际应用时，图形绘制流水线的定制，需要高效地将上述环节在 GPU 上实现，在不损失性能的前提下，保持开发过程具有足够的灵活度，以释放用户的创造力。为此，我们将介绍可编程绘制流水线及其各部件的作用。

5.1.3.2　可编程流水线

早期的图形绘制流水线采用固定的计算过程，通过 API 接口让用户设置顶点格式、光照颜色、纹理映射等参数，实现最终着色。但是，这种固定方式极大限制了流水线所能实现的效果和灵活性。为此，研究者逐步在流水线的各个阶段引入可编程的着色器，以方便用户灵活实现各种各样的效果和功能。OpenGL 2.0 和 DirectX 9.0 首先引入了顶点着色器（vertex shader）和像素着色器（pixel shader），提供了最基本的顶点变换和像素处理操作。DirectX 10.0 则引入了几何着色器（geometry shader）来操控面片几何。DirectX 11.0 引入了外壳着色器（hull shader）和域着色器（domain shader）来支持面片绘制的实时细分操作，以得到更精细的几何模型。虽然不同的开发平台有不同的着色器语言（如 NVIDIA 的 Cg、OpenGL 的 GLSL、DirectX 的 HLSL），它们基本上都采用类 C 的语法，并提供了类似的可编程环境。

图 5.7 展示了 DirectX 11.0 平台的绘制流水线结构，它由多个可编程和固定处理步骤组成。下面，我们逐一简介其功用。

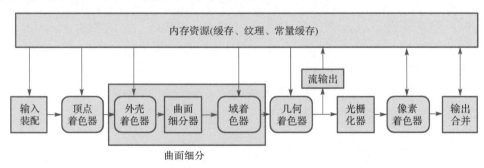

图 5.7　现代图形流水线（以 DirectX 11.0 为例）

输入装配：根据开发者指定的数据格式(位置、法向、纹理坐标等)和类型(三角形、线段、点等)，提供输入数据。

顶点着色器：对应于图 5.6 中的顶点处理阶段，为输入的每一个顶点执行用户指定的 HLSL 代码，代码中通常会处理顶点变化、骨骼动画和蒙皮等几何操作。每一个输入的顶点都会有一个对应的顶点输出数据。

曲面细分：曲面细分可以让 GPU 在绘制时快速地将粗糙的网格模型细分成精细的网格。利用这一技术，可以在不增加模型存储代价的情况下支持细节丰富的模型，以高效提升视觉效果。

几何着色器：几何着色器阶段处理的单元是一个完整的几何模型。若没有执行曲面细分操作时，顶点着色器输出三角形数据(三个顶点)；若执行曲面细分操作，则它输出细分得到的三角形数据。与相对固定的曲面细分操作不同，利用几何着色器所提供的内置函数，开发者可以相对自由地生成或者删除输入面片。利用几何着色器所带来的自由度，开发者可以方便地实现动态粒子系统、毛发生成、逐面片的材质设置等算法。

光栅化器：光栅化器的作用是根据三角形在屏幕空间的覆盖情况生成片段，也就是计算得到一个三角形所覆盖的所有像素。这一过程通常在 GPU 硬件中实现，不提供可编程支持。

像素着色器：是对视觉效果影响最大的着色器，大量的着色、后处理操作都利用这种着色器来实现。

除了在绘制 API 中设定的纹理和变量值之外，每一个像素着色器还需要一个顶点插值数据。为了给像素着色器提供这一数据，图形流水线需要提供每个片段在三角形中的重心坐标，本次绘制时，通过插值上一着色器阶段所输出的三个顶点，即可得到新的顶点数据。

输出合并：流水线输出最终计算得到的颜色。

整个图形绘制流水线及其对应硬件架构仍在不断发展。在顶点着色器和像素着色器刚刚引入的时候，顶点着色器中的指令集要相对像素着色器丰富很多，因为图形卡中执行顶点着色器和像素着色器的计算单元是不同的。这种设计，虽然降低了 GPU 的制造成本，但是影响了系统的灵活性。尤其当两种着色器的计算量相差很大时，会引发部分计算单元的空置现象。随后，DirectX 10.0 提出并架构了统一的着色机制，不再为每一种着色器设计不同的硬件计算单元，代之以采用统一计算单元来处理各种着色任务，并辅以动态调度来确保系统的负载均衡。

这种采用统一计算单元来处理不同任务的能力，使得在 GPU 上实现通用编程成为可能。除了上述五种着色器外，DirectX 11.0 还引入了计算着色器。虽然使用同一种着色语言，但计算着色器并不应用于图形绘制，而是应用于通用计算。这样的设计为 GPU 的通用并行计算提供了高效的实现方案。

5.1.3.3　新时代的图形流水线 API

上一小节介绍了运行在 GPU 上的图形绘制流水线的细节。实际应用时，一般由运行在 CPU 上的绘制程序调用这些 API，提交绘制指令和数据，并经过硬件厂商提供的驱动软件，调用 GPU 执行上述可编程流水线来实现画面绘制。但是，在当前的 OpenGL 4.0 和 DirectX 11.0 等 API 抽象接口中，开始将大量 GPU 指令进行高级别的封装，注意到 API 调用不仅代价不容小视，而且让开发者难以掌控所有细节，严重影响了计算效率的优化提升。因此，各大平台相继推出了新一代的图形接口，如微软的 DirectX 12.0、OpenGL 的继任者 Vulkan、苹果公司的 Metal、AMD 的 Mantle 等。这些平台大幅降低了其 API 调用的消耗，并尝试向开发者提供更底层的接口，如显存管理、同步控制等，以便开发更高效的应用。

5.1.4　全局光照计算

局部光照计算忽略了光能在场景中的辐射传播，因此不是前述绘制方程的完备解。本小节将简要介绍绘制方程的数值求解方法，例如路径追踪、辐射度等算法。一般来说，这些算法计算耗费巨大，难以应用于实时响应的场合。

5.1.4.1　路径追踪算法

路径追踪算法是目前最为流行的真实感图形绘制算法。它使用蒙特卡洛数值积分方法来离散求解绘制方程。蒙特卡洛数值积分采用随机采样来近似计算复杂积分，其计算过程包含两个步骤：首先，依照某一概率密度函数对定义域进行采样，得到一系列采样点，计算被积函数在所有采样点处的值；然后，将各采样点处的函数值加权平均得到最终的积分期望估计值。由于简单且易于实现，蒙特卡洛数值积分方法经常被用来计算高维复杂函数的积分，因此其应用十分广泛。当然，该方法的缺点也十分明显，逼近的收敛速度比较慢，有限时间内的计算结果存在较大的失真，导致绘制画面中存在许多噪点。为克服这一缺点，研究者提出了许多减少采样方差的方法，一定程度上提高了采样计算的效率，但在效率上仍旧不占优势。

所谓的路径追踪算法，顾名思义就是对场景中最终进入相机图像平面的每个像素的光线进行跟踪，计算每个像素光路上着色点处的辐射亮度，得到图像上所有像素颜色值的算法。由于场景中光线的复杂多样，一条光线在场景中多次反射和折射，从而不断产生新的光线，这些有序的光线构成了一条完整的光路。这样，路径追踪算法通过追踪光路上的每条光线，依次进行着色计算，得到最终的辐射亮度值。鉴于路径空间太过复杂，无法穷尽所有光线路径，Cook 等(1984)提出了著名的随机光线追踪算法(stochastic ray tracing)，有效简化了光路追踪的复杂性。其后，基于绘制方程，Kaijiya 将几乎所有全局光照效果的模拟统一在路径追踪的计算框架下(Kaijiya, 1986)，利用蒙特卡洛数值积分方法，实现绘制方程的离散逼近计算。具体地，按照一个特定的概率密度函数 $p(\boldsymbol{\omega}_i)$，生成 N 个随机样本点，在每个样本点处，计算绘制方程中被积函数的值，即可得到出射辐射亮度的估计：

$$L_o(\boldsymbol{x}, \boldsymbol{\omega}_o) = \int_{\Omega} f_r(\boldsymbol{x}, \boldsymbol{\omega}_i, \boldsymbol{\omega}_o) L_i(\boldsymbol{x}, \boldsymbol{\omega}_i)(\boldsymbol{n} \cdot \boldsymbol{\omega}_i) \mathrm{d}\boldsymbol{\omega}_i$$

$$\approx \frac{1}{N} \sum_{j=1}^{N} \frac{f_r(\boldsymbol{x}, \boldsymbol{\omega}_j, \boldsymbol{\omega}_o) L_i(\boldsymbol{x}, \boldsymbol{\omega}_j)(\boldsymbol{n} \cdot \boldsymbol{\omega}_j)}{p(\boldsymbol{\omega}_j)} \tag{5.1.12}$$

式中，$\boldsymbol{\omega}_j$ 是入射光方向 $\boldsymbol{\omega}_i$ 的离散采样。可以看到，上述数值逼近结果依赖于概率密度函数 $p(\boldsymbol{\omega}_i)$，不同 $p(\boldsymbol{\omega}_i)$ 的选取在不同场景下，通常会带来不同程度的噪点与收敛速度。为此，研究者提出了诸如分层采样(stratified sampling)(Mitchell, 1996)、重要度采样(importance sampling)(Jensen et al., 2003)等方法，以 BRDF 函数作为采样概率密度，来提升画面绘制的质量和逼近收敛效率。

除了考虑单根光线的采样外，通过对场景中所有路径的分布采样，形成了更加高效的路径追踪算法。例如，双向路径追踪(Veach et al., 1995)、多重重要性采样(Veach et al., 1995)和光子跟踪(Wang et al., 2009)算法，同时考虑了从相机发出的光路路径和从光源发出的光路路径，使得画面绘制过程收敛更快。又如，Metroplis 光能传输方法(Veach et al., 1997)通过扰动已有光路路径来采样新的路径，快速地找到最需要采样的光路路径，从而获得更高的绘制效率。图 5.8 中的(a)和(b)分别是采用蒙特卡洛路径追踪和光子跟踪算法绘制的画面，可以逼真再现复杂的全局光照明效果。有关蒙特卡洛路径追踪的采样问题，目前仍不断有新的方法涌现(Pharr et al., 2016)，是真实感图形绘制的主流研究方向之一。

(a) Pharr 等(2016)绘制的图像　　　　　(b) Wang 等(2009)绘制的图像

图 5.8　蒙特卡洛路径追踪技术绘制的结果

5.1.4.2 辐射度算法

辐射度算法是另一种经典的全局光照明计算方法，它使用有限元方法来近似求解绘制方程。早在 20 世纪 50 年代，辐射度算法就被提出用来计算热能的传导。Goral 等 (1984) 将它引入到图形绘制领域，用来绘制虚拟场景的全局光照明效果。具体地，辐射度算法的实现可分为以下四个步骤：

(1) 网格剖分。将场景中所有景物表面分割成细小的面片（如三角形或四边形），使得绘制方程的求解转化为这些小面片的重心或顶点上的辐射亮度的计算。

(2) 形状因子 (form factor) 计算。计算任意两个小面片之间的能量传输系数，即形状因子。它刻画了小面片之间的可见程度，可以采用半立方体方法 (Cohen et al., 1985) 高效计算得到。

(3) 方程求解。基于上述网格面片的表达，绘制方程可转化为一个线性系统方程：$B_j = E_j + \rho_j \sum_{i=1}^{N} B_i F_{ij} \ (j=1,\cdots,N)$，其中 B_j、E_j 和 ρ_j 分别为面片 j 的平衡状态的辐射度、自身初始辐射度和反射率；F_{ij} 为面片 i 对面片 j 的形状因子。求解该方程组，即可得到每个小面片重心处的辐射度值。

(4) 画面绘制。给定画面绘制的相机方位，基于小面片重心处的辐射度值，光滑插值得到每个像素可见着色点处的辐射度值。

辐射度算法有诸多优点。一方面，它能精确地高效模拟漫反射虚拟环境，逼真呈现漫反射表面间的相互辉映、软阴影等全局光照效果；另一方面，它的计算结果与视点无关，一旦完成计算，用户可以以任意视角绘制画面，实现自由的实时漫游。因此，辐射度算法经常用来为实时绘制系统预先生成虚拟场景的光照贴图。图 5.9 显示了辐射度算法生成的虚拟场景，逼真呈现了景物表面间的色彩辉映效果。当然，辐射度算法也存在严重的局限性。首先，它仅模拟了漫反射光的相互影响，虽然后续的研究工作考虑了镜面反射等效果，但这类算法理论上仍难以完整地求解绘制方程。其次，它的计算效率不高，形状因子的计算较为耗时，尤其是随着场景规模的扩大，线性系统方程的维度不断增大，导致算法的存储和计算效率急剧下降。辐射度算法的这些缺点严重影响了其实际应用。近年来，辐射度方法不断进化，从累进辐射度算法 (Wallace et al., 1989)，到瞬态辐射度算法 (Keller, 1997)、预计算辐射度算法 (Sloan et al., 2002)，再到多光绘制算法 (Dachsbacher et al., 2014; Huo et al., 2015)，这些方法无论在绘制效率和全局光照效果的模拟能力上都有了根本性的提升，在离线和在线绘制的应用方面起着越来越重要的作用。

(a) Keller 等 (1997) 绘制的图像　　　　　(b) Huo 等 (2015) 绘制的图像

图 5.9　辐射度算法绘制的结果

5.2　现实环境的光照估计

　　根据绘制方程，物体着色后的颜色与入射光密切相关。当绘制虚拟物体时，如果采用与现实有明显差异的光照环境,那么虚拟物体的外观会明显与现实环境格格不入。例如，阳光灿烂的场景中，若出现一个没有明显阴影的物体，容易使人产生怪异、不自然的感觉，从而破坏虚实视觉融合的沉浸感。让虚拟物体与现实环境共享同样的光照环境是增强现实技术的重要环节,这样最终所绘制的虚拟物体与现实环境将具有大致相同的明暗、阴影等光照关系，从而产生逼真自然的融合效果。这就需要准确估计出现实环境的光照信息，才能达到目的。

　　现实环境的光源往往非常复杂，精确地重构光照环境涉及众多参数。由绘制方程可知，一个空间着色点处的入射光不仅包含来自光源的直接光，也包含经环境多重反射而来的间接光。一般来说，直接辐射光线携带更多的能量，而间接反射光线往往分布在较大的空间范围内，所携带的能量相对较少。鉴于所观察到的物体外观亮度是由不同方向的光能照明积分而成，因此，对于近似漫反射材质的景物而言，光源的精细化分布对外观亮度的影响较少，有时难以察觉。此时，现实环境的光照估计只需近似恢复出环境的主光源参数。但是，对近似镜面材质的景物，仅仅恢复主光源的参数是不够的，还需较为细致地恢复周边环境对其表面出射辐射亮度的间接影响。总的来说，现实环境的光照估计是一个非常困难的问题，目前主要采用相机来采集一些环境影像，进而由这些影像逆向分析得到环境的光照信息。考虑到图像的每个像素颜色是场景几何、材质属性、光照条件等信息相互作用的结果，从中估算相关的光照信息几乎是一个不可能的任务，因此需要恰当地引入一些限定条件，以简化问题的求解。下面，我们将介绍若干个简单实用的现实环境光照的近似估计方法。

5.2.1 高动态范围图像

光照环境的表达，既可以使用参数化的表达，也可以采用图像来表达，这在很大程度上取决于虚拟物体绘制的需求。参数化的表达可以直接计算数值，而图像的表达则存在一定的限制。在视觉上，图像是非常精细的，能够表达丰富的细节。但是，图像本身是由离散像素的灰度级来定量表示的，这些灰度级一般并不与光照的出射辐射亮度成线性关系。因此，尽管在视觉上看起来很像，但是用来作为光源进行画面绘制时，图像信息并不与实际的光源参数相对应。

相机在成像的时候，将光照强度转换为像素颜色值，这种转换不仅受光圈、快门的影响，也受到 CCD 光电信号转换和电信号数字化的影响。显然，这种转换是非线性的。另外，现实环境中的光强分布范围非常宽，而图像一般仅有 256 个灰度级，难以体现现实环境的光能分布特性。Debevec 等 (1997) 提出用高动态范围图像 (high dynamic range, HDR) 来刻画图像与光强分布之间的复杂关系，并通过采集一系列图像，建立起场景的高动态光能分布。

HDR 方法的基本原理如下。将相机位置固定，用不同的光圈和快门拍摄若干张同一静态场景的图像，这些图像上同一位置的像素都对应相同的光强，只是由于进光量的不同，其灰度值发生了变化。由于光圈和快门的参数是已知的，因此可以计算得到进光量与光圈和快门参数的比例关系。假设相机的亮度-灰度级的转换函数是一致的，与像素无关，则像素的灰度级就是这个函数对其光亮度的作用结果。根据这个原理，我们可以由一组图像，优化求解相机的亮度-灰度级的转换函数，进而得到相应的光亮度图，即 HDR 图。

这个亮度-灰度级的转换函数与相机密切相关，一般对同一个相机仅需构建一次。需要指出的是，优化恢复转换函数的绝对映射关系是非常困难的，一般恢复值与真实值相差一个倍数。但是，对于图形学和增强现实等应用来说，绘制画面使用的辐射亮度分布一般也相差一个常数,因为最终绘制结果的量纲是辐射亮度，并被转换为灰度级来进行存储，而这种转换通常根据辐射亮度的分布自适应地进行了调整。在增强现实系统中，物体的材质系数是预先定义的，在设定物体时预先校准标准光源与物体材质的亮度关系系数,这个系数将在整个应用过程中保持恒定，无需再行校准。

HDR 图像能够拍摄室外光亮场景和室内昏暗场景共存的照片，其中昏暗的场景用大光圈和慢快门可以拍摄获取清晰的照片,而明亮的区域则出现在小光圈和高速快门拍摄的图像中。由于采用的光圈和快门的组合众多，因此可以清楚地拍摄到不同亮度的场景。

5.2.2　室内光照估计

室内环境中,光照效果不仅受发光光源的直接影响,由于环境较为封闭,一次反射的光线也对场景有较大的影响。相对而言,室内发光光源的分布迥异,不具备规律性,但是其辐射亮度变化范围往往在 HDR 可表达的范围内。因此,室内光照恢复方法可大致分为两类。一类是借助辅助物体的方法,即借助一些硬件设备,如利用 HDR 相机(Debevec, 1998)、光场相机(Cossairt et al., 2008)来快速获取场景的光照情况,或者在场景中放置一些已知几何结构的标志物(Bingham et al., 2009),通过提取标志物的明暗信息来计算光照信息。另一类是纯粹的图像分析方法,即利用图像处理、机器学习的方法来分析得到场景中的光照信息。

5.2.2.1　光源的全景图像表示

对于虚拟物体而言,现实环境中的光线来自四面八方,包括自动发光光源和次级反射光源等。显然,这样的光照环境描述是非常困难的。基于 HDR 方法,我们可以借助相机来拍摄捕获现实静态场景的光照环境,并采用 HDR 图像来表达和存储。360° HDR 全景图像是目前最为常用的表达方法。传统上,全景图的清晰度足够高,常常用作环境贴图(也称为反射贴图),来模拟车辆等光滑表面物体的镜面效果。随着预计算辐射传输技术(precomputed radiance transfer, PRT)的出现,全景图被近似表达为球谐基函数的线性组合,并作为不同频率的照明光源来叠加绘制虚拟物体。采用全景图描述光源(光照环境)隐含假设了场景中所有着色点处的光源都是相同的,即所有光源都远离绘制对象,且不存在自身反射的绘制对象。显然,这个条件是非常严苛的。可以说,全景图是一种非常粗糙的光源表示方法。但由于其简单性和便捷性,且能生成不错的绘制效果,因此,该方法得到了广泛的应用。

全景图像可用立方体和球面来表示。立方体方法(Szeliski et al., 1997)采用 6 幅表面图像来表达,所表达光源的解像度比较均衡。球面表示方法既可采用经纬度来表示所有光源方向,用一张参数化的图像来表达全景图像,也可以将球面分为上下两个半球面,分别投影在两个平面上,用两幅图像来表达全景图像,其缺点是在半球的边缘部分解像度较低。实际使用时,可以适当变化,灵活设计恰当的表达方法。全景图的生成一般有三种方式,一种是直接使用鱼眼镜头拍摄得到整个环境的球面影像;第二种是利用普通相机拍摄得到多幅图像,通过图像拼接来生成(Szeliski et al., 1997);第三种是在环境中放置镜面反射球,拍摄镜面反射球来获取(Debevec, 1998)。这三种方法各有优势,鱼眼镜头和镜面反射球尽管不是普及性的设备,但拍摄一次即可获取全景图,而图像拼接方法则无需特殊设备,但在技术上存在一定的难度。当然,无论采用何种方法,我们都需要多次拍摄不同参数的相关影像,才能生成用作现实环境光源的 HDR 全景图。

若绘制场景的尺度较大，场景中各着色点处的光照环境可能不尽相同，有些甚至相差很大，这就需要采用多全景图来表达场景的光照环境。多全景图的表达给后续绘制的计算和存储带来了很大的挑战。绘制虚拟物体时，通常采用预计算辐射传输方法中的球谐函数逼近来实现 HDR 全景图的频谱分解。这样，过滤掉其中的一些高频信号，全景图就可近似表示为一些基本频谱图像的线性组合，从而有效提升其压缩表达和光照着色计算的效率。具体计算过程大致分为两步。首先采样周围的环境光，计算得到确定阶数的低频球谐基函数的系数，例如图 5.10(b) 是所生成的 3 阶(9 个球谐系数)全景图，是图 5.10(a) 的一个低频近似。然后，在绘制阶段，利用所得到的系数近似还原全景图，再对物体进行着色计算。

(a) 场景的经纬全景图 　　　　　　　　(b) 用 9 系数的球谐函数表示的全景图

图 5.10　全景图及其球谐恢复图

5.2.2.2　基于单张图片的室内光源恢复

采用镜面球(又称 Debevec 球)获取光照环境简便易行。当需要在现实场景中插入虚拟物体时，就在该处放置镜面反射球，通过对镜面球拍摄生成 HDR 图像，进而得到场景的辐射亮度图(Debevec, 1998)。在所拍摄的图像上，首先校准镜面球在相机坐标系中的球面方程，使得球面上的每一个像素点，都可以通过球面方程计算其三维坐标及其法向；然后，以该三维点与相机位置的连线作为出射光线，通过法向追踪其对应的入射光线。由于当镜面球半径足够小时，该入射光线可近似为球心处的环境光入射光线，因此遍历图像上所有镜面球上的像素，就可获得球心处来自各个方向的环境光。尽管图像上仅可见半个球面，但是通过镜面的反射，仍然可以捕获来自几乎整个环境的入射光线，只是光线的分布是非均匀的。这些环境光构成了球心处的光照度分布函数，以该辐射照度分布作为光源，即可以绘制出逼真的具有沉浸感的虚拟物体。但是，由于镜面球本身嵌入在场景中，且需要多次拍摄不同曝光度的图像，因此，镜面球获取方法只能处理静止场景，尤其当主光源近似平行光源时，通常会产生较大的误差。

从单张图像中估计光照环境是一个高度欠约束问题，因此一般需要在图像中添加少量辅助物体或信息来实现稳定求解。例如，用户交互标注一些几何信息或光源信息(Karsch et al., 2011)，用以快速恢复出简化的场景几何以及光源的强度、位置和形状等信息，无论用来绘制漫射材质还是镜面材质的虚拟物体，都能够取得逼真的视觉融合效果。该方法被进一步推广为数据驱动的模式，由单张图像即可估计出整个场景的物理光照参数(Karsch et al., 2014)。基于所设计的界面工具，用户可以拖动虚拟物体的摆放位置，其着色效果随着位置的不同而变化，呈现出良好的虚实融合效果。当然，这些估计方法比较粗糙，鲁棒性也有所不足，某些场景的融合效果比较好，某些场景所估计的光照可能存在较大偏差。

5.2.2.3　基于深度学习的室内光源恢复

近年来，随着深度学习理论和方法的蓬勃发展，人们对神经网络的认识日益深化。深度学习算法已经可以从大量训练样本数据中自动学习特征的表示，拥有大规模的参数、强大的学习能力和高效的特征表达能力，在全局特征提取和语义分析方面凸显优势。既然从图像中恢复光照环境是一个逆向非线性映射问题，理论上我们可以采用机器学习的思想来予以研究解决。基于深度学习的光照环境估计已成为当前的前沿研究方向之一。

根据深度学习的基本原理，我们需要准备足够多的样本数据，既要有光照信息，也要有该光源照射下的场景图像，才能够学习得到图像特征与光照环境之间的映射关系。由于采集到的往往是低动态范围(low dynamic range, LDR)的全景图，一般与环境光照信息成非线性关系，并且往往丢失了过于明亮的发光光源信息，因此需要进行数值估计。HDR 图像是光源的线性表达，若能同时拍摄到多张不同曝光度的 LDR 图像，我们就可以生成 HDR 图像(Debevec, 1997)。在 HDR 图像中，利用光源的亮度与周围环境的较大差异性，直接提取相关光源的信息。否则，则利用机器学习方法来估计光源位置，通过构造逻辑回归分类器来分别检测不同大小的光源，如小区域光(如台灯、电灯等)和大区域光(如窗户、日光灯等)。完整的光照信息还应该包含间接光照，因此采用 HDR 全景图像来表达更为完整，既有各种发光光源的方向、强度等信息，也有间接光源的信息。具体的表达方式可以通过数据配对的方式来体现。一般来说，神经网络需要大量的数据样本集，除了捕获现实环境的影像来采集样本，用全局光照明模型绘制高精度的图形，也是一种重要的数据生成方式。

一旦有了好的数据样本，我们就可以设计网络架构来训练模型，该模型将 LDR 图像(全景图像中的局部图像)映射为 HDR 全景图像，即光照环境信息。目前流行的卷积神经网络(convolutional neural network, CNN)、循环神经网络(recurrent neural network, RNN)和对抗神经网络(generative adversarial network, GAN)等模型都可以采用，可依据具体的需求，做出恰当的选择。一般来说，若处理的是无序图像集，可采用 CNN 模型；若处理的是图像序列，则使用 RNN 比较好。GAN 有利于提升生成图像的精度，对于局部图像至全景图像的映射有重要作用。实际执行时，可以以自编码器为核心，结合 GAN 的生成器，构建从 LDR 图像至 HDR 全景图像的映射网络。

网络的训练过程就是使得该网络生成的 HDR 全景图像与数据样本间差异最小化的过程。即使有好的数据样本和学习模型，我们仍需要一些经验性尝试调节超参数，使得训练迭代过程中，不断降低误差，产生较好的估计结果。值得指出的是，并不是随意训练都能成功得到满意的估计结果，系统需要恰当地设置一些特别的参数，如选择适当大小的卷积核，即每次操作图像的感知域大小；设计损失函数，以刻画网络生成结果与真实标签之间的关系，指导反向的传播和更新模型的参数。一旦成功训练得到模型，即可估计得到光源的位置、亮度或整个光照环境的大致亮度等信息。

这里介绍一个基于视频流的光照估计算法，其目标是从视频流中递进式地估计 HDR 环境光照，进而用来绘制虚拟物体，达到虚实融合的效果。算法流程如图 5.11 所示，我们先把获取到的每一帧图像 I_i 使用函数 $s(\cdot)$ 转到全景图空间，用图像拼接算法整合，得到 LDR 的局部全景图 M_i；然后，传入端到端网络 g 计算得到 HDR 全景图像 H_i，作为光照环境。随着 i 的递增，画面帧数逐渐增加，M_i 逐渐成为全景图像。在对虚拟对象进行渲染的过程中，将光照全景图转化为球谐函数（SH lighting），能够对虚拟物体进行快速渲染，通过图像处理与背景图像合成最终的虚实融合图像。

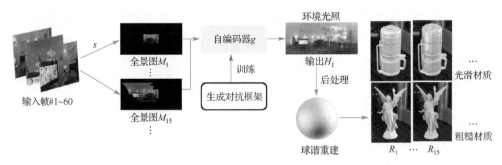

图 5.11　室内光源恢复并实现虚实融合的整体流程

这里的算法核心是光照估计，即由 LDR 的局部全景图像，获得 HDR 的全景图像的过程。光照估计模型采用一个端到端的自编码网络实现（如图 5.12 所示），并且使用对抗网络 GAN 框架来提高生成图像的精度。采用自编码器的结构有利于提取图像的特征，在卷积的过程中，自编码器中特征图的大小越来越小，这样整个参数数量相对较少，训练参数的消耗比较小，估计速度也相对较快。一

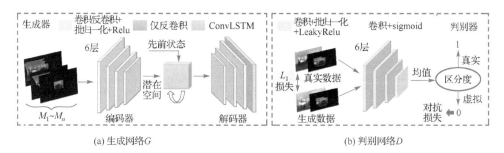

图 5.12　网络模型架构

般来说，GAN 由生成网络和判别网络组成，生成网络基本架构为自编码器（autoencoder），其编码器（encoder）将输入转化为低维的潜在表示，同时解码器负责潜在表示的数据重建。网络设计为 6 层，为了保留视频流的时间信息，在编码器和解码器之间插入 ConvLSTM 模块。该模块保持一个内部状态，将先前帧的隐藏状态的输出连接到当前帧。这种循环连接随着时间的推移，能够收集关于场景的更多信息，进一步取得更加稳定的结果。网络输入为 M_i，输出为 H_i，均采用图形渲染的方式获得训练数据。需要指出的是，在一个静态环境中，不管 M_i 由多少帧图像构成，覆盖了哪些区域，所有对应的 H_i 都应该是相同的。

GAN 网络设计为带条件的 GAN 网络（CGAN），训练过程形式化为：

$$\min_G \max_D E_{y \sim p_{gt}}[\log D(M,y)] + E_{M \sim p_G}[\log(1 - D(M,G(M)))] \tag{5.2.1}$$

式中，M 表示输入图像，y 表示对应的真实图像，G 是生成网络，D 是判别网络，E 表示期望，p_{gt} 表示真实值的概率分布，p_G 表示生成网络输出图像的概率分布。训练完成以后，生成网络的输出 $G(M)$ 即为估计的光照环境 H，因此在训练中要使得 $G(M)$ 尽可能接近 y。

设计的判别网络如图 5.12(b) 所示，它负责判断输入与输出结果能否配对，这是一个六层全卷积网络，使用了批归一化和 Leakyrelu 激活函数，最后用 sigmoid 函数输出匹配的分数。对抗的损失函数为：

$$\text{Loss}_{adv} = E_{M \sim p_G}[-\log D(M,G(M))] \tag{5.2.2}$$

式(5.2.1)的后一项是训练生成器的损失函数，我们额外增加了 L_1 模来度量损失，约束生成器产生与真实图像相似的结果，表示为：

$$\text{Loss}_{L_1} = E_{M \sim p_G, y \sim p_{gt}}[\omega \|G(M) - y\|_1] \tag{5.2.3}$$

其中 ω 是全景图像素对应的立体角。

图 5.13 给出了一个室内场景的光照恢复结果，并呈现了场景中融入天使模型的效果。场景的背景图像是采用高品质图形渲染技术生成，这样既便于生成光

照恢复的训练数据，又便于与真实值相比较。其中图 5.13(a)是所输入的一组已知局部观察图像，将其映射到全景图像上；图 5.13(b)是深度网络学习估计得到的光照信息(HDR 全景图像)；图 5.13(c)是光照信息的球谐基函数 9 系数近似表示；图 5.13(d)是利用所恢复的光照信息进行模型绘制的结果。图 5.13(a)中，从左至右的输入环境图像逐渐完整；需要指出的是，最右端的一列图像是渲染生成的，因此天使模型的光照环境是真实值，而无需在所处位置的全景图像作为光照环境。容易发现，即使是单张图像所估计出的光照信息，所绘制的模型与实际环境也具有良好的光照一致性。这体现了神经网络强大的拟合能力，可以从局部的低动态范围图像恢复出整个场景的高动态范围光照环境。算法在全景图像空间上，对整个视频流进行了渐进式的光照估计，无论是仅一帧图像，还是几十帧图像，都可以估计出高动态范围全景图。但是，由于深度学习需要大量的数据来学习，只用自然采集的数据来训练仍然非常困难，并且估计效果不是很稳定，神经网络的输出也难以控制和微调。当然，随着深度学习技术的进一步发展，相信这个问题未来可以得到比较好的解决。

从上至下：(a)输入图像；(b)输出 HDR 全景光照图；(c)球谐函数重建图；(d)绘制结果

图 5.13　通过场景局部区域图像恢复光照环境

5.2.3　室外光照估计

室外环境的光源主要由太阳光和天空光组成(Tadamura et al., 1993)。考虑到遥远的距离，太阳光可定义为具有微小立体角的强光源，其轨迹可以由观察时间、观察地的经纬度等信息计算得到。若不考虑大气层的影响，太阳光可以被认为是恒定光源。当太阳光穿过大气层的时候，大气中的空气分子、云雨、烟尘、雾霾等不同尺度的颗粒会反射和散射太阳光线，形成明亮的天空光光源。在完美的晴朗天气条件下，抵达地面的太阳光的强度和天空光的分布一般只跟太阳的入射角度、地面高度有关，因此其光源分布可以通过构建天空光解析模型来近似计算得到。经典的天空光模型有 Tadamura 彩色天空模型(Tadamura et al., 1993)、Preetham 模型(Preetham et al., 1999)、Hošek-Wilkie 天空模型(Hošek et al., 2012)等。例如，Hošek-Wilkie 天空光模型可以表达为：

$$L_\lambda(\boldsymbol{\omega}) = f_{HW}(\boldsymbol{\omega}, \lambda, t, \sigma, \boldsymbol{\omega}_s) \tag{5.2.4}$$

式中，$\boldsymbol{\omega}$ 是空间半球面上的一个方向，λ 是光线波长，t 是大气浊度，σ 是地面反射率，$\boldsymbol{\omega}_s$ 是光源(太阳)方向。

根据天空光模型，可以解析计算得到天空光的全景图。由式(5.2.4)，设定地面反射率 $\sigma=0.3$，也即地球表面的平均值，并在区间 [360nm, 700nm] 内离散遍历光谱 λ，乘以曝光值，计算得到相应的颜色值，再对半球面进行采样，即可生成经纬全景图：

$$I_{\text{RGB}}(\boldsymbol{\omega}) = \alpha f_{\text{RGB}}(\boldsymbol{\omega}, t, \boldsymbol{\omega}_s) \tag{5.2.5}$$

式中，α 是曝光系数。一般来说，天空光模型计算得到的图像通常比较相似，控制的参数也较少(如图 5.14 所示)。

基于上述太阳光和天空光解析模型，室外环境的光照恢复可借助数据驱动的方法来实现。通过采集大量的 LDR 全景图，首先把图像转化为天空光模型的参数表示，将其作为全真值。然后，利用神经网络模型来最小化恢复的损失来计算确定参数，包括光源位置、大气浊度等。

图 5.14　天空光模型生成的全景图

设计人工特征来恢复光照估计参数也是一种有效的方法(Lalonde et al., 2012)。结合图像中的多种线索，如阴影、表面颜色、天空颜色等，根据人工特征预先采集的材质和几何，按照图形绘制原理，统计回归适当的光照参数，使其吻合图像观测的结果。当然，利用 CNN 神经网络来拟合模型参数(Hold-Geoffroy et al., 2017)更为直接，无需复杂的网络设计，即可取得比人工设计特征方法更佳的估计结果。

在完全阴天的条件下，可以认为太阳光强度为零，天空光为均匀分布的半球面。这样，多云天气可以近似看作是完美晴天和完全阴天两种极端情形的中间状态。在任意天气条件下，太阳光到达地面的强度一般受云层的影响较大，而天空光的分布则受云层分布影响而产生较大的变化。一般来说，通过镜面球拍摄 HDR 全景图可以完整地恢复天空光的分布。下面，我们介绍一种图像分析方法，在不放置任何物体情况下，在线地感知恢复场景光照的变化(Liu et al., 2009; Zhang et al., 2013)。

考虑分别单独采用太阳光和天空光照射一个静态场景，可以生成两幅图像。如果太阳的方位角固定，则场景的亮度随着太阳光的亮度线性变化；如果假设天空光的分布恒定，则它所照射的场景也仅随天空光的整体亮度线性变化。我们分别称这样的场景图像为太阳光基图像和天空光基图像。不妨假设，在任意天气条件下的场景图像，可采用这两幅基图像的线性组合来近似：

$$I(x,y,t) = \boldsymbol{l}_{\text{sun}} \odot I_{\text{sun}}(x,y,t) + \boldsymbol{l}_{\text{sky}} \odot I_{\text{sky}}(x,y) \qquad (5.2.6)$$

式中，符号 $\odot$ 表示向量的各分量相乘，$I(x,y,t)$ 是 t 时刻获取的图像，(x,y) 是像素坐标，$I_{\text{sun}}(x,y,t)$ 和 $I_{\text{sky}}(x,y)$ 分别是太阳光和天空光基图像，$\boldsymbol{l}_{\text{sun}}$ 和 $\boldsymbol{l}_{\text{sky}}$ 分别是场景图像在基图像上的红、绿、蓝投影系数向量。写成红绿蓝分量形式为：

$$\begin{pmatrix} I_{\text{r}}(x,y,t) \\ I_{\text{g}}(x,y,t) \\ I_{\text{b}}(x,y,t) \end{pmatrix} = \begin{pmatrix} l_{\text{r,sun}} I_{\text{r,sun}}(x,y,t) + l_{\text{r,sky}} I_{\text{r,sky}}(x,y) \\ l_{\text{g,sun}} I_{\text{g,sun}}(x,y,t) + l_{\text{g,sky}} I_{\text{g,sky}}(x,y) \\ l_{\text{b,sum}} I_{\text{b,sum}}(x,y,t) + l_{\text{b,sky}} I_{\text{b,sky}}(x,y) \end{pmatrix} \qquad (5.2.7)$$

值得注意的是，该模型的天空光基图像跟时间没有关系，忽略了天空光分布随时间的变化。事实上，由绘制方程可知，由于天空光分布在半球面上，天空光分布的不均衡对物体外观的影响是非常微弱的，天空光的强度是其主要影响因素。根据此模型，若太阳光基图像和天空光基图像已知，则对任意一幅场景图像，通过分别求解最小化式(5.2.6)两边所有像素的红、绿、蓝分量的差的平方和为目标的最小二乘问题，即可得到它在两个基图像上的投影系数向量 $\boldsymbol{l}_{\text{sun}}$ 和 $\boldsymbol{l}_{\text{sky}}$。本质上，这两个投影系数分别代表了太阳光和天空光的红绿蓝强度系数，结合前述太阳光和天空光分布模型，就可以用来绘制虚拟物体。图 5.15 给出了所恢复光照绘制的虚拟物体与现实场景的融合结果。

(a) 小轿车为虚拟物体

(b) 楼顶的小亭为虚拟物体

图 5.15　两个场景、三种典型天气条件下的虚实融合图像

因此，问题的关键是如何获取太阳光和天空光的基图像。鉴于实际拍摄的场景影像中，太阳光和天空光对场景的光照贡献是耦合在一起的，因此需要从中解耦出它们的基图像。这是一个欠定逆问题，需要利用室外场景的特点来降低优化计算的难度。首先，太阳光和场景的阴影区域随着时间的变化而变化，景物表面并不总是处于阴影之中，因此，通过观察晴朗天气条件下一整天的图像变化，可以有效分离出太阳照射下的图像(Sunkavalli et al., 2008)。但是，这样计算得到的图像往往不具备基图像的特征，结果也不够鲁棒。其次，若没有天空光的照射，太阳光的基图像中阴影区通常显得比较黑，但一定保持正值，且在中午时分，其颜色基本为白色。利用这两个约束条件，可以鲁棒地优化分离出太阳光基图像(Zhang et al., 2013)，进而得到天空光基图像。图 5.16 呈现了从实际拍摄室外影像序列中分离出太阳光和天空光基图像的结果。

(a) 原始图像序列的一帧

(b) 阴影图像

(c) 分解得到的天空光基图像

(d) 分解得到的太阳光基图像

图 5.16　从室外场景序列中分离太阳光和天空光基图像

5.3　虚实视觉融合

在增强现实系统中，虚实融合的视觉效果一般关注两个方面，即着色后的虚拟物体的颜色是否与现实环境协调，其外观是否逼真。它们取决于光照环境恢复的精度以及虚实环境三维注册和绘制的精准性。实际执行时，既需要考虑计算的实时性，又要准确模拟光能在虚实物体之间的相互作用问题，这是虚实环境的沉浸式视觉融合的关键。为此，本节将重点介绍增强现实系统经常用到的三类视觉绘制技术，即阴影生成、环境光遮蔽和间接光照计算。

5.3.1　虚实景物间的阴影生成

阴影是由于光线受到遮挡而形成的自然现象，它的存在使得人们看到的场景更具立体感。在图形绘制中，阴影生成是增加场景真实感的重要手段，能有效增加虚实环境视觉融合的沉浸感。本小节将重点介绍实时阴影生成算法。这些算法可以组合使用，从而在效率和质量之间取得平衡。

"光影"一词意味着光和影是分不开的，因此阴影的形成离不开光源、遮挡物和接受物三大因素。阴影通常由本影（umbra）和半影（penumbra）组成（如图 5.17 所示）。理想的点光源或者平行光源产生的阴影边缘十分锐利，其阴影区中的光源光线被完全遮挡，形成了本影。这种完全由本影构成的阴影也称为硬阴影（hard shadow）。对于具有一定面积或者体积的光源，在其产生的阴影边缘区域，只有一部分的光源光线被遮挡，从而形成了半影。半影与本影组成了软阴影（soft shadow）。真实世界中的光源往往具有一定面积，所以我们实际观察到的阴影都是包含半影的软阴影。一般来说，随着遮挡物到接收物之间的距离或光源面积的增大，软阴影的半影区域将逐渐扩大，而本影区域则相应地缩小，甚至消失。根据人类的主观视觉感知机理，有无阴影比阴影的形状对视觉感知的影响更大，因此，高效地生成具有光滑边界的阴影效果一直是图形学的重要研究课题。

历史上，出现了许多高效的阴影绘制方法。若阴影接收物为一个平面，则由光源和平面的位置，可导出一个投影矩阵，直接将遮挡物体的每个顶点投影变换到接收物上，实现阴影区域的计算。该方法的实现较为简单，但普适性不足，目前在图形学中已很少使用。后续的阴影体与阴影贴图方法有效地解决了这一问题，成为目前主流的阴影生成算法。

阴影体方法是图形学中阴影绘制的经典方法（Crow, 1977）。该方法首先利用光源和遮挡物，构造出阴影体，然后逐一判断接收物体是否有部分位于阴影体中，因此，算法的关键在于如何利用模板缓存（stencil buffer）的 z-pass 与 z-fail 算法

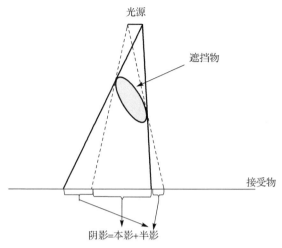

光源

遮挡物

接受物

阴影=本影+半影

图 5.17 阴影的来源及其主要组成部分

来实现快速判断。总的来说，阴影体方法可以生成较精确的阴影效果，但是由于阴影体通常覆盖一大部分场景，需要额外的光栅化计算，严重影响了其计算效率。直到模板缓冲得以硬件实现，阴影体算法的效率才有了明显的提高，但与阴影贴图方法相比，仍有所不足。

5.3.1.1 阴影贴图

阴影贴图（shadow map）方法（Williams，1978）的原理非常简单。所谓阴影贴图，就是把场景中的深度信息存储在纹理贴图中，由深度信息来判定片元在光源视角下是否可见，从而生成正确的阴影效果。

阴影是由于在接受物与光源之间的光线被遮挡物遮挡而产生的。基于这个事实，阴影贴图算法分两步来实现。首先，在光源位置放置一个相机，绘制整个场景得到一张深度图，其每个像素存储了所在方向上距离光源最近的物体的深度值。然后，使用视点处的相机对场景进行正常的绘制，并将每一像素处的景物着色点变换到光源相机所在的空间，若着色点的深度值大于深度图对应像素的值，则该着色点处于阴影中。位于阴影区的着色点仅考虑环境光与自发光的光能贡献，而不位于阴影区的着色点则需增加漫反射光与镜面反射光的计算，由此便可生成阴影效果。容易发现，当光源与景物的相对位置不变时，阴影贴图的计算仅需进行一次，且可以预先计算好，从而极大减少了在线的计算开销。因此，阴影贴图方法特别适合静态光源的场景，而且容易硬件实现，这是其得到广泛应用的主要原因。

在阴影贴图方法中，半影的计算也相对比较容易。PCF 阴影贴图（percentage closer filtering shadow map）是生成软阴影的主要方法（Reeves et al., 1987），该方法也可以有效消除阴影贴图分辨率不足引发的阴影边缘锯齿现象。PCF 阴影贴图方法把阴影贴图的单一深度采样，改变为区域采样，并通过加权平均相近深度的采样值来得到阴影系数，从而得到柔和的阴影边界。但是，采样率的增加容易降低计算效率。

阴影贴图方法的缺点比较明显。首先，容易受数值精度、阴影贴图分辨率和场景尺度等因素的影响，引起较大的计算误差。当阴影贴图分辨率不足时，多个片元会对应到同一个深度值，导致阴影边界的锯齿状走样现象。与阴影体方法相比，其计算精度相对较低。其次，阴影贴图方法需要在每个光源位置绘制场景，尤其当场景中光源较多，或者光源或物体运动变化时，需要重新生成每个光源的阴影贴图，其计算效率急剧下降。为此，下面专门介绍阴影贴图方法的反走样策略。

5.3.1.2　阴影的失真与边缘走样

由于景物的几何和深度是连续变化的，而阴影贴图的分辨率及其所记录的离散深度信息则是有限的，因此，当利用阴影贴图来进行深度采样和比较时，不可避免地存在偏差，导致阴影的失真和边缘的走样。如图 5.18 所示，平面上的多个片元都对应了同一个阴影贴图纹素(texel)，但由于光源方向相对于此平面呈一定的角度，使得对应同一纹素的多个片元中，有的比纹素的深度更远，有的更近，导致在阴影计算时，有的片元被判断为处于阴影区，有的被认为不在阴影区，从而在物体表面上产生类似摩尔纹(Moiré pattern)的现象。我们把这种现象叫作阴影失真(shadow acne)。如果将表面沿光源方向作一点偏移，就可以有效避免这种现象(如图 5.18 右图所示)。当然，这个偏移量要恰当，不能太大。较大的偏移量会导致遮挡物和接受物的交界处的阴影产生明显的截断，造成遮挡物好像要脱离接受物的错觉。

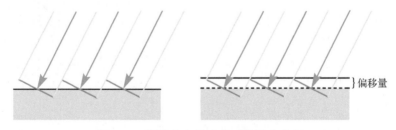

图 5.18　阴影失真的形成及其解决方案

除了阴影失真外，阴影贴图方法容易在阴影边缘处产生锯齿状走样现象。消除走样现象的一个简单方法是提升阴影贴图的分辨率，但需要较大的内存和计算耗费，针对此问题的许多技术便应运而生。

由于场景绘制需要经过相机的透视投影，因此越靠近视锥的近裁剪平面的阴影纹素片元，在屏幕空间中占据越大的面积，因此需要更高的阴影贴图分辨率。这就导致了屏幕空间的像素与阴影贴图的纹素无法一一对应，距离视点近处的阴影边缘锯齿较于远处的更加明显。透视阴影贴图(perspective shadow map, PSM)和光源空间透视阴影贴图(light space PSM, LSPSM)是两个专门针对此问题而提出的算法，其核心思想是通过调整光源空间的投影矩阵，使得更多的阴影贴图纹素对应于近距离的像素。但是，透视效应的矫正并不能完全解决阴影边缘的锯齿走样问题，导致上述两个算法的鲁棒性不足，尤其当观察视点移动时，算法缺乏自适应性。近来出现的级联式阴影贴图(cascaded shadow map, CSM)方法，有效解决了阴影的自适应抗锯齿走样问题，成为目前主流的算法。

级联式阴影贴图是一种适用于大尺度场景的阴影生成技术。为了生成最好的阴影效果，需要尽可能保证场景中的像素片元与阴影贴图中的纹素一一对应。CSM 方法首先对视锥体进行划分，并对每个不同的视锥体生成其对应的深度图。在计算阴影系数时，根据物体在视锥体中的位置，利用相应的深度图来进行采样计算。这样，离视点不同距离的物体都有合适的阴影贴图采样率，保证了采样计算的自适应性，有效消除了阴影边缘的锯齿走样现象。

5.3.1.3 基于小平面近似的实时子像素精度阴影生成

从前面讨论可知，阴影贴图方法生成的阴影质量依赖于阴影贴图的纹素分辨率，与光路追踪等真实感图形绘制算法生成的阴影质量有一定的差距。我们可以简单地采用超采样方法来生成高质量的阴影效果，即在每个像素内额外采样场景，计算每个采样点处的阴影值，取平均得到该像素处的阴影值。当采样点达到一定数量(一般数十个)时，该方法就可以取得较好的效果，但其计算复杂度关于采样率呈线性增长，算法效率不高。Pan 等(2009)提出了一个子像素精度的快速阴影生成算法，成功分离了可见性计算与采样率的耦合关系，在数十甚至上百采样率下，实现了实时高质量的阴影绘制。其基本思想是，使用小平面(facet)来隐式逼近景物在每一个像素中的几何表面(如图 5.19 所示)，这样像素内的所有采样着色点可被认为近似位于该平面上，因此该像素的阴影计算就无需高分辨率光栅化场景，从而将光栅化的复杂度降为 $O(T)$ (T 为场景中三角面片的数量)。另外，由于像素内的所有采样点都共面，对于每个遮挡物三角面片，可以通过两次投影得到相机视角的屏幕空间中该面片所遮挡的区域。这个遮挡区域可以用若干半平面的交集来表达，因而可以用一张预先计算的查找表一次性地算出哪些采样点被遮挡，从而将阴影计算的复杂度降低为 $O(P \times T)$，其中 P 为像素数量。为进一步降低计算复杂度，该算法还引进阴影轮廓图和软件光栅化方法来分别减少 P 和 T 的数量，最终实现了子像素精度的实时阴影生成。

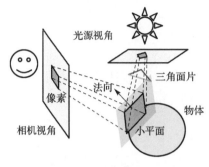

图 5.19　小平面的定义

图 5.20 给出了子像素精度阴影算法与传统阴影贴图和反走样阴影贴图方法的实验比较。传统阴影贴图方法生成的阴影含有大范围的块状锯齿(图 5.20(a))，反走样阴影贴图方法消除了这些锯齿(图 5.20(b))，但依然存在像素级别的锯齿和不连续的阴影。子像素精度阴影算法则完全消除了锯齿，并且具有连续的阴影(图 5.20(c))，计算帧率仅有小幅下降。

(a)传统阴影贴图算法　　　(b)反走样阴影贴图方法，49FPS　　　(c)子像素精度阴影生成方法
(32 倍采样率)，41FPS

图 5.20　三种阴影贴图算法的比较

5.3.2　屏幕空间环境光遮蔽技术

对于环境光照射下的物体，其表面上的着色点可能受到周围景物的严重遮挡，从而形成较明显的阴影区域。但是，常用的阴影生成技术难以用来高效生成这种特殊的阴影效果。环境光遮蔽技术(ambient occlusion, AO)，就是一种用来近似模拟环境光照射下物体受遮挡而产生的软阴影效果的实用技术。该技术虽然仅仅近似增强了环境光的阴影效果，但对画面真实感的提升还是有着较大的作用。

环境光遮蔽现象在场景的角落处，如墙角、孔洞、衣服的褶皱等区域，比较明显。与普通的阴影效果不同，由于环境光被认为在空间球面上均匀分布，故它产生的阴影不随光源位置的变化而变化。因此，类似于前述的预计算辐射传递(PRT)方法，环境光遮挡系数可以预计算得到。当然，这种预计算方法难以处理动态景物。

环境光遮蔽(AO)的具体数学表达可由绘制方程导出：

$$L_o(\boldsymbol{\omega}_o) = L_e(\boldsymbol{\omega}_o) + \int_\Omega f_r(\boldsymbol{\omega}_i, \boldsymbol{\omega}_o) L_i(\boldsymbol{\omega}_i)(\boldsymbol{n} \cdot \boldsymbol{\omega}_i) \mathrm{d}\boldsymbol{\omega}_i \qquad (5.3.1)$$

这里我们只考虑表面上某固定点 x 处的环境光遮蔽，故在绘制方程中省略了位置参数 x。这个方程还是过于复杂，需要对它作些合适的假设和简化。主流的 AO 算法主要基于以下三方面的假设(Cook et al., 1982)：一是环境光的分布是均匀的，即在任意方向下的入射光亮度都相同，$L_i(\boldsymbol{\omega}_i) = 1$；二是物体是朗伯漫反射体，即物体表面 BRDF 为 $f_r(\boldsymbol{\omega}_i, \boldsymbol{\omega}_o) = \dfrac{\rho_d}{\pi}$，$\rho_d$ 为物体表面反射率；三是物体表面没有自发光，不考虑光线的多重反射等。基于这些假设，式(5.3.1)可以简化为：

$$L_o(\boldsymbol{\omega}_o) = \frac{\rho_d}{\pi} \int_\Omega V(\boldsymbol{\omega}_i)(\boldsymbol{n} \cdot \boldsymbol{\omega}_i) \mathrm{d}\boldsymbol{\omega}_i = \rho_d V_d \qquad (5.3.2)$$

式中，$V(\boldsymbol{\omega}_i)$ 表示 $\boldsymbol{\omega}_i$ 方向上的入射光是否被遮挡，如果被遮挡，$V(\boldsymbol{\omega}_i) = 0$，否则 $V(\boldsymbol{\omega}_i) = 1$。环境光遮蔽 V_d 表达为：

$$V_d = \frac{1}{\pi} \int_\Omega V(\boldsymbol{\omega}_i)(\boldsymbol{n} \cdot \boldsymbol{\omega}_i) \mathrm{d}\boldsymbol{\omega}_i \qquad (5.3.3)$$

类似于前述的绘制方程求解，我们也可以使用蒙特卡洛数值积分方法来近似计算式(5.3.3)。从着色点的上半球面上，均匀地往外发射光线，计算所有采样光线的遮挡情况，即可得到该片元的环境光遮蔽系数。如图 5.21 所示，绿色的光线为可见的环境光，蓝色的为被遮挡的光线。类似地，这种方法的计算效率比较低，难以应用于虚拟现实和增强现实等实时绘制领域。目前主要有两种策略来解决这一问题。一种是预计算策略，其计算结果通常比较精确，但存在一些使用上的限制；另一种是简化计算策略，即仅在少量采样点处计算上述环境光遮蔽系数，效率较高，且没有预计算带来的限制。后一种方法一般在屏幕空间中进行，仅需执行可见着色点处的计算，因此是理想的实时 AO 计算策略。下面主要介绍屏幕空间环境光遮蔽和基于水平线的环境光遮蔽两个主流算法。

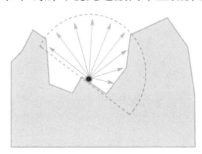

图 5.21　使用光线跟踪方法求解环境光遮蔽系数

5.3.2.1　屏幕空间环境光遮蔽（SSAO）

屏幕空间环境光遮蔽算法（screen-space ambient occlusion, SSAO）由 Crytek 公司所发明。该算法使用屏幕空间中场景的深度值来估计遮蔽系数，无需考虑物体的真实几何形状，因此其效率非常高。

SSAO 的基本原理如下：对于屏幕空间中的每个片元，使用其周围的深度值来计算其遮蔽系数（occlusion factor），因为深度信息代表了物体的粗略几何信息。在像素片元位置处建立一个球形的采样区域，采样此范围内周围点的屏幕空间深度值，并和此点的实际深度值进行比较。实际深度值比屏幕空间深度值更大的采样点，被认为位于几何体的内部。在这个球形采样区域中，位于几何体内部的点越多，说明环境光的遮挡现象越严重，该像素片元所接受的环境光则越少。统计位于几何体内部的采样点的比例，即为遮挡系数。所有像素片元处的遮挡系数便组成了 AO 贴图。实际执行时，需要平衡精度和效率的关系。若采样点太少，所得到的 AO 贴图会有明显的条带状，当然效率会较高；反之，若增加采样点，精度较高，相应地效率会降低。

若景物是一个平面，则其表面着色点处的球形采样区域有一半位于平面背后，由于过于近似的计算策略，上述方法得到的 AO 贴图上存在明显的灰色区域。相反，对于凸的景物，则会产生明亮的区域。可以采用法线方向的半球面代替球形作为采样区域，来有效缓解这个问题。如图 5.22 所示，半球面中的黄色采样点为可见的，红色采样点为不可见的。总的来说，SSAO 算法尽管非常高效，但它所生成的阴影真实性一般。

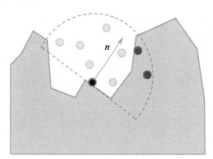

图 5.22　半球面采样的环境光遮蔽（SSAO）

5.3.2.2　基于水平线的环境光遮蔽（HBAO）

与上述 SSAO 方法不同，基于水平线的环境光遮蔽方法（horizon-based ambient occlusion, HBAO）可以得到一个更精确的结果（Bavoil et al., 2008），且这种方法同样不需要针对不同场景进行预计算，可以应用于任意动态场景。我们知道，三维半球面中的一个入射光方向 $\boldsymbol{\omega}_i$ 可以用极坐标 (θ,ϕ) 来表示。如图 5.23 所示，对于以表面法线为中心的上半球面区域，可以分两步进行二重积分。第一步是在上半球面沿经度方向的切片上进行积分(如图 5.23 (a) 所示)。第二步是对上述切片沿经度方向进行积分(如图 5.23 (b) 所示)。不同于 SSAO 完全使用数值解法，对于切片上的积分计算，HBAO 使用解析方法求解。HBAO 方法假设物体的表面为一个连续的高度场，这样未被遮挡的区域可以表达为两个向量 $\boldsymbol{h}_1$、$\boldsymbol{h}_2$ 所界定的区域(如图 5.23 (a) 所示)，其中向量 $\boldsymbol{h}_1$、$\boldsymbol{h}_2$ 近似刻画了着色点的可见性情况，可采用以下方法来采样求解。在表面着色点为中心、半径为 R 的圆盘上对表面高度场进行采样，比较采样点与着色点的连线方向与表面切向的夹角，在采样点的左右两侧分别进行搜索，分别选取最小和最大夹角的方向作为向量 $\boldsymbol{h}_1$、$\boldsymbol{h}_2$ 的方向。由于切片上的积分可解析计算，因此式(5.3.3)的二重积分可转化为如下的一重积分：

$$
\begin{aligned}
V_d &= \frac{1}{\pi}\int_{\Omega} V(\boldsymbol{\omega}_i)(\boldsymbol{n}\cdot\boldsymbol{\omega}_i)\mathrm{d}\boldsymbol{\omega}_i = \frac{1}{\pi}\int_{-\pi}^{\pi}\int_{0}^{\pi} V(\theta,\phi)(\boldsymbol{n}\cdot\boldsymbol{\omega}_i)\sin(\theta)\mathrm{d}\theta\mathrm{d}\phi \\
&= \frac{1}{\pi}\int_{-\pi}^{\pi}\int_{\theta_{h_1}}^{\theta_{h_2}}\sin(\theta)\cos(\theta)\mathrm{d}\theta\mathrm{d}\phi = \frac{1}{2\pi}\int_{-\pi}^{\pi}(\sin^2(\theta_{h_2})-\sin^2(\theta_{h_1}))\mathrm{d}\phi
\end{aligned}
\tag{5.3.4}
$$

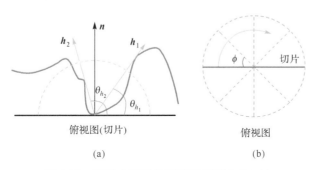

图 5.23 基于水平线的环境光遮蔽(HBAO)

更进一步，上式可以直接采用一维数值积分方法来计算，得到沿经度方向的积分，即着色点处的环境光遮蔽系数。这一计算策略有效提高了环境光遮蔽系数的计算效率。

总之，屏幕空间的环境光遮蔽算法具有鲜明的优缺点，它不仅与场景的几何复杂度无关，对于动态场景有着很好的适应性，而且可完全运行在 GPU 上，有效保证了复杂环境光照射下动态场景软影的实时生成。当然，由于采用极度近似的计算策略，其计算精度不是很高，影响了软影的真实性。尽管如此，该方法仍在三维游戏、虚拟现实、增强现实等领域得到了广泛应用。目前研究者在 SSAO 与 HBAO 的基础上，又提出了许多改进方法，但这些方法与蒙特卡洛数值积分得到的标准结果仍存在很大差距，更加精确、高效的方法值得进一步探索。

5.3.3　虚实景物间的间接光照计算

根据绘制方程，虚拟物体的高保真光照计算，既需要模拟光源的直接辐射，又需要模拟光能在环境中的多重折射反射过程。正是这些相互反射形成的光线，被作为次级光源间接地照亮场景，从而形成丰富而微妙的明暗细节，有效提升了画面的真实性。然而，这些间接光照效果依赖于全局的光照计算，计算复杂度很高，难以实现实时模拟。为此，研究者深入研究了绘制方程的简化加速策略，以期通过牺牲一些绘制的光照细节，达到提升绘制效率的目的。本小节主要介绍若干个实用的虚实景物之间的实时间接光照计算方法。

5.3.3.1　预计算辐射度传递

实时的动态全局光照计算一直是计算机图形学和虚拟现实技术所追求的目标。正如 5.1.4 节所述，借助光路追踪和辐射度等方法，复杂的光源、反射、阴影等全局光照效果可离线地被完整绘制出来。但是，当场景发生任何变化时，需要相应地重新绘制场景画面，这是一个十分耗时的任务。由于光能传输的复杂性，实时绘制技术通常简单地放弃这些复杂的全局光照模拟，有时甚至简化直接光照计算，来达到实时绘制复杂虚拟场景的目标。因此，传统实时绘制技术难以逼真地呈现许多复杂的全局光照效果。

预计算辐射传输(PRT)方法是动态全局光照效果实时绘制的一种有效解决方案(Sloan et al., 2002)。它通过预计算场景的部分光能传输数据，可以一定程度上降低光能辐射计算的复杂性，实时高保真地绘制出环境光源照射下漫反射与镜面反射材质物体的自阴影与多次反射等效果。其基本思想是，在预处理阶段，通过预计算把光照传输信息记录在模型(一般为顶点)上，其中漫反射材质的光照传输信息为一系列向量，镜面反射物体材质的光照传输信息为一系列的矩阵，并将入射的光照环境投影到球谐基函数上得到一系列的光照系数；实时绘制时，将预计算的模型传递向量或传递矩阵作用到光照系数上，即可得到出射的光亮度。仔细分析其计算过程，容易发现，PRT 方法存在先天的不足。首先，将光照环境逼近为有限球谐基函数的线性组合，导致高频光照信息的丢失，只能表现软阴影等较低频的光照效果。其次，要求物体或者光源二者之一静止不动，且景物之间的相互反射比较有限，难以绘制复杂动态的虚拟环境。第三，由于传递信息存储在景物表面的顶点上，导致预计算存储消耗巨大，尤其难以高效绘制镜面等光滑材质的景物。后续的许多工作完善并发展了 PRT 方法，例如使用 Haar 小波代替球谐函数,从而较好地表示高频光照信息(Ng et al., 2003);在场景的空间采样点处放置光探针(light probe),记录空间采样点处的入射光照环境,实现动态场景的绘制(Zhou et al., 2005)等。

1)球面调和函数

球面调和函数又称球谐函数,是一组分布在球面上的正交基函数,其递推表达式为(Dobashi et al., 1995):

$$Y_l^m(\theta,\varphi) = \begin{cases} \sqrt{2}K_l^m\cos(m\varphi)P_l^m(\cos\theta), & m>0 \\ \sqrt{2}K_l^m\sin(-m\varphi)P_l^{-m}(\cos\theta), & m<0 \\ K_l^0 P_l^0(\cos\theta), & m=0 \end{cases} \tag{5.3.5}$$

式中,$P_l^m(\cos\theta)$ 为 Legendre 多项式,K_l^m 为归一化因子。对于球谐函数 $Y_l^m(\theta,\varphi)$,l 为主索引,每个 l 都对应着 $2l+1$ 个基函数,副索引 m 满足 $-1\leqslant m\leqslant 1$。

理论上,一个函数可以使用一组基函数来逼近表达,只需把原函数投影到各个基函数上得到相应的系数,这些基函数与相应系数的线性组合便可实现原函数的重建(reconstruction)。这意味着,若把环境光照看作一个复杂的球面函数,则它可近似表达为一组有限球谐基函数的线性组合(其组合系数可预先计算得到),这使得环境光照的计算与存储变得比较简约。下面两式给出了上述投影和线性逼近的计算过程:

$$L_{lm} = \int_\Omega L(\omega_i)Y_l^m(\omega_i)\mathrm{d}\omega_i = \int_{\theta=0}^{\pi}\int_{\phi=0}^{2\pi} L(\theta,\phi)\sin\theta\mathrm{d}\theta\mathrm{d}\phi \tag{5.3.6}$$

$$L(\theta,\phi) = \sum_{l,m} L_{lm}Y_l^m(\theta,\phi) \tag{5.3.7}$$

式中,L_{lm} 为定义在球面上的入射光照环境 $L(\omega_i)$ 投影到球谐基函数 $Y_l^m(\omega_i)$ 的球谐系数;$L(\theta,\phi)$ 为 $L(\omega_i)$ 的近似表达,由组合系数 L_{lm} 完全确定。

式(5.3.7)本质上对光照函数作了频谱分解。球谐基函数的阶数越大,它所对应的光照频谱越宽。理论上,我们可以进行无限逼近,但在实际执行时,为提高效率,一般舍弃高阶项,选择有限近似,即舍弃入射光照环境的高频信息,采用低频光照信息进行后续的光照明计算。如图 5.24 所示,从左到右依次为 4、9、25、262 个球谐系数重建的环境光照,最右边为原始光照环境。可以发现,即使使用较高阶的逼近,也难以很好地恢复出原始图像的高频信息。好在很多情况下,低频的光照信息对场景的绘制已经足够,此时仅需少量的球谐系数便可以表示入射环境光照,让后续的光照计算非常高效。为提高逼近计算的效率,Haar 小波基函数被用来逼近入射的环境光照(Ng et al., 2003)。与球谐函数相比,Haar 小波在同等逼近阶下能够更好地表现环境光照的高频细节，从而产生更逼真的阴影绘制效果。

图 5.24　使用不同数量的球谐系数逼近环境光照

2）漫反射材质景物的 PRT

鉴于漫反射材质的物体向各个方向均匀地反射光线，所反射的光亮度（outgoing radiance）与视点方位无关，因此我们可以充分利用这一特性来简化绘制方程，实现预计算。

首先，考虑绘制方程的 Neumann 展开，它描述了光源发出的光能经过景物表面的无穷多次反射到达 p 点后发出的光能大小，可具体表达为：

$$L(p, \omega_o) = L_0(p, \omega_o) + L_1(p, \omega_o) + \cdots \tag{5.3.8}$$

式中，$L_0(p, \omega_o)$ 为周围光源直接入射到 p 点后沿指定出射方向 ω_o 发出的光亮度，$L_1(p, \omega_o)$ 为光源经过了一次反射后入射到 p 点的光再出射到 ω_o 方向的光亮度。可以看出，最终出射的光亮度为具有不同反射次数的光照效果的叠加。

为了简化推导，先考虑对未经过多次反射、直接入射到 p 点的环境光照进行计算，即 $L_0(p, \omega_o)$，此时的 $L_i(p, \omega_i) = L_{\text{env}}(\omega_i) V(p, \omega_i)$，其中 $L_{\text{env}}(\omega_i)$ 为入射环境光；$V(p, \omega_i)$ 为从 ω_i 方向入射到 p 点的光线的可见性，若被遮挡，其值为 0，否则为 1。同时，注意到漫反射材质的 BRDF 为一个常量，即 $f_r(p, \omega_i, \omega_o) = \dfrac{\rho_d}{\pi}$。将这些参数代入绘制方程：

$$L_o(p, \omega_o) = \int_\Omega f_r(p, \omega_i, \omega_o) L_i(p, \omega_i)(\omega_i \cdot n) d\omega_i \tag{5.3.9}$$

可得：

$$L_o(p) = \frac{\rho_d}{\pi} \int_\Omega L_{\text{env}}(\omega_i) V(p, \omega_i)(\omega_i \cdot n) d\omega_i \tag{5.3.10}$$

可以看出，漫反射表面的出射光亮度仅是 p 点位置的函数，与视线方向无关。

根据上一节的介绍，环境光可以表达为球谐基函数的线性组合，若将 l 和 m 两个索引合并成一个索引 k，则有：

$$L_{\text{env}}(\omega_i) \approx \sum_{l,m} L_{lm} Y_l^m(\omega_i) = \sum_k L_k Y_k(\omega_i) \tag{5.3.11}$$

将它代入式(5.3.10)得:

$$L_0(\boldsymbol{p}) \approx \frac{\rho_d}{\pi} \sum_k L_k \int_\Omega Y_k(\boldsymbol{\omega}_i) V(\boldsymbol{p}, \boldsymbol{\omega}_i)(\boldsymbol{\omega}_i \cdot \boldsymbol{n}) \mathrm{d}\boldsymbol{\omega}_i \qquad (5.3.12)$$

显然,上式的积分部分与入射环境光照的频谱系数 L_k 无关,因此可以进行预计算。若记:

$$T_{pk}^0 = \frac{\rho_d}{\pi} \int_\Omega Y_k(\boldsymbol{\omega}_i) V(\boldsymbol{p}, \boldsymbol{\omega}_i)(\boldsymbol{\omega}_i \cdot \boldsymbol{n}) \mathrm{d}\boldsymbol{\omega}_i \qquad (5.3.13)$$

则称 T_{pk}^0 为光能的传递系数(transfer coefficients),下标 p 为表面上顶点 $\boldsymbol{p}$ 的索引,下标 k 代表第 k 个基函数产生的系数,上标 0 表示光线的直接辐射,即不考虑光线的多重反射。注意,此时我们把漫反射的 BRDF 也放入了传递系数中,以简化后续的计算。对应各基函数上的传递系数构成了传递向量(transfer vector),其作用是把入射的环境光映射为出射的光亮度。计算此传递向量的过程就是辐射传输的预计算过程。在此传递向量中,存储着表面上每个点的可见性信息,故可以产生自阴影的效果。经过上述简单的推导,最终的光照计算过程可以简化为光照在球谐基函数上的系数向量与传递向量的内积,即:

$$L_o(\boldsymbol{p}) \approx \sum_k L_k T_{pk}^0 = \boldsymbol{L} \cdot \boldsymbol{T} \qquad (5.3.14)$$

当然,我们也可以对多重反射的光能传输进行预计算。由于多重反射的复杂性,其传递向量的预计算过程需要做一些改变。注意到景物表面上一点不仅受到直接入射光的影响,在直接入射光被遮挡的部分中,同时存在一些反射光线同样会入射到该点。这些光线的可见度恰好为 $(1 - V(\boldsymbol{p}, \boldsymbol{\omega}_i))$,则由绘制方程可得:

$$L_o(\boldsymbol{p}, \boldsymbol{\omega}_o) = L_{DS}(\boldsymbol{p}, \boldsymbol{\omega}_o) + \int_\Omega f_r(\boldsymbol{p}, \boldsymbol{\omega}_i, \boldsymbol{\omega}_o) L_o(\boldsymbol{q}, -\boldsymbol{\omega}_i)(1 - V(\boldsymbol{p}, \boldsymbol{\omega}_i))(\boldsymbol{\omega}_i \cdot \boldsymbol{n}) \mathrm{d}\boldsymbol{\omega}_i \qquad (5.3.15)$$

式中, $L_{DS}(\boldsymbol{p}, \boldsymbol{\omega}_o)$ 为直接光照得到的结果; $L_o(\boldsymbol{q}, -\boldsymbol{\omega}_i)$ 为 $\boldsymbol{q}$ 点处经过反射得到的出射光,它恰好为沿 $\boldsymbol{\omega}_i$ 方向入射到 $\boldsymbol{p}$ 点的入射光。若记第 b 次反射后的传递向量为 T_{pk}^b,则由上式可以导出:

$$T_{pk}^b = \frac{\rho_d}{\pi} \int_\Omega T_{qk}^{b-1}(1 - V(\boldsymbol{p}, \boldsymbol{\omega}_i))(\boldsymbol{\omega}_i \cdot \boldsymbol{n}) \mathrm{d}\boldsymbol{\omega}_i \qquad (5.3.16)$$

上式表示了不同反射次数下传递向量间的递推关系,其中递推的起始点 T_{pk}^0,即为式(5.3.13)所表达的直接入射(不考虑多重反射)的传递向量。使用这个递推公式,我们可以求得经任意多次反射的传递向量。由式(5.3.8),对于具有 B 次反射得到的最终传递向量为经 $0, 1, \cdots, B$ 次反射得到的传递向量之和,即:

$$T_{pi} = \sum_{b=0}^{B} T_{pi}^{b} \tag{5.3.17}$$

类似地，点积此传递向量与球谐基函数的光照系数向量，即可得到最终的出射光亮度。图 5.25 展示了 PRT 方法对漫反射材质物体的计算流程，其中红色代表正值，蓝色代表负值。首先，把环境光投影到一系列的球谐基函数上，得到一组表示环境光的系数，再与预计算得到的传递系数依次相乘，即可得到最终的绘制结果。

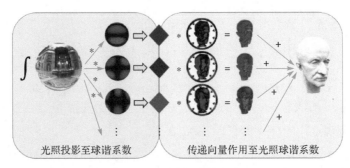

光照投影至球谐系数　　　　传递向量作用至光照球谐系数

图 5.25　漫反射材质下 PRT 方法的计算流程（Sloan et al., 2002）

对于具有镜面等光滑材质表面的物体，反射出来的光亮度往往会随着相机位姿的变化而变化，因此，情况相对比较复杂，绘制方法也需要进行相应的改变，具体的实现这里不再详细叙述，感兴趣的读者请参阅文献（Sloan et al., 2002）。

3）PRT 算法的拓展

借助预计算策略，PRT 方法成功实现了全局光照效果的实时绘制。其实质是一种以空间换取时间的计算策略，即消耗较长的预计算时间，换取实时的绘制性能。若使用低阶的球谐函数表示，数据比较紧凑，可以在 GPU 上存储。但是，对于全频率的光照环境表示（Ng et al., 2003），可能需要高达 GB 级的数据存储，代价是比较大的。

如前所述，传统的 PRT 方法存在着若干缺点，目前已经有了一些相应的解决方案，主要有以下三方面。

（1）只能处理较低频的光照环境，光源与视点不能同时移动。由于基于球谐函数表示方法，传统 PRT 方法只能表达低频的环境光照。要得到全频率的光照表达需要使用小波等一些特殊基函数，并通过分离可见性与 BRDF，以在自由变化视角的情况下，达到全频率的光照计算（Ng et al., 2003）。

（2）传递矩阵的数据存储量巨大。对数据进行压缩不仅可以减少存储空间，还可以提高绘制的效率。针对这种特殊的数据，典型的方法有矢量量化（vector quantization)与聚簇主成分分析(CPCA)方法(Sloan et al., 2003)。

(3)只能处理静态的场景，难以处理动态场景。由于传递函数存储在物体的表面几何上，因此传统的 PRT 方法通常假设场景是静态的。目前，已有能处理景物旋转运动的 PRT 方法(Sloan et al., 2005)，对传递函数进行相应的旋转即可达到目的。同时，在一定条件下，例如固定场景、光照和视点时，PRT 方法也可支持物体材质即 BRDF 的编辑(Ben-Artzi et al., 2006)。另外，在实际应用中，环境光往往会随着物体位置的变化而发生明显的变化。传统方法把环境光源放置于无穷远处，在一定程度上降低了景物绘制的真实感。为此，研究者发明了光探针(light probe)方法。首先，它通过在场景中放置一系列采样光探针，每个光探针都记录它所在位置处的环境光。然后，插值邻近光探针中的环境光信息，即可得到场景中任一点处的环境光(Mantiuk et al., 2002)，从而获得环境光随物体位置而变化的绘制效果(Zhou et al., 2005；Pan et al., 2007)。

总之，尽管需要大量的数据存储耗费和一些光照细节丧失，PRT 方法仍很好地在预计算存储空间和在线计算时间之间，以及在计算效率和真实性之间取得了平衡，不失为一种比较现实的全局光照明绘制技术，这也是该方法得到成功应用的关键所在。

5.3.3.2　屏幕空间局部反射技术

反射是光照传输的主要现象之一，它使得物体表面的材质特性得到更好地展现，极大地丰富了场景的真实感。反射是电磁波传播过程中遇到介质界面时的常见现象，我们看到的大部分光都是经过了物体表面的反射到达视点的。例如在5.1.3 节中介绍的局部着色方法，通常的光照计算往往只考虑了光线的单次反射，而对于一些光滑材质，多重反射的效果十分明显。图 5.26 为开启与关闭屏幕空间反射技术得到的结果对比。可以看出，考虑了表面光线局部反射的效果明显地增强了场景的真实感。

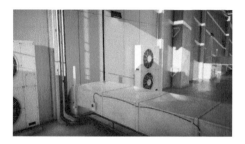

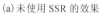
(a)未使用 SSR 的效果　　　　　　　　　　(b)开启 SSR 的效果

图 5.26　屏幕空间反射效果的对比(Stachowiak et al., 2015)

对于这种一般情况下的反射，光线跟踪是一种传统有效的全局解决方案，但是对于实时应用往往计算消耗过大。在实时绘制通常使用的光栅化方法中，反射效果往往局限于平面反射与环境映射，且需要进行多次绘制场景。因此，如何进行局部反射效果的高效模拟是虚拟现实和增强现实等实时绘制系统的一个重要课题。

2011 年，Crytek 公司提出了屏幕空间反射(scene space reflection, SSR)方法(Kasyan et al., 2011)，又称为实时局部反射(realtime local reflection, RLR)方法。这种方法结合了光线跟踪的思想，实时再现了局部动态反射效果。基于此方法，之后又出现了一些改进方案。

SSR 的基本算法流程包含以下三步：

(1)对屏幕空间中的每个像素，计算反射光线的方向。

(2)求解反射光线与场景的交点。使用光线行进(ray marching)方法分段离散反射光线，比较当前采样点与当前像素上的深度值，如果误差处于一定范围内，则认定该光线与场景在此处相交。

(3)对所求得的交点，通过投影矩阵寻找该点在上一帧中的屏幕坐标，混合上一帧中该点的颜色与当前像素颜色，最终得到反射效果。

在延迟绘制框架下，由于屏幕空间的法线和深度信息都已经计算得到，故十分适用 SSR 算法。但是，SSR 算法有两个明显的缺陷。仅在屏幕空间进行计算，若反射光线出射到屏幕之外，便无法得到结果；仅考虑理想镜面反射情况，难以模拟粗糙不完全光滑物体表面的反射效果。

Valient(2014)提出了一种有效的解决方法。首先，使用上述 SSR 方法得到屏幕空间的理想镜面反射结果。然后，由此反射结果生成类似 MIP-map 的滤波纹理金字塔，根据当前表面的粗糙度选择合适的反射结果。最后，对反射到屏幕区域外的像素，在环境贴图中得到其相应的反射结果。

反射的光泽度(reflection glossiness)主要由两个因素决定，即反射表面的粗糙度和反射表面到被反射物体的距离。如图 5.27 所示，假设从视点发出一束射向反射表面的光线，经过不完全光滑表面的反射，往往会在一圆锥体内反射出去。表面的粗糙度决定了反射圆锥区域的张角，越光滑的表面张角越小。另外，反射点与被反射物体的距离也是影响反射光泽度的重要因素，距离越长，得到的反射效果越模糊。

此方法直接使用对镜面反射的结果进行滤波的方案来处理粗糙表面的反射，由于根据粗糙度选择相应滤波结果以及滤波的计算都存在着很多近似，在一些情况下这种方法会显得反射不够真实。由于其反射的光泽度仅考虑了与表面粗糙度的关系，缺少了一些由于距离因素导致的反射光泽度的变化。

(a)较粗糙的表面　　　　　　(b)较光滑的表面　　　　　(c)不同距离的被反射物体

图 5.27　表面反射光泽度的影响因素

文献(Stachowiak et al., 2015)提供了一个更加精确的屏幕空间反射计算方法，称为随机屏幕空间反射(stochastic screen space reflection, SSSR)。它通过光线重用来近似计算蒙特卡洛积分，由此得到各种粗糙度表面的真实反射效果。该算法在保证高质量的反射同时，也将计算消耗限制在实时量级，且可有效处理反射表面的像素法向和粗糙度，但其所模拟的反射效果中可能存在高亮的噪点。

总的来说，目前的屏幕空间反射技术为场景真实感的提升做出了巨大贡献，使得任意表面的局部动态反射效果的实时模拟成为可能。与传统基于平面或环境贴图的反射计算方法相比，SSR 方法计算效率较高，能够处理任意不规则形状和粗糙度的物体表面的反射，天然地契合延迟绘制框架。当然，SSR 方法也存在一些不足，如难以模拟全局多重反射效果，有时计算不够精确，且存在噪声。

5.3.3.3　景物间的多重反射计算

一般来说，屏幕空间计算方法的关键是光照信息的重用，这对动态非完全光滑景物之间的多重反射模拟来说，是非常困难的。文献(Xu et al., 2015)提出了一个新的屏幕空间算法，有效解决了这一问题。该算法不仅缓存颜色信息，而且存储表面 BRDF 的相关信息，从而能够正确地模拟非完全光滑表面物体的光能反射。算法的核心思想是采用锥跟踪方法来跟踪光能的传输，通过估算粗糙表面局部区域的 BRDF，高效实现较为精确的光能反射计算。由于 BRDF 函数是逐点定义的，该算法采用 von Mises-Fisher (vMF)分布函数(Fisher, 1953)来近似表达粗糙表面点处的 BRDF 函数，并利用该分布函数在新参数空间的线性叠加性，解决了微小区域 BRDF 函数的高效近似计算问题。图 5.28 说明了其主要计算过程。算法使用锥跟踪法(Crassin et al., 2011)从 p 点开始追踪光线，与另一景物相交得到区域 $P_{\Omega k}$ (图 5.28(a))；然后将 $P_{\Omega k}$ 中以 s_k 为入射方向计算得到的多个反射方向的 BRDF(褐色区域)近似拟合为一个 vMF 分布函数(图 5.28(b))；合并所得到的 vMF 分布函数可通过 $P_{\Omega k}$ 区域预先存储的 BRDF 系数纹理 MIP-map 操作来高效计算(图 5.28(c))。

下面，我们主要介绍 von Mises-Fisher (vMF)分布函数及其相应的高效拟合合并方法。

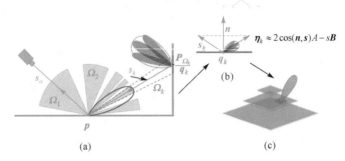

图 5.28 表面微小区域的 BRDF 拟合和反射计算

1) vMF 分布

本质上，vMF 分布可被认为是球面高斯分布的一种归一化表示。近年来，它被频繁用来近似表达景物的 BRDF 函数 (Xu et al., 2013)。vMF 分布 $\gamma(\boldsymbol{s})$ 是一个概率密度函数，定义了给定单位主轴方向 $\boldsymbol{\mu}$ 后，单位方向 $\boldsymbol{s}$ 的概率分布：

$$\gamma(\boldsymbol{s}) = c(\kappa)\mathrm{e}^{\kappa(\boldsymbol{\mu}\cdot\boldsymbol{s})} \tag{5.3.18}$$

式中，κ 是分布函数方差的倒数，越高的 κ 表示方向越集中，$c(\kappa) = \dfrac{\kappa}{4\pi\sinh\kappa}$ 是归一化因子。当 κ 远大于 1 时，vMF 可以有以下的近似形式：

$$\gamma(\boldsymbol{s}) \approx \frac{\kappa}{2\pi}\mathrm{e}^{\kappa(\boldsymbol{\mu}\cdot\boldsymbol{s})-1} \tag{5.3.19}$$

vMF 的参数 $\boldsymbol{\mu}$ 和 κ 可以进一步采用非单位化的平均方向 $\boldsymbol{r}$ 来表达 (Banerjee et al., 2005)。具体地，对于满足 vMF 分布的单位球面采样方向 $\{\boldsymbol{s}_i\}$，$\boldsymbol{r}$ 的方向定义为其平均方向，即该分布的中心方向，其长度 $\|\boldsymbol{r}\|$ 表示了 vMF 方向分布的集中程度。经简单推导和经验验证，可得到以下近似关系：

$$\boldsymbol{\mu} = \frac{\boldsymbol{r}}{\|\boldsymbol{r}\|}, \ \kappa \approx \frac{3\|\boldsymbol{r}\| - \|\boldsymbol{r}\|^3}{1 - \|\boldsymbol{r}\|^2} \tag{5.3.20}$$

由 κ，即可求解如下方程得到 $\|\boldsymbol{r}\|$：

$$\|\boldsymbol{r}\|^3 - \kappa\|\boldsymbol{r}\|^2 - 3\|\boldsymbol{r}\| + \kappa = 0 \tag{5.3.21}$$

这样，双参数 $(\boldsymbol{\mu},\kappa)$ 的 vMF 分布函数，可以近似转化为其中心方向 $\boldsymbol{r} = \|\boldsymbol{r}\|\boldsymbol{\mu}$ 的单参数表达。因此，M 个 vMF 分布可以近似地合并为一个新的 vMF 分布，这等价于其中心方向的矢量求和：

$$\boldsymbol{r}_k = \frac{1}{M}\sum_{j=1}^{M}\boldsymbol{r}_j \tag{5.3.22}$$

式中，r_k 表示合并得到的 vMF 分布的中心方向；r_j 是参加合并的 vMF 分布的中心方向，由 $(\boldsymbol{\mu}_j, \kappa_j)$ 计算得到。

2）BRDF 函数的 vMF 拟合

利用上述 vMF 分布求和方法，我们就可以拟合估算物体表面上微小区域的 BRDF 函数。对于微小区域内一点 q_j，假设光线的单位入射反方向为 s_j，表面单位法向为 n_j，则其反射方向的 vMF 分布为：

$$r_j = \| r_j \|(2n_j \cos(n_j, s_j) - s_j) \tag{5.3.23}$$

由此可得到 q_j 处的 vMF 分布函数。因此，基于上述 vMF 的线性叠加性，该微小区域的拟合 vMF 分布函数的中心方向为：

$$r_k = \frac{1}{M} \sum_{j=1}^{M} r_j = \frac{1}{M} \sum_{j=1}^{M} \| r_j \|(2n_j \cos(n_j, s_j) - s_j)$$

$$= \frac{2}{M} \sum_{j=1}^{M} \| r_j \| n_j \cos(n_j, s_j) - \frac{1}{M} \sum_{j=1}^{M} \| r_j \| s_j \tag{5.3.24}$$

由于区域足够小，对区域内采样点来说，方向 s_j 并不会有较大不同，因此可以使用平均方向 $\bar{s}$ 来替换上式中的所有 s_j，同时使用平均法向 $\bar{n}$ 和平均入射反方向 $\bar{s}$ 所形成的夹角余弦值 $\cos(\bar{n}, \bar{s})$ 来替代上式中的 $\cos(n_j, s_j)$。这样，上式可以近似表达为：

$$r_k = \frac{2\cos(\bar{n}, \bar{s})}{M} \sum_{j=1}^{M} \| r_j \| n_j - \frac{\bar{s}}{M} \sum_{j=1}^{M} \| r_j \|$$

$$= 2\cos(\bar{n}, \bar{s})A - \bar{s}B \tag{5.3.25}$$

其中：

$$A = \frac{1}{M} \sum_{j=1}^{M} \| r_j \| n_j, \quad B = \frac{1}{M} \sum_{j=1}^{M} \| r_j \| \tag{5.3.26}$$

容易发现，这一近似可带来很大的计算便利。由于 A 和 B 仅依赖表面法向、材质以及微表面的法向贴图信息，且这些信息都是预先给定的，因此这两项求和都可以通过构建 MIP-map 来快速查表得到，从而实现微小区域的拟合 vMF 分布函数（即其 BRDF 函数）的高效计算。

基于上述微小区域的 BRDF 拟合，我们即可采用以下两步来实现最终的画面绘制。首先，绘制整个场景，生成 G-Buffer，逐像素存储有关几何与材质信息。然后，在屏幕空间中对每个像素进行光线追踪，如果光线与景物有交点，按上述方法近似计算交点处微小区域的 BRDF 函数，将其与光源进行积分，得到反射光能的贡献。具体执行如下：

（1）G-buffer 的生成。与大多数的延迟着色框架一样，生成的几何缓存包含法向、位置、颜色等信息。同时，增加一个 RGBA 贴图来存储 vMF 信息，其中 RGB 通道存储 $A = \|r\| n$，α 通道存储 $B = \|r\|$。最后，建立这些缓存的 MIP-maps。

（2）物体表面的反射光计算。对每个像素，采用重要性采样发射多条光线。对每条光线，使用光线行进（ray marching）方法来计算光线与场景的相交区域。如果光线与场景不存在交点，则直接使用环境光计算着色。如果存在交点，则根据交点的距离以及光锥的大小来估算相交区域的大小，并将此区域投影到屏幕空间，确定 MIP-map 的层级。由此即可在交点的屏幕位置查取到 A 与 B 的信息，进而计算得到该区域内 BRDF 的 vMF 近似。最后，根据光源的信息进行着色计算。

图 5.29 展示了基于屏幕空间多重反射效果模拟的一些比较。图 5.29（a）是使用基于屏幕空间的标准路径追踪算法绘制的参考图像，共使用了 256 个采样路径。图 5.29（c）是使用 SSDO（Ritschel et al., 2009）方法绘制的结果。图 5.29（b）为上述方法的绘制效果。容易发现，上述方法明显比 SSDO 方法有更高的精度，提供了更具表现力的表面反射效果，和参考图像十分接近。当然，也付出了损失大约 3%～6%帧率的代价。

      (a) 参考图像   (b) 文献 (Xu et al., 2015) 的方法   (c) SSDO (Ritschel et al., 2009)

图 5.29　基于屏幕空间的多重反射绘制结果的比较

5.4　信息与现实环境的融合呈现

虚拟物体泛指计算机中存储的数字信息，其中除了有具象的三维物体，还有很多是文字、数据等信息。在大数据时代，现实世界中交互式叠加呈现文字、数据等信息，可有效提高人类对数据的分析和理解能力，显然增强现实是其重要的使能技术。本节将以人类的视觉感知机制为切入口，阐述信息可视化和可视分析基本方法，并将可视分析和沉浸式呈现环境结合起来，尝试解决传统信息可视化和可视分析所面临的挑战。

5.4.1　用户视觉感知机制

作为五大感觉系统的重要一支,视觉在人们生活中一直扮演着非常重要的角色。从色彩感知到空间感知,人们利用眼睛来接收这个世界的很多信息,如花草树木、鸟虫鱼兽、清晨黄昏、四季景致等等,一切美好的景象几乎都是通过视觉系统进入人脑,让人感受到大千世界的美妙。本小节将从视觉感知机制出发,介绍人类视觉对环境信息的接收和处理过程以及对 2D/3D 空间的感知原理。

5.4.1.1　人类视觉感知机制

人类可以通过眼睛来接受并分析现实场景,这种对光的模式的感知被称作视觉感知。用户的视觉感知和处理过程可以简化为环境特征提取、场景模式感知、视觉工作记忆三个阶段(Ware, 2014)。

(1)环境特征提取。在这一阶段中,眼睛中的数十亿个视觉神经元通过对环境的感知,并行地快速接收并处理视觉信息,形成场景的特征图谱。此过程与人的主观选择无关,是一种对大量视觉信息的快速接收和提取。常见的提取内容有形态、颜色、纹理、运动模式和立体深度等。

(2)场景模式感知。根据不同的视觉特征,场景的特征图谱在本阶段被进一步加工并分类为一系列更为简单的模式,例如含有相同颜色的区域,或者含有相同纹理的区域。这种模式的归纳是十分灵活的,它同时受到两方面的影响:第一阶段所提取的大量环境特征和人们大脑注意力的主观转移。这两者在这一阶段相遇,并促生了模式感知。

(3)视觉工作记忆。这一阶段用于视觉信息的记忆和搜索,是信息更详细的提取。在本阶段,每次被处理的信息数目很少,以供用户进行细节上的查询。这些视觉信息来自两方面,一是来自第二阶段的信息在记忆中的短暂保留,二是人们原先所保留的有关该任务的长期记忆。

5.4.1.2　2D 平面感知

人们视网膜最终接收到的是 2D 影像,所以 2D 的平面感知是最基础的视觉感知形式。视觉感知的前两阶段主要依赖色彩、物体轮廓等最基本的平面感知要素。

1)环境特征提取

色彩空间-亮度感知(一维色彩感知模型)。色彩空间可以分解为三个维度:亮度(灰度)和两个彩色维度(红-绿/黄-蓝)。亮度是其中最基础也是最重要的一个感知维度。亮度通常指的是人类自身对光源发出的光的感知量。人们其实可以仅凭灰度信息,在一个没有色彩的世界里无障碍地生活。黑白电视机就是一个很好的例子

(Ware, 2014)。灰度可以用于编码不同的信息，例如物体颜色的深浅、前后相对位置等。然而，它在表示一些定量信息的时候，往往会让人产生不准确的感知。

色彩空间-颜色感知(三维色彩感知模型)。人眼中感知不同颜色的结构主要是视锥细胞。按照对不同波长的敏感度，共有三类感受器，分别对应红、绿、蓝三原色。人们可以接收到由三种颜色任意比例混合所产生的颜色。德国心理学家 Hering 提出的对立过程理论(opponent process theory)是一个非常经典的色彩感知模型。六种基本颜色两两配对，组成三个轴，来决定颜色视觉接受的三个不同方面："黑-白"轴用于接收不同的亮度；"红-绿"轴用于接收长波和中长波信号；"黄-蓝"轴用于接收短波信号。

2)场景模式感知

格式塔理论(Gestalt laws)是德国心理学家们深入研究理解模式感知后，得到的第一项重大成果。它的八条法至今仍被视作信息设计和呈现的经典：临近性、相似性、连通性、连续性、对称性、闭合性、图形和背景、轮廓(Ware, 2014)。

5.4.1.3 3D 空间感知

人们一直生活在三维世界中。虽然视觉感知时，场景的信息通过光线投影到视网膜上，接收到的是视网膜上的二维视觉信息，但是人们依旧有感知三维空间的能力，这是因为人的大脑可以收集并处理深度线索。这些线索来自于 5.4.1.1 节所述的第一阶段中提取的"立体深度"特征。正是有了这些线索，人们才拥有了良好的三维空间感知。这些深度信息可以分为三类(Ware, 2014)：单眼静态线索、单眼动态线索、双目线索。

单眼静态线索主要包含线条透视、大小渐变、纹理渐变、遮挡、垂直位置等。其中，比较常见的是透视和遮挡。①透视。很多深度线索来自于透视的几何学呈现。例如，两条平行线在远处相交、物体放在视点更近的位置比放在原处体积更大等。②遮挡。如果一个物体 A 叠加在物体 B 上，那么 A 距离视点更近。这是最强的深度线索，但同时提供的信息也很有限。因为它并不能够让人们感知到两个物体之间远近差距究竟有多少，而只能感知到物体的相对远近——一种更趋近于二进制的展示方式。

单眼动态线索主要是指运动视差(motion parallax)和运动深度效应(kinetic depth effect)两种。运动视差是指当人与周围环境进行相对运动时，和视点距离不同的物体之间在运动速度和方向上都会和视点有所不同。距离视点较近的物体运动较快，并且相对于视点往后运动；而距离视点较远的物体运动较慢。运动深度效应指的是相较于静态摆放，物体的三维形态能够在运动过程中(如旋转)被人们更加轻松地感知到。

双目线索主要是指人们通过左右眼视网膜上接收到的视觉图像的细微差别，来识别出立体深度。人的两只眼睛平均相距 6.4cm，大脑通过比较并计算左右眼所接受的视觉图像信息，可以估算出两个对象的相对距离。

千万年的进化使人类的视觉系统变得复杂而精密，人们往往可以通过双眼来迅速洞察周围的环境，发现其中的重要信息。可以说，视觉感知是人们接收和处理信息的一个重要途径。

5.4.2　信息的可视化和可视分析

当前，人类正处于一个信息急剧增长的时代。数据存储设备的发展使许多原始数据未经过滤筛选就被存储起来，但是这些数据本身并没有很大的价值，因为人们想要获取的是经过加工和分析之后的信息。大数据具有 4V 特征：体量大（volume）、类型多（variety）、时效性高（velocity），以及价值高（value）。如何从原始数据中得到想要的信息，并做出恰当决策，是人们最为关心的问题。而从数据获取到分析再到做出决策，这一过程往往因为数据的繁多而变得非常复杂。

信息可视化和可视分析技术的出现，给大数据分析带来了曙光。可视化将数据转换为图形图像，直观地帮助人们理解复杂的数据。"一幅好的数据图像不仅能有效地传达数据背后的知识和思想，而且华美精致，如一只只振动翅膀的彩蝶，刺激视觉神经，调动美学意识，留下栩栩如生的印象"（涂子沛，2013）。利用人的视觉系统，将原先抽象枯燥的数据转化为精致的数据图像，在刺激视觉感官的同时，也使得人们面对海量数据时不再浮躁和困惑，利用敏锐的视觉去寻找数据中的层层关系，去快速挖掘和洞察隐藏在数据背后的有价值的信息。可视化主要有三个分支：科学可视化、信息可视化和可视分析。下面将主要介绍信息可视化和可视分析两部分。

5.4.2.1　信息可视化

信息可视化是一种交互地将抽象数据转化为图形图像来增强用户认知的方法（Card et al., 1999）。它主要用二维图表来可视化呈现抽象的、非结构化的数据，如时空数据、图数据、文本数据等。

信息可视化的经典模型是由 Card 等（1999）以及 Chi 等（1998）提出，并被其他研究者所扩展或修改，以应用于一些特殊的场景。如图 5.30 所示，模型的输入端是数据，输出端是可视化视图。原始数据首先通过数据转换过程被处理成数据层面的抽象形式（如元数据）。这种数据层面的抽象形式又进一步通过可视化转换（如多维聚簇），成为视觉层面的抽象形式。这个过程经常包含数据维度的简化，因为需要可视化的原始数据通常是复杂的或者高维度的。最后，通过可视化映射，视觉层面的抽象形式最终转换为用户可以理解和分析的可视化视图。

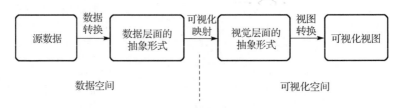

图 5.30　信息可视化模型图（Chi et al., 1998）

　　然而，面对海量复杂的多源异构数据，单凭信息可视化呈现仍然很难让用户便捷地挖掘到数据背后有价值的信息，往往需要更综合的方法来帮助用户处理、展现并挖掘数据信息。

5.4.2.2　可视分析

　　近年来，随着智能处理技术的快速发展，可视化领域出现了一个新的分支——可视分析，以应对海量复杂多元异构数据分析的挑战。可视分析有机地结合数据挖掘、可视化、人机交互等方法，支持便捷交互的分析推理与决策（James et al., 2006）。相较于信息可视化，它更多地集成了数据挖掘等自动算法，加重了系统的分析含量（Liu et al., 2013）。可视分析旨在结合自动分析技术和交互可视化技术，充分发挥机器自动分析和人类视觉感知与分析两者的优势，对海量复杂数据进行有效的理解、推理和决策。

　　可视分析过程的特征是通过数据、可视化、数据模型和用户四者之间的交互来发现隐藏在数据背后的知识。当面对海量数据时，原先可视化探索数据的流程："先概览，后放大缩小或过滤，再查看细节"，不再适用。于是在可视分析系统中，该流程被扩展为：先分析、展示重要的信息，再放大缩小或过滤，然后继续深入分析，按需求来查看分析细节（Keim et al., 2006）。

　　可视分析的基本流程如图 5.31 所示（Keim et al., 2010）。首先，需要处理和集成异构数据源。然后，应用自动分析技术来构造原始数据的模型。这些模型可以被可视化，以用于评估和改进。除了检查模型之外，可视化展现形式还可以借助各种最适合特定数据类型、结构和维度的交互式可视化技术，从数据中提炼出来。反馈循环存储了系统中被深入分析的知识，并协助分析师在未来得出更快更好的结论。可视化分析的一个重要方面是用户交互，用户既能够通过快速反馈查询和探索数据，也可以通过修改参数或选择其他分析方法来引导分析过程。

　　可视分析是高度面向应用的技术，其应用领域广泛，能处理各种主流类型的数据，涉及城市计算（Weng et al., 2018）、人文历史（Fu et al., 2018）、社会学（Wu et al., 2014）等众多领域。虽然可视分析技术解决了信息可视化中无法应对海量复杂多元异构数据决策分析的缺陷,但是目前信息的可视化方法依旧存在亟待解决的问题。

　　首先,目前大多数可视化系统都采用二维桌面显示方式,完全脱离现实环境。这在一些包含环境信息的数据分析任务中并不是最佳的,因为环境信息通常有助于提升用户分析数据的沉浸性和效率。例如,在个人时空数据(Huang et al., 2015)和城市大数据(Weng et al., 2018)等可视分析场景中,用户可以在数据所在的时空环境中进行高效地回顾和分析。

　　其次,传统的桌面系统主要使用键盘和鼠标交互,长时间使用这些系统进行狭小范围的伏案探索,容易导致用户产生疲乏感,影响其信息的获取效率。因此,传统的二维可视化需要进一步发展为更自然、更大范围的信息呈现方式,以帮助用户更高效地分析理解数据。

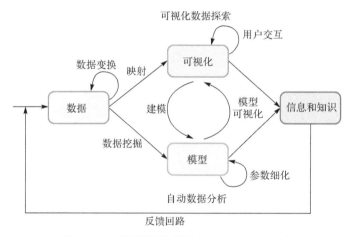

图 5.31　可视分析流程图(Keim et al., 2010)

5.4.3　信息的时空注册和呈现

　　增强现实、虚拟现实等沉浸式呈现技术的出现为解决上述问题带来了新的途径。图 5.32 是沉浸式环境下的 3D 可视化的示例。通过创造出一种现场感,并提供重要的三维空间线索,沉浸式环境可有效提高一些特殊数据的分析理解效率。尤其是在增强现实环境中,系统可以自然地将可视化信息注册到真实环境中,为用户同时提供虚拟数据及其相对应的真实环境信息,从而帮助用户身临其境地探索分析复杂的数据。本小节以城市异质地理空间数据为例,介绍如何在沉浸式环境下进行信息的时空注册、呈现和分析(Chen et al., 2017)。

　　数据的采集和分析利用是解决现代大型城市建设和管理问题的重要手段。为便于描述,这里简单地将城市数据分为物理数据(physical data, PD)和抽象数据

(a) VR 环境下的图可视化　　　(b) AR 环境下的城市社交数据可视化　　　(c) AR 环境下的城市建筑数据
　(Kwon et al., 2016)　　　　　　(Moran et al., 2015)　　　　　　　(Chen et al., 2017)

图 5.32　沉浸式环境下的 3D 可视化

（abstract data, AD）两类。物理数据识别并描绘了现实物理世界中的一个物体，它回答了诸如"建筑物是什么样的？""建筑物在哪里？"等问题，主要用来表达其几何形状、外观、方位及其相关物理场，通常以图形绘制技术来呈现，是科学可视化的主要研究对象。抽象数据描述了一个物理对象的属性，它回答了诸如"建筑物的市场价值是多少？""这个区域的人口密度是多少？"等问题，主要用来帮助用户发现其隐藏属性，通常以二维图表来呈现，是信息可视化和可视化分析的主要研究对象。这两类数据的主要区别在于，前者的空间展现形式是由物体本身决定的，而后者的空间展现形式则由用户选择并指定。

在沉浸式城市数据分析中，物理数据是城市三维数字模型或地图，抽象数据则是采集自城市建设和管理过程，经时空化处理，关联到相应物理对象的属性数据。如何无缝地融合物理和抽象数据是沉浸式可视分析的关键。下面，我们将介绍沉浸式城市数据分析的一些探索性研究方案，包括可视化模型、视觉融合呈现的原则和方法等。

5.4.3.1　沉浸式城市大数据分析的可视化模型

为了将物理和抽象数据无缝地可视化呈现出来，本小节尝试建立一个抽象模型来描述视觉融合的模式，以避免烦琐的逐一枚举。

沉浸式城市数据可视分析系统中，物理数据通常采用图形绘制技术在三维空间（物理空间）中进行可视化，而抽象数据则在二维空间（抽象空间）中进行可视化。但是，用户接收这些数据信息的方式仍然不是十分清晰。正如 Ware（2008）和 Munzner 等（2014）所述，人们感知到的大部分视觉信息都位于二维图像平面上，第三个维度——深度维度仅提供了附加在二维图像平面上的一小部分信息。无论以哪种形式呈现数据，人们接收到的信息只是物理和抽象空间在二维图像平面（视网膜）上的投影。图 5.33 展示了一个可视化抽象模型，其中物理空间 P 用于绘制呈现物理数据，而抽象空间 A1、A2 用于可视化呈现抽象数据，用户在图像平面上感知可视化结果。该可视化模型可抽象表达为：

$$V = \bigcup_{i \in \text{Items}} (p \circ r)(i) \tag{5.4.1}$$

式中，i 表示物体对象，r 表示物理和抽象空间的数据可视化操作，p 表示物理和抽象空间在图像平面上的投影操作。借助该模型，我们可以表征虚拟现实环境和增强现实环境中的视觉呈现模式。

由于虚拟现实环境并不拥有真实的物体，因此只需分别绘制或可视化物理数据和抽象数据，进行融合呈现即可，即：

$$V_{\text{VR}} = \bigcup_{i \in \text{AD}} (p \circ r_{\text{AS}})(i) \cup \bigcup_{i \in \text{PD}} (p \circ r_{\text{PS}})(i) \tag{5.4.2}$$

式中，AD 和 PD 分别表示抽象数据和物理数据，r_{AS} 和 r_{PS} 分别表示抽象空间和物理空间的可视化操作。

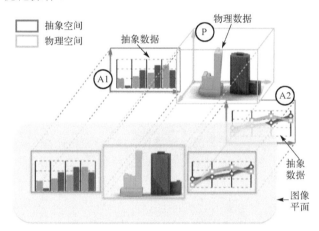

图 5.33　沉浸式城市数据可视分析模型(Chen et al., 2017)

VR 环境下，A1 和 A2 都是 2D 抽象空间，用于可视化抽象数据；P 是 3D 物理空间，
用于绘制物理数据；用户通过图像平面来接收不同数据在各自可视化空间的投影

不同于虚拟现实环境，增强现实环境拥有真实物体，因此，我们需要将物理数据绘制融合到真实物理环境中进行分析。一般有两种视觉融合呈现模式。一种是将物理数据直接绘制为二维影像，直接叠加在真实物体上，即有：

$$V_{\text{AR1}} = \bigcup_{i \in \text{AD} \lor \text{PD}} (p \circ r_{\text{AS}})(i) \cup \bigcup_{i \in \text{RO}} (p \circ r_{\text{PS}})(i) \tag{5.4.3}$$

式中，RO 表示真实物体(real object)。例如，在图 5.34 (a)中，虚拟机器人是一个物理数据，被渲染在 A2 抽象空间中，并直接叠加在物理空间 P 上面。显然，这种融合呈现模式并不考虑物理数据与真实物体之间的视觉一致性。因此，就有了另一种模式，即将物理数据注册到真实环境中进行融合呈现，即：

$$V_{AR2} = \bigcup_{i \in AD} (p \circ r_{AS})(i) \cup \bigcup_{i \in RO \lor PD} (p \circ r_{PS})(i) \tag{5.4.4}$$

如图 5.34(b)所示，虚拟机器人作为一种物理数据，和真实世界的椅子无缝地融合在一起，两者都被渲染在物理空间 P 中。

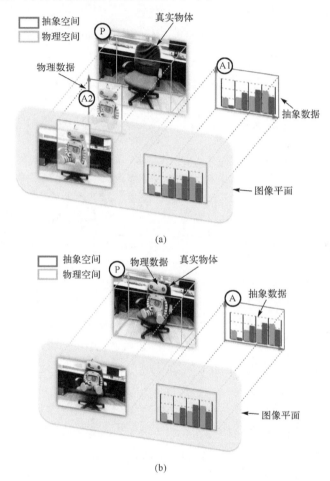

图 5.34　增强现实环境下的数据融合呈现(Chen et al., 2017)

5.4.3.2　物理和抽象数据的可视化集成

基于上述模型，我们可以分别得到物理数据的投影影像和抽象数据的可视化图表，为实现沉浸式的可视分析，我们需要进一步将它们关联集成起来。显然，这些投影影像和图表在图像平面上排布共有分离、交叉和邻接三种关系。相应地，我们将物理和抽象数据的可视化集成分为链接式视图、嵌入式视图和混合式视图三种(如图 5.35 所示)。

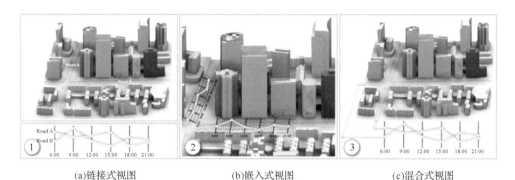

(a)链接式视图　　　　　　　(b)嵌入式视图　　　　　　　(c)混合式视图

图 5.35　可视化集成分类(Chen et al., 2017)

　　链接式视图(图 5.35(a))已被广泛用于城市可视分析，并成为显示时空数据的标准方法。此视图中，物理和抽象空间是分离的，物理数据(地图)和抽象数据(信息图表)的视图并排显示。这些视图通常同步显示一个对象的多种数据。链接式视图很容易实现，引入的遮挡较少。尽管它是一种强大且有效的城市数据可视化方法，但需要额外的屏幕空间来显示视图。此外，链接式视图要求用户自己在脑海中将物理与抽象数据关联起来，导致较重的思维负担。

　　嵌入式视图(图 5.35(b))在同一视图中同时显示物理和抽象数据，以在探索数据时为用户提供时空连贯的体验。物理空间与抽象空间此时是相交的。目前，大多数具有嵌入式视图的可视分析系统均将抽象空间封装在物理空间中。任何类型的空间数据都可以使用嵌入式视图进行可视化，且可以根据位置信息在地图上绘制这些数据。但是在嵌入式视图中，数据通常表达为带颜色的基本几何图形，例如点、线、流程图、等高线图等。将复杂信息图嵌入到地图中可能产生严重的遮挡问题，即物理数据和抽象数据的可视化结果产生相互干扰，使得用户难以高效分析。

　　混合式视图是一种用于集成物理和抽象数据的新形式。在混合式视图中(图 5.35(c))中，物理和抽象空间以恰当的方式毗邻放置，以便物理数据能够跨越物理空间的边界，并"生长"到抽象空间中。图 5.36 展示了一个著名的例子(Tufte et al., 1990)，铁路从地图视图中延伸出来，穿越地图平面的边界，并融入到国家铁路系统的概况视图中。混合式视图有可能被误认为是一个链接式视图。其实不然，在混合式视图中，物理和抽象空间中的内容在视觉上是连续的，而在链接式视图中是分离的。

　　容易发现，混合式视图有许多优点。首先，与链接式视图相比，虽然混合式视图也是将物理空间和抽象空间分开，但这种方法能让用户更平滑地切换上下文。其次，与嵌入式视图相比，混合式视图能够展现更多的信息，因为它避免了遮挡和相互干扰问题，使得设计师可以自由地可视化信息。最后，通过将物理和抽象数据和谐地融合在一起，混合视图使得可视化更生动，从而激发用户对分析数据的热情。这种混合式视图不仅是分析师挖掘数据信息的有用工具，而且也是一种很好的交流传播工具，可为非专业人员清晰地展现复杂的数据。

当然，混合式视图也有一定的局限性。首先，其设计空间是不确定的。其次，一些辅助技术仍待研发，如需要创新的布局方法，让物理数据跨过物理空间，并"伸展"到抽象空间；需要新的变形算法，以重新配置数据，实现更好的融合呈现效果。这些问题有待将来进一步地研究解决。

图 5.36　混合式视图示例(Tufte et al., 1990)

5.4.3.3　设计原则

在设计沉浸式环境的可视化工具时，设计人员须从链接式视图、嵌入式视图和混合式视图中选择恰当的视图来集成呈现抽象和物理数据。根据城市数据的特点，可采用几何形状和空间分布作为基本原则来选择视图。

(1)几何形状。数据的几何形状决定了数据的外形。物理数据的几何结构(geometry of physical data, PG)是既定的，而抽象数据的几何结构(geometry of abstract data, AG)则可以由用户选择。例如，地图中道路的几何图形是一条曲线，而交通流数据的几何图形可以是折线图中的曲线，也可以是条形图中的多条直方矩形。

(2)空间分布。由于数据与现实环境已实现注册对齐，因此数据在现实环境中的相对位置并不随观察方位的改变而变化。我们将物理和抽象数据的分布称为PD(distribution of physical data)和AD(distribution of abstract data)。

有了这两个设计原则，我们就可以根据一些启发式规则，快速地确定应该使用何种视图。如表 5.1 所示，如果视图的 PG 和 AG 有相同的几何图元，且 PD 和 AD 一致，则应使用嵌入式视图；如果视图的 PG 和 AG 有相同的几何图元，且 PD 和 AD 不一致，则采用混合式视图；如果视图的 PG 和 AG 有不同的几何图元，且 PD 和 AD 不一致，则采用链接式视图。

表 5.1　根据启发式规则确定使用哪种视图

	PD == AD	PD != AD
PG == AG	嵌入式视图	混合式视图
PG != AG		链接式视图

图 5.37 展示了一些例子来说明这一设计原则。第一行使用嵌入式视图来呈现一区域的数据，其中 A1 是其三维地图，A2 是其人口密度的热力图。由于三维地图和热力图的都可以定义在水平投影面上，它们具有一致的位置分布，因此嵌入式视图 A3 是恰当的选择。类似的例子可参看文献（Huang et al., 2016; Scheepens et al., 2011）。第二行采用混合式视图来呈现建筑物的数据，其中 B1 表示场景中的三座建筑物，B2 是其某两个月的能耗桑基图。这两种数据都可以

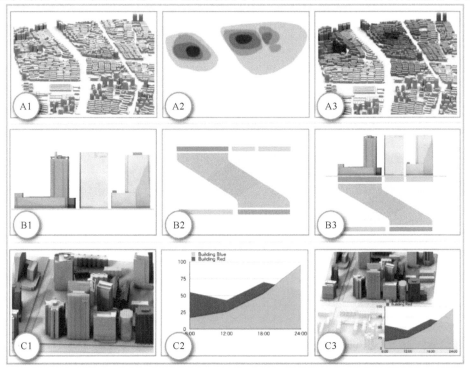

图 5.37　基于两条设计原则来选择恰当的视图，集成呈现物理和抽象数据（Chen et al., 2017）
A1～A3：嵌入式视图；B1～B3：混合式视图；C1～C3：链接式视图

用平面几何图形来表达，但其分布是不一致的，因此混合式视图可用来将它们集成在一起。图 5.36 也是此类例子。最后一行则采用链接式视图来呈现多个建筑物的数据，其中 C1 同两种颜色来表达和分类建筑物；C2 是其堆积面积图，描绘了两类建筑物的统计数据。显然，C1 和 C2 的几何形状和空间分布是完全不同的。因此，使用链接式视图比较好。类似的例子可参看文献(Ferreira et al., 2013; Andrienko et al., 2013)。

在表 5.1 中，有一个空格表示空间分布一致，而几何形状不一致的情况。这种情况下，三种视图都不适合用来可视化数据。例如，在图 5.37 第一行中，若热力图被表达为分布在二维平面上的多个条形图，直接在三维地图上嵌入并呈现这些条形图可能会产生遮挡和视觉混乱问题，此时不宜选择嵌入式视图来集成呈现数据。一个可行的解决方案是将抽象数据可视化为其他形式来改变 AG，或者形变 PG，使得 AG 和 PG 保持一致。遵循这一策略，Sun 等(2017)将线型几何结构转化为面结构，有效实现了复杂数据的集成可视化。

在实际应用上述数据的集成可视化设计原则的时候，需要根据物理数据和抽象数据的特点，灵活地去探寻恰当的可视化形式，以高效地实现沉浸式的数据呈现和交互分析。

5.5　小结

虚实环境的视觉呈现是增强现实的基本问题，涉及虚拟景物的绘制、虚实环境的光照相互作用和视觉融合显示等关键技术。本章主要介绍了这些关键技术的基本原理和具体实现方法。

首先，我们从绘制方程出发，简介了虚拟景物、虚拟环境绘制和着色的基本原理，重点介绍了其中的局部光照明模型、双向反射率模型和全局光照明模型。在此基础上，较为详细地介绍了基于局部光照明模型的 GPU 图形绘制流水线的架构和基本功能，以及基于蒙特卡洛数值积分的路径追踪和辐射度的全局光照明计算方法，为读者了解虚拟环境的实时高保真绘制的困难和挑战提供了技术脉络。当然，由于篇幅所限，本章没有提供详细的相关绘制算法，读者可参看有关图形学著作。

其次，为实现虚实环境的光照相互作用效果，我们首先介绍了现实环境的光照恢复的基本原理和一些实用光源估计算法，以保持虚拟景物与现实环境光照的一致性。在光照恢复的基础上，我们进一步介绍了三类实时绘制技术(阴影生成、环境光遮蔽和间接光照计算)，能够逼真模拟虚实环境光照的相互辉映效果，实现高保真的虚实融合。

　　最后，我们介绍了信息与现实环境的融合呈现技术。从人类的视觉感知特性出发，简要介绍了信息可视化与可视分析的基本原理、模型和准则。进而分类讨论了在沉浸式环境中，基于信息与现实环境的时空注册，实现虚实融合呈现和可视分析的基本模式，并以城市大数据分析为案例，给出了具体的实现途径。

　　总之，本章向读者介绍了虚实环境的视觉融合显示的基本原理和一些最新研究进展。除了虚拟景物的实时绘制技术相对比较成熟外，现实环境的光照恢复、虚实环境的相互作用和无缝视觉融合呈现、信息与现实环境的叠加呈现等方面的研究才刚刚兴起，许多问题亟待研究解决。可以预见，这将是增强现实技术未来的重点研究方向之一。

第6章

空间增强现实技术

正如第 1 章所述，由于用户所看到的虚拟物体与其观察方位是密切相关的，为了获得虚实融合的视觉沉浸感，增强现实系统通常采用手机、头盔等移动设备来呈现虚实融合的画面。这些设备的持有或佩戴本身在一定程度上影响用户的沉浸感。为了使得用户能够在不佩戴或使用任何设备的情形下，观察到虚实融合的景象，研究者发明了空间增强现实技术。空间增强现实技术采用各种光学或电子设备，在实物表面上或实景中呈现虚拟物体，获得增强现实的视觉效果。由于在现实空间中直接呈现，多个观察者可以同时从不同的方位观察到虚实融合的景象，而无需佩戴任何设备。这为群体式的增强现实体验提供了技术手段。空间增强现实技术在数字娱乐、文化教育等领域有着重要的应用前景。本章首先简介空间增强现实技术的基本原理和方案，进而重点介绍多投影空间增强呈现技术的实现方法及其应用。

6.1　空间增强现实的原理和方法

空间增强现实技术借助各种设备来直接在现实空间中呈现虚拟物体的像（Bimber et al., 2005）。目前主要有光学反射式、光场式、投影式等空间呈现方式。无论采用哪一种呈现方式，为了产生逼真的空间呈现效果，都需要将虚拟场景与现实空间注册对齐。与头戴式或手持式光学穿透显示器相比，空间光学穿透显示器可生成在现实物理环境内对齐的图像，诸如平面或曲面镜面分光镜、透明屏幕或光学全息图等空间光学组合器是此类显示器的重要组成部分。本节将简单介绍当前主流的三种空间增强呈现技术的基本原理和实现方案。

6.1.1　光学穿透式空间呈现

空间光学穿透显示器(spatial optical see-through displays)是虚实融合视觉呈现的一种基本模式(Bimber et al., 2005)。光学组合器是其重要组成部分,用于混合来自现实环境的光线和虚拟环境的光线,将计算机生成的图像与真实环境叠加在一起,使虚拟图像和现实环境的实物同时可见(Bimber et al., 2003)。

不同于穿戴式光学穿透显示器,空间光学穿透显示器生成与现实物理环境对齐的图像。结合眼球跟踪器,可以支持用户在一定范围内移动,而不会察觉到生成图像的错位。因此,空间光学穿透显示器可以产生与空间投影显示器相媲美的虚实融合效果。图 6.1(a)是一个反射式空间穿透显示技术的原理图,显示器生成的图像经过半反射面反射至用户眼中,使得用户观察到前方的虚像。图 6.1(b)则是一个反射式空间穿透增强现实的锥形显示装置,它由四对显示器和三角面组成。显示器隐藏于视点的上方,用于呈现计算机生成的影像,锥形的四个三角面是半透明半反射的屏幕,一般与底面成 45°角。当用户注视锥形的内部时,既可观察到位于锥体内部、来自上方显示器的虚像,又可同时透过屏幕观察到位于锥体中的实物,从而形成位于锥体中央的虚实融合的影像。空间光学穿透显示器有很多应用,不同的应用场景需要不同的设计,但其基本原理都是类似的。例如,在医疗手术或者手术训练中,将术前检查结果与病人病灶叠加,帮助医生更好地了解实际情况和治疗。由于病人常常是固定的,因此仅需一次空间注册对齐。上述显示结构可以进一步简化为一块空间穿透式显示屏,形成简单的空间增强屏幕。将虚拟影像投射在显示屏上,经反射成像而被观众观察到,而来自屏幕背后的现实环境也可穿透屏幕而被同时观察到,因此观众会观察到现实环境和虚拟景物共存的景象(如图 6.2 所示)。

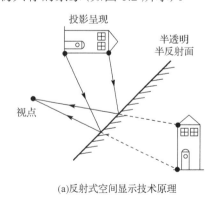

(a)反射式空间显示技术原理

(b)锥形显示装置

图 6.1　反射式空间增强现实原理和装置

图 6.2　基于空间透射显示屏的虚实融合呈现(Bimber et al., 2005)

空间光学穿透显示器的主要优点是眼睛调节和聚散更为容易,具有更高可扩展的分辨率,更大可拓展的视野,更容易、更稳定的空间注册配准。但是,它也存在以下缺点:①由于光学显示过程需要预先执行空间注册对齐,因此难以支持移动应用;②由于需要同时支持多观察者,受限于光学元件,有些用户观察到的影像可能存在较大的畸变;③受限于屏幕和光学组合器的尺寸,显示区域外的虚拟物体通常会被裁剪掉,严重影响了虚实融合的自然性。

6.1.2　光场式空间呈现

为支持自由运动的观察视野,增强虚实融合的沉浸感,我们需要从不同观察角度来融合呈现虚拟物体和现实环境。一个自然的方式是将虚拟环境的光场和现实环境的光场实时注册融合在一起, 实现光场式的空间呈现。光场(light field)(Levoy et al., 1996)是一个用来描述空间中所有光线的集合,它可表达为一个七维(时刻 t ,三维空间坐标 (x,y,z) ,光线方向 (a,b) ,波长 λ)的全光函数(plenoptic function)(Adelson et al., 1991)。一般来说,一条光线需用五个维度来表示。通过添加适当的约束,它可以参数化为更低维的表示,例如二维表示(全景视图(panoramic image))、三维表示(同心拼图(concentric mosaics))以及四维表示(两张平面)等。

三维显示的目的就是逼真模拟并呈现出景物的光学特性,使所有来自景物的光线所组成的光场能正确地分布于显示环境中,并确保光线恰当地进入观察者的眼中,以实现对显示景物的三维视觉感知。目前,已涌现出许多三维显示技术,其中的光场三维显示技术有望实现遮挡正确、动态和全景可视的三维显示效果（Jones et al., 2007）。

基于扫描体的成像模式，将要显示的三维景物投影到扫描面上，通过控制图像与扫描面之间的空间关系，将表示不同方向的光场图像准确地成像到相应的方位形成三维图像。这一成像过程非常类似于现实环境中的实物展示。代表性的系统有：基于旋转 LED 阵列的 SeeLinder 系统（Endo et al., 2000）；基于多反射镜的 Transpost 系统（Otsuka et al., 2006）；基于高速投影的全景视场三维显示系统（Jones et al., 2007）等（如图 6.3 所示）。尤其是第三个系统充分利用了定向散射屏的各向异性特性，有效保证了不同图像进入不同方向的视区。但是，由于硬件性能的限制，上述光场三维显示技术在显示尺度、显示色阶、显示频率等方面仍存在许多问题，严重影响了用户的三维视觉感知。

(a)SeeLinder系统　　　　　　(b)Transpost系统　　　　　　(c)南加州三维显示系统
(Endo et al., 2000)　　　　　　(Otsuka et al., 2006)　　　　　(Jones et al., 2007)

图 6.3　代表性光场三维显示系统

时间交错或空间交错技术是当前主要的优化技术。所谓的时间或空间交错本质上就是时间或空间的信息复用。Lee 等（2013）、Zhong 等（2013）和 Jones 等（2014）通过组装多台投影仪来部署大规模的三维显示系统，通过空间复用技术，高效展示了大视角的生动三维场景。但是，多台投影机的配置使原型系统复杂化，需要大量的时空校准（Chen et al., 2014）。Jones 等（2014）、Yan 等（2009）、Takaki 等（2012）、Xia 等（2013）和 Su 等（2015）则通过组合高速投影仪和旋转式方向漫射屏幕来实现时间复用，高质量呈现了三维内容，其中的关键部件——高速投影仪，通常由用于高速空间光调制器的数字镜装置（DMD）构成。但是，由于 DMD 只能显示低分辨率灰度图像或纯二进制图像，这些系统的灰度重建性能受到了很大限制。图 6.4 给出了时间复用的光场三维显示系统的原理图（Su et al., 2015）。系统主要由高速投影仪和旋转式各向异性漫射屏组成，其中高速投影仪由空间光调制器和 LED 或激光二极管作为光源组装而成，各向异性屏幕则在非常小的水平角度、较大的垂直角度范围内漫射光线。屏幕通常以一个倾斜的角度来安装（图 6.4（a））或设计有额外的光学结构（图 6.4（b）），以便将漫射光线引导到观察者眼中。这样，对每个固定视点，旋转式各向异性屏幕提供扫过屏幕的窄扫描光带来实现具有空间消隐功能的 360°可周视、180°俯仰视的空间三维全景视场显示。

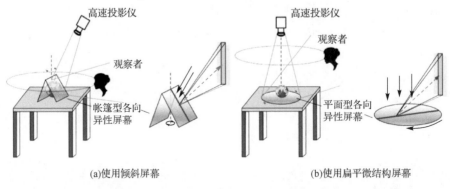

(a)使用倾斜屏幕　　　　　　　　　　　　　　　　(b)使用扁平微结构屏幕

图 6.4　时间复用三维显示的原理图（Su et al., 2015）

6.1.3　多投影空间呈现

多投影空间呈现是一种利用多台投影机将影像直接投影在实物表面（屏幕）上，以改变实景视觉效果的技术，是空间增强现实系统的常用实现方法。其实质就是利用多台投影机，将多个子画面投射到实物表面上，形成一个无缝拼接、无畸变的画面。这个过程类似于计算机图形学的纹理映射，只不过这里的"纹理映射"过程是在现实空间中发生的（Wallace et al., 2005; Raij et al., 2003）。因此，需要解决其中"子纹理"（即投影子画面）之间的光滑拼接问题，即投影画面的几何一致性和颜色一致性问题。

一张图像被分割成几个子图像后，分别由若干台投影机投影到三维景物表面上，形成若干张子投影画面（王修晖等，2007a）。由于三维表面形状复杂，投影位置各异，这些投影子画面与原始图像往往有很大的差异，存在很大的畸变，导致各子投影画面在重叠区域上不再保持几何的连续性。所谓的投影几何一致性就是要保持各投影子画面在三维实物表面上的几何连续性，能够无缝地将这些投影子画面拼接成一张"完美"投影画面。造成多投影画面几何不一致的主要因素有多台投影机摆放位姿、屏幕几何形状和投影机镜头畸变等。近年来，涌现出了大量的几何校正方面的研究工作。Sukthankar 等（2001）使用相机来建立图像坐标和投影缓存坐标之间的映射关系；Chen 等（2001）使用相机树来解决大规模投影机阵列的几何校正问题；Bhasker 等（2007）使用 Bézier 曲面片来校正投影机镜头的辐射状畸变；Zhou 等（2008b）在投影显示过程中持续地执行自适应的自动几何校正，以适应投影机位姿的微小改变。图 6.5 展示了由四台投影机和一张曲幕组成的空间投影呈现系统，该系统有效消除了画面的不连续性，形成了无缝的连续画面。

(a)校正前效果

(b)校正后效果

图 6.5　曲幕四投影空间呈现系统的拼接校正

即使采用相同型号的投影机，两台投影机投影出的颜色也不会完全一致(王修晖等，2007b)。尤其是随着投影机使用时间的增加，投影机灯泡以及光路上的其他器件也将发生衰变，进一步加重了各投影机之间的颜色差异。因此，多投影系统的投影色差现象是普遍存在的，而且随着时间的流逝而日益加重。这一问题近年来得到了深入的研究。Majumder 等(2004)给出了定量模型来刻画投影显示特性与硬件参数之间的关系，并由此提出了若干颜色校正方案。此外，他们还提出了投影亮度的一致性校正方法(Majumder et al., 2000; 2002; 2003)。针对因光路器件造成相机拍摄的图像边缘较暗问题，Juang 等(2007)提出了一种亮度校正算法，有效降低了使用相机进行颜色校正的误差。图 6.6 显示了在几何复杂、颜色丰富的实物表面上的虚实融合投影效果。

图 6.6　实物表面上的多投影显示

总之，多投影空间呈现技术是群体式的大型空间增强现实系统的主要实现方法，有着广泛的应用。由于现实场景的复杂性和多投影机之间的不协调性，多投影空间呈现技术必须先进行画面的几何校正和颜色校正，才能产生无缝的视觉增强效果。下面几节将专门介绍这两种校正的具体实现方法。

6.2 投影画面的几何校正

投影机投影到现实场景中所呈现的景象，与实景表面或屏幕的几何形状和材质属性密切相关。考虑到实物形状千变万化，而其材质可以预先测量确定，因此我们可先确定实物表面的几何形状，校正好投影画面的几何畸变，进而由预知的材质属性，通过目标景象即可估算出实际需要投影的亮度。投影画面的几何校正是多投影空间呈现系统的基础。

6.2.1 几何校正的基本原理

为了将一幅高分辨率的图像通过多台投影机投影到实物表面上，通常需要将它分割成若干相互重叠的子图像，每幅子图像分别用一台投影机投影到实物表面的一个局部区域上，最终实现高清的虚实融合呈现。一般情况下，由于实物表面的几何形状和投影机的光学特性和位姿等因素，往往会造成投影画面的畸变，若不作专门处理，这些重叠的子投影画面是不会"自然"拼合成一幅完美的画面的。图 6.7 展示了一个环幕四投影空间呈现系统。图 6.7(a) 示意了四台投影机的屏幕投影显示区域，其中黑色四边形表示屏幕，4 个橙色四边形为 4 台投影机的投影范围。蓝色四边形为几何校正后所希望的内容显示区域。该区域被 3 条绿色的线条分割成 4 个小区域，每一个小区域就是 1 台投影机所负责的显示区域。当然绿线附近的重叠区域由两台投影机共同负责显示。图 6.7(b) 是实际拍摄的未校正前的屏幕投影画面。容易发现，若不施加校正，投影画面存在严重的几何畸变，且在重叠区不再保持几何的连续性。

通过调整投影机位姿和镜头来进行画面的连续拼接，仅对平面屏幕存在理论上的可能性，实际执行时几乎不可能实现，因为这些物理调整极为精细，不仅耗时，而且难以满足精度要求，尤其难以处理一般三维曲面上的投影畸变问题。因此，一个可行的解决方案是，根据屏幕投影区域的表面形状，对每幅子图像在投影前进行适当的几何形变，使得形变后的子图像恰好以预先构想的方式投影呈现出来，最终这些投影子画面"完美"地拼合形成一张总的画面。我们称这个过程为投影画面的几何校正，它本质上是建立被投影的图像与实物表面(即屏幕)之间的映射关系的过程。

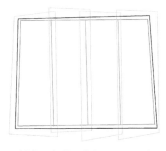

(a)投影机的屏幕投影显示区域　　　　　　　　(b)未校正前的屏幕投影画面

图 6.7　环幕四投影空间呈现系统

不失一般性，我们从空间映射的角度介绍几何校正的基本原理和实现方法。具体包含以下三个步骤：

(1)总图像 I_{total} 被分割为若干子图像 I_i，相邻子图像 I_i 之间存在一定的重叠区域。定义总图像 I_{total} 的像素坐标空间为总图像空间 C_{total}，子图像 I_i 坐标空间为子图像空间 C_i，则存在单射 $D_i:C_i \to C_{\text{total}}$，使得 $I_i(\boldsymbol{p})=I_{\text{total}}(D_i(\boldsymbol{p})), \forall \boldsymbol{p}\in C_i$。记 C_i 在总图像空间上的像为 $D_i(C_i)$，我们可构造一个双射 $F_i:D_i(C_i) \to C_i$，使得 $F_i(\boldsymbol{p})=D_i^{-1}(\boldsymbol{p})$（$\forall \boldsymbol{p}\in D(C_i)$）。

(2)对子图像 I_i，进行二维几何形变，产生形变子图像 M_i，即存在几何形变双射 $G_i:C_i \to C_i$，使得 $M_i(\boldsymbol{p})=I_i(G_i^{-1}(\boldsymbol{p})), \forall \boldsymbol{p}\in C_i$。

(3)将形变子图像 M_i 投影显示到屏幕表面区域 R_i 上，若称 R_i 所显示的图像为屏幕子画面 S_i，则存在双射 $P_i:C_i \to R_i$，使得 $S_i(\boldsymbol{p})=M_i(P_i^{-1}(\boldsymbol{p})), \forall \boldsymbol{p}\in R_i$。变换 P_i 类似于计算机图形学中的纹理映射，本质上描述了第 i 台投影机的投影过程。显然，它仅与在第 i 台投影机的投影光路和屏幕几何形状相关。

将上述三个步骤关联起来，对于 $\forall \boldsymbol{p}\in R_i$，有：

$$S_i(\boldsymbol{p})=M_i(P_i^{-1}(\boldsymbol{p}))=I_i(G_i^{-1}(P_i^{-1}(\boldsymbol{p})))=I_{\text{total}}(F_i^{-1}(G_i^{-1}(P_i^{-1}(\boldsymbol{p})))) \quad (6.2.1)$$

若定义 $H_i=P_i \circ G_i \circ F_i:D_i(C_i) \to R_i$，则映射 H_i 是一个子图像 I_i 到其在屏幕子画面 S_i 的双射。因此，为了让多幅子投影画面最终能拼合成一张"完美"的总画面，各屏幕子画面 S_i 必须满足以下约束条件：

(1)重合性约束。若总图像上的像素 $\boldsymbol{p}$ 同时属于子图像 I_j 和 I_k，那么由两台投影机投影后，$\boldsymbol{p}$ 的投影位置必须重合，即 $H_j(\boldsymbol{p})=H_k(\boldsymbol{p})$。多投影机情形亦然。

(2)最小画面形变约束。由微分几何理论可知，这一条件等价于每幅子图像到屏幕子画面的映射 H_i 接近于等距变换。

至此，我们可以发现，投影几何校正的实质就是：计算每台投影机的最佳变换 H_i，使得 $\{H_i|i=1,\cdots,N\}$（N 为投影机数量)满足上述重合性和最小画面形变约束。为便于描述，下面采用记号 $\{\boldsymbol{x}_i\}$ 来表示可数集合 $\{\boldsymbol{x}_i|i=1,\cdots,N\}$。在不调

节投影机光路和屏幕的情况下，P_i 是不变的。注意到 $\{F_i\}$ 实际上描述了图像的分割映射，只需满足相邻子图像的重叠条件，$\{F_i\}$ 就是一组平移变换。因此，投影几何校正的关键是求最佳的几何形变映射 $\{G_i\}$。

值得指出的是，上述几何校正模型依赖于相关映射的构建，这对屏幕、环幕、球幕等曲幕的投影几何校正来说，相对比较容易，但对一些形状奇特的实景表面（如中国传统建筑的屋顶或塔身）的投影几何校正来说，并不容易。为了获得良好的双向映射，往往需要优化投影仪的位姿，甚至增加投影机的数量，才能获得预期的投影效果。

6.2.2 图像的几何形变映射

不失一般性，几何形变映射 $\{G_i\}$ 可采用 Bézier 或 B 样条等参数曲面来表达。在下面的陈述和图示中，为了表达的简捷性，省略子图像的下标。图像的几何形变映射 G 可表示为：

$$G(\boldsymbol{p}) = \sum_{i,j} \boldsymbol{v}_{ij} B_{i,j}(\boldsymbol{p}) \tag{6.2.2}$$

式中，$\boldsymbol{v}_{ij}$ 是图像参数曲面的像素控制点，构成了一个矩形控制网格；$\{B_{i,j}\}$ 是图像参数曲面的基函数。通过移动这些像素控制点，就可以引发其他像素的移动，从而产生图像的几何形变。由于基函数的局部性，每个像素控制顶点仅影响其一定邻域内的像素，因此，该形变映射具有很好的局部性，非常有利于图像形变的精细控制。

由式 (6.2.2) 可知，最佳的图像几何形变映射计算本质上寻求满足特定约束的像素控制网格 $\{\boldsymbol{v}_{ij}\}$。实际执行时，我们可通过移动图像上的一些像素点来导引形变。不妨假设图像的几何形变 G 因移动了其 K 个像素点而产生，则形成了 K 个像素点对 $(\boldsymbol{p}_k, \boldsymbol{g}_k)$，其中 $\boldsymbol{p}_k$ 和 $\boldsymbol{g}_k$ 分别为移动前后的同一像素点，即 $\boldsymbol{g}_k = G(\boldsymbol{p}_k)$（如图 6.8 所示），代入式 (6.2.2) 并整理得：

$$\boldsymbol{W}\boldsymbol{V} = \boldsymbol{U} \tag{6.2.3}$$

式中，$\boldsymbol{W} = \begin{bmatrix} B_{1,1}(\boldsymbol{p}_1) & B_{1,2}(\boldsymbol{p}_1) & \dots & B_{n,m}(\boldsymbol{p}_1) \\ B_{1,1}(\boldsymbol{p}_2) & B_{1,2}(\boldsymbol{p}_2) & \cdots & B_{n,m}(\boldsymbol{p}_2) \\ \vdots & \vdots & \vdots & \vdots \\ B_{1,1}(\boldsymbol{p}_K) & B_{1,2}(\boldsymbol{p}_K) & \cdots & B_{n,m}(\boldsymbol{p}_K) \end{bmatrix}$, $\boldsymbol{V} = \begin{bmatrix} \boldsymbol{v}_{11} \\ \boldsymbol{v}_{12} \\ \vdots \\ \boldsymbol{v}_{nm} \end{bmatrix}$, $\boldsymbol{U} = \begin{bmatrix} \boldsymbol{g}_1 \\ \boldsymbol{g}_2 \\ \vdots \\ \boldsymbol{g}_K \end{bmatrix}$。

一般来说，方程的个数 K 不会刚好等于未知像素控制点数 nm，故采用最小二乘拟合方法来求解控制顶点，即：

$$\underset{\{\boldsymbol{v}_{ij}\}}{\arg\min} \| \boldsymbol{W}\boldsymbol{V} - \boldsymbol{U} \|^2 \tag{6.2.4}$$

选取适当的参数曲面次数、控制顶点数和 K ，即可得到图像的几何形变映射，它将像素点 p_k 尽可能接近地形变到像素点 g_k 处。

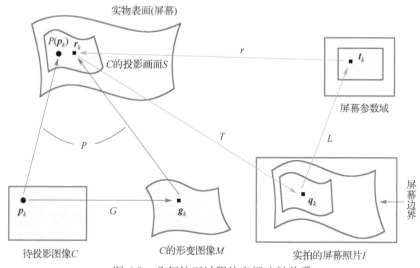

图 6.8　几何校正过程的空间映射关系

6.2.3　交互式几何校正

从上一小节可知，如果能够确定足够多的几何形变前后的像素点对，则几何校正问题就迎刃而解了。为此，本小节介绍一种交互获取这些点对的方法。

首先，在待投影的图像上选取若干特征点，记录这些点的坐标 $\{p_k\}$ 。然后在显示屏幕上布置人眼可观测的屏幕标记点 $\{r_k\}$ 。每个屏幕标记点将对应一个图像特征点，屏幕标记点 r_k 就是我们希望图像特征点 p_k 最终在屏幕上的显示位置（如图 6.8 所示）。最后，该图像及其所有图像特征点通过一个图形交互程序，以全屏显示的方式投影显示在屏幕上。用户利用该图形交互程序，移动每个图像特征点，使得投影显示的图像特征点与事先布置的屏幕标记点重合。当重合后，记录此时图像特征点的坐标 $\{g_k\}$ 。

在计算机中产生一张二维参数曲面，该曲面布满整个屏幕，控制点初始化为均匀划分的网格顶点。那么 $\{(p_k, g_k)\}$ 就是上一小节中计算参数曲面控制点所需要的形变点对。由 $\{(p_k, g_k)\}$ 的获取过程可知，通过这种方式求出的几何形变 G ，能够将图像特征点从 p_k 移动至 g_k 处或其附近，那么图像特征点将会投影到屏幕上的标记点处或其附近。基于所得到的几何形变映射，我们就可以由式 (6.2.2) 逐像素地形变整幅图像。最终整幅图像就将按照我们所设想的位置进行显示了。

在实际执行时，图像特征点可以简单地选择均匀划分的网格点，也可以根据图像内容提取。为了保证人机交互的效率，拟合计算采用边拖拽、边计算的在线处理模式。这样用户可以实时直观地观察到整幅图像在几何校正后的显示效果。

6.2.4　自动几何校正

尽管上述交互几何校正简单易行，但对拥有复杂曲面屏幕的多投影空间呈现系统来说，这种图像特征点的局部交互调整方法不仅费时费力，有时甚至无法克服内在几何的矛盾冲突，导致校正失败。因此，探寻自动的几何校正技术一直是业界追求的目标。

为了行文方便，下面我们采用一台投影机的几何校正来进行说明，多台投影机的校正只是重复类似过程。因此，下面将忽略投影机相关的下标索引。

由前面小节的讨论可知，由于投影畸变的存在，投影系统往往无法将图像 C 上的特征点 p_k 投影到其屏幕上的期望标记点 r_k 处，因此几何校正的本质是构建一个图像形变变换，将图像特征点 p_k 变换到 g_k 处，使得 g_k 恰好投影到屏幕标记点 r_k 处，即 $g_k = P^{-1}(r_k)$。所谓的自动几何校正就是要自动地找到所有 p_k 的目标形变点 g_k。一个自然的想法是，采用高分辨率相机来获取图像在屏幕上的投影画面的照片 I'，搜寻屏幕标记点 r_k 在照片上的对应点 q_k 以及 q_k 在图像 C 上的匹配点，该匹配点即为 g_k（如图 6.8 所示）。由所得到的图像特征点对集，我们就可以近似重建图像形变映射，进而得到期望的图像空间到屏幕空间的投影映射。

实际执行时，通常以黑白双色的棋盘格图像作为标定图像 I，拍摄获取标定图像 I 在屏幕上投影画面的照片 I'，由此计算得到图像特征点对集 $\{(p_k, g_k)\}$。下面，我们将讨论具体的自动几何校正的实现方法。

6.2.4.1　标定图案特征的提取

对黑白棋盘格标定图像 C 来说，其角点是天然的特征点，因此，我们可简单地以这些已知角点作为图像特征点 p_k，并从其屏幕投影画面的照片 I' 中寻求与其相对应的角点特征点 q_k。问题的关键是如何从照片 I' 中鲁棒提取 q_k。

由于相机分辨率及图像处理算法难以达到亚像素精度，照片 I' 中的每个棋盘格必须占据一定数量的像素，才能被有效识别。但是，过大的棋盘格将导致角点过少，会影响最终几何校正的精度。考虑到这些因素，我们可多次投影棋盘格图像，每次做一些偏移（如图 6.9 所示），以获得较多的特征点。

图 6.9　棋盘格图像的偏移投影

对于棋盘格角点的识别，由于光照因素，简单地用单一阈值很难将照片 I' 上的黑白网格进行有效区分，从而造成网格的漏判，导致角点的丢失。可采用四边形边界拟合方法，来克服光照对黑白纹理的干扰。首先，用合适的阈值对照片进行二值化(如图 6.10(b)所示)。其次，对二值图像做边缘检测，并用四边形对黑色和白色网格区域分别进行拟合。由于投影显示的网格都是矩形，若不能用四边形有效拟合其边界，则说明该区域的图像质量较差，放弃对该网格角点的提取。图 6.11(a)显示了四边形拟合后的结果，所识别出的角点则如图 6.11(b)所示。

(a)　　　　　　　　　　　　　　　　　(b)

图 6.10　弥补明暗程度差异所做的二值化效果

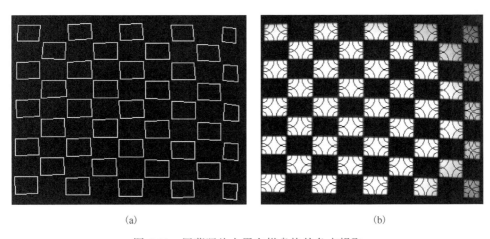

(a)　　　　　　　　　　　　　　　　　(b)

图 6.11　屏幕照片上黑白棋盘格的角点提取

上述简单方法仅对光照比较均匀的黑白网格照片有效，却难以处理光照高度不均匀的照片，其根本原因是我们采用统一的阈值来提取角点。一个自然的解决方案是对照片 I' 的每个像素的亮度建立高斯分布模型，自适应地确定各个像素的阈值，从而提升网格角点的提取精度。当环境光照相对稳定时，我们以恒定的相机位姿和曝光值拍摄场景 n 次，得到 n 张照片。不妨假设这些照片在某个像素处的亮度服从高斯分布 $f(\mu, \delta)$，则由最大似然估计法可得到正态分布的参数估计值 (μ, δ)，即：

$$\mu = \bar{x} = \frac{x_1 + x_2 + \cdots + x_n}{n} \qquad (6.2.5)$$

式中，x_i 为该像素在第 i 张照片上的亮度值。

具体地，我们执行如下的三步操作。首先，用投影机投射纯黑色图像，用相机拍摄 n 张屏幕照片。对有效区域内的每一个像素，用这 n 张图像的对应像素的亮度进行参数估计，得到纯黑状态下每个像素点的亮度概率分布 $f(\mu_b, \delta_b)$。其次，用投影机投射纯白色图像，同样用相机拍摄 n 张屏幕照片，可得到纯白状态下每个像素点的亮度概率分布 $f(\mu_w, \delta_w)$。这样，对照片上的每个像素 p，都可计算得到以下两个参数值：

$$d_p = \mu_w - \mu_b, \ t_p = (\mu_w + \mu_b) / 2 \qquad (6.2.6)$$

最后，为了更清晰地识别黑白网格，必须选择合适的曝光值，使得拍摄照片上的白色和黑色区别分明。这需要像素的 d_p 尽可能大。为此，我们设定一组不同的曝光值，以每个曝光值都去拍摄 n 张黑白棋盘格投影在屏幕上的照片，并计算其像素平均 d_p。那么，最大的像素平均 d_p 所对应的曝光值，就作为最佳曝光值。

一旦确定最佳曝光值，即可计算得到每个像素 p 的阈值 t_p。这种逐像素的阈值很好地反映了每个像素处的光照情况，因此能鲁棒地克服拍摄图像的光照差异。如图 6.12 所示，图 6.12(a) 为用上述统计算法提取的角点，图 6.12(b) 为用传统算法求出的角点。在光照不均的情况下，图 6.12(b) 中左侧高亮与右侧很暗的区域由于无法取到合适的阈值而难以准确提取到角点，而统计算法能够自适应地调整相关参数，得到了较好的角点提取结果。

(a)统计算法识别出的角点 　　　　　　　　(b)传统方法求出的角点

图 6.12　统计角点提取算法与传统方法的对比

6.2.4.2　特征点对的匹配

一旦在照片 I' 中提取出角点集 $\{q_k\}$，我们需进一步将它们与棋盘格图像上的角点集 $\{p_k\}$ 进行准确匹配，以得到照片 I' 与图像 C 的特征点对 $\{(p_k, g_k)\}$。其基本思路是先估计 p_k 在照片 I' 上的位置，再进行逐步求精的匹配。

不妨假设屏幕的显示区域为矩形，在照片 I' 上估算出屏幕的两个主轴方向，由此构造出屏幕在照片 I' 上的包围盒。对该包围盒按照原来棋盘格图像 I 上的格数进行均匀划分，得到的格子角点就作为角点 p_k 在照片 I' 上的位置估计 q_k'。然后，将点集 $Q'=\{q_k'\}$ 和 $Q=\{q_k\}$ 构成一个二分图 H，图的任一结点或属于 Q' 或属于 Q，并赋予弧 $\overline{q_i'q_j}$ 以权值 $w_{ij}=1/\|q_i'-q_j\|$。运用 Kuhn-Munkres 算法（Munkres，1957），求出 Q' 和 Q 的最大权匹配，即从 H 中挑选出一个子图，该子图包含所有的属于 Q 的顶点。如果所有弧的权值和最大，那么该子图上的每一条弧就表示一个最佳的 (q_i', q_j) 匹配。这个匹配保证了从全局上看，两个集合的匹配点对的距离最小。

根据选出的匹配 (q_i', q_j)，就可以得到特征对应点对 (p_i, q_j)。重新改写下标，我们就得到了一特征匹配集合 $\{(p_k, g_k)\}^{[1]}$。由此，利用二维样条拟合方法可求出从图像坐标空间 C 到照片 I' 所在的坐标空间 C' 的映射 $J: C \to I'$，即优化求解如下目标函数：

$$\min_{J^{[1]}} \sum_k \| J^{[1]}(p_k) - q_k \|^2 \tag{6.2.7}$$

随后，我们用 $J^{[1]}(p_k)$ 来作为 p_k 在照片 I' 上的新估计值，重复上述匹配计算，得到映射 $J^{[2]}$。如此迭代循环 n 次，直到 $\sum_k \| J^{[n]}(p_k) - q_k \|^2$ 小于给定误差，才终止迭代。在这一过程中，适时地剔除误差特别大的匹配点对，以保证结果误差的收敛性。最终得到匹配的点对集合 $\{(p_k, q_k)\}^{[n]}$，即为所求的特征匹配点对集 $\{(p_k, q_k)\}$。图 6.13 即为多次迭代后估计点与照片上棋盘格点的匹配。

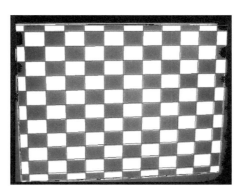

图 6.13　多次迭代后估计点与照片上棋盘格点的匹配

6.2.4.3 图像空间到屏幕空间的映射

从照片 I' 到屏幕表面的映射，与相机的投影变换和屏幕表面的参数映射密切相关。若屏幕表面表示为参数曲面 $r(t)$，相机的投影变换为 T，则 $T(r(t)) = q$，其中 q 为照片 I' 上对应于屏幕 $r(t)$ 位置的像素点。若记 t_k 为屏幕标记点 r_k 的参数坐标，则有 $r_k = r(t_k)$，$q_k = T(r(t_k))$（如图 6.8 所示）。采用传统结构光等三维获取技术可高精度获取屏幕表面的三维点云，进而重建出屏幕表面及其参数化表示。但是，屏幕表面的三维重建极大增加了系统的复杂性，给实际应用带来了很多不便。注意到我们并不真的需要计算出屏幕表面的深度和尺度信息，仅需要它们之间的准确对应关系，因此，可采用局部拟合逼近方法来近似估计这一映射。

鉴于屏幕的几何形状往往是比较平坦的曲面，因此我们可采用样条函数来拟合特征点对的方法来估计这个映射。首先，在屏幕表面的边缘处均匀设置若干标识点，并赋予屏幕参数坐标 $\{t_k\}$。在投影机不投影画面的时候，单独拍摄屏幕和边缘标识点，避免干扰。然后在照片上识别出这些点，获得照片坐标 $\{q_k\}$，通过拟合样条曲面获得从照片到屏幕参数域的映射 L，即优化求解如下目标函数：

$$\min_L \left\{ \sum_k \| L(q_k) - t_k \|^2 \right\} \qquad (6.2.8)$$

如果屏幕的内部形状变化较大，屏幕内部也需要布置若干标识点。这种方法的唯一难点在于屏幕标识点的参数坐标的赋予。这一般需要在预处理时进行一定的物理测量，并利用各标识点之间的空间距离，估算赋予标识点的参数坐标。实际执行时，屏幕参数坐标并不需要非常精确，因为它仅影响画面的局部变形，对几何拼接的一致性没有影响。

得到映射 L 后，我们就可计算出照片 I' 上的图像特征点 q_k 在屏幕参数域的对应点 $t_k = L(q_k)$，那么结合前面获得的特征匹配点对 (p_k, q_k)，最终获得了图像 I 到屏幕参数域的特征对应点对集 $\{(p_k, t_k)\}$。类似地，我们可拟合特征点对集 $\{(p_k, r(t_k))\}$，近似得到图像 I 到屏幕表面的双射 P，进而通过构造 $\{p_k, g_k = P^{-1}(r_k)\}$ 特征点对集合，计算得到几何形变映射 G（如图 6.8 所示），最终实现投影画面的几何校正。

6.3 投影画面的颜色校正

不同的投影机投射的影像通常存在颜色差异，在多台投影机协同工作时，需要消除这种差异，以实现颜色和亮度的无缝拼接。颜色校正需在几何校正完成后进行，因为它要借助几何校正信息，来变换投影到屏幕上每一个位置的图像像素颜色。本质上，颜色校正就是为每台投影机建立图像空间上的逐像素颜色变换，使得对于所有的投影机，相同的图像颜色经颜色变换后投影出的屏幕光亮度完全一样。

6.3.1　投影光照度特征函数

不同投影机有不同的显示颜色特性，它可用投影光照度特征函数来刻画。所谓投影光照度特征函数是一个三维函数，自变量是图像颜色 (r,g,b)，函数值是投影机投影出的光照度 I。根据投影机的工作原理和光路叠加性质，我们可以用三个一维函数 $I_r(r)$, $I_g(g)$, $I_b(b)$ 来刻画投影机光照度特征，分别对应于用红色、绿色和蓝色作为自变量测出的光照度特征函数。

一般来说，我们可以使用光照度计测量投影机的光照度特征函数，方法简单，结果精确。受限于测量设备，通常只能测量投影画面中少量点位置处的光照度。要测量整个投影区域，需要重复很多次，进行很多点位置的测量，因此相对来说比较费时。

使用普通相机，并利用 HDR 技术来获取投影机-屏幕系统的光亮度特征函数是一种更高效的方法。所谓 HDR 技术，就是通过控制相机的曝光值，使得原来具有有限光照度记录能力的相机能够记录下场景中具有很大变化范围的光照度 (Debevec et al., 1997)。显然，HDR 技术有效扩展了相机对光照度的记录能力。用相机记录的是投影机经过屏幕反射后得到的亮度值，所以事实上用此法得到是投影机-屏幕系统的光亮度特征函数。这个特征函数对于多投影系统的校正来说，实际上更好地刻画了投影系统的亮度，因此下面我们就用投影系统的光亮度特征函数来替代投影机光照度特征函数。

因为投影机的光照度变化比较大，一般在 0.5~20000 流明范围(其上界取决于投影机灯泡亮度)，因此采用 HDR 技术来记录投影系统的光亮度是比较适合的。当输入投影机的颜色亮度较低时，此时屏幕上的光亮度值很低，我们可以将相机的曝光值设置为较大的值；当投影机的输入颜色亮度较高时，相机曝光值设置为较小的值。在测量前，我们需要先获取相机本身的光亮度特征函数。图 6.14 显示了相机 Point Grey Research 的 DR2-COL-CSBOX 的红、绿、蓝色通道的光亮度特征函数。

实际执行时，需要对于红绿蓝三种颜色分别进行测量。具体地，以红色为例，其测量方法如下。在区间 $[0,255]$ 上从小到大采样 r 值，用投影机在屏幕上投射一幅颜色为 $(r,0,0)$ 的纯色图像，然后用相机拍摄下来。计算所得照片上投影区域内所有像素的平均亮度值 c；设事先测量得到的相机红色通道的亮度特征函数为 $R(\cdot)$，则相机接收到的平均光通量为 $e = R(c)$。若相机的快门时间为 t，那么投

影系统对应于颜色 $(r,0,0)$ 的光亮度 $I_r(r)$ 为：

$$I_r(r) = e/t = R(c)/t \qquad (6.3.1)$$

图 6.15 显示了 6 台三洋 PLC-XU1050C 投影机在增益为 1.0 的漫射白幕上投射纯红色图像的光亮度特征函数。绿色和蓝色的光照度特征函数同样可以依照此法获取。亮度特征函数测量的是投影机-屏幕系统，不仅取决于投影机，还须考虑屏幕的特性。因此，对每一个需要进行颜色校正的投影系统而言，理论上都应该要测量光亮度特征函数。

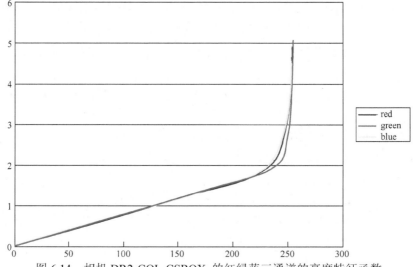

图 6.14　相机 DR2-COL-CSBOX 的红绿蓝三通道的亮度特征函数

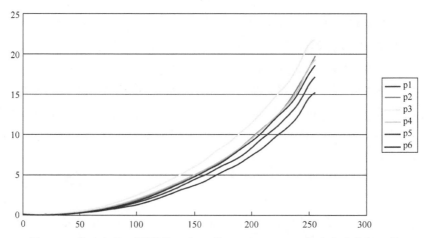

图 6.15　特定条件下测得的 6 台三洋 PLC-XU1050C 的光亮度特征函数

投影系统光亮度特征函数是投影机制造者专门设计的结果,充分考虑了人眼的感光特性。由于人眼对高亮度区域的亮度变化不太敏感,因此,图 6.15 的高亮度区域的曲线斜率较大。

6.3.2 颜色校正原理

投影系统颜色校正的基本思路是,人为地设计一个虚拟光亮度特征函数来统一设定拟校正的光亮度值。该函数 $\boldsymbol{I}_{\text{virtual}} = (I_{\text{virtual,r}}, I_{\text{virtual,g}}, I_{\text{virtual,b}})$ 是一个向量函数,包含红色、绿色和蓝色的三个光亮度特征分量。因此,颜色校正就是为每台投影机估计一个颜色变换 $\boldsymbol{f}_i$,满足以下条件:

$$(r', g', b') = \boldsymbol{f}_i(r, g, b) \tag{6.3.2}$$

$$\begin{pmatrix} I_{i,\text{r}}(r') \\ I_{i,\text{g}}(g') \\ I_{i,\text{b}}(b') \end{pmatrix} = \begin{pmatrix} I_{\text{virtual,r}}(r) \\ I_{\text{virtual,g}}(g) \\ I_{\text{virtual,b}}(b) \end{pmatrix} \tag{6.3.3}$$

式中,$\boldsymbol{f}_i = (f_{i,\text{r}}, f_{i,\text{g}}, f_{i,\text{b}})$ 是第 i 台投影机的颜色变换函数,$\boldsymbol{I}_i = (I_{i,\text{r}}, I_{i,\text{g}}, I_{i,\text{b}})$ 是第 i 台投影机-屏幕红色、绿色、蓝色通道的光亮度特征函数。

由此可以看出,通过施加颜色变换 $\{\boldsymbol{f}_i\}$,使得所有投影机-屏幕拥有统一的光亮度特征函数,从而保证了整个投影系统的光亮度一致性。根据定义,有:

$$\boldsymbol{f}(r, g, b) = (I_{i,\text{r}}^{-1} \circ I_{\text{virtual,r}}(r),\ I_{i,\text{g}}^{-1} \circ I_{\text{virtual,g}}(g),\ I_{i,\text{b}}^{-1} \circ I_{\text{virtual,b}}(b)) \tag{6.3.4}$$

值得注意的是,我们所求的投影光亮度特征函数是对投影区域所有像素的平均亮度而言的。如果投影区域所有像素的亮度很接近,这样的简化没有太大问题。否则,需要将区域剖分成许多小块,每块测量光亮度特征曲线,然后为每一块求出一个颜色变换函数。

在多个投影拼接的重合区域,需要为每台投影机设置一个权值。不妨以两台投影机为例进行说明,若要保证重合区域的亮度也满足虚拟光亮度特征函数,必须保证以下等式成立:

$$I_{1,\text{r}}(f_{1,\text{r}}(rw_{1,\text{r}})) + I_{2,\text{r}}(f_{2,\text{r}}(rw_{2,\text{r}})) = I_{\text{virtual,r}}(r) \tag{6.3.5}$$

$$I_{1,\text{g}}(f_{1,\text{g}}(gw_{1,\text{g}})) + I_{2,\text{g}}(f_{2,\text{g}}(gw_{2,\text{g}})) = I_{\text{virtual,g}}(g) \tag{6.3.6}$$

$$I_{1,\text{b}}(f_{1,\text{b}}(bw_{1,\text{b}})) + I_{2,\text{b}}(f_{2,\text{b}}(bw_{2,\text{b}})) = I_{\text{virtual,b}}(b) \tag{6.3.7}$$

式中,$\boldsymbol{w}_1 = (w_{1,\text{r}}, w_{1,\text{g}}, w_{1,\text{b}})$ 为第 1 台投影机的颜色权值。则当我们为第 1 台投影机设定好权值 $\boldsymbol{w}_1$ 时,由上式即可求出 $\boldsymbol{w}_2$,保证重合区域满足虚拟光亮度特征函数,从而实现重合区域和非重合区域的光亮度一致性。第 1 台投影机的权值是人为设定的，可以借助图像填充工具由用户交互式地给出。在实践中往往是将重合区域与非重合区域的内部分界处权值设为 1.0，然后向重合区域的外部边界逐渐增大。另一台投影机的权值，则通过上述公式来求解（如图 6.16 所示）。

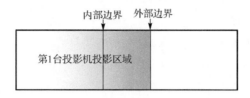

图 6.16　投影机重合区域的权值设定

图 6.17 展示了两台投影机的颜色校正效果。图 6.17(a) 为几何校正后、颜色校正前的投影效果，图 6.17(b) 为颜色校正后的投影效果。从结果来看，上述颜色校正方法很好实现了投影机投影亮度的一致性，尤其是重合区域的颜色过渡自然，几乎难以分辨。

(a) 颜色校正前的投影效果　　　　　　　　　　(b) 颜色校正后的投影效果

图 6.17　双投影系统的颜色校正效果

6.3.3　非均质投影系统的颜色校正

当投影机在屏幕上的光亮度分布均匀时，我们可以用平均的亮度特性函数来计算颜色变换函数。但是，面对金属屏那样的高增益屏幕，投影亮度分布呈现出较大的不均匀性，导致使用平均亮度特性函数来计算颜色变换的效果不佳（如图 6.18 所示）。针对这种情况，一般考虑把屏幕分块处理。本小节将介绍一种有效的自动聚类分块方法。

使用前述的 HDR 技术，可计算出照片上每个像素对应的亮度特征函数。进而由几何校正技术，可以获得图像空间中每个像素的亮度特征函数。通过设置一个虚拟亮度特征函数，即可为每个像素估算一个颜色变换函数。但是，这种逐像素的颜色校正方法，对存储和计算的开销是比较大的。注意到屏幕上像素的亮度特征函数变化是比较平缓的，因此，可以采用插值方法来高效分块实现颜色校正。

图 6.18　金属屏上投影呈现光亮度的显著不均匀性

我们采用 k-means 算法在照片空间中把投影区域内像素分成四个聚类，如果两个像素的亮度特征函数接近（我们用 L_2 模来衡量两个亮度特征函数差异），那么这两个像素将被分到同一个聚类。主要步骤如下：

（1）在投影区域内随机地取 N 个点 $\{p_i \mid i=1,2,\cdots,N\}$，得到 N 个亮度特征函数 $\{I_i \mid i=1,2,\cdots,N\}$。将这 N 个亮度特征函数初始化为 4 个聚类 $\{S_i \mid i=1,2,3,4\}$ 的亮度特征函数 I_{S_i}，每个聚类 S_i 初始时只有像素 p_i。

（2）对于任意像素 p_k，计算其亮度特征函数 I_k 与 4 个聚类的亮度特征函数的差异，将 p_k 归类到亮度特征函数差异最小的聚类内。

（3）待所有像素归类完毕，将每一聚类的亮度特征函数更新为所有像素点的平均亮度特征函数。

（4）重复第（2）步，直到聚类的亮度特征函数基本不再变化或像素点改变所属聚类的比例足够小。

图 6.19 可视化了两台投影机按亮度特征函数做了 4 个聚类后的结果。得到聚类后，以聚类的亮度特征函数 $\{I_{S_i} \mid i=1,2,3,4\}$ 作为基函数，对任意像素的亮度特征函数 I_k 进行线性拟合，即求 $\boldsymbol{a}=(\alpha_1,\alpha_2,\alpha_3,\alpha_4)$ 满足：

$$\min_{\alpha_1,\alpha_2,\alpha_3,\alpha_4} \left\| \sum_{i=1}^{4} \alpha_i \cdot I_{S_i} - I_k \right\|_2 \tag{6.3.8}$$

这样任意像素的亮度特征函数 I_k 就可以用 $\boldsymbol{a}$ 系数矢量来表示，这大大减少了用于颜色校正的存储量和实时的计算量。

图 6.20 显示了对 2 台投影机使用 4 个聚类的亮度特征函数进行颜色校正后的显示效果。屏幕为弧形金属屏幕。从图 6.18 可以看出，在校准之前投影亮度分布不均匀。但是在校准之后，投影亮度就比较均匀了，而且重叠区域也很好地保持了亮度的一致性。

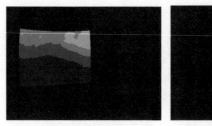

图 6.19　双投影系统的投影区域的像素聚类

图 6.20　亮度特征函数与颜色校正

为了保证屏幕上每个像素的投影亮度特征函数的一致性，颜色校正后屏幕上高亮度区域的亮度会有所降低，图像颜色的灰度级别也会减少，从而牺牲了部分区域的对比度。这是保持屏幕投影亮度的一致性而付出的代价。

6.4　多投影空间增强现实呈现系统

多投影空间增强现实呈现系统需要复杂的硬件系统的支持。受场地、环境等因素的影响，系统的配置需要自适应地进行调整。虚实融合的亮度、无缝性、逼真度等很大程度上取决于投影校正算法的精度。一般来说，系统的总体结构基本上是相同的，仅在具体的设计上有一些差异。

6.4.1 系统架构和实现

系统首先需要一个投影几何的自动校正系统，保证虚实融合获得预期的效果。图 6.21（a）显示了投影几何自动校正的硬件系统组成，其中系统由两台投影机来投影显示，一个摄像头用来拍摄照片，两台电脑用来实施自动几何校正，一台电脑用来实现同步控制。

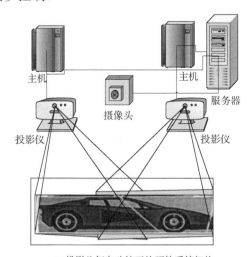

(a)投影几何自动校正的硬件系统架构

(b)自动投影校正和拼接的原型系统

图 6.21　双投影自动校正和拼接系统的硬件架构

图 6.21（b）显示了我们的自动投影几何校正和拼接实验系统。两台投影仪并排放置，一台置于中间的摄像头用来拍摄整个投影区域。整个装置用下方的金属投影支架进行固定，以保证整个装置在校正过程中不会发生偏移。

两台投影机的投影画面需保持 10%～20%的重叠区域。在自动校正过程中，环境光照固定，需要避免环境光在投影屏幕上反射的高光。在校正之前，每台投影机打出全屏黑白棋盘格图案，投影机进行对焦，使得黑白网格边缘清晰可见。为保证精度，摄像头镜头畸变需要事先进行校正。要调整镜头焦距，使得拍摄的照片中所拍摄到的投影区域足够大，以充分利用摄像头的分辨率。

在自动校正完成以后，多投影机拼接显示系统就可以调整投影图像，呈现出预先设计的虚实融合效果。多投影机拼接显示系统采用多个图形卡协同计算。我们采用局域网互连的 PC 集群方案。每台 PC(称为绘制端)接一块显卡，分别控制一到多台投影机。实验中，我们采用一台计算机控制一台投影机的方案。此外，有一台控制计算机承担各终端之间的同步任务。控制端的工作主循环如下：

(1)主进程发送绘制命令给绘制端，控制绘制端绘制内容及绘制位置；

(2)主进程等待所有绘制端绘制结束后所发出的消息，收到消息后让摄像头捕获进程拍摄照片；

(3)图像处理进程对照片进行处理；

(4)根据照片处理结果通知主进程更新下一次的绘制策略；

(5)返回(1)进行循环，直到所有校正工作结束。

绘制端主要负责从控制端接收消息，并在合适位置绘制合适图像，结束绘制后发送消息给控制端。控制端与绘制端之间的控制流如图 6.22 所示。图 6.23 为投影机画面校正前后的效果对比。可以看出，经校正后，两台投影机共同无缝拼接成一个宽大的屏幕。经测试，上述几何校正非常鲁棒。即使环境光照发生变化，校正的速度也没受到很大的影响。在普通的计算平台上，计算一台投影机的几何变形变换大约在百秒之内。

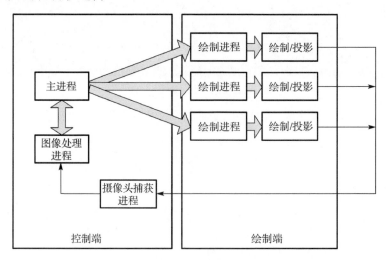

图 6.22　控制端与绘制端之间的控制流

(a)校正前的投影画面

(b)校正后的投影画面(计算机桌面)

图 6.23　投影机画面校正前后的效果对比

6.4.2　应用案例

基于上述技术，我们团队成功研制了超高分辨率多投影拼接显示系统，实现了应用定制。下面简要介绍所定制的上海世博会浙江馆的大型曲幕拼接和世博会西湖碗景系统。

2010 年上海世博会浙江馆长 32.1m，宽 15.8m，高 7m，总面积超过 500m^2。外观如图 6.24 所示。展馆序厅内有一个 3m 高、10m 长的外凸弧面投影显示墙，用来显示生动的巨幅长弧形影像。由于序厅走道空间狭窄，最窄处仅有 3m 距离。投影机必须贴吊顶安装，投影画面有较大的梯形畸变，因此对几何校正的要求比较高。针对这个问题，我们在 3m 距离内安装双层投影机，以 2 行 5 列的形式进行组合投影，实现短距离大画面的要求。如图 6.25 所示，利用无缝拼接技术进行大尺度的几何畸变校正，实现了长弧形影像视频的播放。我们的视频播放器和多投影显示系统有机地集成在一起，因此对于分辨率高达 4K×1.5K 的影像，播放十分流畅。

浙江馆中厅为一直径 8m 的青瓷巨碗，内盛液体和诸多升降机构，表现浙江历史的器物模型和动态影像在碗中以虚实融合的形式进行展现，是整个浙江馆最核心的元素(如图 6.26(a)所示)。为了满足浙江馆的电器功率控制性要求，我们充分利用了投影机的投影画面,将原先需要 20 多台投影机的方案压缩到 13 台投影机。经过巧妙排布，13 台投影机正好覆盖碗壁和碗面(如图 6.26(b)所示)。

图 6.24　2010 年上海世博会浙江馆外部

(a)投影拼接前　　　　　　　　　　　　　　　　(b)投影拼接后

图 6.25　2 行 5 列的高分辨率空间投影呈现系统

(a)直径 8m 的青瓷巨碗　　　　　　　　　　　　(b)13 台投影机排布

图 6.26　"宛若天成"异质表面多投影空间呈现系统

由于实物表面（屏幕）是曲面，而且要求在多个异质三维实物表面上显示影像，因此需要精准地将画面与三维实物模型、碗壁和碗面轮廓注册对齐。为此，我们专门设计了一些屏幕标识点来实现图像关键点的匹配。通过穹顶上 13 台高清投影机进行异型组合投影，所播放的 4K×4K 超高清影像与碗内多组动态升降模型进行准确地对齐呈现，生动地表现了河姆渡、三潭印月、乌镇、跨海大桥等景点（如图 6.27 所示）。其中左图是计算机生成的虚拟画面投影到碗内的液体表面和三个佛塔模型上，形成影像与实物的融合显示，表现了西湖三潭印月的意境；右图是计算机生成的虚拟画面投影到碗内的液体表面和水面上升起的乌镇三维模型上，形成影像与实物的混合显示，表现了冬日的乌镇风光。

图 6.27 风景名胜影像与实物混合展示

世博会的浙江展馆广受好评，尤其是西湖碗景，在短时间内为游客沉浸展示了变幻无穷的西湖景色。当然，任意实物表面的多投影空间增强现实呈现系统还可以为虚拟仿真、文化创意、展馆展览等应用提供背景烘托或者效果营造服务。

6.5 小结

空间增强现实技术是增强现实的重要实现方式。本章概述了空间增强现实的光学穿透式空间呈现、光场式空间呈现、多投影空间呈现等虚实视觉融合技术的基本原理，并详细介绍了多投影空间增强现实呈现系统的几何校正和颜色校正两大核心关键技术的具体实现方案。经过准确的几何与颜色校正，高分辨率虚拟影像可以借助多台投影机投射到任意现实场景中，形成几何和色彩连续、超高清的虚实融合画面，为群体用户营造出沉浸式的视觉感知环境。近年来，多投影空间呈现技术由于能够在大型现实场景中营造丰富逼真的互动虚实融合效果，已成为目前应用最为广泛的增强现实技术之一。

第7章

增强现实环境中的交互

　　增强现实本质上是一种新型的界面技术,自然地将人与虚实混合环境联结在一起,因此用户与虚实混合环境的交互是增强现实系统的重要组成部分。但是,增强现实应用的多样性,对人机交互的自然性和便捷性提出了新的更高的要求。从最早的手工作业开始,人机交互经历了命令行界面、图形用户界面的发展,进入到今天的以触控用户界面(touch user interface)、语音用户界面(voice user interface)、实物用户界面(tangible user interface)以及以多通道用户界面为代表的自然人机交互阶段(黄进等,2016)。本章围绕近几年人机交互技术的进展,重点介绍增强现实系统的人机交互设计原则、评估方法及关键技术,展现各种交互技术在增强现实系统中的应用状况。

7.1　增强现实系统的人机交互概述

　　随着增强现实技术的出现和逐渐成熟,传统的图形用户界面已经难以适应虚实混合环境的交互情景,许多学者开始探求新的交互方式,以适应这种新型技术和系统的发展。经过多年的努力,人们从实践中总结形成了若干有效的交互设计原则与评估方法,研制并验证了一些适用于增强现实系统的新型交互范式和技术,有力促进了增强现实和人机交互技术的发展。但是,当前的交互技术在交互界面与范式、交互效率和交互方法的社会接受度等方面仍遇到许多挑战,需要在范式、人性化和智能化等方面取得突破,才能满足增强现实系统日益广泛的应用需求(黄进等,2016)。

7.1.1　增强现实系统的交互设计原则与评估方法

近年来，越来越多的增强现实应用出现在大众视野，然而只有为数不多的应用能够走出实验室，并在商业上取得成功。究其原因，主要有两个方面。一是目前的设备和技术尚不够完善和成熟，以至于研究者难以很好地实现其设计意图；二是目前的增强现实应用没有很好地考虑其中的人因要素(Huang et al., 2012)。增强现实应用要能够为用户所接受，必须考虑人因要素的影响，并且要遵循一定的设计原则和可用性评估。

7.1.1.1　增强现实系统的人因要素

大量研究表明，人因工程学、心理学和认知科学研究的实验结果能够很好地帮助和指导增强现实系统的交互设计(Azuma et al., 2001)。Livingston(2005)给出了可以用于测试用户表现的视觉、听觉和触觉三种基本任务，并且指出：任务完成时间和准确性是衡量用户表现的两个重要标准。在此基础上，他们进一步探讨了噪声、延迟和方位错误对增强现实系统用户表现的影响，发现高延迟会降低用户表现和响应时间，方位错误会增加用户错误，噪声则同时对这两个因素产生影响(Livingston et al., 2008)。Drascic 等(1996)则总结了增强现实中存在的 18 种因为深度线索导致的认知偏差问题，它们包括校准误差、校准不匹配、瞳孔间距不匹配、静/动态注册不匹配、视野受限、分辨率限制和不匹配、亮度限制和不匹配、对比度不匹配、大小和距离不匹配、深度分辨率限制、垂直对齐不匹配、视点相关性不匹配等增强现实系统实现中存在的问题，还包括干涉误差、扩展景深、焦距自动调节信息缺乏、焦距自动调节信息冲突、焦距自动调节信息不匹配、阴影信息缺乏等只能通过基础技术变革解决的问题，从人类知觉的角度指出了增强现实技术的发展方向。

在增强现实系统的设计中，人因要素的研究同样十分重要。文献(Neumann et al., 1998)对一个增强现实维修和制造应用进行了用户认知、用户表现和系统误差方面的研究和分析，结果显示，作为用户认知过程的辅助角色，增强现实技术能够在视觉检索、降低错误和促进行为上辅助用户的维修与制造操作。文献(Nakanishi et al., 2007)评估了两种不同头戴式显示设备在特定工作环境中的用户表现，验证了用户在使用增强现实技术辅助装配和检查的可行性。研究人员通过物体放置任务来研究增强现实中注册匹配错误对用户绩效的影响，他们对比了无注册错误、固定视角、头戴式实时显示、头戴式定时显示四种情况下的用户表现，发现没有注册错误情况下的用户表现最好(Robertson et al., 2008; 2009)，这说明改进注册技术是提高增强现实系统用户表现的最好方法。

上面从技术手段和系统设计两个方面讨论了增强现实系统的人因要素的影

响，我们可以从用户的感知角度将其归纳为四个方面：①延迟。增强现实系统要求用户能够实时地与系统进行交互，系统延迟将直接影响交互效率和任务表现。②位置感知。深度、方位、遮挡等注册错误，不仅影响用户对虚拟物体的位置判断，而且若注册误差很大或者只能实现部分注册(固定视角或无法交互)，将严重影响用户的体验和交互效率。③真实感。虚拟物体的光照、纹理和材质的逼真度极大地影响用户对虚实融合环境的认知能力，从而降低用户的沉浸感和交互效率。④疲劳。许多头戴式显示器容易造成用眼疲劳，不适合长期使用。手持式显示器的长时间使用，也存在类似的问题。

7.1.1.2 交互设计原则

许多研究者一直尝试从各类应用中总结出增强现实系统的交互设计原则。然而，由于所涉及的硬件设备差异很大，多数设计原则都高度依赖于指定的设备(Broll et al., 2005)。为了找到一个通用的设计原则，Dünser 等(2007)尝试将传统人机交互通用设计原则直接应用于虚实融合环境，并给出了下面的指导性准则：

(1) 自解析性，使得其用户界面与其功能之间具有自然的内在联系。

(2) 较低的认知负荷，使得用户能够专注于实际任务而不被过多的信息所淹没。

(3) 较低的体力需求，使得用户能以最小的交互量来完成任务。

(4) 易学性，使得应用易于学习。

(5) 较高的用户满意度，用户在交互时乐在其中。

(6) 灵活可用，为用户提供不同的输入通道，使得不同习惯和能力的用户都能快速适应。

(7) 实时响应，要求系统的延迟在用户能够容忍的范围内，确保交互效率。

(8) 较高的错误容忍度，即使在用户、环境等因素导致的错误中，系统仍能呈现出稳定的交互情境。

此外，由于增强现实系统自身的特点，学者们还提出了许多其他具体指导原则，它们包括：较高的帧速率和较快的响应时间；视觉和其他线索(例如声音、触觉等)的一致性(Drascic et al., 1996)；尽量小的虚拟物体扭曲变形、跟踪系统的误差和用户视角参数的错误(Azuma, 1997)；实时处理的虚实物体遮蔽关系(Wloka et al., 1995)等。对于移动增强现实应用，其设计原则包括：清晰的文本信息；较高对比度和分类管理的虚拟信息；虚拟信息不应遮挡感兴趣的物体；提示信息须足够明显，易引起用户注意；灵活的交互方式；较高区分度的图标；标注信息应能区分所属物体的距离远近和是否可见等(Huang et al., 2012)。针对导航类增强现实应用，系统需要提供多种合适的导航手段(Darken et al., 1996)，帮助用户熟悉界面使用知识；在合适的时候提供空间标签、地标和罗盘辅助导航；

利用区块划分来组织整体地形；时刻提供用户的位姿、朝向、目的地以及到达目的地的方式等信息(Wickens et al., 1995)。针对三维的交互对象，需要力求实现以用户身体为坐标中心的交互空间，支持多通道交互，而且能为图形和文字提供准确的位置和朝向描述(Wickens et al., 1995)；必要时，需支持双手交互(Hinckley et al., 1994)。

实际执行时，我们可以根据增强现实系统的具体情况，综合确定适当的交互设计原则，以实现系统的高效交互和沉浸式体验。

7.1.1.3 可用性评估方法

可用性评估是复杂软硬件系统研发的关键环节之一。对于用户而言，一个应用系统具备良好的可用性则意味着它具有易学性、任务表现良好、错误率低、满意度高、用户流失率低等特征。为了实现这个目标，Gabbard 等(2002)提出了一个用于增强现实应用开发的可用性工程过程(如图7.1所示)。该过程首先通过领域分析确定系统的目标用户以及基本任务，使得开发者能从用户的角度理解他们对系统的期望；第二，通过需求分析定量地分析用户交互行为和绩效；第三，在得到用户需求分析后，对系统进行概念性和具体的交互设计；第四，基于设计方案实现系统快速原型；最后通过可用性评估活动对系统原型进行评估。该套可用性工程过程在一个战地增强现实系统(battlefield augmented reality system, BARS)的研发过程中起到了良好的效果。

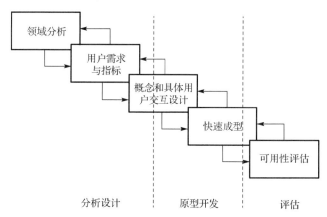

图 7.1　BARS 所使用的可用性工程过程(Gabbard et al., 2002)

快速原型法是另一种有效评估用户体验和可用性的方法。其中一个比较成功的实施方法是 Wizard-of-Oz(WOz)测试。具体地，测试用户在一个房间中操作系统界面，而实验者(即魔法师)通常在另一个房间中，观察用户的操作行为，并通过各种手段模拟出全部或部分系统响应。这些系统响应完全由实验者手工操作完成，不需要编写程序，这使得开发者能够在项目的早期便可进行可用性测试。Dow 等 (2005) 使用这一技术研发了一个增强现实系统，展示了 WOz 如何在三个设计与开发阶段指导系统的交互设计。Möller 等 (2014) 为室内导航增强现实应用系统进行了 WOz 原型设计和可用性测试，分别评估了增强现实系统和虚拟现实系统中，在没有错误、有位置错误、有朝向错误和混合错误四种情况下的用户表现。

借助这两种技术，在增强现实应用系统的研制阶段，我们就可以展开系统的使用评估，以及早发现并解决虚实融合的交互体验可能存在的问题。Bai 等 (2012) 认为增强现实应用系统的评估需要重点考察四个方面内容：①任务表现，即用户完成关键任务的时间和成功率；②感知和认知，即用户对虚实融合场景物体的方位感知、深度感知、遮挡感知等；③用户协作，即多用户之间的协作与交互；④用户体验，即用户的主观感受。

7.1.2 增强现实系统的主流交互技术

7.1.2.1 用户界面形态

新型交互技术和设备的出现，使人机界面不断向着更高效、更自然的方向演化。目前，增强现实系统使用较多的用户界面形态包括：3D 用户界面、触控用户界面、语音用户界面、实物用户界面、多通道用户界面和混合用户界面等。

(1) 3D 用户界面。在 3D 用户界面中，用户在一个虚拟或者现实的 3D 空间中与计算机进行交互。3D 用户界面由用户与虚拟环境的交互技术衍生而来，它能够便捷地支持虚拟空间漫游、虚拟景物的抓取、虚拟景物的运动操控、虚拟景物的搜索与导航等操作。

(2) 触控用户界面。触控用户界面是一种基于传统 GUI，以触觉作为主要感知通道的新型交互技术。在增强现实系统中，直接用手通过屏幕与虚实物体交互是一种比较自然的方式。随着手机、平板电脑、透明触屏等越来越多的设备提供触觉感知的支持，直接触控已成为增强现实系统的主要交互方式之一。

(3) 语音用户界面。语音用户界面是用户直接通过语音与目标对象进行交互的一种新型界面，是近年来智能信息处理领域的研究热点。无论是在现实场景或虚实融合环境中，用户通过语音请求系统执行某些特定的功能或改变系统当前的运行状态，都是一种极其自然的交互行为。随着技术的进步，语音交互界面不仅能够听清用户的诉求，而且能够听懂用户的需求并给出相应的反馈，以满足用户的意愿。

(4) 实物用户界面。实物用户界面是目前增强现实系统最常用的交互方式，它支持用户直接使用现实世界的景物 (如平面标志物) 与计算机进行交互 (吕春花等，2009)。无论是在现实环境中加入辅助的虚拟信息，还是在虚拟环境中使用现实物体来驱动，这种交互方式都显得非常自然，极具吸引力。

(5) 多通道用户界面。多通道用户界面支持用户通过多个感知通道与计算机进行交互，这些通道包括不同的输入方式(如文字、语音、手势等)和不同的人类感知通道(如视觉、听觉、嗅觉等)。这种交互方式通常需要维持不同通道之间的一致性。

(6) 混合用户界面。混合用户界面将不同但相互补充的用户界面进行组合，用户通过多种不同的交互设备进行交互(Zhou et al., 2008a)。它为用户提供更为灵活的交互平台，以满足多样化的日常交互行为。这种交互方式在多人协作交互场景中得到了成功的应用。

7.1.2.2　3D 交互技术

3D 交互技术支持用户使用三维的输入手段操控三维的对象和内容，并得到三维的视觉、听觉等多通道反馈，是增强现实系统的基础交互技术。它有效克服了难以在三维空间中理解和直接操纵对象和内容的困难(Bowman et al., 2001)。Takala 等(2012)就应用场景、输入输出设备和技术特性三个方面，研究比较了目前主流的 3D 交互技术，给出了 3D 交互技术与增强现实系统的适配点。一般来说，3D 交互技术依赖于虚实环境的注册跟踪和显示来保持交互的空间一致性，并借助触控、手势、语音和实物等交互方式来实现具体交互操控。

7.1.2.3　触控交互技术

在增强现实系统中，触控交互是以触觉作为主要感知通道的人机交互技术。它摆脱了键盘与鼠标等设备的限制，直接通过手指接触显示屏幕与虚实物体进行交互。由于触控屏在接收手指或笔等输入信号的同时，又能提供及时的触觉反馈，因而通过分析理解用户的交互意图，即可实现非常直接、自然的交互(Walker, 2012)。随着手机、平板电脑和触屏的日益普及，触控交互已成为当今最常用的交互方式，也是增强现实系统的主要交互手段之一。

笔交互是触控交互的重要范式，模拟了人们日常的纸笔工作环境，非常自然、高效。笔交互设备具有便携、可移动的特点，可以方便人们在不同的时间和地点灵活地进行交流(戴国忠等，2014)。笔式交互以其自然的交互方式和多样化的交互通道(笔迹、压力、笔身姿态等)能够为增强现实应用提供重要支持。例如，Szalavári等(1998)以笔和交互平板作为主要交互工具，来实现虚实融合的协同工作环境；Wang 等(2010)则将笔式工具用来简化计算机辅助设计和加快学习的过程。

7.1.2.4　手势交互技术

增强现实系统的人机交互需要解决的主要问题是让用户能够尽可能自然高效地与虚实融合环境进行交互。手势识别技术使得用户可以直接用手来操控虚实融合环境中的物体，是目前得到广泛研究的交互方式之一（王西颖等，2007）。

一般来说，手势识别技术可以分为基于专用传感器和基于计算机视觉两大类。基于专用传感器的手势识别技术利用数据手套（Zimmerman et al., 1987）和运动传感器（王万良等，2011）等硬件设备，实时跟踪测量人手以及手部各骨骼的三维坐标，从而得到手势的运动姿态及其交互语义。这种系统可以直接获得人手在三维空间的坐标和手指运动的参数，具有可识别的手势多、辨识率高等优点，但需要佩戴额外的设备。基于计算机视觉的手势识别技术利用单个或多个摄像头来采集手势影像，进而分析识别得到手势语义（Charayaphan et al., 1992）。其优点是学习和使用简单灵活，无干扰，是更自然和直接的人机交互方式，但计算过程较复杂，计算的鲁棒性和实时性均面临挑战。

在增强现实系统中，手势交互既可以采用静态手势来实现，也可以采用动态手势来实现。静态手势，也称之为手姿态（hand posture），是指某一时刻静态的手臂、手掌或手指的形状、姿态，手势数据中不包含连续的时序信息。这一类手势利用手掌就能完成相关交互行为，一般采用图像特征聚类方法即可识别。动态手势是指在一段连续的时间内手臂、手掌或手指的姿态变化或移动路径，刻画了其随时间变化的空间特征。动态手势的识别相对比较复杂，常采用隐马尔可夫模型（hidden Markov model, HMM）、动态时间规整和压缩时间轴等方法来跟踪识别手势及其交互语义（Ren et al., 2000）。

7.1.2.5　语音交互技术

语音和声音正在快速地融入人们日常计算环境中，语音输入和识别逐渐成为一种主要的控制应用和用户界面（Arons et al., 1994）。从技术角度来说，主要有声音交互和语音交互两类方法。前者主要借助声音为用户提供听觉线索，以便用户更有效地掌握和理解交互内容（Gaver, 1993）；或者利用环境声作为输入来获取用户信息，以感知用户的状态（Min et al., 2014）。后者是包括语音输入、语音识别和处理以及语音输出在内的一整套交互技术。经过半个多世纪的发展，语音识别在近几年已经达到了大规模商用水平，为声音交互和语音交互奠定了基础。

一个完整的语音交互系统可以分为语音输入系统和语音输出系统。语音输入系统又包括语音识别和语义理解两个子系统。前者负责将语音转化为音素，利用相应的语音特征（如梅尔倒谱和语音模型）来进行切分和识别；后者则通过语言模型对前者的结果进行修正，并组合成符合语法结构和语言习惯的词、短语和句子，其中多元语言模型（Ke et al., 2013）应用最为广泛。语音输出系统分为有限词汇系统和无限词汇系统两种。有限词汇系统一般用于对有限的消息提示、控制指令、标准问题进行语音反馈；无限词汇系统，例如盲人使用的读书软件或复杂的导航

系统，无法将所有句子进行预先录制，只能通过语音合成算法生成输出语音
(Fellbaum, 2003)。在增强现实系统中，语音是一种重要的交互媒介，既可直接
利用语音识别作为交互手段(Goose et al., 2003)，也可将其作为额外的输入通道
辅助感知用户的交互意图(Irawati et al., 2006)。

7.1.2.6　实物交互技术

1997 年，麻省理工学院的 Ishii 等发表了一篇题为 *Tangible bits* 的论文(Ishii et
al., 1997)，首次以"Tangible"一词描述了实物界面形式。"Tangible bits"旨在
通过赋予数字信息以物理形式，以"可触"的概念打破图形用户界面框架下数字
空间与物理空间泾渭分明的状态，将虚拟的数字世界和现实的物理世界融于一
体。基于这一概念，用有形物体来表示数字信息，然后通过实物交互界面为基于
实物的操作提供输入输出手段。这种数字实物化的思想直接促成了实物交互界面
作为新的界面范式和交互方式的产生和发展。

实物交互界面是指直接将人们在现实生活中的物体、环境的交互动作映射为
信息空间的交互过程的用户界面。我们可利用投影、传感器等方式给现实世界的
物品赋予更多的信息和更强的交互能力，以实现自然、低学习成本的高效交互。
这种通过可触及的数字信息来实现物理世界和信息世界无缝集成的思想，完美契
合了增强现实系统的交互需求。

7.1.2.7　其他交互技术

1) 触觉反馈技术

触觉(haptic)反馈技术通过人类的动觉和触觉通道将所产生的力学信号反馈
给用户(Hayward et al., 2004)。从"触觉"字面上看，这项技术通过触摸的方式
感知实际或虚拟的力学信号，然而实际上触觉反馈技术还包括提供体位、运动、
重量等动觉通道的力学信号。这一特点能够有效拓宽增强现实的交互带宽，提升
增强现实应用的真实感和沉浸感。Jeon 等(2010)成功将该技术应用于乳腺癌的
触诊训练，借助仿真运动模型，让被训练人员能够亲身体验虚拟肿瘤的触觉刺激。

2) 眼动跟踪技术

眼睛注视的方向能够体现出用户感兴趣的区域以及用户的心理和生理状态，
通过眼睛注视进行的交互是最快速的人机交互方式之一。眼动跟踪技术通常分为
基于视频(video-based)的和非基于视频(non-video-based)两种(Ji et al., 2003)。基
于视频的方法使用非接触式相机获取用户头部或眼睛的视频图像，通过分析估算
头部和眼睛的朝向，组合计算得到眼睛的注视方向。而非基于视频的方法(Gips et
al., 1993)则使用接触式设备依附于用户的皮肤或眼球，直接获取眼睛的注视方
向。眼动跟踪系统 FreeGaze 利用几何眼球模型和复杂的图像处理技术，只需对

用户进行一次个性化校准，即可得到准确、鲁棒的交互结果（Ohno et al., 2002）。Tateno 等（2005）在其研发的协作型增强现实系统中，利用眼动跟踪技术和相关视觉线索，有效增强了用户在协同交互过程中的眼神交流。

3）生理计算技术

生理计算是建立人类生理信息和计算机系统之间的接口的技术，包括脑机接口（BCI）、肌机接口（MuCI）等（Allanson et al., 2004）。生理计算通过分析处理所采集的用户脑电、心电、肌肉电、血氧饱和度、皮肤阻抗、呼吸率等生理信息，识别得到用户的交互意图和生理状态。由于其广阔的应用前景，该技术得到了学术界的高度关注（Benko et al., 2009; Afergan et al., 2014; Solovey et al., 2014）。例如，研究人员将脑电设备与增强现实图书相结合，在少儿阅读的时候，分析其脑电信号并对阅读材料进行一定的调整，从而提高他们的阅读专注度（Huang et al., 2014）。肌电信号也被成功应用于增强现实应用系统（如游戏、驾驶、手术等）中，不仅显著提高了游戏的参与度、生活应用的便捷度、驾驶的安全性和手术操作的卫生程度等多个方面，同时丰富了增强现实系统的交互方式。

在之后的几节中，将重点介绍增强现实系统最为常用的触控、手势、语音和实物四种交互技术及其应用案例。

7.1.3　问题与发展趋势

尽管增强现实系统的人机交互近年来有了很大的进步，但许多应用仍受到制约，需要进一步的探究发展。从增强现实系统的交互自然性和高效性的总体目标来看，目前的交互方式和方法主要面临着以下三方面问题：

1）交互技术问题

在注册跟踪方面，虚拟物体与真实世界的注册仍不够稳定，尤其是大尺度场景下计算的延迟和错误率较高，严重影响了用户的交互表现。在交互信息获取方面，目前的增强现实系统大多只跟踪用户的头部和手部，忽略了其他感知和交互通道。传感信息的缺失，严重地制约了多通道交互增强现实系统的设计与发展。在绘制呈现方面，增强现实的终极目标是力求虚实环境的无缝融合，然而目前的实时计算技术水平受遮挡、材质、光照等多种因素影响，这也是影响用户交互效率的重要因素。

2）界面范式问题

尽管已涌现出了许多新型的用户界面形态，但大部分增强现实系统仍没有脱离传统的 WIMP（Window, Icon, Menu, Pointer）界面范式，其中的主要原因是实物、3D 等新型用户界面在处理复杂任务（例如资源检索、系统参数设置、多任务管理）时效率低下，无法完全替代 WIMP。另一个重要原因是新型用户界面的可靠性得不到保障。例如，手势和实物用户界面容易受到智能技术的制约，听觉界面在连续语音识别上还存在较高错误率，触觉界面距离真实触感和动感模拟仍有很大差距。

3）用户与社会接受度

大多数增强现实系统要求用户佩戴专用的交互工具，例如 HMD、投影设备或其他手持显示设备等，这些工具使用起来仍比较困难，通常是为专业人员设计或者需要经过长时间培训，并且每次使用时必须经过繁琐的校准流程，极大降低了普通用户对这些系统的接受程度。此外，目前许多增强现实应用都停留在实验室阶段，很少在实际使用场景中得到验证，其可用性、易用性和用户绩效没有得到有效评估。最后，当走出实验室后，人们是否还愿意在公共场所上佩戴这些交互设备？当用户每时每刻都将手机举到眼前，用来观察每一件事物，其他人是否会感到奇怪？总的来说，增强现实系统的社会接受度目前仍存在较大挑战。

在未来，要使得增强现实系统变得更为高效易用，得到更为广泛的用户群的认可，必须解决好上述三个问题。首先在交互技术方面，必须提高虚拟物体在真实世界中的位置、大小和运动匹配的精准度，必须提高显示呈现系统的分辨率、色彩、对比度和亮度的匹配，并增加可视范围，必须通过新型增强现实技术，解决焦距自动调节信息丢失的问题；必须拓展增强现实系统的交互通道，利用肢体运动感知、生理计算、脑机接口等新型感知技术拓宽增强现实系统对用户行为及状态的感知能力，利用可变形结构、新型材料、三维音效等新型呈现技术提高系统的一致性呈现能力；必须提升增强现实系统在不同交互场景、用户、上下文和多通道信息融合中交互意图理解能力，使得交互意图理解更为高效、准确、鲁棒，并具有学习能力，实现增强现实系统自然交互的终极目的。

在界面范式方面，传统的 WIMP 界面范式已经不适合可穿戴的、普适的增强现实系统，设计合理的多通道或者混合型用户界面是未来增强现实中的用户界面发展方向。未来的多通道和混合型用户界面范式不仅对包括语言、触摸、自然手势或眼动在内的多模态用户行为具有感知能力，更重要的是能够遵循人类认知规律，合理地将这些通道的信息进行融合。必须对多通道、跨设备和非精确的混合交互特征进行统一分析、描述和建模，面向增强现实系统建立多模态感知计算理论，构建交互过程中视听触通道反馈信息的相互调制机理，从而支持新型增强现实界面范式，包括界面隐喻、交互模型、基本界面元素以及基本交互行为的设计。

在用户与社会接受度方面，首先是提升增强现实系统的易用性，并降低系统配置难度，未来的增强现实系统必须允许普通用户快速配置和上手使用，这需要增强现实系统在感知、理解和呈现三方面的技术进步，同时需要免校准或自动校准技术的支持；其次是增强现实系统的用户研究与实验验证，在得到新型交互技术以及符合人类认知的界面范式支持下，新型增强现实系统必须经过严格的可用性验证，必须针对增强现实系统中普遍存在的延迟、位置校准、真实感和使用疲劳等用户体验问题，制订相应的评价方法，对增强现实系统的自解析性、认知需求、体力需求、易学性、娱乐性、灵活性、实时性和容错性进行验证，促进增强现实系统被大众用户接受；最后，如同智能手机的快速普及一样，设计外观时尚、携带轻便且使用方便的增强现实工业产品，将成为它最终走向社会大众的关键。

总之，触控、手势、语音和实物等交互技术极大拓展了增强现实系统的交互通道，有效提升了交互的效率，新型多通道和混合型用户界面范式正在不断被提出并应用，越来越多的增强现实系统在工业界得到验证，同时也促使我们的用户研究方法发生了重大改变。随着增强现实技术的不断进步和应用的日益广泛，增强现实系统的交互技术呈现快速发展的态势，在弥补现有技术不足的同时，新的交互技术将带来更沉浸、更自然的虚实融合交互环境。

7.2 触控交互

触控交互的方式比较自然、友好，特别是随着透明触控屏的发展与手机、平板电脑等移动设备的普及，触控交互以其直观的操作方式受到越来越多用户的拥戴，是增强现实系统最主要的交互方式之一。触控交互技术以触觉作为主要的感知通道，以触控屏幕作为接受输入信号的感应设备，通过手指、指点笔等与虚实物体进行自然的交互，摆脱了传统键盘与鼠标等设备的局限性。本节将从交互设备、交互技术和交互应用三个方面介绍触控技术。

7.2.1 触控交互设备

触控屏是接受触控信息等输入信号的感应式液晶显示器。在增强现实应用中，常用的有两种触控屏。一种是半透明的，虚拟景物直接显示在触控屏上，与后面的真实背景融合在一起，其透明程度、色彩失真、反光性和清晰度等特性直接影响到虚实融合的视觉效果。另一种是不透明的，通过将虚拟景物与相机实时获取的影像叠加呈现在触控屏上，实现视觉穿透的效果。除了显示屏、相机和传统计算设备外，触控交互主要依赖触点感知技术。

触控屏，按其实现原理，可以分为电容式、红外线式、电阻式、表面声波式和压感式这五大类。电容式触控屏有表面式和投射式两种电容屏。前者的工作原理简单，但难以实现多点触控；后者包括自电容屏和互电容屏两种（Walker，2012），其中互电容屏是较为常见的投射电容屏。红外线式触控屏是光电式触控屏的一种，不受电流、电压和静电的干扰，但是分辨率相对较低，对光照环境比较敏感。电阻式触控屏利用压力感应来进行控制，被认为是一种"被动"式触控技术，不怕尘埃、水气和污垢的影响，但当受到较大的外界压力或划伤时，容易损伤屏幕从而影响使用寿命。表面声波触控屏清晰度高，不受温度、湿度等环境因素的影响，寿命长，适合在公共场所使用，但是灰尘、油垢等会妨碍声波的正常发射，影响其性能，因此需要经常维护。

压感触控屏是一种可以进行压力感知的多点触摸屏设备，除了利用力度传感器来实现外，也可以通过压电陶瓷、压力电容、压力电阻和红外传感等技术来实现。例如，苹果手机上的 3D Touch 就采用了压力电容技术，但这种技术对加工精度的要求非常高，且需要特殊的安装结构；而微软的多点触控交互桌面系统 PixelSense 则采用了红外传感技术来实现压力感应。除了直接用指尖在触控屏幕上输入信息，数字笔是另一种常用的触控表面输入设备。其基本功能是将笔尖位置转化为屏幕坐标，甚至将笔尖的压力和笔身三维姿态(高度角、方位角和自转角)信息输入计算机系统。笔式触控设备主要采用磁、电、超声波和光线等跟踪技术来实现。

7.2.2　触控交互技术

触控交互技术在基于平板、手机等设备的移动增强现实系统中得到了广泛使用。该技术主要利用触控屏输入的 2D 信息与虚实融合环境中的物体进行交互。从范式和隐喻层面来看，这类交互沿用了传统触控界面的交互方式，但体现了增强现实应用的特点。本小节将分别介绍常用的触控交互技术，包括直接操作技术、基于原语的交互技术、基于表面压力的交互技术和手势识别技术。

7.2.2.1　直接操作技术

触控交互与鼠标、键盘、体感或手势等交互方式都能够提供包括跟踪、点击、画线等直接操作，其主要区别在于触控交互的直接接触的输入方式。下面，我们将从位置、点击、触感三个方面来阐述触控交互的直接操作方法。

1) 位置要素

从位置这一要素来看，相对于鼠标、跟踪球等"运动"感知设备而言，触控交互的"位置"感知使用触控表面的绝对坐标系统，输入方式简单而直接，指尖或笔的位置就是选定的位置，无需输入与输出空间的位置转换或者"控制-显示增益"(control-display gain, CD gain)。一般来说，触控交互的用户认知负荷较低，每次选定的坐标位置与上次选定的结果无关，且对同一位置的选择具有高度的稳定性。

2) 点击要素

从点击这一要素来看，鼠标、指尖和数字笔的交互方式在逻辑上是等价的，但它们给用户的实际感觉是非常不同的。Buxton(1990)的三态模型(three-state model)有效刻画了这一现象(如图 7.2 所示)。在鼠标交互中，若移动鼠标且不按键，这时指点设备处于状态 1，即跟踪状态；在一个图标上按住一个键后移动鼠标，这时指点设备处于状态 2，即拖拽状态；这个过程可以采用有限状态机表示(图 7.2(a))。在指尖触控交互中，用户手上没有按键(通过其他方法增加按键的情况除外)，指点设备只能感知指尖的"触碰"和"离开"两种状态，当指尖触碰屏幕时相当于鼠标状态 1；当指尖离开屏幕监测范围时，为状态 0，即范围外状态；这个过程也可用有限状态机表示(图 7.2(b))。有一个按键的数字笔则能够感知上述 3 种状态，当触控笔在屏幕上且没按按键时，处于状态 1；当在屏幕上且按住按键时，处于状态 2；当离开屏幕时，则处于状态 0(图 7.2(c))。

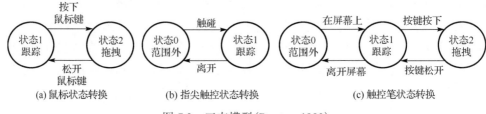

图 7.2　三态模型(Buxton, 1990)

　　尽管上述三态模型无法详尽描述所有的设备和状态，但它直观地描述了触控交互的主要指点设备之间的差异，为指点交互的设计提供了指导。例如，在原始状态下，指尖触控无法实现拖拽操作，因此必须增加额外的输入通道，如多点触控或"长按"手势等。三态模型还揭示了另一个现象，指尖和笔如果要保持跟踪状态，就必须与屏幕接触，因为不接触会导致进入"范围外"的状态，而鼠标则没有这种限制。这可能导致指尖和笔不适于一些交互环境，如"第一人称射击游戏"等。另外，指尖和笔与屏幕的接触会导致观察视野的遮挡，可设计与鼠标类似的虚拟控制面板来解决这一问题。

　　3) 触感要素

　　触觉设备直接提供了人机交互所需的触感信号，可有效增强用户的交互触觉体验，从而提高交互效率(Gosselin et al., 2008)。在触屏式增强现实环境中，触控屏本身的玻璃表面直接提供了触感线索，虽然这种反馈看似平淡无奇，却对改善交互体验起着很大作用，它不仅准确地提示用户已经通过按压完成一次操作，也让用户的运动感知神经快速地学习到触控表面在交互环境中的位置，从而减少交互运动的不确定性。多项关于打字输入效率和准确性的研究显示，在触控屏上交互效率和体感要优于 Leap Motion 这类没有触觉反馈的设备(Dobosz et al., 2017; Bachmann et al., 2014)。

除了触控屏本身提供的触感，研究者们还通过物理或电磁振动等手段，为用户提供多指触觉反馈。Hoggan 等(2008)对虚拟键盘中的触觉反馈问题进行了探讨，他们设计实验对比了触屏键盘在具有震动反馈和没有反馈时的输入效率，结果表明，具有触觉反馈的触摸屏键盘具有更高的用户表现。Jansen 等(2010)研制了一个名为 MudPad 的触觉增强装置，它嵌套于普通触屏之上，利用一组电磁铁和覆盖在上面的磁流变液体囊袋层，产生不同的表面软硬度质感，为用户提供多指触觉反馈。而 Bau 等(2010)则利用电磁振动原理构建了一种电震动触觉反馈屏，它的控制单元根据计算机中的虚拟场景控制触屏表面的电场变化，在用户的手指与屏幕间生成静电，产生触觉反馈与用户动作和材质匹配的触摸摩擦力。

7.2.2.2　基于原语的交互技术

除了直接操作之外，为了使触控交互能够输入更多的复杂指令，研究者提出了许多交互原语，即在某个应用环境下，一组不可再细分的交互行为，通过这些行为的组合，能够完成更为复杂、高级的交互任务。触控交互的直接和高效的特点使其更易于完成一些复杂的平面手势。此外，一些交互设备除了 2D 位置信息外，还提供触控表面压力信息，从而拓展了交互带宽，使交互原语更为丰富。

国际标准《ISO/IEC 30113-11:2017(E)》为单点触控定义了一个最为基础、适用大多数应用场景的交互手势集。作为单点触控交互技术的改进，多点触控交互技术通过同时识别多个表面接触点来实现多手指同时交互操作。一般来说，多点触控交互技术拥有更丰富的交互原语，如"双指轻击""双指水平挥动/滚动""双指垂直挥动/滚动""放大""缩小"和"旋转"等。单指和多指交互原语，已被广泛应用于智能手机、平板电脑等触控设备上，如 Kim 等(Kim et al., 2016)利用"轻击""拖拽"和"旋转"等交互原语来编辑虚拟物体。

除了上述通用触控交互原语外，设计者还可以根据具体的应用场景，设计个性化的交互原语，以实现更贴切的交互命令。例如，Baecker 等(1995)在 *Human-Computer Interaction: Toward the Year 2000* 一书中，为字母输入提供了一个单点交互原语集,这对基于透视技术且没有虚拟键盘的增强现实系统来说非常有用。

7.2.2.3　基于表面压力的交互技术

压力触控屏由于能够获取轻点、轻按、重按三个或者任意压力等级的动作回馈，使得触控交互具有重压的"力度"维度，有效拓展了触控屏的交互通道。若将该技术应用于前述的三态模型中，则可解决指尖触控中状态 2 的切换问题，即用重压代替长按操作，使状态 2 的切换更高效。

7.2.2.4　触控手势识别技术

基于单点和多点两种触控交互原语，我们就可以设计构思单点和多点触控手势识别技术。其中，Rubine 算法（Rubine, 1992）和$1 算法（Wobbrock et al., 2007）是两个最经典的单点触控手势识别算法。

1）Rubine 算法

基于手势的交互系统需要构建分类器来区分用户可能的手势输入。在传统系统中，每个新应用的分类器通常通过硬编码来实现，导致其构建、更改和维护非常困难。为此，Rubine 提出了基于统计的手势分类器构造算法（Rubine, 1992）。该算法首先提取任意输入手势的特征集，然后训练手势样本的特征集得到分类器，从而有效简化了分类器的创建和维护过程。Rubine 算法可以同时处理单点和多点触控手势的识别，其主要创新在于手势特征集的设计，具有总数小、计算快、可解释、符合高斯分布等特点。基于所构造的特征集，借助一个简单的线性决策函数即可实现手势的准确识别。

为适应各种情况，手势识别系统往往需要一个能灵活地适应各种变化的手势集，这严重依赖于手势特征的提取。由于在某些情况下，手势特征难以获取，只能借助手势输入样本的总体统计特性进行分析，导致 Rubine 算法有时无法正确识别训练样本。$1 算法很好地解决了这一问题，它利用手势输入点集的位置计算模板与输入手势间的距离，实现了无需训练样本的快速手势识别。

2）$1 算法

在$1 算法出现之前，手势分类器在很大程度上只有模式识别专家才能设计构造，难以让设计者在界面原型设计时就进行考虑。尽管一些用户界面库和工具包提供手势识别算法，但它们并不适应不断涌现的软件开发环境（如 Flash、JavaScript 类的脚本环境或新的桌面环境等）。为了让新手程序员或设计师将手势识别功能融入到用户界面原型中，$1 算法提供了一个仅用 100 行左右代码便能实现的简单、高效的手势分类器。

大量实验表明，$1 算法的识别精度优于 Rubine 算法，但它仅支持单点触控手势的识别。为此，Anthony 等（2010）提出了$N 算法来实现多点触控手势的识别。$N 算法扩展了$1 算法，能够识别多个笔画组成的手势。实际执行时，$N 算法首先根据用户输入的笔顺和方向，将多笔手势组合成单笔手势，然后利用$1 算法逐一与所有的手势模板进行匹配，得分最高的单笔手势模板即为该多笔手势的最终匹配手势（Vatavu et al., 2012）。由于涉及多笔手势的合并操作，$N 算法的内存和计算耗费较$1 算法有较大的提升，为此，研究人员提出$P 算法，成功去除了多笔手势的时序信息，像点云那样来处理多笔手势的识别问题。实验证明，$P 算法的效率在识别单笔手势时与$1 相当，在识别多笔手势时优于$ N。

3）手写文字识别和草图识别

触控手势识别技术使得增强现实系统可以完成更为复杂的任务。手写文字识别和草图识别作为一种自然的触控交互手段，让系统可以接收和编辑来自纸质文件、照片、触控屏或其他设备的文字信息。一般来说，纸质文件或照片这类图像形式的文字可离线识别得到；由触控屏、触控笔实时输入的文字，则可通过分析文字的笔顺、方向、速度等动态信息，实时识别得到（Tappert et al., 1990）。在线文字识别通常包括预处理（韩勇等，2006）、文字识别（Wakahara et al., 1992）和后处理（Schomaker, 1993）三个步骤。

7.2.3 具触控交互的典型增强现实系统

1）MapLens 地图增强系统

由于拥有触控屏显示器和虚拟键盘作为交互界面，基于智能手机或平板电脑的移动增强现实技术得到了业界的高度重视，涌现出了许多很好的应用系统。赫尔辛基大学的 Morrison 等（2009）研发的"MapLens"是其中最具代表性的系统。该系统以虚拟放大镜方式对纸质地图进行信息增强。纸质地图使用户对地理位置的认知保持一致，而叠加的虚拟地图内容则提供了详细的拓展信息，使得该系统性能远远优于一般的电子地图。

2）Smarter Objects 智能家居应用

MIT 的 Heun 等（2013）研发的 Smarter Objects 智能对象系统，是一个基于智能手机或平板电脑等触屏操作界面的增强现实系统，用于探索与日常生活物品的交互行为。用户只需图形用户界面即可与日常物体进行交互，有效增加了物体的智能性。此种交互方法较为灵活，仅需一些简单的手势和肌肉记忆，即可完成开灯关灯、调节收音机音量等日常居家操作。

3）LightTouch 增强现实操作系统

英国 LightBlue Optic 公司成功研发了将投影和触控互动有机结合的产品 LightTouch。利用激光投影原理，在任意表面投射出 10 寸的触控屏，用户可以直接对虚拟触控屏幕内的投影内容进行多点触控操作，通过红外动作感应器感知用户的操控动作，实现人机交互或多人交互。这种全息触控手持投影仪，可随时将用户的操作界面投影到实物表面上，给许多应用场合带来了新奇的互动体验。

7.3 手势交互

手势是一种自然的人体姿态语言，日常交流中使用频率很高，因此是理想的交互方式。手势交互主要指用户利用静态手势或动态手势进行输入、目标选择、漫游等操作的过程。按照输入通道的方式，手势交互通常可以分为基于专用传感器的手势交互和基于视觉的手势交互。手势交互中常用的专用传感器是惯性传感器，基于惯性传感器的方法通常需要用户佩戴传感器或手持可穿戴设备，通过加速度计和陀螺仪等传感器采集的运动数据来进行手势识别。基于视觉的方法则依赖于一个或多个相机，通常可以分为基于单目视觉的手势交互、基于双目视觉的手势交互和基于深度视觉的手势交互。由于手势交互与语音交互结合的方式基本满足了增强现实系统中的大部分交互需求，这种多通道自然交互方式必将成为增强现实环境中的常用交互形式。本节将主要从手势交互设备、手势识别技术和应用实例三部分，对增强现实中的手势交互技术进行介绍。

7.3.1　手势输入设备

手势输入是实现手势交互的前提，这是因为计算机首先需要通过手势输入设备获取用户的手部运动信息，然后才能进行手势识别与分析理解。对于手势输入设备来说，既要能够有效追踪手部运动，又要尽可能方便用户自由活动，因此输入设备需要满足较高的要求。目前市面上常见的手势输入设备主要分为有线手套、视觉相机、姿态与肌电传感器三类。

7.3.1.1　有线手套

有线手套是一种较为常见的通过磁或惯性跟踪设备向计算机提供手部位置和旋转信息的手势交互设备。此外，他们还能够捕获手指弯曲程度，精度高达 5～10 度，甚至能够模拟触觉，提供触觉反馈给用户。第一个商用的跟踪手运动的手套式设备是 DataGlove（Zimmerman et al., 1987）（如图 7.3（a）所示），手套上的模拟传感器能够检测手指的弯曲，超声波或磁通传感器则能够测量手的位置和方向。此外，压电陶瓷弯折器还可以为手套佩戴者提供触觉反馈。这些传感器安装在便携式手套上，通过电缆与驱动硬件相连接，能够检测到操作者的动作信号并传入计算机，计算机进一步分析传感器的信号，从而得到手势动作。数据手套的类型有多种，简单的数据手套只使用几个传感器便能够测量每个手指的曲率、手的转动和摆动，而复杂的数据手套则通过多个传感器测量手的各种不同姿势（Bobick, 1997）。有线手套为操作者提供了一种更加直接、自然、有效的方式与虚拟世界交互，大大增强了互动性和沉浸感。此外，由于有线手套的交互方式通用、直接，能够很好地适用于需要多自由度手模型操作虚拟物体的虚拟现实系统。然而，数据手套的缺点是需要操作者在使用前事先穿戴，并且价格较高，不利于普及。

7.3.1.2　视觉相机

虽然外部设备的介入能够提高手势识别的准确度和稳定性，但却影响了手势的自然表达。随着图像、单目视频、深度视频等视觉信息捕获的便捷化，基于视觉的手势识别方式得到蓬勃发展(武霞等，2013)，并大量使用捕获图像、单目视频、深度视频等视觉信息的设备。对于用户而言，视觉采集设备一般均为无接触式设备，对环境的要求也很简单，因此具有很大的便利性。普通相机可以直接拍摄到二维手势图像，通过单幅图像便可以区分一些简单的手势(刘翔等，2000)。单目视频的拍摄可以使用普通摄像头，也可以使用红外摄像头。红外图像不受光线影响，夜视功能好，常用在监控、辅助驾驶等领域。基于单目视频的方法由于深度信息的缺失，难以有效处理多个手指间的遮挡问题，但其简单的硬件设备需求和低廉的运算成本也使其成为早期增强现实中的常用方案。为了提高手势识别鲁棒性和稳定性，研究者们开始使用重建三维的方式来构建手势图像，而深度相机的出现为三维重构提供了便利。

　　主流的深度相机依据其深度信息测量原理主要可划分为三种：基于双目视觉的深度相机，如 Leap Motion；基于结构光技术的深度相机，如 Kinect v1.0、RealSense 和 iPhone X 的前置摄像镜头；基于飞行时间技术(time of flight，TOF)的深度相机，如 Kinect v2.0。在这三种深度测量方案中，双目视觉技术通过立体视觉算法(原理详见 3.4.1 节)生成深度图像，虽然恢复的深度图分辨率较高，但由于算法开发难度高、时间复杂度大，导致时效性和鲁棒性较差，尤其在光线较弱的昏暗场景下或者是在图像特征不明显的情境下。因为基于双目视觉的方案理论上仅需要两个普通二维相机的组合即可，所以其硬件成本比较低。结构光方案利用投影红外条纹或斑点编码进行深度信息测量，其分辨率和精度较好，算法时间复杂度也适中，时效明显优于双目视觉方案。但是结构光编码一般只能感知近距离物体的深度，在室外强光环境下编码图案很容易被强光淹没，难以在室外场景中应用。飞行时间方案虽然分辨率较低，精度不是很高，但其算法时间复杂度低，时效性好，是一种比较均衡的解决方案。

　　目前市面上最常见的深度相机是 2010 年微软发布的基于结构光技术的Kinect(如图 7.3(b)所示)，它主要具备三个摄像头，其中 IR 发射/接收摄像头主要用来获取场景中的深度图像，此外还有获取 RGB 图像的摄像头。Intel 公司的RealSense 深度相机(如图 7.3(c)所示)与 Kinect 类似，配备有强大的用于人机交互的开发工具包，因此也大受欢迎。其他深度相机还包括 Xtion PRO、PrimeSensor、SoftKinetic 等，它们的特点是能够实时采集深度图像序列，捕捉三维数据，实现人体识别和骨骼跟踪(Kar, 2010)，从而支撑更为复杂的手势识别应用研究。

7.3.1.3　姿态与肌电传感器

　　姿态传感器，包含三轴陀螺仪、三轴加速度计、三轴电子罗盘等运动传感器，

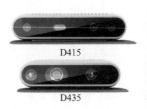

(a) 手套式设备 DataGlove　　　(b) 微软 Kinect①　　　(c) Intel RealSense 深度相机②　　　(d) GestureWrist
(Zimmerman et al., 1987)　　　　　　　　　　　　　　　　　　　　　　　　　　　　　　（Rekimoto, 2001）

图 7.3　手势输入设备

是一种基于 MEMS 技术的高性能三维运动姿态测量系统。姿态传感器按照其佩戴的位置又可以分为 GestureWrist（如图 7.3 (d) 所示）和 GesturePad，前者将传感器佩戴于腕部，后者则是将传感器分别放置在测试者的衣服的衣领、口袋、袖口等部位来对前臂的运动信息进行识别(Rekimoto, 2001)。Baek 等(2006)使用二维姿态传感器采集测试者连续动作和姿态数据，并通过两轴加速度变化判断用户手持手机的运动状态。与基于图像的手势获取方法相比，基于姿态传感器的识别方式受外部环境的限制较少，甚至可以单手操作。因此，在手持移动计算模型下，由于设备自身大小和外部环境(光源、背景)的限制，基于图像的手势获取方法很难被广泛应用，而基于姿态传感器的方法则能有效地识别手势动作，完成交互过程(黄璐，2011)。

　　肌电信号数字传感器采集的肌电信号是由人体不同肌肉群收缩所产生的微弱电生理信号，能够反映肌肉的活动状态等信息，如手臂和关节的弯曲度、肌肉阻抗等(黄璐，2011)。表面肌电信号数字传感器采集的表面肌电信号是由神经肌肉系统在运动过程中产生，经过表面电极引导、放大、显示和记录的一系列一维电压信号。Kosmidou 等(2006)用两导 SEMG 电极采集手势信息对 9 个美国手语词的识别率达到了 97.7%。Zhang 等(2009a)将肌电信号与加速度传感器采集信号相结合作为手势输入，设计了一款手势控制虚拟魔法的游戏，用于评估手势识别系统的性能。该方法使用表面肌电传感器进行手势交互不易受到外界环境影响，但是需要专人协助佩戴，并且由于电极与皮肤直接接触，皮肤的干湿度会对采集结果产生影响。

7.3.2　手势识别技术

　　根据手势输入设备的不同，获取的手势特征以及准确性会产生较大差异，但最后都需要手势识别技术来理解其语义。用户可以通过佩戴数据手套等传感器来捕获动态的手部或手臂的运动姿态，然后通过分析运动姿态识别手势。基于视觉

---

① https://en.wikipedia.org/wiki/Kinect
② https://software.intel.com/en-us/realsense/d400

的手势识别方法所需要的设备简单便捷,主要依赖算法实现识别的准确性和鲁棒性,因此在实际应用中前景广阔,本节将对其做重点介绍。

7.3.2.1　基于视觉的手势识别技术

基于视觉的手势识别方法一般采用图像(灰度图、彩色图、深度图等)、单目视频或者深度视频作为输入信号,尽管一般深度视频捕获设备也会配备一个彩色摄像头,但同时使用 RGB 视频和深度视频的方法并不多见。手势识别一般分为静态手势识别、动态手势识别与基于手部(骨架)姿态估计的识别(Rautaray et al., 2015)。静态手势识别是早期常用的识别算法,主要针对简单类别的手势识别,其静态图像就能体现手势语义间的差异,可以判断其代表的语义信息。但是,作为自然的交流方法,人类的手势常蕴涵丰富且微妙的语义差异,稍复杂一点的语义信息是由手部运动轨迹甚至手指关节的运动轨迹来表达,因此动态手势的识别更能表达丰富的语义,例如手语。一般来说,静态和动态的手势识别方法都是通过特征提取再进行识别的思路来进行的,因此严重依赖于特征提取的质量。由于人体结构的特点,手势其实是由骨架支配的,如果准确估计了双手的各个骨架关节的运动序列,再理解其中蕴涵的语义信息,则可以准确理解手势语义,甚至通过定量分析来定量驱动虚拟物体的运动(Supancic et al., 2018)。近年来,出现了越来越多的基于骨架分析的手势识别方法。

1)基于图像的静态手势识别

基于图像的静态手势识别是对定义的特定静态手势进行解析,例如手掌、V手势、拳头等,常用基于 2D 表观的方法来实现(马华朋, 2013)。静态手势识别算法一般分为传统机器学习方法和深度学习算法。传统机器学习的方法包括输入图像预处理、手部候选区域提取、特征提取和描述、分类识别等四个过程。其中,手部候选区域提取一般采用依据肤色等先验信息来分割区域,或者采用子窗口逐步扫描检测手部区域。特征提取指使用外观特征来描述手的形状、轮廓、纹理等静态特征,常采用 Haar-Like 特征(Viola et al., 2004)、LBP 特征(Ojala et al., 1996)、HOG 特征(Dalal et al., 2005)和 SIFT 特征(Lowe, 2004)等。最后,使用预存模板进行匹配或者分类器对特征进行分类,获取手势的语义。模板匹配通过度量提取特征与模板特征参数之间的相似性来实现。分类方法则通过预训练分类器,将抽取的特征进行分类,例如基于 Haar-Like 特征的级联 Adaboost 方法(Viola et al., 2004)和 HOG/SVM 方法(Burges, 1998)。经典的静态手势识别方法在手势角度(roll, yaw, pitch)变化过大时,训练出的分类器存在大量误检,影响其实用性;然而,如果对多个角度手势采用多个分类器,又会显著降低其计算性能。基于深度学习的识别方法能实现端到端的手势识别,可以有效改善这个问题。

2）基于单目视频的动态手势识别

基于单目视频的动态手势识别需要对一段视频序列进行分析，一般可分为动态手势关键帧提取（确定动作的起始点与结束点）、动态手势描述、动态手势识别等三部分。动态手势具有丰富的手型、方向、运动轨迹、纹理等特征，因此其特征提取和描述相对复杂。

我们先以 Bretzner 等（2002）提出的肤色滤波法为例（如图 7.4 所示），解释基于单目视觉的手势识别过程。Bretzner 等提出的手势识别系统包括：图像的获取、手势分割、手势特征提取、手势跟踪、手势识别模型设计（分类器设计）及应用控制。首行，采用肤色检测进行手势分割，利用手掌的斑点特征（blobs features）和脊特征（ridge features）捕获手掌的基本结构；然后，采用多尺度彩色图像特征的层次结构表示手的姿态，并用粒子滤波同时检测和跟踪手的状态，进而采用分层抽样的方法提高跟踪器的计算效率；最后，在手势识别和分析中，采用模板匹配技术识别手势。动态手势识别的方法还有很多，例如，Beh 等（2014）提出的基于手部轨迹姿态的凌空手势建模方法，利用隐马尔可夫模型，能够精准识别动态凌空手势；Song 等（2015）提出了一种多阶段的随机森林算法，使用彩色摄像头估计手部深度位置并能够识别手部形状，进而能够在智能手机、手环、眼镜等终端设备上实现手势识别（于汉超等，2017）。

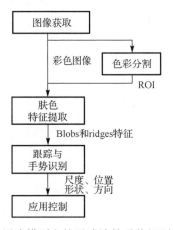

图 7.4　采用多尺度色彩特征、层次模型和粒子滤波的手势识别系统（Bretzner et al., 2002）

动态手势由一个手部特征的时间序列构成。传统的动态手势识别算法对手部在特征空间的动态轨迹进行分类，常见的有基于隐马尔可夫模型的识别（Chen et al., 2003）、基于动态时间规整（dynamic time warping, DTW）的识别（Alon et al., 2005）、基于压缩时间轴的识别（李清水等，2002）等方法。手势跟踪是获得连续帧间的运动变化参数的方法，能够高效获得手部的运动轨迹，并提高算法的效率和鲁棒性。近年来出现的基于深度学习的方法则往往采用双流卷积网络(two-stream CNN)(Feichtenhofer et al., 2016)、循环神经网络(recurrent neural network, RNN)(Molchanov et al., 2016)和 3D 卷积网络(Molchanov et al., 2015)。由于深度网络具有特征提取的能力,手部分割和特征提取也可由深度网络完成,因此基于深度学习的方法一般是端到端的。

3)基于深度视频的手势识别技术

为了有效解决纯视觉方法鲁棒性欠佳的问题,相继出现了大量基于深度视频的手势识别方法,包括基于模型的方法、基于表征的方法和模型与表征结合的方法(Barsoum, 2016)等。由于手部的结构是相同的,无论是哪一种方法,都为手部建立几何模型,并配置适当的参数,使得手部姿态得以准确鲁棒的估计和描述。基于模型的方法一般直接使用手部的三维几何模型(如图 7.5(a)所示),而基于表征的方法则常常使用骨架模型(如图 7.6(a)所示)。Tkach 等(2016)提出了一种更加精细的手部模型表达方式,用 pill 和 wedge 作为两种基本组件,通过调节这两种组件的参数,可以得到非常逼真的手部形状模型。

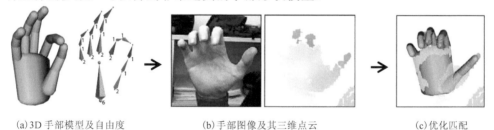

(a)3D 手部模型及自由度　　　　(b)手部图像及其三维点云　　　　(c)优化匹配

图 7.5　基于模型的 3D 手部姿态估计基本流程(Tagliasacchi et al., 2015)

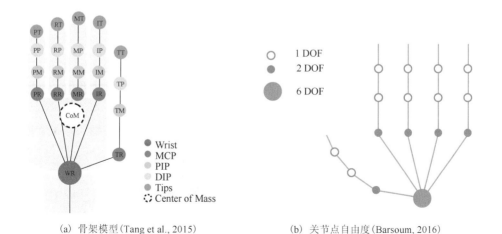

(a)　骨架模型(Tang et al., 2015)　　　　(b)　关节点自由度(Barsoum, 2016)

图 7.6　手部骨架模型

基于模型的 3D 手部姿态估计(Tagliasacchi et al., 2015)基本流程如图 7.5 所示：首先，建立手部精度较高的 3D 模型；其次，获得真实场景中手部区域的三维空间信息(三维点云)；最后，建立手部 3D 模型与真实手部三维点云之间的匹配关系，通过优化参数调节手部模型的位姿，使得模型与对应的三维点云之间的距离尽可能小，从而达到手部位姿估计的目的。由于手部关节点众多，需要大量参数来表达，因此，基于模型的方法往往建模比较复杂，而且运算量较大。

基于表征的方法则是通过对大量样本来训练学习，估计各个关节点的三维坐标，进而获得手势语义的方法。Ge 等(2018)提出一种基于 3D CNN 的网络模型 Hand PointNet。Hand PointNet 网络通过直接处理 3D 点云信息来进行手部姿态回归，以归一化后的点云作为输入，准确地回归一个低维表示的手部姿态，其架构如图 7.7 所示。首先，对捕获的手部深度图像进行降采样处理，将深度图像转换为 N 个点的 3D 点云，随后将 3D 点云在一个 OBB(oriented bounding box，即具有方向性的标定框)内进行归一化；然后，以三维坐标(x, y, z)与表面法线作为输出，使用 PointNet(Qi et al., 2017)架构来提取三维手势关节点。在手势识别任务中，由于输入与输出的旋转相关，Ge 等使用主成分分析输入点云的坐标，将得到的主成分方向作为 OBB 的朝向，OBB 的(x, y, z)与输入点坐标的协方差矩阵的特征向量平行；最后，在原始手部点云基础上生成 K 个近邻点，将生成的点集作为输入导入到指尖修正网络，从而得到更高估计精度的指尖。

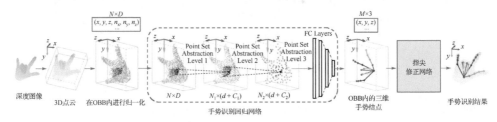

图 7.7　Hand PointNet 架构(Ge et al., 2018)

基于 CNN 的 3D 手部姿态估计基本流程主要分为三步：数据准备、训练阶段和测试阶段。数据准备是算法训练的前提，也是非常关键的一步，样本数量的丰富性、样本形态的多样性、样本标记的准确性都直接关系到最终的效果。数据包含深度图及其对应的关节点三维坐标，常用的公开数据集有 NYU 数据集[①]、ICVL 数据集[②]等。在训练的数据预处理阶段，我们通过特定方法获取手部位置，在深度图中截取手部中心周围一定范围内的立方体区域，将 ROI 区域缩放到特

① https://cims.nyu.edu/~tompson/NYU_Hand_Pose_Dataset.htm#overview
② https://labicvl.github.io/hand.html

定尺寸,并将关节点坐标以手部中心作为参考点进行规范化。此外还需要进行数据增广,对数据进行旋转、平移、缩放、亮度调整等扰动,扩充其多样性,并增强训练模型的鲁棒性。在测试阶段,和基于模型的方法一样,对于输入的深度图像,需要先定位其手部位置,例如可以使用 RDF(random decision forest)分类器来检测定位手部(Taylor et al., 2017),取得手部中心位置并截取 ROI 区域,然后对 ROI 区域做归一化,再用训练好的模型估计手部各个关节点的三维坐标。

7.3.2.2 基于单目视频的骨架姿态估计技术

手势的语义一般仅取决于手部骨架的变化,我们可以通过建立手部骨架关节点模型,估计骨架关节点的轨迹,从骨架信息中提取手势丰富的语义信息。在虚拟现实和增强现实环境中,骨架的定量分析结果可以直接用来驱动虚拟物体,成为一种新的重要交互手段(Garcia-Hernando et al., 2017)。早期的骨架姿态估计技术往往要求输入的视频具有深度信息,随着深度学习的迅猛发展,基于单目视频的骨架姿态估计技术也日趋成熟。接下来,我们介绍一个基于深度学习的手部骨架姿态估计算法。

手部骨架姿态估计是指根据手部的几何模型来拟合手部变化的过程,例如从视频图像中得到手的各个部位的位置、方向以及尺度等信息。基于单目视频的手部姿态估计问题,可以转换为估计每帧图像中的手部姿态,大致分为手部定位、估计手部关节点 2D 坐标、根据关节点 2D 坐标恢复其 3D 坐标等三个步骤。我们采用一个基于深度学习的方法(Zimmermann et al., 2017)来说明算法细节。

首先,采用如图 7.6 所示的手部骨架模型。给定一张包含单只手的彩色图像 $I \in \mathbb{R}^{N \times M \times 3}$。将手部姿态表示为三维空间中 J 个关节点构成的集合 $\{w_i = (x_i, y_i, z_i)^\top, i \in \{1, \cdots, J\}\}$。为了保证估计结果具有尺度不变性和平移不变性,我们需要对训练样本的关节点坐标进行一定的预处理。首先,我们对关节点坐标的尺度做如下归一化处理:

$$w_i^{\text{norm}} = \frac{1}{s} w_i \tag{7.3.1}$$

式中,$s = \|w_{k+1} - w_k\|_2$ 用于归一化相邻关节点间的距离,即骨骼长度。这里,选取的 k 值需使得与食指最长骨骼(即连接食指根关节的骨骼)归一化后为 1,以保持不同人手部间的尺度不变性。在归一化之后,进一步计算相对的关节点坐标:

$$w_i^{\text{rel}} = w_i^{\text{norm}} - w_r^{\text{norm}} \tag{7.3.2}$$

式中,r 为根节点的索引。一般来说,掌心点是最稳定的标记点,因此我们选取掌心点为基准点,以保持手部的平移不变性。

手部姿态估计便是要从单张输入图像中估计出归一化后的所有关节点的三维坐标 w_i^{rel}。如图 7.8 所示，整个算法山手部分割网络、姿态估计网络、姿态后验网络等三个模块构成。首先，由手部分割网络（HandSegNet）定位出图像中的手部区域，将其缩放到标准大小后输入到姿态估计网络（PoseNet），定位出手部关节点的二维位置信息，表示为一组得分图（score maps）c；最后，姿态后验（PosePrior）网络估计出关节点的 3D 坐标信息。

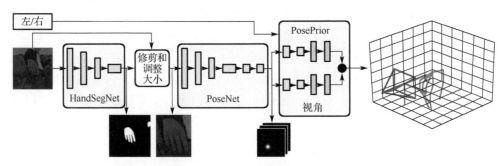

图 7.8　手势姿态估计流程图（Zimmermann et al., 2017）

手部分割网络 HandSegNet 参考了 Wei 等（2016）的人体分割网络，运用手势姿态数据集来训练，可输出手部的掩膜。除了分割的方法，用手势检测的方式来定位也较为常见，例如通过训练 YOLO（Redmon et al., 2016）、Faster-RCNN（Ren et al., 2017）等检测网络，可以输出手部的定位框。检测算法在性能上比分割快，更适合于单纯的定位任务。HandSegNet 训练的损失函数为标准的 softmax 交叉熵损失函数。利用 HandSegNet 得到的手部掩膜，我们可以提取出手部区域，经过缩放、归一化等预处理后，作为姿态估计网络 PoseNet 的输入信息。

姿态估计网络 PoseNet 为每一个关节预测一个位置概率图。定义一组热度图 $c = \{c_1(u,v), \cdots, c_J(u,v)\}, c_i \in \mathbb{R}^{N \times M}$，描述每一个关节点位于该处的概率，总共输出 J 个概率图。PoseNet 网络结构与 Wei 等（2016）提出的 CPM（convolutional pose machines）算法网络类似，但它是一个端到端的网络，即将手势的定位和分类合并为一个网络，中间通过 concat 连接不同层的特征图（feature maps），增加特征信息量，最终可以得到一组归一化后的结果。姿态估计网络 PoseNet 训练的损失函数为各关节点在估计位置与真实位置之间的欧氏距离总和。

深度网络需要大量的数据来训练，因此数据的组织非常关键，这需要对训练数据进行预处理。在训练数据中，已知手部的图像、相机的内外部参数以及各关节点的三维位置，通过计算获得关节点在图像上的精确位置，从而生成关节点的概率图来进行训练，每一个关节点都对应一幅概率图。一般地，概率图与图像对齐,如果图像上不存在这个关节点,则整张概率图上的值都为 0;如果存在,则计算该关节点在概率图上的投影点,将关节位于该像素点处的概率标记为 1,在所有其他像素点的概率则全为 0。然而,这样计算得到的概率图概率分布过于集中,实际训练结果并不理想。更好的解决方案是,以关节点标记的位置为均值,25 个像素为方差,生成一个二维正态分布,作为其概率图。同时,对训练数据进行扰动增广,包括对手部包围盒中心点位置的扰动,各个关节点坐标的独立扰动,以及尺度 0.5~1.0 之间的图像对比度增强等。数据扰动可以丰富样本,从而增加训练模型的鲁棒性。

姿态后验网络是根据可能并不完整或有噪声的 2D 关节点概率图 $c(u,v)$ 预测出相应的归一化后的 3D 坐标信息。由于手部各关节的姿态参数众多,由手部的基准位置与朝向以及各关节的相对姿态,直接预测出任意姿态手势的 3D 关节点坐标,是非常复杂和困难的。因此,我们为手部专门建立一个局部坐标系(称为基准坐标系),与手部的基准位置与朝向一致。手部关节的估计分为两个并行的部分,即预估手部的位置及全局旋转方向(确定基准坐标系),以及相对于基准坐标系下的各关节点姿态。训练网络同时计算基于基准坐标系的关节点 3D 坐标信息,以及由原坐标系变换到基准坐标系的变换参数。

由于概率图包含了位置的信息,因此,手部的基准坐标系主要关注其朝向。基准坐标系下关节点的 3D 坐标记为 w^c,而手部基准坐标系和原始坐标系间的朝向变换可以用旋转矩阵来表达;特别地,为了区分左右手,将右手数据都沿 Z 轴做镜像处理。因此,无论是左手还是右手,都可以采用矩阵 R 来表示,使得左右手采用同样算法来处理。各关节点的位置表示为:

$$w^c = Rw^{rel} \tag{7.3.3}$$

由上述定义,训练网络分别估计基准坐标系下的 3D 坐标点 w^c 和旋转矩阵 R。估计变换矩阵 R,相当于预测一个样本基于基准坐标系的旋转视角。

如图 7.9 所示,姿态后验网络的结构是两个平行的网络,两个支路采用几乎相同的结构,先输入上一个网络得到的概率图进行处理,并在倒数第二层处添加左右手信息。最终两条支路分别估计得到 $R(P=3)$ 和 $w^c(P=63)$,P 为输出参数的个数。根据上述公式,计算可得 w^{rel}。相应地,姿态后验网络训练的损失函数也由两部分组成,即基准坐标系下的 3D 坐标点 w^c 支路的预测值与其真值的欧氏距离 $L_c = \| w^c_{gt} - w^c_{pred} \|_2^2$,以及旋转矩阵 $R(w^{rel})$ 支路的预测值与真值的欧氏距离 $L_r = \| R_{pred} - R_{gt} \|_2^2$。

至此,我们由单张输入图像估计得到了归一化后的手部关节点三维坐标

w^{rel}。图 7.10 显示的是真实样本在姿态估计过程中的不同阶段的计算结果。对于视频序列的手势姿态估计，原则上将其离散为单帧图像，逐帧估计手部姿态。由于图像序列的连贯性，我们可以利用历史帧的手部位置信息、关节点信息对后续的姿态估计过程进行校正，并利用其空间上的连贯性来提高整体性能。

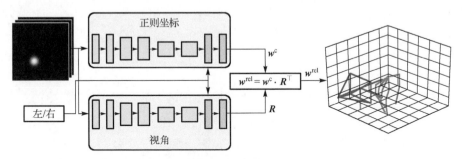

图 7.9　姿态后验网络结构（Zimmermann et al., 2017）

（a）原始图像及关节点　　　（b）手部区域分割　　　（c）手部姿态估计结果

图 7.10　姿态估计过程中不同阶段的输出（Zimmermann et al., 2017）

　　基于深度学习网络的手势姿态估计算法的准确性依赖于大量的高质量数据。一般来说，数据来源可分为真实数据样本和人工合成样本两种。目前已有一些公开数据集，例如 Stereo Hand Pose Tracking Benchmark[①]（Zhang et al., 2017）、Dexter[②]（Sridhar et al., 2013）等，均包含手势的彩色图像和相应的关节点位置标注。我们可以用这些公开数据集进行简单的实验，但要训练成熟完备的网络，其样本数目、丰富性和标注的完整性还不够，因此需要用人工合成样本来弥补不足。人工合成样本可利用动画合成的 3D 模型来生成不同手部姿态和关节点信息标注，进行真实感渲染生成手部外观，然后随机加入不同的背景。另外，也有方法（Mueller et al., 2018）提出运用对抗网络，根据真实样本来生成虚拟手势样本，作为训练数据。

　　基于骨架的姿态估计借助深度相机往往能够获得更精确、更鲁棒的结果，在此基础上进行手势识别与分析也得到了广泛的应用（De Smedt et al., 2016）。目

[①] https://sites.google.com/site/zhjw1988/
[②] http://handtracker.mpi-inf.mpg.de/

前，深度相机已经开始大规模普及，涌现出了微软的 Kinect、Intel 的 RealSense 等优秀的消费级产品，甚至一些手机(如苹果的 iPhone X)也都带有深度摄像头，这有效推动了手势识别技术走向成熟和应用落地。

7.3.3 应用案例

手势交互技术满足了增强现实技术应用环境中交互的自然性，是增强现实环境中重要的交互形式。接下来我们简要地介绍几个手势交互技术在增强现实中的应用案例。

7.3.3.1 WUW：一种可穿戴的手势界面

目前，已经有多种增强现实系统应用了手势交互技术，如 WUW (Mistry et al., 2009) 就支持用户通过手势及上肢动作与物体进行交互。WUW 是一种可穿戴的手势界面，它使用一个微型投影仪和一个安装在帽子上的摄像头，或者像可穿戴设备那样的挂件，能够看到用户所看到的东西，并在视觉上增强用户交互的表面或物理对象。WUW 将信息投射到周围的表面、墙壁和物理物体上，允许用户通过自然的手势、手臂动作以及投影的信息进行交互。WUW 能够识别的手势有三种，即多点触控系统支持的手势、手绘手势以及标志性手势(空中图纸)。在手势识别过程中，原型系统使用塑料彩色标志(如白板标记的盖子)作为视觉跟踪基准，根据相机捕获的视频流数据，使用计算机视觉技术来跟踪用户手指尖端的彩色标志的位置。另外，一般通过将这些物体上预先印制的静态颜色标志(或图案)与投影仪投射的标志相匹配来校准投影的视觉信息。

7.3.3.2 增强现实远程协作与地图导航

TeleAdvisor (Gurevich et al., 2012) 是一种新颖的解决方案，旨在支持许多真实世界中的远程协助任务。它由一台相机和一台安装在遥控机器人手臂末端的小型投影仪组成。这使得远程助手能够查看工作人员的工作空间并与其进行交互，同时控制视角。它还为工作人员提供免提便携式设备，可以放置在任意的地方。Staud 等 (2009) 提出了一种基于手势交互的增强现实场景下的概念地图 Palmap，能有效支持选择操作、显示前进后退以及融合操作。随着智能手机等移动设备的普及，基于智能移动设备的增强现实应用也渐渐普及起来。Hürst 等 (2016) 利用多模反馈技术增强了手势交互在移动设备增强现实应用中的用户体验。其中三种类型的反馈(声音、视觉、触觉)和它们的组合被用来支持基本的基于手指的手势(抓取、释放等)。Ens 等 (2018) 给出了一种基于 Leap Motion 的多尺度增强现实手势交互系统 CounterPoint，通过对混合比例手势的设计探索，在不同的应用场景可以交错使用移动幅度较小的手势与移动幅度较大的手势进行交互。

手势交互是人类日常生活中常用的交互方式之一,随着手势交互设备性能的提升,以及手势识别技术精度的增强,越来越多的基于手势的增强现实应用走入了人们的生活中,特别是国内外等多家企业,如微软、苹果、谷歌等多家公司的加入,加快了手势交互技术在增强现实领域的应用范围与深度。目前,伴随汽车智能化的发展,手势交互也进入汽车行业,为其智能化发展提供解决方案。相信未来,增强现实中的手势交互会在教育、医疗、游戏等多个领域得到广泛的应用。

7.4　语音交互

作为人类日常交流的主要媒介,声音因其简单、便捷、自然的交流方式,在用户与计算系统的互动中有着无可比拟的优势,被广泛应用于增强现实技术领域。增强现实系统主要通过处理和识别声音数据,来驱动和反馈景物与景物或用户与景物之间的相互作用,主要包括声音交互和语音交互两类。前者主要利用合成的机械化声音(如弹跳、断裂等声音)所包含的听觉线索来呈现场景中景物之间的相互作用(Gaver, 1993),或者利用环境声作为输入,感知用户当前的位置和状态(Min et al., 2014)。后者则主要让增强现实系统理解用户发出的语言指令,执行有关交互操作,其目标是给增强现实系统装上"耳朵"与"嘴巴",使它和用户能相互听懂对方的语言,并做出相应的动作和反馈。

在增强现实系统中使用语音交互具有以下优点:①容易操作,避免因用户视觉疲劳而产生错误交互操作;②输入简单,无需操作交互界面,便于部分输入障碍用户(如视觉障碍者、老人等)的交互操作;③解放双手,摆脱肢体依赖,尤其当双手都被占用时,用户可以在完成手头任务的同时,通过语音命令来操控目标;④环境适应性好,不易受环境的限制,不占用物理空间,适合各种光照环境。

一般来说,声音交互涉及声音的产生、传输和接收等复杂物理过程的模拟,而语音交互涉及语音识别、自然语言理解等复杂的智能处理过程,这些内容都有专门的研究领域,远远超出了本书的研究范畴。为内容的完整性,本节主要从增强现实应用的角度,简单地介绍一些语音交互的基本原理及其典型应用。有关技术细节,读者可参阅相关专业文献。

7.4.1　语音交互的基本原理

语音交互系统由语音输入系统和语音输出系统组成,主要包括三个模块:①语音识别(automatic speech recognition, ASR);②自然语言处理(natural language processing, NLP);③语音合成(text to speech, TTS)。其中,语音识别和自然语言处理两个模块属于语音输入系统,语音合成模块属于语音输出系统。在语音交互技术中，音素是发音的最小单位，汉语一般由声母和韵母组成；英语常用卡耐基·梅隆定义的 39 个音素组成的音素集合。

7.4.1.1　语音识别

语音识别系统负责将人类的语音输入信号转化为机器可以理解的文本或命令，也就是由给定的语音波形处理得到相应的词序列。目前，已有许多语音识别系统，这些系统的具体实现方法在细节上稍有不同，但基本技术非常相似，主要通过发音方式、发音人、词汇量几种角度对系统进行划分。典型的语音识别系统主要包括信号处理和特征提取、声学模型、语言模型、解码搜索四部分(如图 7.11 所示)。

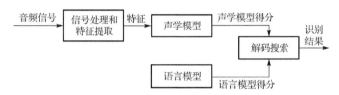

图 7.11　语音识别系统框架(俞栋等，2016)

尽管语音识别技术日益成熟，并在人机交互领域得到了广泛应用，但该技术仍面临诸多挑战，主要包括：自然语言中语法语义规则的建立和理解；协同发音对识别准确性的影响；特定领域和主题的识别理解；不同地域的方言、口音的识别理解；环境噪音、传输设备差异与生理和心理状态对识别理解的影响等。

目前，已推出了多种语音识别的商用软件和开源平台，如 Microsoft Speech API[①]、Nuance[②]和讯飞语音[③]等商用语音识别软件，CMU-Sphinx[④]、HTK[⑤]、Julius[⑥]、Kaldi[⑦]等开源语音交互平台。这些软件和平台主要应用于语音搜索、语音助手、语音录入、人机交互等需要将发音转换为文字的操作场景。表 7.1 列出了七种比较流行的语音识别平台。

表 7.1　主流语音识别平台

应用名称	操作系统	编程语言	特点
Microsoft Speech API	Windows	VB/C/C++/C#	全面的软件开发工具包，简单易用
Nuance	Windows/Linux	C/C++	商业应用广泛，市场覆盖率较高

① https://www.microsoft.com/en-us/download/details.aspx?id=10121
② https://www.nuance.com/index.html
③ https://www.xfyun.cn/?ch=bdtg
④ https://cmusphinx.github.io/
⑤ http://htk.eng.cam.ac.uk/
⑥ http://julius.osdn.jp/en_index.php
⑦ http://kaldi-asr.org/

续表

应用名称	操作系统	编程语言	特点
讯飞语音	Multi-platform	Java	智能语音中文市场占有率较高
CMU Sphinx	Multi-platform	C/Java/Python	Java 改写，适合嵌入安卓平台
HTK	Multi-platform	C/Python	文档详细，适合工程，版本更新慢
Julius	Multi-platform	C/Python	支持多种模型和结构的组合
Kaldi	Multi-platform	C++/Python	支持深度神经网络，版本更新及时

7.4.1.2　自然语言处理

利用语音识别方法将语音转换为文字，并不能达到人机对话的目的，需要进一步借助自然语言处理技术来分析文字内容，才能理解用户发音想要表达的含义，并给出合理的反馈。一般来说，自然语言处理技术借助语言学和场景知识，自动地将文字内容切分为音节和单词，分析得到其相应的语义和结构，实现文本内容的理解。

自然语言处理的基本步骤包括分词、词性标注、句法分析、命名实体识别和实体关系抽取等。在文本语句的表达中，词是最小的对话单元，因此语句理解的前提是对语句的准确拆分，即分词。不同应用的分词粒度通常差异较大。而词性标注就是判定句子中每个词语的语法范畴，如名词、动词、形容词、连词、副词、标点符号等。句法分析可以确定语句的句法结构，如主谓宾、动宾、动补等。命名实体识别本质上是标注问题，即定位句子中出现的人名、地名等专有名称和有意义的时间、日期等，并加以分类。实体关系抽取是识别文本中实体与对应语义之间的关系，即确定实体的关系类别，从而进行结构化存储和使用。

自然语言处理的主要难点包括歧义性、单词边界界定和实际应用时碰到一些未在已有词表或训练语料的词汇。同时，由于文本语言表达在不同层面上存在歧义性或多义性，以及单词边界界定等问题，因此达到自然的交互理解还存在很多问题。现在该技术主要应用在知识问答、命令操控、智能推荐等多种类型的人机对话操作场景。

7.4.1.3　语音合成

语音合成主要是将文字转换成声音，即利用计算机与数字信号处理的方法，让计算机产生清晰度、自然度较高的连续语音。20 世纪 60 年代，瑞典的语言学家 Fant 发表专著 *Acoustic Theory of Speech Production*（Fant, 1970），对语音合成理论进行深入系统的阐述，为语音合成的发展奠定了理论基础，随后语音合成技术得到了快速发展。

语音合成系统主要涉及语言处理、韵律生成和声学处理三个关键环节。目前语音合成方法主要有两类，即基于模型的参数合成方法和基于大语料库的波形拼接合成方法。经过多年的持续发展，语音合成技术已经取得了长足进步，但仍存在许多改进空间。首先，尽管在单字和词方面已经能够合成清晰度高、可懂度高的语音，但还需要在语调、重音等方面进一步提高语音合成的自然度，从而更加准确地表达语义；其次，目前的语音合成大多以朗读的形式将文字转换成语音输出，缺乏表现力。这些不足严重影响了语音合成技术在复杂场景的应用，现阶段语音合成主要应用在语音导航、语音朗读、语音播报等文字自动报读的简单场景。

7.4.2 语音交互的典型应用

随着语音识别技术的日益成熟，语音交互技术开始广泛应用于各种生活场景中，其特点在于，能够让用户解放双手，以语音代替键盘作为信息输入，并以图像或者语音的方式响应用户的需求，进而在提升产品用户体验的同时，提升用户生活的品质。在众多语音交互的应用场景中，智能移动终端和智能家居领域是目前应用最广，也是最成熟的两大领域。除此之外，在增强现实领域也有极其广泛和重要的应用。

7.4.2.1 移动智能终端的语音交互

2011 年，苹果公司在 iPhone 4s 中发布了智能语音助手 Siri，用户只需对着手机的麦克风说出自己的需求，系统立即理解用户的意图，进而执行相应的功能。这一工具被视作语音交互技术在移动智能终端领域应用的里程碑。自此之后，涌现出了许多类似的语音助手工具，如微软的 Cortana、Amazon 的 Alexa、小米的小爱语音助手等。如今，语音助手工具已经成为笔记本电脑、手机、平板电脑等智能移动终端的标配，具有广泛的应用。

为进一步提升用户的体验，开拓更多的日常使用场景与模式，许多移动智能终端将上述通用的语音助手拓展为智能语音交互功能，如搜索领域的语音搜索、地图导航领域的语音问路、游戏领域的语音指令等。当用户无法解放双手时，语音交互功能额外提供了与系统交互的有效途径，使得用户可以在复杂操作场景下便捷地执行各种操作指令。

7.4.2.2 智能家电和设备的语音交互

在物联网和智能家居中，使用语音指令操控智能设备被证明是一个快捷且精准的方式，智能家电和智能设备的许多工作指令都来源于用户的语音输入。作为语音指令的接收和反馈工具，智能音箱是目前最为普及的智能家用设备之一。常见的智能家用音箱有 Amazon Echo、Google Home、小米小爱同学、阿里巴巴的天猫精灵等。用户向智能音箱发布语音指令，音箱自动解析并理解用户发出的语音，给出相应的答案，或者直接解决用户的诉求，执行诸如开关灯、开关窗帘、调低空调温度、放一首歌曲，甚至在电商网站下单购买心仪的商品等操作。

7.4.2.3 增强现实系统的语音交互

作为人们日常交流的主要通道，语音交互天然地契合虚实融合的增强现实环境，它不仅可以直接作用于真实环境之中，亦可操控叠加在真实环境之上的虚拟景物，为用户提供更逼真、更具沉浸感的感知体验。具体地，语音输入方式尤其适合增强现实系统的非图形界面，即通过输入语音，请求系统执行特定的功能，或者改变系统当前的运行状态。如果交互场景足够简单，只需建立简单的语音识别和反馈系统即可满足交互需求；反之，则需要在理解语音输入的基础上，建立包括语音对话的完整的语音交互系统。随着语音识别精准性的不断提升，语音交互逐渐成为增强现实系统的重要交互手段。

1）穿戴式增强体验

用户在户外佩戴装有麦克风的头戴式耳机，增强现实系统既可以借助外部麦克风获取真实环境的声音，也可以在耳机内添加合成的、定向的 3D 声音，因此，利用合成虚拟声信号可有效实现声音的虚实融合，甚至掩蔽真实环境的声音（Durlach et al., 1995），为用户提供了一种可控的增强式听觉体验。

在生产制造领域，增强现实系统通过准确地感知与测量用户的头部位置与观察方向，将 CAD/CAM 模型及其相关制造信息自动地注册呈现在头盔显示器上，与实际生产环境融于一体，并借助语音、手势或其他交互工具操控虚拟模型或信息来导引用户的实际操作，以提高操作的精准性和效率（Caudell et al., 1992）。

对医生或护士来说，医疗设备相对比较复杂，容易产生器械组装和操作的错误。穿戴式增强现实系统可借助简单的语音指令，交互地为医护人员呈现医疗器械的组装过程，以保证操作的精准性（Nilsson et al., 2007）。

谷歌眼镜是第一款消费级穿透式增强现实智能眼镜。该眼镜巧妙提供了语音和触摸交互工具，用户可以通过语音来控制拍照，发送信息，甚至在社交网站上分享图片和位置信息。尽管谷歌眼镜在商业上未能取得成功，但其设计理念和交互模式，给新一代头盔显示器的研发带来了深远的影响，有力促进了增强现实技术的发展。

2）导航信息增强

在驾驶行进过程中，出于安全性的考虑，用户需要集中注意力，不能用手机查询问题或与他人进行信息沟通，以避免危险情况发生。车载抬头显示系统，较好地解决了车辆行进过程的信息呈现问题。它将需要的信息投影呈现在汽车的前挡风玻璃上，实现信息与道路周边环境的融合。而语音交互系统则解决了车辆行进过程的人机交互难题，使得用户在双手驾驶时，可用语音与系统进行自然的交互，实现精准的操控。

2013 年，以色列 OrCam 公司推出一套基于视觉的增强现实系统 OrCam Eye[①]，被称为视障人士的"第三只眼睛"。该系统实时分析理解相机实拍的场景

---

① https://www.orcam.com/zh/

影像，并将其语义信息(如文字、路标、红绿灯、人脸等)合成为声音，清晰地反馈给用户，从而保证视障人士的精准出行导航。

3) 多通道交互

语音作为一个不太受环境影响的输入通道，容易与其他通道进行有效的结合，使得用户拥有更全面的感知体验，以提升其实际操控的临场感和沉浸感。例如，将语音作为额外的输入通道来辅助感知用户的交互意图(Irawati et al.，2006)。利用视觉和听觉组成的多通道用户界面来辅助管道维修，以提高工人的工作效率，其中视觉通道呈现维修信息与实际管道的虚实融合影像，听觉通道则根据视觉通道显示的内容，为用户交互提供所需的各种维护信息(Goose et al.，2003)。"寻找和认识濒危动物"增强学习系统(Juan et al.，2010)则通过佩戴头盔显示器，在一个由方块组成的实物用户界面上进行操控，并借助语音来交互导引学习过程，有效提高了学习的趣味性和效率。

总的来说，目前增强现实系统的语音交互主要侧重在简单的语音指令方面，离复杂的语音交互环境尚有很大的差距。随着语音识别精度和复杂度的不断提升，语音交互必将像人们日常交流一样，成为增强现实和虚拟现实系统的重要交互手段之一。

7.5　实物交互

增强现实技术将信息空间的虚拟对象投射至物理空间,通过营造二者在知觉上共存的交互环境，有效增强了用户对真实世界的认知。这种虚实共存的交互环境使得用户可以以实物作为交互道具,直接自然地操控虚拟或现实景物。本质上,区别于传统的用户界面，用户与物体在现实空间中与环境产生交互行为，实物交互范式将这种交互行为映射到信息空间，其中实物既是输入工具，也可以作为输出工具，反馈信息则与虚实融合环境融于一体。为了使得交互具有空间可重新配置的特性，增强现实技术利用投影仪、传感器等设备赋予实物新的信息，将数字信息转换为可触及的交互界面和交互工具，实现信息空间和真实世界的融合。由于充分利用了现实环境和景物，因此实物交互的学习成本较低，最大程度上满足了用户交互的自然性要求。本节将专门介绍增强现实系统的实物交互技术，重点就交互模型、关键技术和交互界面三个方面展开讨论。

7.5.1　实物交互模型

新世纪以来，研究者们深入研究了实物交互这种新颖的人机界面范式，建立了相关的理论和技术框架，为实物交互工具的研发奠定了基础。

7.5.1.1 MCRpd 模型

麻省理工学院 Ishii 教授领导的多媒体实验室是实物交互技术研究的先驱。1997 年，他们首次提出了以物理环境或实物作为人机交互的界面(Ishii et al., 1997)，并以此为纽带，将人机交互、增强现实、普适计算等领域的研究联结起来。但是，可触摸用户界面(tangible user interfaces)概念提出来之后，一直缺乏统一的交互模型。直到 2000 年，该研究小组在图形界面 MVC 模型基础上，提出了一种叫作 MCRpd(Model, Control, Representation: physical and digital)的实物交互界面模型(Ullmer et al., 2000)(如图 7.12(a)所示)，将物理世界与信息空间通过数字信息联结起来，在物理世界通过控制模块操纵可触摸的实物，也可以通过音频、投影仪等不可触控的数字信息，以增强现实环境的感知反馈，从而实现物理世界与信息空间的互动。该模型强调物理形态的信息呈现与用户控制的结合，弱化了输入设备与输出设备间的差别。图 7.12(b)所示的媒体块系统是一个典型的实物交互模型的实例，系统将相机、数字白板、墙上显示器、打印机、网络等连接起来，周边可放置带有标识的块状实物，放置不同标签的实物将触发不同语义的交互操作，例如录制、播放、回放等物理操作，并显示在中间的显示屏上。如果没有任何包含语义的方块，则可以播放网络上的视频。

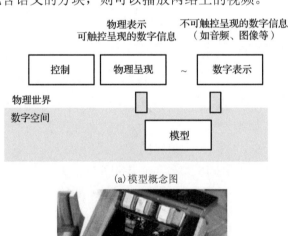

(a)模型概念图

(b)模型实例

图 7.12　MCRpd 模型示意图(Ullmer et al., 2000)

容易发现，MCRpd 模型强调了实物在交互界面中的作用，并包含以下四个关键特征。

(1)模型(model)：实物交互界面的中心特征，即实物对象与数字信息相耦合。

(2)控制(control)：实物对象所表达的交互机制，即通过移动实物等物理操作来驱动相应的交互。

(3)物理呈现(physical representation)：实物对象由数字表示(音频、图像等)作为媒介来实现感知耦合。

(4)整个系统状态的核心决定于实物对象的状态。

相应地，Kim 等(2008)提出了实物交互界面的五个基本属性：

(1)利用空间实现多维度的信息输入和输出；

(2)接口组件的并发访问和操控；

(3)强大的专用设备；

(4)空间感知计算设备；

(5)设备的空间重构性。

对于实物交互系统来说，系统内的实物交互一般仅作为输入界面来使用，输出仍通过投影或屏幕来呈现，MCRpd 模型能够较好地描述实物交互的性质与特性。基于该模型，一种支持协同设计和仿真的交互式界面得到了高度的重视，逐渐发展成为称之为"桌面实物交互"或"有形工作台"的可触摸交互系统。在扩充的可触摸交互工作台上，通过操控离散的有形对象，工作台自动感知它们的动作，进而将交互结果反馈呈现在工作台的表面上。当然，MCRpd 模型也存在局限性。虽然有形表示允许将物理实例直接与数字信息相耦合，但是它难以有效表达景物的材料和物理性质的变化，如通过屏幕成像，很难实时地改变物理对象的形式、位置或者属性(颜色、大小、刚度等)。这些限制导致实物交互系统的物理状态和底层的数字模型难以保持一致。

7.5.1.2　ATUI 模型

为了在实物交互的输出过程中，一定程度上实现物理与数字信息的耦合，Mi(2011)将驱动机制引入 MCRpd 模型，提出了自驱动可触摸用户界面(actuated tangile user interface, ATUI)模型(如图 7.13 所示)。驱动机制的引入，一部分运动、形态等数字信息，可以相应地以运动反馈、形状改变等形式呈现出来，从而对与数字信息相耦合的实物对象产生相应的物理反馈。相比 MCRpd 模型，ATUI 模型能够提供实物交互的动态反馈，进而实现实物对象和数字信息的强耦合，以弥补信息世界和真实物理世界之间的鸿沟。

图 7.13(b)展示了 ATUI 模型的一个实例。其中，白色柱子通过控制产生上

下移动的单元，当用户的手抚过表面时，系统根据用户的抚触力度形成各种表面形状，而投影仪则根据表面形状赋予不同高度的点以不同的颜色，较低的为绿色，较高的为紫色。当然，上述基于驱动机制的物理反馈仍具有很多局限性。例如，数字对象的自由度的表达精度很高，而 ATUI 模型提供的行为反馈能力却非常有限。最近，Nakagaki 等(2016a, 2016b)提出了可形变的实物触摸交互界面，进一步完善了实物界面材料的物理反馈呈现机制。

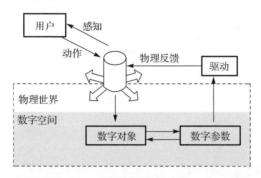

(a)模型概念图

(b)模型实例

图 7.13　ATUI 模型示意图(Mi, 2011)

7.5.1.3　AR 交互模型

虚拟和现实环境的交互融合是增强现实的基本要素，因此增强现实系统本质上就是人在回路的交互界面，并在其发展伊始就被作为一种新型的交互模式来研究。具体地，增强现实技术以用户动作来驱动实物本身，通过捕获实物的运动并将其映射至信息空间来操控数字对象，从而实现虚实融合的感知反馈呈现。图 7.14(a)给出了 AR 交互的概念模型。系统采用相机获取现实环境中用户驱动实物的影像，通过分析理解实物的运动语义，将景物的运动参数映射作用到虚拟物体上，实现虚拟物体与实拍影像的精准三维注册和融合呈现。由于这一交互模型能够让用户自然地感知到实物交互驱动虚拟对象的景象,因此具有很高的效率和很强的沉浸感。图 7.14(b)给出了一个 AR 交互模型的实例。其中，系统用一个平面标志板来操控一辆轿车的运动，当标志板旋转时，叠放在标志物上的轿车随之旋转，使得用户可以从各种视角自由观察三维虚拟轿车。在这个模型中，物理的控制模型或者驱动设备都不是必需的,代之以将用户操控的实物运动直接映射到数字空间。

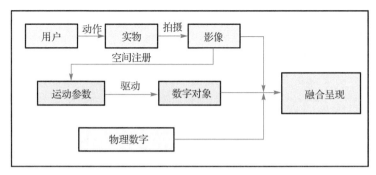

(a) 概念模型

(b) 标志驱动小车的实例

图 7.14　AR 交互模型

　　一般来说，增强现实交互界面有许多变化，这主要取决于空间注册和呈现的模式。图 7.14 给出的是视频式增强现实的交互模型和实例,它可以随时随地、逼真地展现三维虚拟景物，而无需携带实物。值得指出的是，这里的平面标志物主要受空间注册技术的限制，理论上并没有平面实物或者其他形式的任何约束。从技术原理来说，该交互模型以很小的代价，直接操控实物来驱动虚拟物体，实现物理世界与数字空间之间的自然交互，这正是增强现实技术的强大发展动力。

7.5.2　实物感知与驱动技术

　　由于实物交互操作总是通过实物进行,因此系统需要实时感知实物的运动状态，才能构建起物理世界与信息空间的沟通桥梁。一般来说，实物交互需要借助特殊的驱动和反馈装置来实现，但在增强现实交互模型中，这些装置并不是必需的，交互操控可由信息空间的虚拟驱动器来完成。目前，主要有视觉感知、射频识别与智能传感三类实物感知驱动方法。

7.5.2.1 视觉感知驱动方法

近年来，影像智能分析技术取得了突破性的进展，开始进入实用阶段。视觉感知驱动方法较为简单且有效，是目前较为常用的一种感知手段。在实物交互中，视觉方法最早应用于平面空间交互场景，可以对置于平面上的多个物体进行实时跟踪定位，同时提供角度、颜色、大小、形状等信息。计算系统可通过标志物来区分物体的身份，并精准估计其在二维平面上的位置和旋转角度。由于算法针对标志图案进行了专门的设计优化，因此系统非常鲁棒，硬件需求也较低。一般来说，实物交互的视觉感知系统至少包含三个组件，即高品质相机、用于实时呈现输出图形的投影仪，以及实物的识别定位软件。它提供了一种相对低廉且可靠的技术方案，能够实时地识别跟踪实物的位姿及其空间关系，用来驱动与之耦合的虚拟物体。但是，这种方法的性能和可靠性容易受光线变化和运动模糊的影响。我们可采用特殊编码的红外反射图像，并为相机安装红外滤镜来提高系统的鲁棒性和识别速度。图 7.15 说明了传统视觉感知驱动的交互式工作台的基本原理。

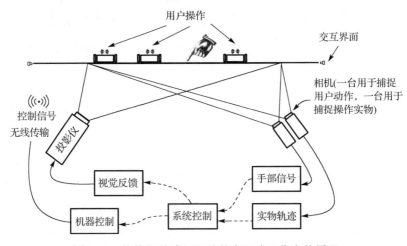

图 7.15　传统视觉感知驱动的交互式工作台的原理

在增强现实系统中，实物的运动不仅仅局限于平面空间，而是直接在三维空间中进行交互操控，因此需要实时识别定位在三维空间中自由运动的实物。基于平面标志和三维模板的视觉跟踪定位技术可直接用来解决这一问题，这里不再赘述。结合实物的三维视觉识别跟踪和虚拟驱动技术,我们即可实现虚实融合环境下的实物交互。

7.5.2.2 射频识别驱动方法

射频识别是一种无线通信技术,它通过射频信号来自动识别和跟踪带有相应标签的目标。一般情况下,射频识别技术多用于近距离的物体识别,当贴有相应射频标签的物体接触或者接近读取设备时,读取设备即可读取并识别该物体的标签信息。目前,多数射频识别设备已经可以读取多个标签信息,并可以向标签内写入新的信息和数据。在实物交互系统中,射频识别技术提供了一种非常简洁稳定的信息-物体耦合机制, 即把特定的数字信息与特定的实物对象绑定, 实现二者之间的互查和切换。但是,射频识别技术需要特定的标签读取设备,且该设备不能有效地支持实物的空间定位和实物对象关系的识别,这给它在增强现实环境下的深度交互应用带来了许多障碍。IDSense 系统(Li et al., 2015b)巧妙地利用射频识别技术,设计构造了常用物品的平移、旋转、轻扫、覆盖等交互工具(如图 7.16所示), 实现了高效的实物交互。

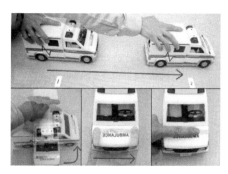

图 7.16　基于射频识别的交互应用实例(Li et al., 2015b)

7.5.2.3 智能传感驱动方法

随着材料科技的发展和进步,涌现出了许多智能材料,为实物交互技术带来了新的活力。在这些新兴智能材料中,有些能够在外界电场、磁场、压力、温度、适度、光照等变化的影响下,自主地改变自身的某些物理化学性质,如颜色、透明度、形状、导电性等。智能材料的这种变化特性,极大地丰富了实物交互界面的输入和输出形式, 如 Lime 系统(Lu et al., 2016)利用液态金属成功实现了一种新型非刚性交互界面。此外,较为成熟的机电驱动技术也成功用来设计实物交互界面,如利用精密设计的机械结构和电磁铁等电器元件来驱动物理实体的运动和变化(Le Goc et al., 2016;Pangaro et al., 2002), 这些交互系统充分利用了机电驱动的能力, 有效丰富了实物交互界面的表达能力(如图 7.17 所示)。

最近，Follmer 等(2013)通过几何塑形的方式构造了一种名为 InFORM 的可变形 3D 表面，超越传统的封闭式互动模式，让用户可以以一种更有趣的方式与数字产品进行互动。InFORM 系统利用垂直运动阵列结构来改变复杂的宏观物理形态，甚至可以模拟力的作用。可升降的驱动器阵列则通过"几何塑性"的方式成为形状显示器，提供物理形状的输出、动态的约束、示能性，以及丰富的数字内容与物理内容交互的方式。通过在电子元件上模拟物理触感，赋予增强现实系统实物交互一种崭新的输出形式。在 InFORM 系统中，驱动器阵列构成的形状显示器可以实现更一般化的变形，从而能够实现比较理想的交互过程。随着各种智能芯片的不断涌现，实物交互技术正朝着模块化和智能化方向发展。模块化的交互工具使增强现实系统的实物交互界面更加灵活，更具创造性，甚至使实物交互界面范式设计工具的出现成为可能。智能芯片则让实物交互界面能够感知和处理更高维度的特征，增强其感知和计算能力。

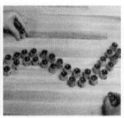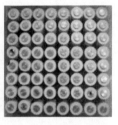

图 7.17　交互系统执行控制器功能的机械元件(Le Goc et al., 2016)

7.5.3　实物交互界面

作为新颖的交互范式，实物交互技术一经提出，就被迅速应用到增强现实领域。目前，常规的基于实物交互的 AR 界面主要有实物 Widget 界面、实物 AR 界面和转换 AR 界面三类(张凤军等，2016)。

7.5.3.1　实物 Widget 界面：有形工作台

实物 Widget 界面将图形用户界面内的交互元素实物化，无需传统的头盔显示器，直接采用顶部或者背部投影，将数字信息投影到工作台上，并设计和利用物理工具来操控虚拟对象。该界面只能将虚拟物体投影叠加到工作台表面上，不能叠加呈现在其他实物上，因此，整个交互过程被限制在二维平面上，无法实现三维的交互，即交互过程中存在空间缝隙问题。

7.5.3.2　实物 AR 界面

实物 AR 界面将 AR 显示器和实物交互控制结合起来，每个实物均赋以唯一的标记，并与虚拟物体一一绑定，用户通过装在头盔上的相机观察现实环境，直接操作物理对象来驱动虚拟物体。这种透明的界面范式无需专门的输入设备，有效消除了实物 Widget 界面的空间缝隙问题，实现了虚物和实物的无缝 3D 交互。当然，整个交互过程需要确保标志的可见，以便实现鲁棒的驱动。由于每个实物只能驱动一个虚拟物体，这种实物 AR 交互界面难以高效应用于多交互任务的复杂增强现实系统。一个简单的策略是根据工作状态，扩展实物的驱动能力。这就形成了时间复用和空间复用的实物 AR 界面。

1）时间复用的实物 AR 界面

时间复用是指一个实物或设备在不同的时间点上拥有不同的功能。Kato 等利用桌面与卡片结合式的实物交互技术，设计并实现了一种支持多人面对面交互的桌面型增强现实交互系统 VOMAR（Kato et al., 2000）。该系统提供给用户一个类似鼠标的单一通用工具——物理桨，物理桨是一个带有跟踪标志的纸片，用户可以使用它来选择和重新排列客厅中的家具，而桨叶的运动直接映射到基于手势的命令中，如"挖"一个对象从而选择它，或"敲击"一个对象从而选择它。

2）空间复用的实物 AR 界面

上述 VOMAR 系统利用单一的输入设备进行交互，设计模型体现了输入设备的时间复用特性，但仍难以适用交互任务种类较多的复杂场景。吕春花等（2009）进一步兼顾了实物或设备的时间复用与空间复用双重特性，提出了一种适用于多交互任务的增强现实系统。该方法基于桌面实物交互用户界面，采用单相机划分用户界面操作，赋予不同区域以不同的场景语义，进而借助承载上述场景语义的标志，即可设计构造各种实物交互的任务工具。该系统利用基于人工标志点的识别跟踪技术，为用户提供了一种直观的 6 自由度交互方式，有效消除了用户与数字空间和物理空间的交互缝隙，从而克服了传统二维 WIMP 用户界面的局限性，无需专门的输入设备，即可实现浏览、漫游、操作等交互任务。

7.5.3.3　转换 AR 界面

转换 AR 界面是指可以在真实环境和虚拟环境之间无缝变换的可转换界面。如 Billinghurst 等研发的 Magic Book 系统（Billinghurst et al., 2001），利用视觉跟踪方法在书页上覆盖虚拟模型，创建虚实融合的场景，无缝地让用户在现实环境与虚拟环境之间转换。当用户看到感兴趣的场景时，他可以漫游进入场景内部，体验沉浸式虚拟现实效果。该系统还支持多用户协作，允许多位用户以不同视角体验同一虚拟环境。

总之，人机交互研究涉及用户、载体及其相互关系，它不仅是计算机科学的重要研究方向，也涉及设计学、心理学、材料学、社会学等多个学科方向。例如，微软于 2016 年推出的实物交互设计套件 Surface Dial，通过圆柱状的交互模块完成大屏上的设计和交互任务，极大提升了专业设计人员的工作效率，同时兼具了产品的设计美感。可以说，多学科融合是人机交互技术研究的必由之路。

7.6　小结

本章概述了增强现实技术中的人机交互技术。人机交互技术以人为中心，因此增强现实环境中的人为因素对人机交互技术有重要影响。通过对人为因素、设计原则以及可用性研究的探讨，研究者们总结出若干较为完整的设计原则和评估方法。同时，研究者们对增强现实环境下不同的界面范式、基础应用和创新性交互技术进行了研究，出现了 3D 用户界面、触控用户界面、语音用户界面、实物用户界面、多通道用户界面和混合用户界面等多种用户界面。在多种用户界面基础上，触控交互、手势交互、语音交互和实物交互等技术得到了广泛的应用，将增强现实中的交互通道进一步拓展，实现了增强现实下更自然、高效的人机交互。本章进一步对不同的交互技术进行了介绍。在触控交互方面，对直接操作技术、基于原语的交互技术、基于表面压力的交互技术和手势识别技术进行了介绍，并给出了应用案例。手势交互方面，从手势交互设备与手势识别技术两个技术方向对该技术进行了详细的介绍。语音交互技术则解放了人类的视觉注意力和双手，其关键技术包括语音识别、自然语言处理、语音合成等。随着计算机智能技术的飞速发展，多通道交互方式成为增强现实系统中最为常用的交互方式之一。随后介绍了增强现实中的实用交互模型、关键技术及基于实物交互的增强现实应用实例。

虽然各项交互技术呈现出各自的发展态势，然而增强现实中的各项交互方式之间存在大量交集，不同交互范式和交互技术相互融合，从近年来各种交互技术在增强现实中的应用来看，多种交互通道融合、多种交互方式混合使用是未来的发展方向。我们相信，增强现实交互技术的发展将会引入越来越多新的思路，触觉反馈技术和生理计算技术等新型交互方法将为增强现实提供更多的感知与表达方法。增强现实中的人机交互还有很长的一段路要走，期待它能够实现现实世界与虚拟世界的无缝融合，抛弃传统的交互方式，以一种全新的更加自然、高效的方式出现在人们面前。

第**8**章

移动增强现实系统的设计与应用案例

随着增强现实技术的日益成熟，一些移动终端的增强现实系统或 SDK 相继面世，例如 PTC 公司的 Vuforia[①]、苹果公司的 ARKit[②]以及谷歌公司的 ARCore[③]。然而在系统架构层面，这些商业化的增强现实 SDK 往往只对 API 接口和一些具体模块给出了简要的说明，这让开发者很难对增强现实系统的整体设计有宏观的了解，更是难以自己动手开发一套实用的增强现实系统。针对这一问题，本章将专门介绍基于移动终端的增强现实系统的设计框架，让读者对实际应用中的移动增强现实系统应该包含哪些功能模块、如何去实现等问题有更直观和深入的了解。在此基础上，我们将进一步深度解析若干个典型的增强现实应用案例。

8.1 系统架构设计

为了实现高质量的虚实融合，必须解决虚拟和现实环境的几何一致性和光照一致性问题，这不仅需要高精度恢复相机的位姿，而且需要恢复场景的三维几何和光照环境，有些应用甚至还需要识别和跟踪特定的物体。图 8.1 给出了移动增

---

① https://developer.vuforia.com/

② https://developer.apple.com/arkit/

③ https://developers.google.com/ar/?hl=zh-cn

强现实的系统架构。按处理的先后顺序，系统可以划分为输入、三维注册和重建、虚实融合三大模块。当然，系统还应包含人机交互模块，但因其相对独立，而且在移动终端下一般采用触摸和语音交互方式，这里略去不提。下面，我们来分别介绍其中的每个模块。

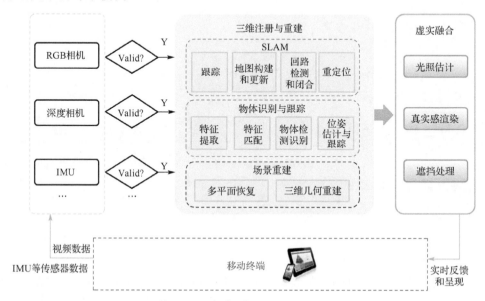

图 8.1　移动增强现实的系统架构

8.1.1　输入模块

系统输入的是来自 RGB 相机（或摄像头）、深度相机、IMU 等多个传感器的数据。RGB 相机在线获取现实场景的视频流，图像格式可以是 RGB、YUV 或其他格式。IMU 由陀螺仪和加速度计等组成，提供了设备移动的加速度和角速度信息。而深度摄像头则实时地获取每一采样时刻现实场景的稠密深度图像。现在的智能手机一般都有摄像头，有些手机甚至有双目摄像头。IMU 也已经成为智能手机的标配，当然有些低端手机上的 IMU 可能配置不完整，比如只有加速度计而没有陀螺仪。目前带深度摄像头的手机相对比较少，少数手机（如苹果的 iPhone X）有前置的深度摄像头，但并不适合用来做手机的跟踪定位。为了实现移动设备的鲁棒跟踪定位，往往需要将其所配置的传感器充分综合利用起来，由于信息采集的原理和性能迥异，因此必须解决不同传感器之间的时间同步问题。例如，若 RGB 摄像头和深度摄像头具有相同的采集帧率，则我们可以简单地利用携带的时间戳来解决同步问题，否则需要采用其他额外信息和处理方法来解决这一问题；尽管 IMU 的采样率在 100Hz 以上，是 RGB 摄像头帧率的几倍，但只要其时间戳基于同一时钟，系统就可以直接利用最近采样的 IMU 数据，来计算每帧图像对应的加速度和角速度。因此，只要移动设备的所有传感器拥有统一的时钟基准，我们通常可以判断并组合可用的传感器，进而调用相应的算法来实现其跟踪定位。例如，在只有单目相机的情况下，就调用单目视觉 SLAM 算法；如果有单目相机和 IMU，则可以调用单目视觉惯导 SLAM 算法；如果同时有单目相机和深度相机则可以调用 RGB-D SLAM 算法。虽然目前市面上的大部分智能手机都带有摄像头和 IMU，但除了少数高端手机对同步性支持得比较好外，大部分中低端安卓手机的摄像头和 IMU 的时间同步性不佳，导致 IMU 数据难以有效利用，从而只能采用单目视觉 SLAM 算法来实现其跟踪定位。

8.1.2　三维注册和重建模块

要实现虚实物体之间的几何一致性和相互遮挡处理，不仅需要恢复设备在空间中的方位，而且需要重建出场景/物体的三维几何结构。在一些增强现实应用中，还需要对一些特定的目标对象进行识别和跟踪注册。下面，我们分别介绍所涉及的 SLAM、物体识别与跟踪、场景三维重建等关键工具。

8.1.2.1　SLAM

SLAM 技术在 4.1 节里已经做了比较详细的介绍。这里主要针对实际系统研发，对其所包含的相机跟踪、地图创建和更新、回路检测和闭合、重定位四大功能给出设计和实现方案。

1）相机跟踪

相机跟踪一般包括特征提取和匹配以及相机位姿估计。由于实时性的要求，跟踪一般放在前台线程执行。但是，若存在可靠的 IMU 数据，则可以直接利用 IMU 积分来估计相机位姿。此时，特征提取与匹配就可以放到后台线程执行，以相对较低的频率(如 10Hz)矫正 IMU 和相机的状态，避免或减缓误差的累积。

2）地图创建和更新

这里的场景地图一般由关键帧和三维点组成。其创建和更新主要包括：加入新的关键帧或删除旧的关键帧、优化关键帧的位姿和地图点的三维坐标、计算得到新的三维点云等操作。由于相对比较耗时，地图创建与更新操作往往放在后台执行。特别地，当场景地图中的关键帧和三维点数目比较大时，全局优化极为耗时。因此，为了保证比较频繁、快速的地图优化，一般采用局部优化和全局优化相结合的计算策略。实际执行时，每加入一个关键帧，直接采用局部集束调整来优化若干相邻关键帧的位姿及其相关的三维点云；待累积加入一定数目的关键帧后，再调用全局集束调整进行整体优化。局部集束调整通常采用滑动窗口的计算策略。由于局部优化容易累积误差，尤其是当状态变量滑出窗口时，就固定不变，且在后续的局部优化中也不再被调整。一个较好的做法是，当状态变量滑出窗口时，边缘化其状态变量，并将边缘化结果作为状态先验加入到下一轮局部窗口优化中。这样处理虽然增加了一定的计算代价，但误差累积相对较少，优化精度更高，很好平衡了计算的精度和速度。

考虑到实际应用中，由于内存容量的限制，关键帧不能无限制增加，因此需在线删除一些关键帧及其相应的地图三维点。具体实现时，可设定关键帧的上限，当超限时，删除一些相对不太重要的关键帧(如其前后关键帧存在公共特征点)。一旦删除一关键帧，我们就要为其前后关键帧建立相对位姿约束，以防止因公共匹配点不足而造成欠约束。

3)回路检测和闭合

通过检测当前帧与之前的某一帧图像(一般是关键帧)的内容是否类同，系统就可判断是否回到了曾到访过的观察位置，这就是所谓的回路检测。若两帧图像确实存在相同的内容，则将其匹配的特征作为额外约束加入集束调整，即可优化消除误差的累积，从而将回路闭合。正如 4.1.1.4 节所述，回路闭合通常采用词袋技术来实现，但需要预先载入一棵训练好的词袋字典树。为了拥有较好的特征区别能力，字典树一般比较大(几十甚至上百 MB)，这对于资源受限的移动 App 开发来说，是难以接受的。因此，除非 AR SDK 和词袋字典树可以直接集成到操作系统里不占用 App 大小，否则一般移动应用开发基本不太可能采用词袋技术。一种可能的替代方案是采用在线构建词汇树或 k-d 树的方式来加速图像的检索和匹配。比如每增加一个关键帧，提取其特征点，并添加到在线更新的词汇树或 k-d 树中，进而由词汇树或 k-d 树进行粗略的匹配，快速找出候选关键帧，再执行精确的特征匹配。当关键帧的数目不是很大时，该策略还是比较高效的，但随着关键帧数目的增大，在线更新的开销逐渐递增，将导致回路检测和闭合的效率显著降低。检测到回路之后，一般可以通过集束调整或位姿图优化来消除误差累积，实现回路的闭合。

4)重定位

快速运动或者视线遮挡容易导致当前 SLAM 结果的丢失，当系统恢复到曾观察过的图像时，需要快速地重新确定相机的位置，这就是移动设备的重定位。重定位的技术方案跟回路检测比较类似。PTAM 方法通过度量当前帧和关键帧的缩略图的相似度来进行重定位，仅当两帧的相机位姿非常相近才能检测通过。而且，由于其计算复杂度与关键帧数呈线性关系，因此当关键帧较多时，该方法会很耗时。采用类似于 ORB-SLAM 的重定位方案(即通过提取 ORB 特征并借助预先构建词袋字典树来进行快速的候选帧选取和特征匹配），可以解决计算复杂度随关键帧数目线性增长的问题，但是要预先导入构建好的词袋树。无论是直接基于图像的相似度比对还是基于特征点的匹配，都对场景的光照变化比较敏感。相对而言，基于深度学习的方法对光照变化有更好的容忍度，比较适合应用在光照环境动态变化情况下的重定位。

8.1.2.2 物体识别与跟踪

物体的自动识别和跟踪一直是计算机视觉和模式识别的重要研究课题。这里，我们根据物体的维度，简单地将识别的物体分为平面标志物和一般三维物体。平面标志物一般有人工标志物和自然标志物两类，其识别和跟踪方法则稍有不同；基于识别对象的特征，三维物体的识别与跟踪方法可以简单地分为基于区域的方法、基于边缘的方法和基于特征点的方法三大类。无论是平面标志还是三维物体的识别跟踪，其实现流程均可归纳为以下四步：

1）特征提取

一般来说，对不同类型的物体和不同的识别跟踪方法，系统需要提取不同的特征信息，如点、线等特征。对于平面标志物的识别跟踪来说，人工标志一般提取特征点或轮廓边的信息，自然标志物则主要提取特征点的信息。为了保证移动终端的实时计算效率，通常采用比较轻量级的特征点提取算法，常见的有 ORB（Rublee et al., 2011）、FREAK（Alahi et al., 2012）等。对于三维物体的识别跟踪来说，基于特征点的方法需要在图像上提取特征点和描述子，基于边缘的方法往往提取图像的边缘信息，而基于区域的方法则还需要采用更为复杂的特征提取操作，比如为每个像素估算它属于前景和背景的先验概率等。

2）特征匹配

为估计物体相对于相机的位姿，系统需要高效地在序列帧上匹配好所提取的特征。以特征点法为例，我们通常使用二进制描述子代替耗时的 SIFT 描述子来实现快速匹配，尤其当提取的特征点较多时，还要使用近似最近邻匹配方法（如 k-d 树）来进一步加速匹配的过程。对于一般性的三维物体，若采用基于特征点的识别跟踪方法，则主要借助特征点匹配来建立所提取的特征点与数据库中预先存储的三维物体表面的特征点之间的对应关系。一般有两种方式来预先提取并存储三维物体表面的特征点：①离线拍摄三维物体的多个不同视角的图像，提取图像的特征点，并利用 SfM 技术计算得到其三维坐标；②如果拥有三维物体的模型和纹理，则直接将纹理图像上的特征点反投影到三维模型的表面上来获得。然而，如果物体缺乏足够的纹理，基于特征点的匹配是非常困难的，甚至有时边缘线的配准也很困难。此时，可以利用颜色先验模型来计算跟踪对象的前景背景的概率图，进而利用前背景的区域性先验信息估算出跟踪对象的区域信息。尽管边缘线、前背景概率图等信息难以建立精确的三维配准信息，但是经优化迭代可逐步得到精确的特征匹配。

3）物体检测识别

当数据库中存在多个待跟踪物体时，首先需要检测并识别出目标对象是哪一个预定义的物体。平面标志的检测识别可以利用图像检索技术来实现，常用的方法有词袋技术、VLAD（Jégou et al., 2010）和 Fisher Vector（Sánchez et al., 2013）等。前者需要一个较大的字典，速度较快；而后两者要求的字典较小，速度则较慢。对于三维物体，如果其纹理特征比较丰富，那么采用词袋技术就可以获得良好的结果；如果其纹理较弱，甚至没有，则可采用深度学习方法来实现，如SSD-6D（Kehl et al., 2017）。

4）物体位姿估计与跟踪

对于纹理比较丰富的物体，可以通过特征点匹配获得若干 2D 和 3D 的点对匹配，然后由 PnP 方法计算得到物体相对于相机的位姿。特别地，对于平面标志物，还可以先计算其单应性矩阵，进而分解该单应性矩阵得到物体的位姿。但是，若三维物体缺乏纹理，一般先采用物体识别技术来估计其初始位姿，然后由跟踪方法来进一步求精。如果采用基于特征点的跟踪方法，那这里的跟踪方法就是简单的特征提取和匹配，而且可以通过控制所提取的特征点数量和运动先验来提高处理速度。对于缺乏特征匹配的三维物体，一般通过迭代优化一个目标函数来实现物体位姿的跟踪求解。例如，基于边缘的方法迭代地对齐三维物体的投影边和图像边缘，而基于区域的方法则迭代地最大化像素的前背景概率总和。

8.1.2.3 三维场景重建

虽然 SLAM 的计算过程本身能恢复出场景的稀疏三维点云，但是这对于高品质的虚实融合来说是不够的。很多时候我们需要重建出场景或物体的稠密三维点云或三维几何模型，才能准确地放置虚拟物体，并处理虚实物体之间的遮挡和阴影投射等效果。这里着重介绍一下常用的两种重建方式，即多平面重建和三维几何重建。

1）多平面重建

平面是最常见的一种几何结构，虽然表达方式简单，但对于摆放虚拟物体来说非常有用。我们可以在实时重建稀疏三维点云的同时，拟合出多个平面，并通过与平面求交将虚拟物体放置到平面上，在视觉上保证虚拟物体在平面上稳定不动，避免出现漂移现象。在移动终端上恢复场景的平面结构时，还可以将 IMU 重力方向作为朝向约束来保证水平面和竖直面的位置朝向的正确性。这一策略不仅能简化平面重建的计算复杂度，而且可有效剔除错误的平面结构，从而保证平面重建的实时性和可靠性。

2) 三维几何重建

对于增强现实系统来说，通常需要在线甚至实时地重建出场景或物体的三维几何模型，以正确处理虚拟物体与真实场景之间的遮挡和阴影投射等操作。由于移动终端的计算能力有限，如果没有深度摄像头，仅依靠单目摄像头，完全实时地恢复每一帧高分辨率图像的稠密深度并重建出场景的三维几何是非常困难的。对于虚实融合的遮挡处理来说，三维几何信息其实无需恢复得非常精细，尤其是大部分增强现实应用的活动场景并不大，因此没必要不停地进行三维几何重建。考虑到移动终端的计算存储能力比较有限，我们可以在较低分辨率的图像上执行立体匹配来加速深度图的恢复，并将重建的三维点云进行在线的融合和渐增式拓展。由于体素表达通常需要较大的内存空间，可以采用面元的表达方式实现点云的融合及其网格模型的重建。当然，若移动设备上配有深度摄像头，则可以省略立体匹配的步骤(后面的步骤是一样的)，不但速度更快，而且获取的深度精度也更高。

8.1.3　虚实融合模块

一旦相机的位姿和场景/物体的三维几何得到恢复，系统就可以将虚拟景物注册到真实场景中。为生成虚实融合的视觉效果，还需要恢复所处真实环境的光照信息来逼真地绘制虚拟物体，且能正确处理虚实景物的遮挡关系。

8.1.3.1　光照估计模块

光照估计模块根据相机拍摄的画面和位置信息，估计出场景的环境光照，然后利用该光照信息来绘制虚拟物体，从而让虚拟物体视觉上无缝地融入真实场景。常见的环境光照估计方法包括以下两类。

1) 亮度估计

一个简单的方法是计算场景的亮度(即整张图片的亮度平均值)，由此估计得到大致的环境光强度。为了得到更好的亮度估计结果，需要考虑曝光时间，以避免相机自动调整曝光对亮度的影响。这种方法比较简单，适合于用来估计环境光的基本亮度。

2) 球谐光照系数估计

除了采用单一光强度来表示场景的环境光照外，还可以用当前所拍摄的图像和相机所处位置来估计该位置处用于恢复光照所用的球谐系数，由这些球谐系数即可以大致恢复出该位置处的全局环境光强度。具体估计方法见 5.2.2 节。

Sloan 等(2002)提出利用球谐系数来存储和恢复光照环境，从而可以进行真实感绘制。针对真实场景的光照情况，我们可以通过图像分析估计得到具体位置处的球谐系数，进而用来恢复场景的光照（Gardner et al., 2017）。

理论上，我们需要无穷多项的球谐函数才能完美重建原始信号，因此，即使一般精度的重建都需要巨大的计算存储耗费。实际执行时，通常采用低阶球谐函数来近似计算。例如，ARKit[①]采用了 2 阶球谐逼近，即用 9 个球谐系数来近似表达单通道环境光强度。一般来说，通过球谐系数计算出来的环境光照信息更加贴近真实场景的光照，光照细节也更加丰富。

8.1.3.2　真实感绘制模块

绘制模块是增强现实系统至关重要的一环。从技术上来说，游戏绘制引擎可以直接应用于增强现实系统。但是，相比游戏绘制引擎，增强现实系统所需的绘制功能相对轻量一些，同时也需要一些独特的绘制能力，比如同真实场景的遮挡关系处理、阴影的投射处理等，这些功能都是为了实现虚实融合的几何一致性和光照一致性。图 8.2 给出了一个面向增强现实应用的简易绘制引擎框架。

在不影响绘制质量和效率的前提下，绘制引擎应尽可能减少纹理的内存耗费，比如采取降分辨率或者有损压缩纹理等策略，以适应移动计算。这一点体现在图 8.2 中核心系统的内存管理模块。一般来说，在 iOS 系统中，可采用 PVRTC4 来进行压缩纹理；在安卓系统中，则可采用 ETC1 加透明通道来处理纹理图像。

除了刚体运动和粒子运动外，绘制引擎应能呈现物体的形变运动。常用的有帧动画和骨骼动画两种生成方式（如图 8.2 所示）。为了减小内存的耗费，应尽量采用骨骼动画，除非在某些特殊情况下需要帧动画来表现特殊效果。骨骼动画的优点是无需存储每帧的纹理信息，在呈现运动时由引擎根据关键帧信息来实时计算骨骼节点的位置，并由此来影响相应顶点的位置和朝向。骨骼动画的缺点是它需要占用一定的 CPU 开销计算插值骨骼动画的关键帧，鉴于骨骼数量不会太多，并且在绘制的时候可以采用 GPU 加速绘制，因此对于移动系统来说，减少内存开销无疑将带来更大的性能提升。

为了提高移动绘制的性能，应尽可能减少复杂阴影效果的绘制，多采用近似的绘制方法。例如，动态软影效果的模拟比较耗时，通常采用硬阴影来实时生成阴影的动态效果。静态景物的软影效果则可以使用阴影贴图来实现，即在离线阶段使用光照贴图（lightmap）烘焙出一张软阴影，绘制时将该阴影贴图绘制在物体下方即可。当然，若有足够的资源，也可以采用 5.3.2 节介绍的环境光遮蔽技术来生成环境光的软影，甚至生成虚实景物间复杂的相互光照反射效果，具体算法见 5.3.3 节。

---

① https://developer.apple.com/documentation/arkit/ardirectionallightestimate/2928222-sphericalharmonicscoefficients

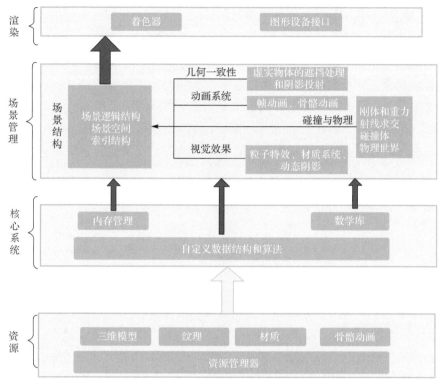

图 8.2　一个面向增强现实的绘制引擎架构

另外，在增强现实应用中，因为经常需要移动虚拟物体，所以也需要一些碰撞检测和相关的物理处理。为了简化移动端的开发，引擎可以提供一些射线求交、碰撞检测以及其他简单的物理模拟（如粒子运动学和动力学等）。

8.1.3.3　基于深度信息的遮挡处理

为了能够正确处理虚拟物体与真实场景的相互遮挡关系，系统需要恢复场景中实物的深度值，以便为虚拟物体的绘制进行深度剔除。实际执行时，我们可以采用以下三种方法来实现虚实物体的遮挡融合。①利用人像抠图的方式，整体进行遮挡处理。首先从图像中分割出人像区域作为掩模，然后基于人站在地平面上的假设，估算出人像区域的深度值，最后与虚拟物体进行深度比较来生成遮挡关系。该方法一般仅适合与已知平面有接触的人像等物体的遮挡处理。②利用恢复的实物轮廓多边形进行遮挡处理。该方法利用所恢复的平面多边形代替实物，执行与虚拟物体的深度比较，实现遮挡融合。③采用重建的三维几何网格直接进行遮挡处理，这是最精确的方法。尽管融合精度有所不同，这三种方法都可以生成虚拟物体和真实场景的相互遮挡效果，可根据实际应用情况做出适当的选择。

8.1.3.4　阴影效果

阴影信息是虚实环境沉浸式视觉融合的重要要素之一。人类视觉感知很多时候依靠阴影来推断空间关系，例如，人们可以由桌面上杯子的阴影关系推断出它是否置于桌面上。因此，需要特别注意虚实景物之间的阴影生成。若已恢复出场景的平面信息，采用简单的平面阴影生成方法，即可实现虚拟物体在该平面上投射阴影。若已重建出场景的三维网格模型，让该模型接受虚拟物体的阴影投射相对比较复杂，可以利用 5.3.1 节中介绍的阴影贴图或者类似的方法来实现。

8.2　应用案例解析

随着智能手机、穿戴式头盔等移动终端的快速发展和增强现实技术的日益成熟，增强现实的产品不断面世，应用越来越广泛。下面，我们对教育、游戏、旅游、维修装配等目前比较典型的 AR 产品进行技术解析，以帮助读者理解如何开发一款 AR 应用。

8.2.1　教育类产品

教育类产品是目前应用比较成功的 AR 应用系统，主要以实际操作类技能培训、科学课程和儿童教育的 AR 系统为代表，其中以 AR 卡片、AR 涂色绘本、AR 早教机等幼教 AR 产品表现最为突出。图 8.3 是小熊尼奥 AR 早教卡的示意图。

图 8.3　小熊尼奥 AR 早教卡[①]

这类应用一般采用平面标志物的识别与跟踪技术。具体地，我们以平面标志物的中心或某个角点为坐标原点，其所在平面为 XY 平面，建立三维坐标系，赋予

---

① http://www.neobear.com/vehicles/

标志物的每个特征点一个三维坐标，从而离线构建起平面标志物的特征点库。在线跟踪时，首先提取摄像头实拍图像的特征点，并与标志物的特征点库进行匹配，快速识别出拍摄到的标志物。然后，利用匹配得到的 2D-3D 点对，借助 PnP 算法计算得到标志物相对于摄像头的位姿，即可正确地将虚拟物体注册到标志物所处的周围空间。目前，国际上主流的增强现实平台，如 Vuforia、ARKit、ARCore 等，均支持平面标志物的识别和跟踪，并提供了实用的二次开发工具。图 8.4 展示了 ARCore 识别标志物的一个例子，系统自动识别盒子正面图案（自然平面标志物）后，注册叠加了虚拟玩具士兵，呈现出士兵从盒子里面走出来视觉效果。

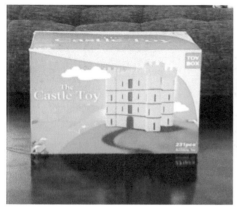

图 8.4　ARCore 识别标志物[①]

从技术上来讲，平面标志物的识别与跟踪技术相对比较简单，且有很大的局限性，无法处理曲面标志物，一旦标志物移出镜头外面就无法跟踪，因此虚拟物体只能置于标志物的周边，不能离开太远。事实上，有些早教类应用需要对三维物体进行检测识别和跟踪。例如，用户希望在一个三维小舞台模型的在线视频上观看虚拟角色的舞台剧表演，由于舞台模型不是平面，上述平面标志物识别和跟踪技术不再适用，需要识别与跟踪三维物体才能实现目标。与平面标志物的识别和跟踪不同，三维物体的检测与识别主要用于三维跟踪的初始化，提供初始跟踪时三维物体的类别和大致位姿，主体计算由物体跟踪算法完成。依据特征的不同，物体跟踪可以分成基于特征点、基于轮廓边以及基于区域的三类方法。

无论是平面标志还是三维物体的跟踪都有一个缺点，若目标不在相机的视野或距离摄像头太远，就无法实现有效的跟踪。如果目标物体是静止的，我们可以利用 SLAM 技术进行扩展跟踪。一方面，因为 SLAM 技术利用整个场景的特征

---

① https://www.blog.google/products/arcore/experience-augmented-reality-together-new-updates-arcore/

进行跟踪，而不只局限于目标物体上的特征，因此跟踪更加鲁棒。另一方面，目标物体即使不在相机的观察视野内，相机相对于场景的位姿依然可以估计。当然，如果目标物体是运动的，那就无法结合 SLAM 技术来实现了。

目前，Vuforia[1]和 ARKit[2]都已经支持基于特征点的三维物体检测识别与跟踪。其中 Vuforia 需要用到一个标尺文件进行三维物体扫描，而 ARKit 不需要标尺文件，相对来说更方便一些。图 8.5 显示的是 ARKit 扫描物体和识别的过程。

准备扫描　　　　生成包围盒　　　　扫描　　　　调整原点　　　　测试及导出

图 8.5　ARKit 扫描物体和识别的过程[2]

8.2.2　AR 游戏

目前已有许多游戏采用了 AR 技术。任天堂的首款 AR 游戏 Pokemon Go 一经推出，就风靡全球，红极一时。图 8.6 为一张 Pokemon Go 的运行示意图。在该游戏中，若玩家在行走时遇到精灵，他不仅可以切换到相机视角，观察到精灵叠加在实拍视频上的效果，而且可以将屏幕下方中间的精灵球扔向精灵，击中的话即可捕捉成功。虽然该游戏能生成虚实融合的效果，但实际上它并没有准确跟踪相机，只是利用手机的陀螺仪和 GPS 来分别获取相机的朝向和手机的粗略位置信息，从而将虚拟物体注册到大致正确的位置。容易发现，若移动手机，精灵会存在明显的漂移现象。SLAM 技术是解决这一问题的重要手段。自 ARKit 和 ARCore 发布后，涌现出了许多基于 SLAM 的 AR 游戏，如悠梦[3]、AR Dragon[4]、Monster Park AR[5]等，提供了更加逼真的虚实融合游戏场景。

---

① https://library.vuforia.com/articles/Training/Object-Recognition

② https://developer.apple.com/documentation/arkit/scanning_and_detecting_3d_objects

③ http://yume.163.com/?from=nietop

④ https://www.playsidestudios.com/ar-dragon

⑤ http://www.vitotechnology.com/monster-park-augmented-reality.html

但是，无论是 ARKit 还是 ARCore 都仅恢复了相机的位姿以及场景的稀疏三维点云和平面结构，这对于复杂的 AR 应用来说是不够的。例如，游戏角色要从一个真实环境中的某个景物背后穿过，或者将其阴影投射到一个非平面景物表面上，这种虚实融合效果只有恢复三维几何信息才能实现。如图 8.7 所示，我们和商汤科技合作开发的 SenseAR 增强现实平台，已经可以实现在线三维重建、虚实物体的遮挡处理和复杂阴影投射等效果。其处理流程为：首先，采用手机摄像头扫描周围环境，在线重建出稠密三维点云(图 8.7(a))及其网格模型(图 8.7(b))，然后，通过虚拟和真实环境模

图 8.6　Pokemon Go 运行示意图[①]

型的三维注册,即可像虚拟环境那样准确地模拟虚实模型之间的各种相互物理作用，如相互空间遮挡(图 8.7(c)和(d))、相互碰撞运动、光的相互反射等。

(a)在线重建的稠密三维点云

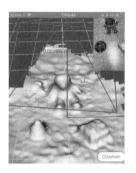

(b)生成的三维网格

(c)虚拟角色的阴影投射到玩具熊表面上的效果

(d)虚拟角色从玩具熊背后穿过的效果

图 8.7　基于三维几何重建的虚实融合效果

---

① https://www.pokemon.com/us/pokemon-video-games/pokemon-go/

多人共享和互动很好地体现了增强现实的用户和虚实空间沉浸式交融的特点，是 AR 游戏的发展趋势。目前 ARCore 和 ARKit 都支持多人或协作型的交互虚实融合功能，只是采用了不同的实现方式。ARCore 采用云存储的方式（如图 8.8 所示），手机 A 扫描场景后将锚点信息上传至云端，手机 B 先扫描场景再从云端取得云锚点信息，从而实现多人协作共享 AR 体验。ARKit 2.0 则通过局域网来实现不同用户间的交互和场景信息的共享，形成多人协作的虚实融合的交互共享体验。图 8.9 是它提供的一个多人弹弓游戏的样例。

(a)手机 A 扫描场景，将锚点信息上传云端　　(b)手机 B 从云端取得云锚点实现多人协作

图 8.8　ARCore 云存储多人协作[①]

图 8.9　ARKit 局域网多人协作[②]

8.2.3　AR 旅游

AR 技术可以很好地用来提升游客的旅游体验。大家知道，故宫里有大量珍

---

① https://developers.google.com/ar/develop/java/cloud-anchors/cloud-anchors-overview-android

② https://developer.apple.com/arkit/

贵文物，出于保护的需要，尚不能直接对外展示，更不用说将它摆放在原来的位置了。利用 AR 技术，我们可以预先高精度重建出文物的数字化模型，并将它们注册到原来所在空间环境中。当游客游览故宫时，通过手机或平板电脑就可以从任意视角观看文物原来的摆放效果和相关历史信息，甚至还可以在宫殿中观看到当年皇帝坐在龙椅上听百官汇报的情景。

　　要实现上述 AR 效果，需要将第 3、4 章介绍的运动恢复结构以及 SLAM 技术有机结合起来，整个计算流程一般可以分为离线预处理和实时跟踪定位两个步骤。在离线预处理阶段，首先拍摄一系列场景的图像或视频序列，为每帧图像抽取并匹配特征点（如 ORB 特征），然后利用运动恢复结构技术求解出这些特征点的三维位置，并与特征描述子一起存储在三维特征数据库中。同时，基于所恢复的场景三维结构，将虚拟物体放置注册在正确的位置上，并保存其坐标变换矩阵。实际执行时，分两步来实现设备的移动实时跟踪定位。在初始化阶段，提取在线实拍图像的特征点，并与数据库中的离线三维特征进行匹配，得到若干 3D-2D 匹配点对，再由 PnP 算法求解出相机的位姿。在实时特征跟踪和地图构建阶段，其计算流程类似于 4.1 节中的视觉 SLAM 或视觉惯导 SLAM 的计算，但系统需要每隔一段时间将抽取的特征点与三维特征数据库进行匹配，并以所得到的若干 3D-2D 匹配点作为约束添加到集束调整中，来修正消除跟踪过程中的误差累积。一旦完成初始化，系统就可以将所加载的虚拟物体摆放在预先设定好的位置，用户就可以从任意角度观看虚实融合的效果。

　　大家在旅游的时候往往喜欢自拍，例如到了某个景点拍一张自己在这个景点的照片。若能够跟这个景点的代表性历史人物合影，如在故宫跟"康熙皇帝"合影，那自然是非常有趣的。实际执行时，预先构建好康熙皇帝的三维模型，然后利用 SLAM 工具在线地将"康熙皇帝"叠加到真实拍摄的场景影像中。其中的主要难点是如何处理虚拟人物与真实人物的遮挡关系，这需要估计出真实人物的深度信息。在只有单目摄像头而没有深度摄像头的情况下，在线实时重建动态人体的三维模型是非常困难的。一种可行的方法是从实拍影像中实时分割出人像，利用人像与地面的接触点，由 SLAM 所恢复的地平面信息推断得到人像的大致深度信息。显然，上述处理方法将三维人体的深度近似为一个常深度。这对虚拟模型和真实景物相距较远的大部分 AR 应用来说，这种近似方法足够用来生成自然的相互遮挡效果。当然，精细的遮挡融合需要恢复完整的真实场景的三维几何信息，目前尚难以在移动平台上实现。图 8.10 为基于 SenseAR 平台生成的 AR 合影效果，通过在线的人像抠图来正确处理人与虚拟车的遮挡关系。

图 8.10　人与虚拟车合影

8.2.4　工业应用

工业生产是 AR 技术重要应用领域，它可以深度用来辅助人们进行工业产品的设计模拟、生产制造、使用学习以及维修操作等。例如，当人们探究一个复杂工业产品时，需要详细了解该产品的内部构造，拆卸和看说明书是最为常规的方式，但是有些产品难以拆解，甚至拆解后会有损产品使用，而说明书却又不够直观，不便于对复杂结构的理解。增强现实技术是解决此类问题的有效手段。图 8.11 展示了 Add Reality 公司开发的一款针对商品显示的 AR 应用系统，该系统将产品的结构和零件自动叠加显示到在线拍摄的真实产品影像上，方便工人和客户更好地了解产品的内部结构和信息。除此之外，AR 技术还可以辅助工人对工业产品进行维修。图 8.12 展示了一个在微软 HoloLens 上的电梯维修应用。图 8.13 展示了 DXC 公司开发的一个关于汽车维修的 AR 应用。过拍摄需要维修的产品，既可以将产品的内部构造信息和一些维护信息显示到真实场景中，也可以显示维修的操作辅助信息，导引维修工人开展产品的维护操作，还可以进一步邀请其他人进行远程协助。可以预见，用 AR 技术来辅助实现复杂设备和设施的高效安全运维是一个重要发展方向。

图 8.11　AR 说明书①

---

① https://www.youtube.com/watch?v=1SorTq6VngU

图 8.12　电梯维修①

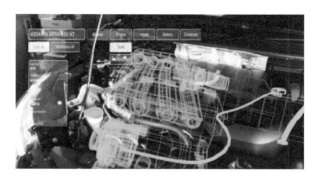

图 8.13　汽车维修②

　　上述 AR 工业应用均需要第 4 章所介绍的三维物体的识别和跟踪技术的支撑。实际执行时，首先提取真实景物的特征点或轮廓线，与数据库中的模板进行比对，进而识别出其类别，并初始化得到其空间位姿。后续的在线跟踪通常有两种形式：①运动景物的跟踪，此时可采用 4.3 节所描述的三维物体跟踪方法，得到其每个时刻的三维位姿；②静止景物的跟踪，此时可采用 4.1 节所介绍的 SLAM 技术，恢复出每个时刻相机相对于场景的位姿。基于所恢复的三维物体或相机的位姿，系统即可以将虚拟信息叠加显示到景物的相对位置处，并由用户交互显示和更新虚拟物体。

　　AR 技术还可以应用到建筑工程中，当建筑工人搭建楼房时，可以将楼房的管道布局、空间结构等信息叠加呈现在工人的眼前，辅助实现精准的施工。图 8.14 显示了 Trimble 公司在 HoloLens 上开发的建筑 AR 应用系统 Trimble Connect。该类

---

① https://blogs.windows.com/devices/2016/09/15/microsoft-hololens-enables-thyssenkrupp-to-transform-the-global-elevator-industry/

② https://www.youtube.com/watch?v=l-wk6rfF9uQ

应用一般通过场景的识别来叠加呈现相关虚拟信息，其具体实现方法类似于8.2.3 节所介绍的文物虚实融合再现方法。

图 8.14　建筑施工①

8.3　小结

本章首先介绍了增强现实的系统架构设计，简述了增强现实系统所涉及的三维空间注册、虚实融合等模块及模块间的关系，并给出了应用案例。考虑到虚拟物体与真实环境的三维空间注册是增强现实系统的核心，我们较为详细地阐述了相机的跟踪定位与场景地图构建、实物的识别和跟踪、现实场景的三维重建等模块的设计和技术实现途径。虚实融合模块则主要由光照估计、真实感绘制以及虚实遮挡处理等组成，讨论了绘制引擎的结构和具体技术方案。最后，解析了教育、游戏、旅游和工业等增强现实应用案例的使用模式和技术思路。

近年来，增强现实技术在世界范围内呈现爆发式的增长态势，尤其是随着增强现实开发平台的发布，进一步掀起了增强现实技术的应用热潮。然而，增强现实是一个对技术性能要求极高、应用范围很宽的交叉研究方向，不仅需要先进的基础理论和算法支撑，而且需要高超的工程实现能力。我国在相关基础研究和技术领域已经具备深厚积累，培养了一批拥有前沿技术研发能力的高端人才，可以期待增强现实技术在国内的蓬勃发展，并在国际化的竞争中展现风采。

---

① https://mixedreality.trimble.com/

参 考 文 献

戴国忠, 田丰. 2014. 笔式用户界面. 合肥: 中国科学技术大学出版社

韩勇, 须德, 戴国忠. 2006. MST 在手写汉字切分中的应用. 软件学报, 17(3): 403-409

黄璐. 2011. 面向交互的手势识别研究. 武汉: 华中师范大学

姜翰青, 王博胜, 章国锋, 等. 2015. 面向复杂三维场景的高质量纹理映射. 计算机学报, 38(12): 2349-2360

黄进, 韩冬奇, 陈毅能, 等. 2016. 混合现实中的人机交互综述. 计算机辅助设计与图形学学报, 28(6): 869-880

李清水, 方志刚, 沈模卫, 等. 2002. 手势识别技术及其在人机交互中的应用. 人类工效学, 8(1): 27-29

刘浩敏, 章国锋, 鲍虎军. 2016. 面向大尺度场景的单目同时定位与地图构建. 中国科学: 信息科学, 46(12): 1748-1761

刘翔, 曾芬芳, 陈洁. 2000. 虚拟环境中基于手势识别的三维交互技术. 计算机应用, (S1): 261-264

吕春花, 张凤军, 武汇岳, 等. 2009. 基于 TUI 的场景规划系统中的交互技术. 计算机辅助设计与图形学学报, 21(1): 112-119

马华朋. 2013. 单目增强现实环境下的手势交互. 杭州: 浙江大学

涂子沛. 2013. 大数据: 正在到来的数据革命, 以及它如何改变政府、商业与我们的生活. 桂林: 广西师范大学出版社

王万良, 杨经纬, 蒋一波. 2011. 基于运动传感器的手势识别. 传感技术学报, 24(12): 1723-1727

王西颖, 戴国忠. 2007. 面向虚拟现实的层次化交互手势建模与理解方法. 计算机辅助设计与图形学学报, 19(10): 1334-1341

王修晖, 华炜, 林海, 等. 2007a. 面向多投影显示墙的画面校正技术. 软件学报, 18(11): 2955-2964

王修晖, 华炜, 鲍虎军. 2007b. 多投影显示墙的全局颜色校正. 计算机辅助设计与图形学学报, 19(1): 96-101

武霞, 张崎, 许艳旭. 2013. 手势识别研究发展现状综述. 电子科技, 26(6): 171-174

杨端端, 金连文, 尹俊勋. 2007. 手指书写汉字识别系统中的指尖检测方法. 华南理工大学学报 (自然科学版), 35(1): 58-63

于汉超, 杨晓东, 张迎伟, 等. 2017. 凌空手势识别综述. 科技导报, 35(16): 64-73

俞栋, 邓力. 2016. 解析深度学习: 语音识别实践. 北京: 电子工业出版社

张凤军, 戴国忠, 彭晓兰. 2016. 虚拟现实的人机交互综述. 中国科学: 信息科学, 46(12): 1711-1736

Abdi H, Williams L J. 2010. Principal component analysis. Wiley Interdisciplinary Reviews Computational Statistics, 2(4): 433-459

Adelson E H, Bergen J R. 1991. The plenoptic function and the elements of early vision// Computational Models of Visual Processing. MA: The MIT Press: 3-20

Afergan D, Peck E M, Solovey E T, et al. 2014. Dynamic difficulty using brain metrics of workload//Proceedings of Annual ACM Conference on Human Factors in Computing Systems, New York: 3797-3806

Aganj E, Monasse P, Keriven R. 2009. Multi-view texturing of imprecise mesh//Proceedings of Asian Conference on Computer Vision, Xi'an: 468-476

Agarwal S, Furukawa Y, Snavely N, et al. 2011. Building Rome in a day. Communications of the ACM, 54(10): 105-112

Alahi A, Ortiz R, Vandergheynst P. 2012. Freak: Fast retina keypoint//Proceedings of IEEE Conference on Computer Vision and Pattern Recognition, Providence: 510-517

Alcantarilla P F, Bartoli A, Davison A J. 2012. KAZE features//Proceedings of European Conference on Computer Vision, Berlin: 214-227

Allanson J, Fairclough S H. 2004. A research agenda for physiological computing. Interacting with Computers, 16(5): 857-878

Allène C, Pons J P, Keriven R. 2008. Seamless image-based texture atlases using multi-band blending//Proceedings of International Conference on Pattern Recognition, Tampa

Alon J, Athitsos V, Yuan Q, et al. 2005. Simultaneous localization and recognition of dynamic hand gestures//Proceedings of IEEE Workshops on Application of Computer Vision, Breckenridge: 254-260

Amestoy P R, Davis T A, Duff I S. 1996. An approximate minimum degree ordering algorithm. SIAM Journal of Matrix Analysis Applications, 17(4): 886-905

Andrews S, Tsochantaridis I, Hofmann T. 2002. Support vector machines for multiple-instance learning//Proceedings of Advances in Neural Information Processing Systems, 53(9): 1689-1699

Andrienko N V, Andrienko G L, Barrett L, et al. 2013. Space transformation for understanding group movement. IEEE Transactions on Visualization and Computer Graphics, 19(12): 2169-2178

Anthony L, Wobbrock J O. 2010. A lightweight multistroke recognizer for user interface prototypes//Proceedings of Graphics Interface, Ottawa: 245-252

Arons B, Mynatt E. 1994. The future of speech and audio in the interface: A CHI'94 workshop. ACM SIGCHI Bulletin, 26(4): 44-48

Avidan S, Shashua A. 2001. Threading fundamental matrices. IEEE Transactions on Pattern Analysis and Machine Intelligence, 23(1): 73-77

Azuma R T. 1997. A survey of augmented reality. Presence: Teleoperators & Virtual Environments, 6(4): 355-385

Azuma R, Baillot Y, Behringer R, et al. 2001. Recent advances in augmented reality. IEEE Computer Graphics and Applications, 21(6): 34-47

Bachmann D, Weichert F, Rinkenauer G, et al. 2014. Evaluation of the leap motion controller as a new contact-free pointing device. Sensors, 15(1): 214-233

Baecker R M, Grudin J, Buxton W, et al. 1995. Human-computer Interaction: Toward the Year 2000. San Francisco: Morgan Kaufmann Publishers

Baek J, Jang I J, Park K H, et al. 2006. Human computer interaction for the accelerometer-based mobile game//Proceedings of International Conference on Embedded and Ubiquitous Computing, Berlin: 509-518

Bai Z, Blackwell A F. 2012. Analytic review of usability evaluation in ISMAR. Interacting with Computers, 24(6): 450-460

Banerjee A, Dhillon I S, Ghosh J, et al. 2005. Clustering on the unit hypersphere using von Mises-Fisher distributions. Journal of Machine Learning Research, 6: 1345-1382

Bao S Y, Savarese S. 2011. Semantic structure from motion//Proceedings of IEEE Conference on Computer Vision and Pattern Recognition, Colorado: 2025-2032

Barnea D I, Silverman H F. 1972. A class of algorithms for fast digital image registration. IEEE Transactions on Computers, 21(2): 179-186

Barsoum E. 2016. Articulated hand pose estimation review. arXiv:1604. 06195

Bau O, Poupyrev I, Israr A, et al. 2010. TeslaTouch: Electrovibration for touch surfaces//Proceedings of ACM Symposium on User Interface Software and Technology, ACM, New York: 283-292

Bavoil L, Sainz M, Dimitrov R. 2008. Image-space horizon-based ambient occlusion//Talks of the 35th Annual Conference on Computer Graphics and Interactive Techniques, Los Angeles: 22

Bay H, Tuytelaars T, Van Gool L. 2006. Surf: Speeded up robust features//Proceedings of European Conference on Computer Vision, Graz, (1): 404-417

Beckmann P, Spizzichino A. 1987. The Scattering of Electromagnetic Waves from Rough Surfaces. Norwood: Artech House, Inc. , 511

Beh J, Han D, Ko H. 2014. Rule-based trajectory segmentation for modeling hand motion trajectory. Pattern Recognition, 47(4):1586-1601

Ben-Artzi A, Overbeck R, Ramamoorthi R. 2006. Real-time BRDF editing in complex lighting. ACM Transactions on Graphics, 25(3):945-954

Benko H, Saponas T S, Morris D, et al. 2009. Enhancing input on and above the interactive surface with muscle sensing//Proceedings of the ACM International Conference on Interactive Tabletops and Surfaces, New York: 93-100

Besl P J, McKay N D. 1992. Method for registration of 3-D shapes. Sensor fusion IV: Control paradigms and data structures. International Society for Optics and Photonics, 1611: 586-607

Bhasker E S, Majumder A. 2007. Geometric modeling and calibration of planar multi-projector displays using rational Bezier patches//Proceedings of IEEE Conference on Computer Vision and Pattern Recognition, Minneapolis

Bian J W, Lin W Y, Matsushita Y, et al. 2017. GMS: Grid-based motion statistics for fast, ultra-robust feature correspondence//Proceedings of IEEE Conference on Computer Vision and Pattern Recognition, Honolulu: 2828-2837

Bibby C, Reid I. 2008. Robust real-time visual tracking using pixel-wise posteriors//Proceedings of the European Conference on Computer Vision, Marseille: 831-844

Billinghurst M, Kato H, Poupyrev I. 2001. The MagicBook: A transitional AR interface. Computers & Graphics, 25(5): 745-753

Bimber O, Fröhlich B, Schmalstieg D, et al. 2003. Real-time view-dependent image warping to correct non-linear distortion for curved virtual showcase displays. Computers & Graphics, 27(4): 515-528

Bimber O, Raskar R. 2005. Spatial Augmented Reality - Merging Real and Virtual Worlds. Boca Raton: AK Peters/CRC Press

Bingham M, Taylor D, Gledhill D, et al. 2009. Illuminant condition matching in augmented reality: A multi-vision, interest point based approach//Proceedings of International Conference on Computer Graphics, Imaging and Visualization, Tianjin: 57-61

Blinn J F. 1977. Models of light reflection for computer synthesized pictures//Proceedings of the 4th Annual Conference on Computer Graphics and Interactive Techniques, Sun Jose:11(2): 192-198

Bobick A F. 1997. Movement, activity and action: The role of knowledge in the perception of motion. Philosophical Transactions of the Royal Society B, 352(1358): 1257-1265

Bowman D A, Kruijff E, LaViola Jr J J, et al. 2001. An introduction to 3D user interface design. Presence: Teleoperators and Virtual Environments, 10(1): 96-108

Boykov Y, Veksler O, Zabih R. 2001. Fast approximate energy minimization via graph cuts. IEEE Transactions on Pattern Analysis and Machine Intelligence, 23(11): 1222-1239

Brachmann E, Michel F, Krull A, et al. 2016. Uncertainty-driven 6d pose estimation of objects and scenes from a single RGB image//Proceedings of IEEE conference on Computer Vision and Pattern Recognition, Las Vegas: 3364-3372

Brahmbhatt S, Gu J W, Kim K, et al. 2017. Mapnet: Geometry-aware learning of maps for camera localization. arXiv: 1712. 03342

Bremner D, Demaine E, Erickson J, et al. 2005. Output-sensitive algorithms for computing nearest-neighbour decision boundaries. Discrete & Computational Geometry, 33(4): 593-604

Bretzner L, Laptev I, Lindeberg T. 2002. Hand gesture recognition using multi-scale colour features, hierarchical models and particle filtering//Proceedings of IEEE International Conference on Automatic Face and Gesture Recognition, Washington: 423-428

Broll W, Lindt I, Ohlenburg J, et al. 2005. An infrastructure for realizing custom-tailored augmented reality user interfaces. IEEE Transactions on Visualization and Computer Graphics, 11(6): 722-733

Burges C J. 1998. A tutorial on support vector machines for pattern recognition. Data Mining and Knowledge Discovery, 2: 121-167

Burley B. 2012. Physically-based shading at Disney//Proceedings of the 39th Annual Conference on Computer Graphics and Interactive Techniques, Los Angeles: 1-7

Buxton W. 1990. A three-state model of graphical input//Proceedings of International Conference on Human-Computer Interaction, Cambridge: 449-456

Callieri M, Cignoni P, Corsini M, et al. 2008. Masked photo blending: Mapping dense photographic data set on high-resolution sampled 3D models. Computers & Graphics, 32(3): 464-473

Calonder M, Lepetit V, Strecha C, et al. 2010. Brief: Binary robust independent elementary features//Proceedings of European Conference on Computer Vision, Berlin: Springer: 778-792

Canny J. 1986. A computational approach to edge detection. IEEE Transactions on Pattern Analysis and Machine Intelligence, 8(6): 679-698

Card S K, Mackinlay J D, Shneiderman B. 1999. Readings in Information Visualization: Using Vision to Think. San Diego: Academic Press

Caudell T P, Mizell D W. 1992. Augmented reality: An application of heads-up display technology to manual manufacturing processes//Proceedings of Hawaii International Conference on System Sciences, Kauai: 2: 659-669

Charayaphan C, Marble A E. 1992. Image processing system for interpreting motion in American sign language. Journal of Biomedical Engineering, 14(5): 419-425

Chen B S, Zhong Q, Li H F, et al. 2014. Automatic geometrical calibration for multiprojector-type light field three-dimensional display. Optical Engineering, 53(7): 1-6

Chen F S, Fu C M, Huang C L. 2003. Hand gesture recognition using a real-time tracking method and hidden Markov models. Image and Vision Computing, 21(8):745-758

Chen H, Sukthankar R, Wallace G, et al. 2001. Calibrating scalable multi-projector displays using camera homography trees//Proceedings of IEEE Conference on Computer Vision and Pattern Recognition, Kauai: 9-14

Chen W F, Fu Z, Yang D W, et al. 2016. Single-image depth perception in the wild//Proceedings of Neural Information Processing Systems, Barcelona: 730-738

Chen Y Q, Timothy A D, William W H, et al. 2008. Algorithm 887: CHOLMOD, supernodal sparse Cholesky factorization and update/downdate. ACM Transactions on Mathematical Software, 35(3): 22: 1-14

Chen Z T, Wang Y F, Sun T C, et al. 2017. Exploring the design space of immersive urban analytics. Visual Informatics, 1(2): 132-142

Chi E H, Riedl J. 1998. An operator interaction framework for visualization systems//Proceedings IEEE Symposium on Information Visualization, Triangle: 63-70

Choi S, Zhou Q Y, Koltun V. 2015. Robust reconstruction of indoor scenes//Proceedings of IEEE Conference on Computer Vision and Pattern Recognition, Boston: 5556-5565

Cohen M F, Greenberg D P. 1985. The hemi-cube//Proceedings of the 12th Annual Conference on Computer Graphics and Interactive Techniques, San Francisco: 19(3): 31-40

Comaniciu D, Meer P. 2002. Mean shift: A robust approach toward feature space analysis. IEEE Transactions on Pattern Analysis and Machine Intelligence, 24(5): 603-619

Comport A I, Marchand E, Chaumette F. 2003. A real-time tracker for markerless augmented reality//Proceedings of the IEEE/ACM International Symposium on Mixed and Augmented Reality, Tokyo: 36-45

Concha A, Civera J. 2014. Using superpixels in monocular SLAM//Proceedings of IEEE International Conference on Robotics and Automation, Hong Kong: 365-372

Cook R L, Kenneth E T. 1982. A reflectance model for computer graphics. ACM Transactions on Graphics, 1(1):7-24

Cook R L, Porter T, Carpenter L. 1984. Distributed ray tracing//Proceedings of the 11th Annual Conference on Computer Graphics and Interactive Techniques, Minneapolis: 18(3): 137-145

Cossairt O, Shree N, Ravi R. 2008. Light field transfer: Global illumination between real and synthetic objects. ACM Transactions on Graphics, 27(3):57

Crassin C, Neyret F, Sainz M, et al. 2011. Interactive indirect illumination using voxel cone tracing. Computer Graphics Forum, 30(7): 1921-1930

Crow F C. 1977. Shadow algorithms for computer graphics//Proceedings of the 4th Annual Conference on Computer Graphics and Interactive Techniques, San Jose, 11(2): 242-248

Cui H N, Gao X, Shen S H, et al. 2017. HSfM: Hybrid structure-from-motion//Proceedings of IEEE Conference on Computer Vision and Pattern Recognition, Honolulu: 2393-2402

Cui Z P, Tan P. 2015. Global structure-from-motion by similarity averaging//Proceedings of IEEE International Conference on Computer Vision, Santiago: 864-872

Dachsbacher C, Křivánek J, Hašan M, et al. 2014. Scalable realistic rendering with many-light methods. Computer Graphics Forum, 33(1): 88-104

Dalal N, Triggs B. 2005. Histograms of oriented gradients for human detection//Proceedings of IEEE Conference on Computer Vision and Pattern Recognition, San Diego, (1): 886-893

Dambreville S, Sandhu R, Yezzi A, et al. 2008. Robust 3D pose estimation and efficient 2D region-based segmentation from a 3D shape prior//Proceedings of European Conference on Computer Vision, Marseille: 169-182

Darken R P, Sibert J L. 1996. Navigating large virtual spaces. International Journal of Human - Computer Interaction, 8(1): 49-72

Davis T A, Gilbert J R, Larimore S I, et al. 2004. Algorithm 836: COLAMD, a column approximate minimum degree ordering algorithm. ACM Transactions on Mathematical Software, 30(3): 377-380

De Smedt Q, Wannous H, Vandeborre J P. 2016. Skeleton-based dynamic hand gesture recognition//Proceedings of IEEE Conference on Computer Vision and Pattern Recognition Workshops, Las Vegas: 1206-1214

Debevec P E, Malik J. 1997. Recovering high dynamic range radiance maps from photographs//Proceedings of the 24th Annual Conference on Computer Graphics and Interactive Techniques, Los Angeles: 369-378

Debevec P E. 1998. Rendering synthetic objects into real scenes: Bridging traditional and image-based graphics with global illumination and high dynamic range photography// Proceedings of the 25th Annual Conference on Computer Graphics and Interactive Techniques,

Orlando: 189-198

Delaunoy A, Prados E. 2011. Gradient flows for optimizing triangular mesh-based surfaces: Applications to 3D reconstruction problems dealing with visibility. International Journal of Computer Vision, 95(2): 100-123

Dellepiane M, Marroquim R, Callieri M, et al. 2012. Flow-based local optimization for image-to-geometry projection. IEEE Transactions on Visualization and Computer Graphics, 18(3): 463-474

Dobashi Y, Kaneda K, Nakatani H, et al. 1995. A quick rendering method using basis functions for interactive lighting design. Computer Graphics Forum, 14(3): 229-240

Dobosz K, Mazgaj M. 2017. Typing Braille code in the air with the leap motion controller// Proceedings of International Conference on Man-Machine Interactions, Cracow: 43-51

Doi A, Koide A. 1991. An efficient method of triangulating equi-valued surfaces by using tetrahedral cells. IEICE Transactions on Information and Systems, 74(1): 214-224

Dow S, Lee J, Oezbek C, et al. 2005. Wizard of Oz interfaces for mixed reality applications//Proceedings of Extended Abstracts of Conference on Human Factors in Computing Systems, Portland: 1339-1342

Drascic D, Milgram P. 1996. Perceptual issues in augmented reality//Proceedings of the International Society for Optical Engineering, San Jose: 2653: 123-134

Drummond T, Cipolla R. 2002. Real-time visual tracking of complex structures. IEEE Transactions on Pattern Analysis and Machine Intelligence, 24(7): 932-946

Durlach N I, Mavor A S. 1995. Virtual Reality: Scientific and Technological Challenges. Washington DC: National Academy Press

Dönser A, Grasset R, Seichter H, et al. 2007. Applying HCI principles to AR systems design//Proceedings of International Workshop at the IEEE Virtual Reality 2007 Conference, Charlotte: 37-42

Eigen D, Fergus R. 2015. Predicting depth, surface normals and semantic labels with a common multi-scale convolutional architecture//Proceedings of International Conference on Computer Vision, Santiago: 2650-2658

Eigen D, Puhrsch C, Fergus R. 2014. Depth map prediction from a single image using a multi-scale deep network//Proceedings of Neural Information Processing Systems, Montreal: 2366-2374

Elmezain M, Al-Hamadi A, Appenrodt J, et al. 2009. A hidden Markov model-based isolated and meaningful hand gesture recognition. International Journal of Electrical, Computer, and Systems Engineering, 3(3): 156-163

Endo T, Kajiki Y, Honda T, et al. 2000. Cylindrical 3-D video display observable from all directions//Proceedings of Pacific Conference on Computer Graphics and Application, Hong Kong: 300-306

Engel J, Koltun V, Cremers D. 2018. Direct sparse odometry. IEEE Transactions on Pattern Analysis and Machine Intelligence, 40(3): 611-625

Engel J, Schöps T, Cremers D. 2014. LSD-SLAM: Large-scale direct monocular SLAM// Proceedings of European Conference on Computer Vision, Zurich: 834-849

Engel J, Stuckler J, Cremers D. 2015. Large-scale direct SLAM with stereo cameras//Proceedings of IEEE/RSJ International Conference on Intelligent Robots and Systems, Hamburg: 1935-1942

Ens B, Quigley A, Yeo H S, et al. 2018. Counterpoint: Exploring mixed-scale gesture interaction for AR applications//Proceedings of Extended Abstracts of CHI Conference on Human Factors in Computing Systems, Montreal: 1-6

Fant G. 1970. Acoustic Theory of Speech Production. Netherlands: Mouton de Gruyter

Farenzena M, Fusiello A, Gherardi R. 2009. Structure-and-motion pipeline on a hierarchical cluster tree//Proceedings of International Conference on Computer Vision Workshops, Kyoto: 1489-1496

Feichtenhofer C, Pinz A, Zisserman A. 2016. Convolutional two-stream network fusion for video action recognition//Proceedings of IEEE Conference on Computer Vision and Pattern Recognition, Las Vegas: 1933-1941

Fellbaum K R. 2003. Speech input and output technology-state of the art and selected applications//Proceedings of Applications of Natural Language to Data Bases, Manchester: 7-13

Felzenszwalb P F, Huttenlocher D P. 2006. Efficient belief propagation for early vision. International Journal of Computer Vision, 70(1): 41-54

Felzenszwalb P F, Girshick R B, McAllester D. 2010. Cascade object detection with deformable part models//Proceedings of IEEE Conference on Computer Vision and Pattern Recognition, 56(9): 2241-2248

Felzenszwalb P F, McAllester D A, Ramanan D. 2008. A discriminatively trained, multi-scale, deformable part model//Proceedings of the IEEE Conference on Computer Vision and Pattern Recognition, Anchorage

Ferreira N, Poco J, Vo H T, et al. 2013. Visual exploration of big spatio-temporal urban data: A study of New York City taxi trips. IEEE Transactions on Visualization and Computer Graphics, 19(12): 2149-2158

Fioraio N, Taylor J, Fitzgibbon A, et al. 2015. Large-scale and drift-free surface reconstruction using online subvolume registration//Proceedings of IEEE Conference on Computer Vision and Pattern Recognition, Boston: 4475-4483

Fischler M A, Bolles R C. 1981. Random sample consensus: A paradigm for model fitting with applications to image analysis and automated cartography. Communications of the ACM, 24(6): 381-395

Fisher R A. 1953. Dispersion on a sphere. Proceedings of the Royal Society of London, Series A: Mathematical and Physical Sciences, 217(1130): 295-305

Follmer S, Leithinger D, Olwal A, et al. 2013. inFORM: Dynamic physical affordances and constraints through shape and object actuation//Proceedings of ACM Symposium on User Interface Software and Technology, St Andrews: 417-426

Forster C, Carlone L, Dellaert F, et al. 2017. On-manifold preintegration for real-time visual-inertial odometry. IEEE Transactions on Robotics, 33(1): 1-21

Forster C, Pizzoli M, Scaramuzza D. 2014. SVO: Fast semi-direct monocular visual odometry//Proceedings of IEEE International Conference on Robotics and Automation, Hong Kong: 15-22

Forsyth D, Ponce J. 2011. Computer Vision: A Modern Approach. Second edition. Upper Saddle River: Prentice Hall

Freund Y, Schapire R E. 1995. A decision-theoretic generalization of on-line learning and an application to boosting. Journal of Computer and System Sciences, 55(1): 119-139

Fu S W, Dong H, Cui W W, et al. 2018. How do ancestral traits shape family trees over generations? IEEE Transactions on Visualization and Computer Graphics, 24(1): 205-214

Fuhrmann S, Goesele M. 2011. Fusion of depth maps with multiple scales. ACM Transactions on Graphics, 30(6): 148

Furukawa Y, Ponce J. 2010. Accurate, dense, and robust multiview stereopsis. IEEE Transactions on Pattern Analysis and Machine Intelligence, 32(8): 1362-1376

Gabbard J L, Edward J, Li S, et al. 2002. Usability engineering: Domain analysis activities for augmented reality systems. Proceedings of Society of Photo-optical Instrumentation Engineers, 4660: 445-457

Gal R, Wexler Y, Ofek E, et al. 2010. Seamless montage for texturing models. Computer Graphics Forum, 29(2): 479-486

Gao X S, Hou X R, Tang J L, et al. 2003. Complete solution classification for the perspective-three-point problem. IEEE Transactions on Pattern Analysis and Machine Intelligence, 25(8): 930-943

Garcia-Hernando G, Yuan S X, Baek S, et al. 2017. First-person hand action benchmark with RGB-D videos and 3D hand pose annotations//Proceedings of IEEE Conference on Computer Vision and Pattern Recognition, Salt Lake: 2: 409-419

Gardner M, Sunkavalli K, Yumer E, et al. 2017. Learning to predict indoor illumination from a single image. ACM Transactions on Graphics, 36(6): 176: 1-14

Garg R, Vijay K B G, Reid I. 2016. Unsupervised CNN for single view depth estimation: Geometry to the rescue//Proceedings of European Conference on Computer Vision, Amsterdam: 740-756

Gaver W W. 1993. Synthesizing auditory icons//Proceedings of Conference on Human Factors in Computing Systems, New York: 228-235

Ge L H, Cai Y J, Weng J W, et al. 2018. Hand PointNet: 3D hand pose estimation using point sets//Proceedings of IEEE Conference on Computer Vision and Pattern Recognition, Salt Lake City: 8417-8426

Gherardi R, Farenzena M, Fusiello A. 2010. Improving the efficiency of hierarchical structure-and-motion//Proceedings of Computer Vision and Pattern Recognition, San Francisco: 1594-1600

Gips J, Olivieri P, Tecce J. 1993. Direct control of the computer through electrodes placed around the eyes//Proceedings of International Conference on Human-Computer Interaction, Orlando: 630-635

Godard C, Aodha O M, Brostow G J. 2017. Unsupervised monocular depth estimation with left-right consistency//Proceedings of IEEE Conference on Computer Vision and Pattern Recognition, Honolulu: 6602-6611

Gonzalez R C, Woods R E. 2001. Digital Image Processing. Boston: Addison-Wesley Longman

Goose S, Sudarsky S, Zhang X, et al. 2003. Speech-enabled augmented reality supporting mobile industrial maintenance. IEEE Pervasive Computing, (1): 65-70

Goral C M, Torrance K E, Greenberg D P, et al. 1984. Modeling the interaction of light between diffuse surfaces//Proceedings of the 11th Annual Conference on Computer Graphics and Interactive Techniques, Minneapolis: 213-222

Gosselin F, Andriot C, Savall J, et al. 2008. Large workspace haptic devices for human-scale interaction: A survey//Proceedings of the International Conference on Human Haptic Sensing and Touch Enabled Computer Applications. Berlin: Springer: 523-528

Govindu V M. 2001. Combining two-view constraints for motion estimation//Proceedings of IEEE Conference on Computer Vision and Pattern Recognition, Kauai: 218-225

Green M, Jacob R. 1991. SIGGRAPH'90 workshop report: Software architectures and metaphors for non-WIMP user interfaces//Proceedings of the 18th Annual Conference on Computer

Graphics and Interactive Techniques, Las Vegas, 25(3): 229-235

Gurevich P, Lanir J, Cohen B, et al. 2012. TeleAdvisor: A versatile augmented reality tool for remote assistance//Proceedings of the SIGCHI Conference on Human Factors in Computing Systems, Austin: 619-622

Harris C, Stennett C. 1990. RAPID: A video rate object tracker//Proceedings of British Machine Vision Conference, Oxford: 73-77

Harris C, Stephens M. 1988. A combined corner and edge detector//Proceedings of Alvey Vision Conference, Manchester: 147-151

Hartley R I, Zisserman A. 2004. Multiple View Geometry in Computer Vision. Second edition. New York: Cambridge University Press

Hartley R I. 1995. In defence of the 8-point algorithm//Proceedings of IEEE International Conference on Computer Vision, Cambridge: 1064-1070

Hayward V, Astley O R, Cruz-Hernandez M, et al. 2004. Haptic interfaces and devices. Sensor Review, 24(1): 16-29

Heidmann T. 1991. Real shadows, real time. Iris Universe, 18: 28-31

Hernández C, Vogiatzis G, Cipolla R. 2007. Probabilistic visibility for multi-view stereo// Proceedings of IEEE Conference on Computer Vision and Pattern Recognition, Minneapolis

Hesch J A, Roumeliotis S I. 2011. A direct least-squares (DLS) method for PnP//Proceedings of IEEE International Conference on Computer Vision, Barcelona: 383-390

Heun V, Kasahara S, Maes P. 2013. Smarter objects: Using AR technology to program physical objects and their interactions//Proceedings of CHI'13 Extended Abstracts on Human Factors in Computing Systems, New York: 961-966

Hexner J, Hagege R R. 2016. 2D-3D pose estimation of heterogeneous objects using a region based approach. International Journal of Computer Vision, 118(1): 95-112

Hinckley K, Pausch R, Goble J C, et al. 1994. Design hints for spatial input//Proceedings of ACM Symposium on User Interface Software & Technology, New York: 213-222

Hinterstoisser S, Cagniart C, Ilic S, et al. 2012. Gradient response maps for real-time detection of textureless objects. IEEE Transactions on Pattern Analysis and Machine Intelligence, 34(5): 876-888

Hoggan E, Brewster S A, Johnston J. 2008. Investigating the effectiveness of tactile feedback for mobile touchscreens//Proceedings of the Conference on Human Factors in Computing Systems, Florence: 1573-1582

Hold-Geoffroy Y, Sunkavalli K, Hadap S, et al. 2017. Deep outdoor illumination estimation// Proceedings of IEEE Conference on Computer Vision and Pattern Recognition, Honolulu:

7312-7321

Hong L, Chen G. 2004. Segment-based stereo matching using graph cuts//Proceedings of IEEE Conference on Computer Vision and Pattern Recognition, Washington D C: 74-81

Horn B K P. 1987. Closed-form solution of absolute orientation using unit quaternions. Journal of the Optical Society of America A, 4(4): 629-642

Hošek L, Wilkie A. 2012. An analytic model for full spectral sky-dome radiance. ACM Transactions on Graphics, 31(4): 95

Huang D D, Melanie T, Bon A A, et al. 2015. Personal visualization and personal visual analytics. IEEE Transactions on Visualization and Computer Graphics, 21(3): 420-433

Huang J, Yu C, Wang Y T, et al. 2014. FOCUS: Enhancing children's engagement in reading by using contextual BCI training sessions//Proceedings of the Annual ACM Conference on Human Factors in Computing Systems, New York: 1905-1908

Huang W D, Alem L, Livingston M A. 2012. Human Factors in Augmented Reality Environments. New York: Springer Science & Business Media

Huang X K, Zhao Y, Yang J, et al. 2016. TrajGraph: A graph-based visual analytics approach to studying urban network centralities using taxi trajectory data. IEEE Transactions on Visualization and Computer Graphics, 22(1):160-169

Huo Y C, Wang R, Jin S H, et al. 2015. A matrix sampling-and-recovery approach for many-lights rendering. ACM Transactions on Graphics, 34(6): 210: 1-12

Hürst W, Vriens K. 2016. Multimodal feedback for finger-based interaction in mobile augmented reality// Proceedings of ACM International Conference on Multimodal Interaction, Tokyo: 302-306

Hwangbo M, Kim J S, Kanade T. 2009. Inertial-aided KLT feature tracking for a moving camera//Proceedings of IEEE/RSJ International Conference on Intelligent Robots and Systems, St. Louis: 1909-1916

Ila V, Polok L, Solony M, et al. 2017. Fast incremental bundle adjustment with covariance recovery//Proceedings of 3D Vision, Qingdao: 175-184

Imperoli M, Pretto A. 2015. D^2CO: Fast and robust registration of 3D textureless objects using the directional chamfer distance//Proceedings of the International Conference on Computer Vision, Santiago: 316-328

Irawati S, Green S, Billinghurst M, et al. 2006. Move the couch where: Developing an augmented reality multimodal interface//Proceedings of the IEEE/ACM International Symposium on Mixed and Augmented Reality, Los Alamitos: 183-186

Ishii H, Ullmer B. 1997. Tangible bits: Towards seamless interfaces between people, bits and atoms//Proceedings of the ACM SIGCHI Conference on Human Factors in Computing Systems, Atlanta: 234-241

Izadi S, Kim D, Hilliges O, et al. 2011. KinectFusion: Real-time 3D reconstruction and interaction using a moving depth camera//Proceedings of the Annual ACM Symposium on User Interface Software and Technology, Santa Barbara: 559-568

James J T, Kristin A, Cook A. 2006. A visual analytics agenda. IEEE Computer Graphics and Applications, 26(1): 10-13

Jansen Y, Karrer T, Borchers J. 2010. MudPad: Tactile feedback and haptic texture overlay for touch surfaces//Proceedings of the ACM International Conference on Interactive Tabletops and Surfaces, Calgary: 11-14

Jégou H, Douze M, Schmid C, et al. 2010. Aggregating local descriptors into a compact image representation//Proceedings of IEEE Conference on Computer Vision and Pattern Recognition, San Francisco: 3304-3311

Jensen H W, Arvo J, Dutre P, et al. 2003. Monte Carlo ray tracing//Proceedings of the 30th Annual Conference on Computer Graphics and Interactive Techniques, San Diego: 27-31

Jeon S, Knoerlein B, Harders M, et al. 2010. Haptic simulation of breast cancer palpation: A case study of haptic augmented reality//Proceedings of the IEEE International Symposium on Mixed and Augmented Reality, Los Alamitos: 237-238

Jeong J Y, Cho Y G, Kim A. 2017. Road-SLAM: Road marking based SLAM with lane-level accuracy// Proceedings of IEEE Intelligent Vehicles Symposium, Los Angeles: 1736-1473

Jeong Y, Nistér D, Steedly D, et al. 2012. Pushing the envelope of modern methods for bundle adjustment//IEEE Transactiuons on Pattern Analysis and Machine Intelligence, 34(8): 1603-1617

Ji Q, Zhu Z W. 2003. Non-intrusive eye and gaze tracking for natural human computer interaction. Mensch-Maschine-Interaktion Interaktiv, 6: 1-14

Jones A, McDowall I, Yamada H, et al. 2007. Rendering for an interactive 360° light field display. ACM Transactions on Graphics, 26(40): 1-10

Jones A, Nagano K, Liu J, et al. 2014. Interpolating vertical parallax for an autostereoscopic three-dimensional projector array. Journal of Electronic Imaging, 23(1): 1-12

Juan C M, Toffetti G, Abad F, et al. 2010. Tangible cubes used as the user interface in an augmented reality game for edutainment//Proceedings of the IEEE International Conference on Advanced Learning Technologies, Sousse: 599-603

Juang R, Majumder A. 2007. Photometric self-calibration of a projector-camera system// Proceedings of IEEE Conference on Computer Vision and Pattern Recognition, Minneapolis: 1-8

Kaess M, Johannsson H, Roberts R, et al. 2012. iSAM2: Incremental smoothing and mapping using the Bayes tree. International Journal of Robotics Research, 31(2): 216-235

Kaess M, Ranganathan A, Dellaert F. 2008. iSAM: Incremental smoothing and mapping. IEEE Transactions on Robotics, 24(6): 1365-1378

Kähler O, Prisacariu V A, Murray D W. 2016. Real-time large-scale dense 3D reconstruction with loop closure//Proceedings of European Conference on Computer Vision, Amsterdam: 500-516

Kajiya J T. 1986. The rendering equation//Proceedings of the 13th Annual Conference on Computer Graphics and Interactive Techniques, Dallas: 20(4): 143-150

Kanade T, Okutomi M. 1994. A stereo matching algorithm with an adaptive window: Theory and experiment. IEEE Transactions on Pattern Analysis and Machine Intelligence, 16(9): 920-932

Kar A. 2010. Skeletal tracking using Microsoft Kinect. Methodology, 1(1): 11

Karsch K, Hedau V, Forsyth D, et al. 2011. Rendering synthetic objects into legacy photographs. ACM Transactions on Graphics, 30(6): 157

Karsch K, Sunkavalli K, Hadap S, et al. 2014. Automatic scene inference for 3D object compositing. ACM Transactions on Graphics, 33(3):32

Kasyan N, Nicolas S, Tiago S. 2011. Secrets of CryENGINE 3 graphics technology//Talks of the 38th Annual Conference on Computer Graphics and Interactive Techniques:2

Kato H, Billinghurst M, Poupyrev I, et al. 2000. Virtual object manipulation on a table-top AR environment//Proceedings of the IEEE/ACM International Symposium on Augmented Reality, Munich: 111-119

Kazhdan M M, Bolitho M, Hoppe H. 2006. Poisson surface reconstruction//Proceedings of Symposium on Geometry Processing: 61-70

Ke T, Roumeliotis S I. 2017. An efficient algebraic solution to the perspective-three-point problem//Proceedings of the IEEE Conference on Computer Vision and Pattern Recognition, Honolulu: 7225-7233

Ke D F, Xu B. 2013. Some basic problems of speech recognition in the internet era. Science China, 43(12): 1578-1597

Kehl W, Manhardt F, Tombari F, et al. 2017. SSD-6D: Making RGB-based 3D detection and 6D pose estimation great again//Proceedings of the International Conference on Computer Vision, Venice: 1521-1529

Keim D A, Mansmann F, Schneidewind J, et al. 2006. Challenges in visual data analysis//Proceedings of the IEEE International Conference on Information Visualization, London: 9-16

Keim D A, Kohlhammer J, Mansmann F, et al. 2010. Visual analytics//Keim D A, Kohlhammer J, Ellis G, et al. Mastering the Information Age - Solving Problems with Visual Analytics. Goslar: Eurographics Association: 7-11

Keller A. 1997. Instant radiosity//Proceedings of the 24th Annual Conference on Computer Graphics and Interactive Techniques, Los Angeles: 49-56

Keller M, Lefloch D, Lambers M, et al. 2013. Realtime 3D reconstruction in dynamic scenes using point-based fusion//Proceedings of IEEE International Conference on 3DV, Aberdeen: 1-8

Kendall A, Cipolla R. 2017. Geometric loss functions for camera pose regression with deep learning//Proceedings of IEEE Conference on Computer Vision and Pattern Recognition, Honolulu, 3(8): 5974-5983

Kendall A, Grimes M, Cipolla R. 2015. Posenet: A convolutional network for real-time 6-dof camera relocalization//Proceedings of IEEE International Conference on Computer Vision, Santiago: 2938-2946

Kim M, Lee J Y. 2016. Touch and hand gesture-based interactions for directly manipulating 3D virtual objects in mobile augmented reality. Multimedia Tools and Applications, 75(23): 16529-16550

Kim M J, Maher M L. 2008. The impact of tangible user interfaces on spatial cognition during collaborative design. Design Studies, 29(3): 222-253

Kirillov J A. 2008. An Introduction to Lie Groups and Lie Algebras. Oxford: Cambridge University Press

Klaus A, Sormann M, Karner K. 2006. Segment-based stereo matching using belief propagation and a self-adapting dissimilarity measure//Proceedings of International Conference on Pattern Recognition, Hong Kong: 15-18

Klein G, Murray D. 2006. Full-3D edge tracking with a particle filter//Proceedings of British Machine Vision Conference, Edinburgh: 1119-1128

Klein G, Murray D. 2007. Parallel tracking and mapping for small AR workspaces//Proceedings of the IEEE/ACM International Symposium on Mixed and Augmented Reality, Nara: 225-234

Klein G, Murray D. 2008. Improving the agility of keyframe-based SLAM//Proceedings of European Conference on Computer Vision, Berlin: 802-815

Kneip L, Li H D, Seo Y. 2014. UPnP: An optimal O(n) solution to the absolute pose problem with universal applicability//Proceedings of European Conference on Computer Vision, Zurich: 127-142

Koller D, Daniilidis K, Nagel H H. 1993. Model-based object tracking in monocular image sequences of road traffic scenes. International Journal of Computer Vision, 10(3): 257-281

Kolmogorov V, Zabih R. 2001. Computing visual correspondence with occlusions using graph cuts//Proceedings of the IEEE International Conference on Computer Vision, Vancouver: 508-515

Kosmidou V E, Hadjileontiadis L J, Panas S M. 2006. Evaluation of surface EMG features for the recognition of American sign language gestures//Proceedings of the IEEE Annual International Conference of the Engineering in Medicine and Biology Society, New York: 6197-6200

Kümmerle R, Grisetti G, Strasdat H, et al. 2011. G^2o: A general framework for graph optimization//Proceedings of the IEEE International Conference on Robotics and Automation, Shanghai: 3607-3613

Kuschk G, Cremers D. 2013. Fast and accurate large-scale stereo reconstruction using variational methods//Proceedings of the International Conference on Computer Vision, Sydney: 700-707

Kutulakos K N, Seitz S M. 2000. A theory of shape by space carving. International Journal of Computer Vision, 38(3): 199-218

Kwon O, Muelder C, Lee K, et al. 2016. A study of layout, rendering, and interaction methods for immersive graph visualization. IEEE Transactions on Visualization and Computer Graphics, 22(7):1802-1815

Lalonde J F, Efros A A, Narasimhan S G. 2012. Estimating the natural illumination conditions from a single outdoor image. International Journal of Computer Vision, 98(2): 123-145

Le Goc M, Kim L H, Parsaei A, et al. 2016. Zooids: Building blocks for swarm user interfaces//Proceedings of the ACM Symposium on User Interface Software and Technology, Tokyo: 97-109

Lee J H, Park J, Nam D, et al. 2013. Optimal projector configuration design for 300-Mpixel multi-projection 3D display. Optics Express, 21(22): 26820-26835

Lempitsky V, Ivanov D. 2007. Seamless mosaicing of image-based texture maps//Proceedings of IEEE Conference on Computer Vision and Pattern Recognition, Minneapolis: 1-6

Lepetit V, Fua P. 2005a. Monocular model-based 3D tracking of rigid objects: A survey. Foundations and Trends® in Computer Graphics and Vision, 1(1): 1-89

Lepetit V, Lagger P, Fua P. 2005b. Randomized trees for real-time keypoint recognition// Proceedings of IEEE Conference on Computer Vision and Pattern Recognition, San Diego: 775-781

Lepetit V, Fua P. 2006. Key point recognition using randomized trees. IEEE Transactions on Pattern Analysis and Machine Intelligence, 28(9): 1465-1479

Lepetit V, Moreno-Noguer F, Fua P. 2009. EPnP: An accurate O(n) solution to the PnP problem.

International Journal of Computer Vision, 81(2): 155-166

Leutenegger S, Chli M, Siegwart R. 2011. BRISK: Binary robust invariant scalable keypoints// Proceedings of the International Conference on Computer Vision, Barcelona: 2548-2555

Leutenegger S, Lynen S, Bosse M, et al. 2015. Keyframe-based visual-inertial odometry using nonlinear optimization. The International Journal of Robotics Research, 34(3): 314-334

Levoy M, Hanrahan P. 1996. Light field rendering//Proceedings of the 23th Annual Conference on Computer Graphics and Interactive Techniques, New Orleans: 31-42

Li B, Shen C H, Dai Y C, et al. 2015a. Depth and surface normal estimation from monocular images using regression on deep features and hierarchical CRFs//Proceedings of IEEE Conference on Computer Vision and Pattern Recognition, Boston: 1119-1127

Li H C, Ye C, Sample A P. 2015b. IDSense: A human object interaction detection system based on passive UHF RFID//Proceedings of ACM Conference on Human Factors in Computing Systems, Seoul: 2555-2564

Li M Y, Mourikis A I. 2014. Online temporal calibration for camera-IMU systems: Theory and algorithms. The International Journal of Robotics Research, 33(7): 947-964

Li P L, Qin T, Hu B T, et al. 2017. Monocular visual-inertial state estimation for mobile augmented reality//Proceedings of the IEEE International Symposium on Mixed and Augmented Reality, Nantes: 11-21

Lindeberg T. 1998. Feature detection with automatic scale selection. International Journal of Computer Vision, 30(2): 79-116

Liu H M, Chen M Y, Zhang G F, et al. 2018. ICE-BA: Incremental, consistent and efficient bundle adjustment for visual-inertial SLAM//Proceedings of IEEE Conference on Computer Vision and Pattern Recognition, Salt Lake City: 1974-1982

Liu H M, Li C, Chen G J, et al. 2017. Robust keyframe-based dense SLAM with an RGB-D camera. arXiv:1711. 05166

Liu H M, Zhang G F, Bao H J. 2016a. Robust keyframe-based monocular SLAM for augmented reality//Proceedings of the IEEE International Symposium on Mixed and Augmented Reality, Merida: 1-10

Liu S X, Wu Y C, Wei E X, et al. 2013. StoryFlow: Tracking the evolution of stories. IEEE Transactions on Visualization and Computer Graphics, 19(12): 2436-2445

Liu W, Anguelov D, Erhan D, et al. 2016b. SSD: Single shot multibox detector//Proceedings of European Conference on Computer Vision, Amsterdam: 21-37

Liu Y L, Qin X Y, Xu S H, et al. 2009. Light source estimation of outdoor scenes for mixed reality.

The Visual Computer, 25(5/6/7): 637-646

Livingston M A, Ai Z. 2008. The effect of registration error on tracking distant augmented objects//Proceedings of IEEE/ACM International Symposium on Mixed and Augmented Reality, Los Alamitos: 77-86

Livingston M A. 2005. Evaluating human factors in augmented reality systems. IEEE Computer Graphics and Applications, 25(6): 6-9

Locher A, Perdoch M, Van Gool L. 2016. Progressive prioritized multi-view stereo//Proceedings of IEEE Conference on Computer Vision and Pattern Recognition, Las Vegas: 3244-3252

Longuet-Higgins H C. 1981. A computer algorithm for reconstructing a scene from two projections. Nature, 293(5828): 133-135

Lorensen W E, Cline H E. 1987. Marching cubes: A high resolution 3D surface construction algorithm//Proceedings of the 14th Annual Conference on Computer Graphics and Interactive Techniques, Anaheim: 21(4): 163-169

Lowe D G. 1992. Robust model-based motion tracking through the integration of search and estimation. International Journal of Computer Vision, 8(2): 113-122

Lowe D G. 2004. Distinctive image features from scale-invariant keypoints. International Journal of Computer Vision, 60(2): 91-110

Lu F, Milios E. 1997a. Globally consistent range scan alignment for environment mapping. Autonomous Robots, 4(4): 333-349

Lu F, Milios E. 1997b. Robot pose estimation in unknown environments by matching 2D range scans. Journal of Intelligent and Robotic Systems, 18(3): 249-275

Lu Q Y, Mao C P, Wang L Y, et al. 2016. Lime: Liquid metal interfaces for non-rigid interaction//Proceedings of the Annual Symposium on User Interface Software and Technology, Tokyo: 449-452

Lucas B D, Kanade T. 1981. An iterative image registration technique with an application to stereo vision//Proceedings of the International Joint Conference on Artificial Intelligence, Vancouver: 674-679

Majumder A, He Z, Towles H, et al. 2000. Achieving color uniformity across multi-projector displays//Proceedings of IEEE Visualization, Salt Lake City: 117-124

Majumder A, Jones D, McCrory M, et al. 2003. Using a camera to capture and correct spatial photometric variation in multi-projector displays//Proceedings of IEEE International Workshop on Projector Camera Systems, Nice Acropolis: 118-139

Majumder A, Stevens R. 2002. LAM: Luminance attenuation map for photometric uniformity across projection based displays//Proceedings of ACM Virtual Reality Software and Technology, Hong Kong: 147-154

Majumder A, Stevens R. 2004. Color nonuniformity in projection based displays: Analysis and solutions. IEEE Transactions on Visualization and Computer Graphics, 10(2): 177-188

Malis E, Vargas M. 2007. Deeper understanding of the homography decomposition for vision-based control. Research Report RR-6303, INRIA: 1-90

Mantiuk R, Pattanaik S, Myszkowski K. 2002. Cube-map data structure for interactive global illumination computation in dynamic diffuse environments//Proceedings of International Conference on Compute Vision and Graphics: 530-538

Marchand E, Bouthemy P, Chaumette F. 2001. A 2D-3D model-based approach to real-time visual tracking. Image and Vision Computing, 19(13): 941-955

Merrell P, Akbarzadeh A, Wang L, et al. 2007. Real-time visibility-based fusion of depth maps//Proceedings of IEEE International Conference on Computer Vision, Rio de Janeiro: 1-8

Mi H P. 2011. Actuated Tangible User Interface: An Extensible Method for Tabletop Interaction. Tokyo: University of Tokyo

Milgram P, Kishino F. 1994. A taxonomy of mixed reality visual displays. IEICE Transactions on Information and Systems, 77(12): 1321-1329

Min J K, Doryab A, Wiese J, et al. 2014. Toss 'N' turn: Smartphone as sleep and sleep quality detector//Proceedings of the SIGCHI Conference on Human Factors in Computing Systems, New York: 477-486

Mistry P, Maes P, Chang L Y. 2009. WUW-wear Ur world: A wearable gestural interface// Proceedings of CHI'09 Extended Abstracts on Human Factors in Computing Systems, New York: 4111-4116

Mitchell D P. 1996. Consequences of stratified sampling in graphics//Proceedings of the 23rd Annual Conference on Computer Graphics and Interactive Techniques, New Orleans: 277-280

Molchanov P, Gupta S, Kim K, et al. 2015. Hand gesture recognition with 3D convolutional neural networks//Proceedings of IEEE Conference on Computer Vision and Pattern Recognition Workshops, Boston: 1-7

Molchanov P, Yang X D, Gupta S, et al. 2016. Online detection and classification of dynamic hand gestures with recurrent 3D convolutional neural network//Proceedings of IEEE Conference on Computer Vision and Pattern Recognition, Las Vegas: 4207-4215

Möller A, Kranz M, Diewald S, et al. 2014. Experimental evaluation of user interfaces for visual indoor navigation//Proceedings of the SIGCHI Conference on Human Factors in Computing Systems, New York: 3607-3616

Moran A, Gadepally V, Hubbell M, et al. 2015. Improving big data visual analytics with interactive virtual reality//Proceedings of IEEE High Performance Extreme Computing Conference, Waltham: 1-6

Morrison A, Oulasvirta A, Peltonen P, et al. 2009. Like bees around the hive: A comparative study of a mobile augmented reality map//Proceedings of the SIGCHI Conference on Human Factors in Computing Systems, New York: 1889-1898

Moulon P, Monasse P, Marlet R. 2013. Global fusion of relative motions for robust, accurate and scalable structure from motion//Proceedings of the IEEE Conference on Computer Vision and Pattern Recognition, Portland: 3248-3255

Mourikis A I, Roumeliotis S I. 2007. A Multi-state constraint Kalman filter for vision-aided inertial navigation//Proceedings of IEEE International Conference on Robotics and Automation, Roma: 3565-3572

Mueller F, Bernard F, Sotnychenko O, et al. 2018. GANerated hands for real-time 3D hand tracking from monocular RGB//Proceedings of IEEE Conference on Computer Vision and Pattern Recognition, Salt Lake City: 49-59

Muja M, Lowe D G. 2009. Fast approximate nearest neighbors with automatic algorithm configuration//Proceedings of International Conference on Computer Vision Theory and Applications, Lisboa: 331-340

Munkres J. 1957. Algorithms for the assignment and transportation problems. Journal of the Society for Industrial and Applied Mathematics, 5(1): 32-38

Munzner T. 2014. Visualization Analysis and Design. Boca Raton: AK Peters/CRC Press

Mur-Artal R, Montiel J M M, Tardos J D. 2015. ORB-SLAM: A versatile and accurate monocular SLAM system. IEEE Transactions on Robotics, 31(5): 1147-1163

Mur-Artal R, Tardos J D. 2017a. ORB-SLAM2: An open-source SLAM system for monocular, stereo, and RGB-D cameras. IEEE Transactions on Robotics, 33(5): 1255-1262

Mur-Artal R, Tardós J D. 2017b. Visual-inertial monocular SLAM with map reuse. IEEE Robotics and Automation Letters, 2(2): 796-803

Nakanishi M, Ozeki M, Akasaka T, et al. 2007. Human factor requirements for applying augmented reality to manuals in actual work situations//Proceedings of IEEE International Conference on Systems, Man and Cybernetics, Los Alamitos: 2650-2655

Nakagaki K, Dementyev A, Follmer S, et al. 2016a. ChainFORM: A linear integrated modular hardware system for shape changing interfaces//Proceedings of the ACM Symposium on User Interface Software and Technology, Tokyo: 87-96

Nakagaki K, Vink L, Counts J, et al. 2016b. Materiable: Rendering dynamic material properties in response to direct physical touch with shape changing interfaces//Proceedings of the 2016 CHI

Conference on Human Factors in Computing Systems, San Jose: ACM: 2764-2772

Neumann U, Majoros A. 1998. Cognitive, performance, and systems issues for augmented reality applications in manufacturing and maintenance//Proceedings of Virtual Reality Annual International Symposium, Los Alamitos: 4-11

Newcombe R A, Fox D, Seitz S M. 2015. Dynamicfusion: Reconstruction and tracking of non-rigid scenes in real-time//Proceedings of IEEE Conference on Computer Vision and Pattern Recognition, Boston: 343-352

Newcombe R A, Izadi S, Hilliges O, et al. 2011a. KinectFusion: Real-time dense surface mapping and tracking//Proceedings of the IEEE International Symposium on Mixed and Augmented Reality, Basel: 127-136

Newcombe R A, Lovegrove S J, Davison A J. 2011b. DTAM: Dense tracking and mapping in real-time//Proceedings of IEEE International Conference on Computer Vision, Barcelona: 2320-2327

Ng R, Ramamoorthi R, Hanrahan P. 2003. All-frequency shadows using non-linear wavelet lighting approximation. ACM Transactions on Graphics, 22(3): 376-381

Nießner M, Zollhöfer M, Izadi S, et al. 2013. Real-time 3D reconstruction at scale using voxel hashing. ACM Transactions on Graphics, 32(6): 169

Nilsson S. Johansson B. 2007. Fun and usable: Augmented reality instructions in a hospital setting//Proceedings of the Australasian Conference on Computer-Human Interaction: Entertaining User Interfaces, Adelaide: 123-130

Nistér D. 2004. An efficient solution to the five-point relative pose problem. IEEE Transactions on Pattern Analysis and Machine Intelligence, 26(6): 756-777

Ohno T, Mukawa N, Yoshikawa A. 2002. FreeGaze: A gaze tracking system for everyday gaze interaction//Proceedings of the Symposium on Eye Tracking Research & Applications, New Orleans: 125-132

Ojala T, Pietikäinen M, Harwood D. 1996. A comparative study of texture measures with classification based on featured distributions. Pattern Recognition, 29(1):51-59

Oliva A, Torralba A. 2001. Modeling the shape of the scene: A holistic representation of the spatial envelope. International Journal of Computer Vision, 42(3): 145-175

Ondruska P, Kohli P, Izadi S. 2015. MobileFusion: Real-time volumetric surface reconstruction and dense tracking on mobile phones. IEEE Transactions on Visualization and Computer Graphics, 21(11): 1251-1258

Otsuka R, Hoshino T, Horry Y. 2006. Transpost: 360 deg-viewable three-dimensional display system//Proceedings of IEEE, 94(3): 629-635

Ozuysal M, Calonder M, Lepetit V, et al. 2010. Fast keypoint recognition using random ferns. IEEE Transactions on Pattern Analysis and Machine Intelligence, 32(3): 448-461

Pan M H, Wang R, Chen W F, et al. 2009. Fast, sub-pixel antialiased shadow maps. Computer Graphics Forum, 28(7):927-1934

Pan M H, Wang R, Liu X G, et al. 2007. Precomputed radiance transfer field for rendering interreflections in dynamic scenes. Computer Graphics Forum, 26(3): 485-493

Pangaro G, Maynes-Aminzade D, Ishii H. 2002. The actuated workbench: Computer-controlled actuation in tabletop tangible interfaces//Proceedings of the Annual ACM Symposium on User Interface Software and Technology, Paris: 181-190

Pharr M, Wenzel J, Humphreys G. 2016. Physically Based Rendering: From Theory to Implementation. Burlington: Morgan Kaufmann Publishers

Phong B T. 1975. Illumination for computer generated pictures. Communications of the ACM, 18(6): 311-317

Pollefeys M, Gool L V, Vergauwen M, et al. 2004. Visual modeling with a hand-held camera. International Journal of Computer Vision, 59(3): 207-232

Pollefeys M, Koch R, Gool L V. 1999. Self-calibration and metric reconstruction inspite of varying and unknown intrinsic camera parameters. International Journal of Computer Vision, 32(1): 7-25

Pollefeys M. 2004. Visual 3D modeling from images//Proceedings of Vision, Modeling, and Visualization Conference, Stanford: 3

Preetham A J, Shirley P, Smits B. 1999. A practical analytic model for daylight//Proceedings of the 26th Annual Conference on Computer Graphics and Interactive Techniques, New Jersey: 91-100

Prisacariu V A, Reid I D. 2012. PWP3D: Real-time segmentation and tracking of 3D objects. International Journal of Computer Vision, 98(3): 335-354

Qi C R, Su H, Mo K C, et al. 2017. PointNet: Deep learning on point sets for 3D classification and segmentation//Proceedings of the Conference on Computer Vision and Pattern Recognition, Honolulu: 652-660

Qin T, Li P L, Shen S J. 2018. VINS-Mono: A robust and versatile monocular visual-inertial state estimator. IEEE Transactions on Robotics, 34(4): 1004-1020

Raij A, Gill G, Majumder A, et al. 2003. PixelFlex2: A comprehensive, automatic, casually-aligned multi-projector display//Proceedings of IEEE International Workshop on Projector-Camera Systems, Nice: 203-211

Rautaray S S, Agrawal A. 2015. Vision based hand gesture recognition for human computer interaction: A survey. Artificial Intelligence Review, 43 (1):1-54

Redmon J, Divvala S, Girshick R, et al. 2016. You only look once: Unified, real-time object detection//Proceedings of IEEE Conference on Computer Vision and Pattern Recognition, Las Vegas: 779-788

Reeves W T, Salesin D H, Cook R L. 1987. Rendering antialiased shadows with depth maps//Proceedings of the 14th Annual Conference on Computer Graphics and Interactive Techniques, Anaheim: 21 (4): 283-291

Rekimoto J, Saitoh M. 1999. Augmented surfaces: A spatially continuous work space for hybrid computing environments//Proceedings of the SIGCHI Conference on Human Factors in Computing Systems, New York: 378-385

Rekimoto J. 1998. Matrix: A realtime object identification and registration method for augmented reality//Proceedings of Asia Pacific Computer Human Interaction, Kanagawa: 63-68

Rekimoto J. 2001. GestureWrist and GesturePad: Unobtrusive wearable interaction devices// Proceedings of the International Symposium on Wearable Computers, Zurich: 21-27

Ren H B, Zhu Y X, Xu G Y, et al. 2000. Vision-based recognition of hand gestures: A survey. Acta Electronica Sinica, 28 (2): 118-121

Ren S Q, He K M, Girshick R, et al. 2017. Faster R-CNN: Towards real-time object detection with region proposal networks. IEEE Transactions on Pattern Analysis and Machine Intelligence, 39 (6): 1137-1149

Ritschel T, Grosch T, Seidel H P. 2009. Approximating dynamic global illumination in image space//Proceedings of the Symposium on Interactive 3D Graphics and Games, Boston: 75-82

Robertson C M, MacIntyre B, Walker B N. 2008. An evaluation of graphical context when the graphics are outside of the task area//Proceedings of the IEEE/ACM International Symposium on Mixed and Augmented Reality, Los Alamitos: 73-76

Robertson C M, MacIntyre B, Walker B N. 2009. An evaluation of graphical context as a means for ameliorating the effects of registration error. IEEE Transactions on Visualization and Computer Graphics, 15 (2): 179-192

Rosenberg L B. 1993. Virtual fixtures: Perceptual tools for telerobotic manipulation//Proceedings of IEEE Virtual Reality Annual International Symposium. Seattle: 76-82

Rosten E, Drummond T. 2005. Fusing points and lines for high performance tracking//Proceedings of IEEE International Conference on Computer Vision, Beijing: 1508-1515

Rosten E, Drummond T. 2006. Machine learning for high-speed corner detection//Proceedings of European Conference on Computer Vision, Graz: 430-443

Roth H, Vona M. 2012. Moving volume KinectFusion//Proceedings of the British Machine Vision Conference, 20(2): 1-11

Rubine D H. 1992. The Automatic Recognition of Gestures. Pittsburgh: Carnegie Mellon University

Rublee E, Rabaud V, Konolige K, et al. 2011. ORB: An efficient alternative to SIFT or SURF//Proceedings of IEEE International Conference on Computer Vision, Barcelona: 2564-2571

Salas M, Hussain W, Concha A, et al. 2015. Layout aware visual tracking and mapping// Proceedings of IEEE/RSJ International Conference on Intelligent Robots and Systems, Los Alamitos: 149-156

Sánchez J, Perronnin F, Mensink T, et al. 2013. Image classification with the fisher vector: Theory and practice. International Journal of Computer Vision, 105(3): 222-245

Sato Y, Ikeuchi K. 2003. Illumination from Shadows. IEEE Transactions on Pattern Analysis and Machine Intelligence, 25(3): 290-300

Scharstein D, Szeliski R. 2002. A taxonomy and evaluation of dense two-frame stereo correspondence algorithms. International Journal of Computer Vision, 47(1/2/3): 7-42

Scheepens R, Willems N, Van de Wetering H, et al. 2011. Composite density maps for multivariate trajectories. IEEE Transactions on Visualization and Computer Graphics, 17(12): 2518-2527

Schlick C. 1994. An inexpensive BRDF model for physically‐based rendering. Computer Graphics Forum, 13(3): 233-246

Schmid C, Mohr R, Bauckhage C. 2000. Evaluation of interest point detectors. International Journal of Computer Vision, 37(2): 151-172

Schomaker L. 1993. Using stroke or character-based self-organizing maps in the recognition of on-line, connected cursive script. Pattern Recognition, 26(3): 443-450

Schönberger J L, Berg A C, Frahm J M. 2015. Paige: Pairwise image geometry encoding for improved efficiency in structure-from-motion//Proceedings of IEEE Conference on Computer Vision and Pattern Recognition, Boston: 1009-1018

Schönberger J L, Frahm J M. 2016a. Structure-from-motion revisited//Proceedings of IEEE Computer Vision and Pattern Recognition, Las Vegas: 4104-4113

Schönberger J L, Zheng E L, Frahm J M, et al. 2016b. Pixelwise view selection for unstructured multi-view stereo//Proceedings of European Conference on Computer Vision, Amsterdam: 501-518

Schöps T, Engel J, Cremers D. 2014. Semi-dense visual odometry for AR on a smartphone//Proceedings of the IEEE International Symposium on Mixed and Augmented Reality, Los Alamitos: 145-150

Seitz S M, Dyer C R. 1999. Photorealistic scene reconstruction by voxel coloring. International Journal of Computer Vision, 35(2): 151-173

Seo B K, Park H, Park J I, et al. 2014. Optimal local searching for fast and robust textureless 3D object tracking in highly cluttered backgrounds. IEEE Transactions on Visualization and Computer Graphics, 20(1): 99-110

Serván J, Mas F, Menéndez J L, et al. 2012. Using augmented reality in AIRBUS A400M shop floor assembly work instructions//Proceedings of AIP Conference, 1431: 633-640

Shashua A, Werman M. 1995. Trilinearity of three perspective views and its associated tensor//Proceedings of International Conference on Computer Vision, Washington D C: 920-925

Siltanen S. 2012. Theory and applications of marker-based augmented reality. VTT Science: 66-73

Sinha S N, Mordohai P, Pollefeys M. 2007. Multi-view stereo via graph cuts on the dual of an adaptive tetrahedral mesh//Proceedings of IEEE International Conference on Computer Vision, Rio de Janeiro: 1-8

Sloan P P, Hall J, Hart J, et al. 2003. Clustered principal components for precomputed radiance transfer. ACM Transactions on Graphics, 22(3): 382-391

Sloan P P, Kautz J, Snyder J. 2002. Precomputed radiance transfer for real-time rendering in dynamic, low-frequency lighting environments. ACM Transactions on Graphics, 21(3): 527-536

Sloan P P, Luna B, Snyder J. 2005. Local, deformable precomputed radiance transfer. ACM Transactions on Graphics, 24(3): 1216-1224

Smith M W A, Roberts A P. 1978. An exact equivalence between the discrete-and continuous-time formulations of the Kalman filter. Mathematics and Computers in Simulation, 20(2): 102-109

Snavely N, Seitz S M, Szeliski R. 2006. Photo tourism: Exploring photo collections in 3D. ACM Transactions on Graphics, 25(3): 835-846

Snavely N, Seitz S M, Szeliski R. 2008a. Modeling the world from internet photo collections. International Journal of Computer Vision, 80(2): 189-210

Snavely N, Seitz S M, Szeliski R. 2008b. Skeletal graphs for efficient structure from motion//Proceedings of IEEE Conference on Computer Vision and Pattern Recognition, Anchorage: 1-8

Solovey E T, Zec M, Garcia Perez E A, et al. 2014. Classifying driver workload using physiological and driving performance data: Two field studies//Proceedings of the SIGCHI Conference on Human Factors in Computing Systems, New York: 4057-4066

Song J, Sörös G, Pece F, et al. 2015. Real-time hand gesture recognition on unmodified wearable devices//Proceedings of IEEE Conference on Computer Vision and Pattern Recognition, Boston

Sridhar S, Oulasvirta A, Theobalt C. 2013. Interactive markerless articulated hand motion tracking using RGB and depth data//Proceedings of the IEEE International Conference on Computer Vision, Sydney: 2456-2463

Stachowiak T, Uludag Y. 2015. Stochastic screen-space reflections//Advances in real-time rendering in games//Courses of the 42th Annual Conference on Computer Graphics and Interactive Techniques, Los Angeles

Staud P, Wang R. 2009. Palmap: Designing the future of maps//Proceedings of the Annual Conference of the Australian Computer-Human Interaction Special Interest Group, Melbourne: 427-428

Strecha C, Fransens R, Gool L V. 2006. Combined depth and outlier estimation in multi-view stereo//Proceedings of IEEE Conference on Computer Vision and Pattern Recognition, New York: 2394-2401

Sturm J, Engelhard N, Endres F, et al. 2012. A benchmark for the evaluation of RGB-D SLAM systems//Proceedings of IEEE/RSJ International Conference on Intelligent Robots and Systems, Vilamoura: 573-580

Sturm P, Triggs B. 1996. A factorization based algorithm for multi-image projective structure and motion//Proceedings of European Conference on Computer Vision, Cambridge, (2): 709-720

Su C, Zhong Q, Peng Y F, et al. 2015. Grayscale performance enhancement for time-multiplexing light field rendering. Optics Express, 23(25): 32622-32632

Sukthankar R, Stockton R G, Mullin M D. 2001. Smarter presentations: Exploiting homography in camera-projector systems//Proceedings of International Conference on Computer Vision, Vancouver: 247-253

Sumner R W, Schmid J, Pauly M. 2007. Embedded deformation for shape manipulation//ACM Transactions on Graphics, 26(3): 80

Sun G D, Liang R H, Qu H M, et al. 2017. Embedding spatio-temporal information into maps by route-zooming. IEEE Transactions on Visualization and Computer Graphics, 23(5): 1506-1519

Sun J, Li Y, Kang S B. 2005. Symmetric stereo matching for occlusion handling// Proceedings of IEEE Conference on Computer Vision and Pattern Recognition, San Diego, (2): 399-406

Sun J, Zheng N N, Shum H Y. 2003. Stereo matching using belief propagation. IEEE Transactions on Pattern Analysis and Machine Intelligence, 25(7): 787-800

Sunkavalli K, Romeiro F, Matusik W, et al. 2008. What do color changes reveal about an outdoor scene//Proceedings of IEEE Conference on Computer Vision and Pattern Recognition,

Ancholage: 1-8

Supancic J S, Rogez G, Yang Y, et al. 2018. Depth-based hand pose estimation: Methods, data, and challenges. International Journal of Computer Vision, 126(11):1180-1198

Sutherland I E. 1968. A head-mounted three dimensional display//Proceedings of the Fall Joint Computer Conference, New York, (1): 757-764

Sutherland I E. 1965. The ultimate display//Proceedings of the International Federation for Information Processing Congress, New York: 506-508

Szalavári Z, Schmalstieg D, Fuhrmann A, et al. 1998. "Studierstube": An environment for collaboration in augmented reality. Virtual Reality, 3(1): 37-48

Szeliski R, Shum H Y. 1997. Creating full view panoramic image mosaics and environment maps//Proceedings of the 24th Annual Conference on Computer Graphics and Interactive Techniques, Los Angeles: 251-258

Szeliski R. 2010. Computer Vision: Algorithms and Applications. New York: Springer

Tadamura K, Nakamae E, Kaneda K, et al. 1993. Modeling of skylight and rendering of outdoor scenes//Proceedings of Computer Graphics Forum, 12(3): 189-200

Tagliasacchi A, Schröder M, Tkach A, et al. 2015. Robust articulated-ICP for real-time hand tracking. Computer Graphics Forum, 34(5):101-114

Takaki Y, Uchida S. 2012. Table screen 360-degree three-dimensional display using a small array of high-speed projectors. Optics Express, 20(8): 8848-8861

Takala T M, Rauhamaa P, Takala T. 2012. Survey of 3DUI applications and development challenges//Proceedings of IEEE Symposium on 3D User Interfaces, Los Alamitos: 89-96

Tan W, Liu H M, Dong Z L, et al. 2013. Robust monocular SLAM in dynamic environments//Proceedings of the IEEE International Symposium on Mixed and Augmented Reality, Adelaide: 209-218

Tang D H, Taylor J, Kohli P, et al. 2015. Opening the black box: Hierarchical sampling optimization for estimating human hand pose//Proceedings of IEEE Conference on Computer Vision and Pattern Recognition, Boston:3325-3333

Tao H, Sawhney H S, Kumar R. 2001. A global matching framework for stereo computation//Proceedings of IEEE International Conference on Computer Vision, Vancouver, (1): 532-539

Tappert C C, Suen C Y, Wakahara T, et al. 1990. The state of the art in online handwriting recognition. IEEE Transactions on Pattern Analysis and Machine Intelligence, 12(8): 787-808

Tateno K, Takemura M, Ohta Y. 2005. Enhanced eyes for better gaze-awareness in collaborative mixed reality//Proceedings of the IEEE/ACM International Symposium on Mixed and Augmented Reality, Los Alamitos: 100-103

Tateno K, Tombari F, Laina I, et al. 2017. CNN-SLAM: Real-time dense monocular SLAM with learned depth prediction. arXiv: 1704. 03489

Taylor J, Tankovich V, Tang D H, et al. 2017. Articulated distance fields for ultra-fast tracking of hands interacting. ACM Transactions on Graphics, 36(6):244

Tjaden H, Schwanecke U, Schömer E. 2016. Real-time monocular segmentation and pose tracking of multiple objects//Proceedings of European Conference on Computer Vision, Amsterdam: 423-438

Tjaden H, Schwanecke U, Schömer E. 2017. Real-time monocular pose estimation of 3D objects using temporally consistent local color histograms//Proceedings of International Conference on Computer Vision, Venice: 124-132

Tkach A, Pauly M, Tagliasacchi A. 2016. Sphere-meshes for real-time hand modeling and tracking. ACM Transactions on Graphics, 35(6): 222: 1-11

Tomasi C, Kanade T. 1991. Detection and tracking of point features. International Journal of Computer Vision, 9(3): 137-154

Tomasi C, Kanade T. 1992. Shape and motion from image streams under orthography: A factorization method. International Journal of Computer Vision, 9(2): 137-154

Triggs B. 1997. Autocalibration and the absolute quadric//Proceedings of IEEE Conference on Computer Vision and Pattern Recognition, San Juan: 609-614

Triggs B, Mclauchlan P F, Hartley R I, et al. 1999. Bundle adjustment: A modern synthesis//Proceedings of International Workshop on Vision Algorithms: Theory and Practice, Corfu: 298-372

Troiani C, Martinelli A, Laugier C, et al. 2014. 2-Point-based outlier rejection for camera-IMU systems with applications to micro aerial vehicles//Proceedings of the IEEE International Conference on Robotics and Automation, Hong Kong: 5530-5536

Tsai R. 1987. A versatile camera calibration technique for high-accuracy 3D machine vision metrology using off-the-shelf TV cameras and lenses. IEEE Journal on Robotics and Automation, 3(4): 323-344

Tsai R, Osher S. 2003. Level set methods and their applications in image science. Communications in Mathematical Sciences, 1(4): 623-656

Tufte E R, Goeler N H, Benson R. 1990. Envisioning Information. Cheshire, CT: Graphics Press

Ullmer B, Ishii H. 2000. Emerging frameworks for tangible user interfaces. IBM Systems Journal,

39(3/4): 915-931

Ulrich M, Wiedemann C, Steger C. 2012. Combining scale-space and similarity-based aspect graphs for fast 3D object recognition. IEEE Transactions on Pattern Analysis and Machine Intelligence, 34(10): 1902-1914

Vacchetti L, Lepetit V, Fua P. 2004. Stable real-time 3D tracking using online and offline information. IEEE Transactions on Pattern Analysis and Machine Intelligence, 26(10): 1385-1391

Valient M. 2014. Reflections and volu metrics of killzoneshadow fall: Advances in real-time rendering in 3D graphics and games//Course of the 41th Annual Conference on Computer Graphics and Interactive Techniques. http://advances.realtimerendering.com/s2014/valient/ Valient_Siggraph14_Killzone. pptx75. [2019-01-09]

Van Dam A. 1997. Post-WIMP user interfaces. Communications of the ACM, 40(2): 63-67

Vatavu R, Anthony L, Wobbrock J O, et al. 2012. Gestures as point clouds: A $P recognizer for user interface prototypes//Proceedings of the ACM International Conference on Multimodal Interaction, Santa Monica: 273-280

Veach E, Guibas L J. 1995. Optimally combining sampling techniques for Monte Carlo rendering//Proceedings of the 22nd Annual Conference on Computer Graphics and Interactive Techniques, Los Angeles: 419-428

Veach E, Guibas L J. 1997. Metropolis light transport//Proceedings of the 24th Annual Conference on Computer Graphics and Interactive Techniques, Los Angeles: 65-76

Velho L, Jr Sossai J. 2007. Projective texture atlas construction for 3D photography. The Visual Computer, 23(9/10/11): 621-629

Viola P, Jones M J. 2004. Robust real-time face detection. International Journal of Computer Vision, 57(2):137-154

Vogiatzis G, Hernández C, Torr P H S, et al. 2007. Multiview stereo via volumetric graph-cuts and occlusion robust photo-consistency. IEEE Transactions on Pattern Analysis and Machine Intelligence, 29(12): 2241-2246

Waechter M, Moehrle N, Goesele M. 2014. Let there be color! Large-scale texturing of 3D reconstructions//Proceedings of European Conference on Computer Vision, Zurich: 836-850

Wakahara T, Murase H, Odaka K, et al. 1992. On-line handwriting recognition. Proceedings of the IEEE, 80(7): 1181-1194

Walker G. 2012. A review of technologies for sensing contact location on the surface of a display. Journal of the Society for Information Display, 20 (8): 413-440

Wallace G, Anshus O J, Bi P, et al. 2005. Tools and applications for large-scale display walls. IEEE Computer Graphics and Applications, 25(4): 24-33

Wallace J R, Elmquist K A, Haines E A. 1989. A ray tracing algorithm for progressive radiosity//Proceedings of the 16th Annual Conference on Computer Graphics and Interactive Techniques, Boston: 23(3): 315-324

Walter B. 2007. Microfacet models for refraction through rough surfaces//Proceedings of Eurographics Symposium on Rendering Techniques, Grenoble: 195-206

Wang B, Zhong F, Qin X Y. 2017. Pose optimization in edge distance field for textureless 3D object tracking//Proceedings of the Computer Graphics International Conference, Yokohama: 1-6

Wang G F, Wang B, Zhong F, et al. 2015. Global optimal searching for textureless 3D object tracking. The Visual Computer, 31(6): 979-988

Wang J W, Li Y, Tao L, et al. 2010. Three-dimensional interactive pen based on augmented reality//Proceedings of the International Conference on Image Analysis and Signal Processing, Los Alamitos: 7-11

Wang J P, Ren P R, Gong M M, et al. 2009. All-frequency rendering of dynamic, spatially-varying reflectance. ACM Transactions on Graphics, 28(5):133

Ware C. 2008. Visual Thinking for Design. Burlington: Morgan Kaufmann

Ware C. 2014. Information Visualization: Perception for Design. third edition. Waltham: Morgan Kaufmann

Wei S E, Ramakrishna V, Kanade T, et al. 2016. Convolutional pose machines//Proceedings of the IEEE Conference on Computer Vision and Pattern Recognition, Las Vegas: 4724-4732

Weng D, Zhu H M, Bao J, et al. 2018. HomeFinder revisited: Finding ideal homes with reachability-centric multi-criteria decision making//Proceedings of Computer Human Interaction Conference on Human Factors in Computing Systems, Montreal: 247

Whelan T, McDonald J B, Kaess M, et al. 2012. Kintinuous: Spatially extended KinectFusion//Proceedings of RSS Workshop on RGB-D: Advanced Reasoning with Depth Cameras, Sydney

Whelan T, Salas-Moreno R F, Glocker B, et al. 2016. ElasticFusion: Real-time dense SLAM and light source estimation. The International Journal of Robotics Research, 35(14): 1697-1716

Wickens C D, Baker P. 1995. Cognitive issues in virtual reality//Virtual Environments and Advanced Interface Design. New York: Oxford University Press: 514-541

Williams L. 1978. Casting curved shadows on curved surfaces//Proceedings of the 5th Annual Conference on Computer Graphics and Interactive Techniques, Atlanta: 270-274

Willson R, Shafer S. 1994a. What is the center of the image? Journal of the Optical Society of America A, 11(11): 2946-2955

Willson R. 1994b. Modeling and Calibration of Automated Zoom Lenses. Pittsburgh: Carnegie Mellon University

Wloka M M, Anderson B G. 1995. Resolving occlusion in augmented reality//Proceedings of the Symposium on Interactive 3D Graphics, New York: 5-12

Wobbrock J O, Wilson A D, Li Y, et al. 2007. Gestures without libraries, toolkits or training: A $1 recognizer for user interface prototypes//Proceedings of the annual ACM Symposium on User Interface Software and Technology, Newport: 159

Wu C C. 2013. Towards linear-time incremental structure from motion//Proceedings of 3D Vision, Seattle: 127-134

Wu Y C, Liu S X, Yan K, et al. 2014. OpinionFlow: Visual analysis of opinion diffusion on social media. IEEE Transactions on Visualization and Computer Graphics, 20(12): 1763-1772

Wuest H, Vial F, Strieker D. 2005. Adaptive line tracking with multiple hypotheses for augmented reality//Proceedings of IEEE/ACM International Symposium on Mixed and Augmented Reality, Vienna: 62-69

Xia X X, Liu X, Li H F, et al. 2013. A 360-degree floating 3D display based on light field regeneration. Optics Express, 21(9): 11237-11247

Xu C, Wang R, Bao H J. 2015. Realtime rendering glossy to glossy reflections in screen space. Computer Graphics Forum, 34(7): 57-66

Xu D, Ricci E, Ouyang W L, et al. 2017. Multi-scale continuous CRFs as sequential deep networks for monocular depth estimation//Proceedings of IEEE Conference on Computer Vision and Pattern Recognition, Honolulu, (1): 161-169

Xu K, Sun W L, Dong Z, et al. 2013. Anisotropic spherical Gaussians. ACM Transactions on Graphics, 32(6): 209

Yan C J, Liu X, Li H F, et al. 2009. Color three-dimensional display with omnidirectional view based on a light-emitting diode projector. Applied Optics, 48(22): 4490-4495

Yi K M, Trulls E, Lepetit V, et al. 2016. LIFT: Learned invariant feature transform//Proceedings of European Conference on Computer Vision, Amsterdam: 467-483

Yoon K J, Kweon I S. 2006. Adaptive support-weight approach for correspondence search. IEEE Transactions on Pattern Analysis and Machine Intelligence, 28(4): 650-656

Zach C. 2008. Fast and high quality fusion of depth maps//Proceedings of the International Symposium on 3D Data Processing, Visualization and Transmission, Paris, (1): 1-8

Zbontar J, LeCun Y. 2016. Stereo matching by training a convolutional neural network to compare image patches. Journal of Machine Learning Research, 17(1): 2287-2318

Zeng M, Zhao F K, Zheng J X, et al. 2013. Octree-based fusion for realtime 3D reconstruction. Graphical Models, 75(3): 126-136

Zhang G F, Qin X Y, Hua W, et al. 2007. Robust metric reconstruction from challenging video sequences//Proceedings of IEEE Conference on Computer Vision and Pattern Recognition, Minneapolis: 1-8

Zhang G F, Jia J Y, Wong T T, et al. 2009b. Consistent depth maps recovery from a video sequence. IEEE Transactions on Pattern Analysis and Machine Intelligence, 31(6): 974-988

Zhang G F, Liu H M, Dong Z L, et al. 2016. Efficient non-consecutive feature tracking for robust structure-from-motion. IEEE Transactions on Image Processing, 25(12): 5957-5970

Zhang J W, Jiao J B, Chen M L, et al. 2017. A hand pose tracking benchmark from stereo matching//Proceedings of the IEEE International Conference on Image Processing, Beijing: 982-986

Zhang R, Zhong F, Lin L L, et al. 2013. Basis image decomposition of outdoor time-lapse videos. The Visual Computer, 29(11): 1197-1210

Zhang X, Chen X, Wang W H, et al. 2009a. Hand gesture recognition and virtual game control based on 3D accelerometer and EMG sensors//Proceedings of the 14th International Conference on Intelligent User Interfaces, Sanibel Island: 401-406

Zhang Z Y. 1998. Determining the epipolar geometry and its uncertainty: A review. International Journal of Computer Vision, 27(2): 161-195

Zhang Z Y. 2000. A flexible new technique for camera calibration. IEEE Transactions on Pattern Analysis and Machine Intelligence, 22(11): 1330-1334

Zhong Q, Peng Y F, Li H F, et al. 2013. Multiview and light-field reconstruction algorithms for 360 degree multiple-projector-type 3D display. Applied Optics, 52(19): 4419-4425

Zhou F, Duh H B L, Billinghurst M. 2008a. Trends in augmented reality tracking, interaction and display: A review of ten years of ISMAR//Proceedings of the IEEE/ACM International Symposium on Mixed and Augmented Reality, Los Alamitos: 193-202

Zhou J, Wang L, Akbarzadeh A, et al. 2008b. Multi-projector display with continuous self-calibration//Proceedings of International Workshop on Projector-Camera Systems, Bali Way: 1-7

Zhou K, Hu Y H, Lin S, et al. 2005. Precomputed shadow fields for dynamic scenes. ACM Transactions on Graphics, 24(3): 1196-1201

Zhou Q Y, Koltun V. 2014. Color map optimization for 3D reconstruction with consumer depth cameras. ACM Transactions on Graphics, 33(4): 1-10

Zhou T H, Brown M, Snavely N, et al. 2017. Unsupervised learning of depth and ego-motion from video//Proceedings of IEEE Conference on Computer Vision and Pattern Recognition, Honolulu: 6612-6619

Zimmermann C, Brox T. 2017. Learning to estimate 3D hand pose from single RGB images//Proceedings of the International Conference on Computer Vision, Venice:4913-4921

Zimmerman T G, Lanier J, Blanchard C, et al. 1987. A hand gesture interface device//Proceedings of ACM SIGCHI Bulletin, 18(4): 189-192